EUL VERLAG

Rechnungslegung und Wirtschaftsprüfung

Herausgegeben von Prof. (em.) Dr. Dr. h. c. Jörg Baetge, Münster, Prof. Dr. Hans-Jürgen Kirsch, Münster, und Prof. Dr. Stefan Thiele, Wuppertal

Band 66
Markus May
Die Solvabilitätspublizität von Versicherungsunternehmen nach Solvency II – Analyse und Würdigung der Berichtsvorschriften sowie inhaltliche Gestaltungsempfehlungen für ausgewählte Kapitel des Berichts über die Solvabilität und Finanzlage
Siegburg 2018 • 312 S. • € 68,- (D) • ISBN 978-3-8441-0563-6

Band 67
Frederik Engelke
Kapitalkonsolidierung im mehrstufigen Konzern – Die Behandlung indirekter Beteiligungsverhältnisse im IFRS-Konzernabschluss
Siegburg 2018 • 324 S. • € 68,- (D) • ISBN 978-3-8441-0564-3

Band 68
Marcel Faber
Unternehmenszusammenschlüsse durch Einlage von Kapitalgesellschaftsanteilen – Auswirkungen eines unechten Anteilstausches auf den Konzernabschluss nach IFRS
Siegburg 2018 • 248 S. • € 60,- (D) • ISBN 978-3-8441-0571-1

Band 69
Michael Huter
Die nichtfinanzielle Konzernerklärung – Kritische Analyse und Konkretisierung der handelsrechtlichen Vorschriften
Siegburg 2019 • 308 S. • € 66,- (D) • ISBN 978-3-8441-0576-6

Band 70
Jan Conrad
Vergleich der Bilanzierungsvorschriften für versicherungstechnische Rückstellungen nach IFRS 17 und nach Solvency II – Die Bausteinansätze für Erstversicherungsunternehmen in der Schaden- und Unfallversicherung
Siegburg 2019 • 296 S. • € 66,- (D) • ISBN 978-3-8441-0582-7

JOSEF EUL VERLAG

Reihe: Rechnungslegung und Wirtschaftsprüfung · Band 70

Herausgegeben von Prof. (em.) Dr. Dr. h. c. Jörg Baetge, Münster, Prof. Dr. Hans-Jürgen Kirsch, Münster, und Prof. Dr. Stefan Thiele, Wuppertal

Dr. Jan Conrad

Vergleich der Bilanzierungsvorschriften für versicherungstechnische Rückstellungen nach IFRS 17 und nach Solvency II

Die Bausteinansätze für Erstversicherungsunternehmen in der Schaden- und Unfallversicherung

Mit einem Geleitwort von Prof. Dr. Dr. h. c. Jörg Baetge, Westfälische Wilhelms-Universität Münster

EUL VERLAG

Bibliografische Information der Deutschen Nationalbibliothek

Die Deutsche Nationalbibliothek verzeichnet diese Publikation in der Deutschen Nationalbibliografie; detaillierte bibliografische Daten sind im Internet über <http://dnb.d-nb.de> abrufbar.

Dissertation, Westfälische Wilhelms-Universität Münster, 2017

D 6

ISBN 978-3-8441-0582-7
1. Auflage Mai 2019

JOSEF EUL VERLAG GmbH
Zeithstr. 356
53721 Siegburg
Tel.: 0 22 05 / 90 10 6-80
Fax: 0 22 05 / 90 10 6-88
E-Mail: info@eul-verlag.de
https://www.eul-verlag.de

Bei der Herstellung unserer Bücher möchten wir die Umwelt schonen. Dieses Buch ist daher auf säurefreiem, 100% chlorfrei gebleichtem, alterungsbeständigem Papier nach DIN 6738 gedruckt.

Geleitwort

Das Kernstück des ab Jahresbeginn 2016 anzuwendenden, europäischen Versicherungs-Aufsichtsregimes, Solvency II, sind dessen Eigenmittelvorschriften. Die für diese Vorschriften zu ermittelnden vorhandenen Eigenmittel sind einer für Solvency II zu erstellenden Marktwert-Bilanz, der sog. Solvabilitätsübersicht, zu entnehmen. Die Bewertungsvorschriften der Solvabilitätsübersicht sind an die IFRS angelehnt und sollten eigentlich deren Vorbild folgen, da ein aufwendiges eigenständiges, aufsichtsrechtliches Rechnungslegungssystem vermieden werden sollte.

Da zum Konkretisierungszeitpunkt der aufsichtsrechtlichen Bilanzierungsvorschriften aber noch kein finaler IFRS für Versicherungsverträge bzw. für versicherungstechnische Rückstellungen veröffentlicht war, wurde in der Solvency II-Richtlinie ein vorläufiger Entwicklungsstand des Rechnungslegungsstandards als Referenz verwendet und auf dieser Basis wurden die Vorschriften für die Solvabilitätsübersicht konkretisiert. Das IFRS-Projekt zur Bilanzierung von Versicherungsverträgen entwickelte sich indes weiter und die geplanten IFRS-Bilanzierungsvorschriften wurden modifiziert, weshalb Abweichungen zwischen den Regelungen des finalen IFRS 17 und den aufsichtsrechtlichen Rechnungslegungsvorschriften entstanden. Zum einen erfordern diese teils unterschiedlichen Regelungen (Standards und Vorschriften) für den IFRS-Abschluss bzw. die Solvabilitätsübersicht für die spezifischen Abschlusspositionen in beiden Rechenwerken unterschiedliche Rechnungslegungs-Arbeiten und insofern teils höheren Erstellungsaufwand als unbedingt erforderlich und sinnvoll. Zum anderen sind die Abweichungen zwischen dem IFRS-Jahresabschluss eines Versicherungsunternehmens und dessen Solvabilitätsübersicht in den aufsichtsrechtlich geforderten Berichten RSR (Regular Supervisory Report) und SFCR (Solvency and Financial Condition Report) zu erklären. In der vorliegenden Arbeit werden die Rechnungslegungsvorschriften bezüglich der versicherungstechnischen Rückstellungen des IFRS 17 mit denen von Solvency II auf theoretischer Basis verglichen und Abweichungen analysiert, um zu beurteilen, ob das Solvency II-Ziel des Gesetz- bzw. Richtliniengebers, nämlich eine zu den IFRS konvergente Rechnungslegung zu erreichen, erfüllt wurde. Außerdem wird mit der Arbeit versucht, eine Grundlage für die Abweichungsanalyse in den aufsichtsrechtlich geforderten Berichten gelegt.

Der Verfasser konkretisiert die relevanten Teilbereiche der Bilanzierung versicherungstechnischer Rückstellungen im IFRS-Abschluss und in der Solvabilitätsübersicht und vergleicht diese anschließend. Dabei untersucht er, ob die Vorschriften so ausgelegt werden können, dass bei der Erstellung möglichst wenige Doppelarbeiten erforderlich werden. Damit klärt der Verfasser, wieweit die in der Solvency II-Richtlinie als erstrebenswert deklarierten Einsparungsmöglichkeiten – bei der Erstellung von IFRS-Abschluss und Solvabilitätsübersicht – erzielt werden können. Als konzeptioneller Rahmen der Analyse dient das *Conceptual Framework for Financial Reporting* des Standardsetters. Für Solvency II geht er von den Informations-Interessen der Rechnungslegungsadressaten sowie vom Rechnungslegungszweck und den diesbezüglichen Anforderungen aus.

Bevor die zentralen Bewertungsvorschriften der relevanten Positionen von IFRS-Jahresabschluss und Solvabilitätsübersicht betrachtet werden, widmet sich der Verfasser zuerst der grundlegenden Frage, ob sich die Anwenderkreise beider Rechungslegungsregime ausreichend überschneiden, was die Grundvoraussetzung für mögliche Einspareffekte bei der Erstellung des IFRS-Abschlusses und der Solvabilitätsübersicht darstellt. Danach werden die Anwendungsbereiche der beiden Rechungslegungsregime für versicherungstechnische Rückstellungen, die Separierung verschiedener Komponenten von Versicherungsverträgen sowie die Ansatz- und Ausbuchungszeitpunkte für die Rückstellungen bzw. Versicherungsverträge verglichen. Beim Vergleich der zentralen Bewertungsregelungen beider Regime für versicherungstechnische Rückstellungen werden die jeweiligen Bausteine beider Rechungslegungsregime und deren Komponenten gegenübergestellt – stets mit dem Ziel, Regelungsbereiche zu identifizieren, die Doppelarbeiten bei der Erstellung beider Informationsinstrumente ersparen. Die Folgebewertung wird in der vorliegenden Arbeit nicht betrachtet, da diese für Solvency II irrelevant ist.

Münster in Westfalen, im Juni 2018 — Prof. Dr. Dr. h.c. Jörg Baetge

Vorwort des Verfassers

Die vorliegende Arbeit entstand während meiner Tätigkeit als wissenschaftlicher Mitarbeiter im Forschungsteam Baetge und meiner Tätigkeit als fachlicher Mitarbeiter bei der Allianz SE in München. Die Arbeit wurde im Juni 2017 von der Wirtschaftswissenschaftlichen Fakultät der Westfälischen Wilhelms-Universität Münster als Dissertation angenommen.

Meinem hoch geschätzten Doktorvater, Herrn Prof. Dr. Dr. h. c. Jörg Baetge, der mich 2013 als seinen letzten Schüler annahm, möchte ich für die wissenschaftliche Betreuung meiner Arbeit danken. Seine Diskussionsbereitschaft sowie sein durch die vorliegende Arbeit befeuertes Interesse an der Versicherungswirtschaft, haben maßgeblich zum Gelingen meines Promotionsvorhabens beigetragen. Zudem möchte ich auch Herrn Prof. Dr. Wolfgang Berens danken, der das Zweitgutachten der vorliegenden Arbeit übernommen hat. Mein Dank gilt auch Herrn Prof Dr. Gustav Dieckheuer, der als Drittprüfer in der Promotionskommission mitgewirkt hat.

Ebenfalls möchte ich Herrn Prof. Dr. Hans-Jürgen Kirsch und seinem Team des Instituts für Rechnungslegung und Wirtschaftsprüfung (IRW) für die vielfältige Unterstützung, z. B. in den gemeinsamen Doktorandenseminaren, danken. Für die weitreichende Unterstützung meines Promotionsvorhabens durch die Allianz SE möchte ich mich stellvertretend bei Frau Karen Strachan und Herrn Andreas Birkl bedanken. Ihre stets offene und freundliche Art, sowie die Freiheiten, die sie mir bei meinem Kooperationsunternehmen eingeräumt haben, wusste ich sehr zu schätzen.

Zu großem Dank bin ich zudem Herrn Dr. Benedikt Wünsche verpflichtet, der die ersten Entwürfe der vorliegenden Arbeit kritisch begutachtet und mir wertvolle Tipps gegeben hat. Auch den fleißigen studentischen Hilfskräften des Forschungsteams gilt mein Dank. Namentlich möchte ich hier Herrn Marvin Osterspey, Frau Cecilia Rösen sowie Frau Laura Tritt erwähnen, die mir in vielen Situationen eine große Hilfe waren. Darüber hinaus gilt mein Dank auch meinen ehemaligen Kollegen des Forschungsteam Baetge und des IRW, für die angenehme und freundschaftliche Zusammenarbeit. Namentlich erwähnen möchte ich an dieser Stelle Dres. Alois Panzer, Michael Alkemeier, Nils Gimpel-Henning, Benedikt Wünsche und Alexander Flügel. Sie haben während der Promotionszeit manche Höhen und Tiefen mit mir erlebt und waren abseits des Büros stets für ein wenig Zerstreuung zu begeistern.

Der größte Dank gilt schließlich meiner Familie, insbesondere meinen Eltern, Alies und Ernst Conrad. Ihre Unterstützung in jeder Phase meines Lebens sowie das Vertrauen, das sie in mich gesetzt und der Rückhalt, den sie mir geboten haben, haben das gelingen meines Promotionsvorhabens erst ermöglicht. Daher möchte ich ihnen diese Arbeit widmen.

München in Bayern, im Juli 2018 Jan Conrad

Inhaltsübersicht

Inhaltsverzeichnis

Verzeichnis der Übersichten

Abkürzungsverzeichnis

A

Abs.	Absatz
AEUV	Vertrag über die Arbeitsweise der Europäischen Union
Anm.	Anmerkung
Art.	Artikel
Aufl.	Auflage

B

BaFin	Bundesanstalt für Finanzdienstleistungsaufsicht
BB	Betriebs-Berater (Zeitschrift)
BC	Basis for Conclusions
BCA	Basis for Conclusions Appendix
BGB	Bürgerliches Gesetzbuch
BilReG	Bilanzrechtsreformgesetz
BR-Drucks	Bundesrat-Drucksache
BT-Drucks	Bundestag-Drucksache
bzw.	beziehungsweise

C

CCZ	Corporate Compliance Zeitschrift
CDS	Credit Default Swap
CEIOPS	Committee of European Insurance and Occupational Pensions Supervisors
CF	Conceptual Framework
CFO	Chief Financial Officer
CRA	credit risk adjustment

D

d. h.	das heißt
DAV	Deutsche Aktuarvereinigung e. V.
DB	Der Betrieb (Zeitschrift)
DLT	Depth, liquidity and transparency
DP	Discussion Paper
DRS	Deutsche(r) Rechnungslegungsstandard(s)
DSOP	Draft Statement of Principles
DStR	Deutsches Steuerrecht (Zeitschrift)
DStZ	Deutsche Steuer-Zeitung (Zeitschrift)
DVA	Deutsche Versicherungsakademie
DVO	Delegierte Verordnung bzw. Durchführungsverordnung

E

ED	Exposure Draft
EIOPA	European Insurance and Occupational Pensions Authority
EPIFP	expected profits included in future premiums

EU	Europäische Union
EuR	Zeitschrift Europarecht
EURIBOR	Euro InterBank offered Rate
EuZW	Europäische Zeitschrift für Wirtschaft
e. V.	eingetragener Verein
EWR	Europäischer Wirtschaftsraum

F

f.	folgende (Seite)
ff.	fortfolgende (Seiten, Jahre)
FASB	Financial Accounting Standards Board
FMA	Österreichische Finanzmarktaufsichtsbehörde
Fn.	Fußnote
FSAP	Financial Services Action Plan

G

GDV	Gesamtverband der Deutschen Versicherungswirtschaft e. V.
GE	Geldeinheit(en)
ggf.	gegebenenfalls
GoB	Grundsätze ordnungsmäßiger Buchführung
GuV	Gewinn- und Verlustrechnung

H

HGB	Handelsgesetzbuch
Hrsg.	Herausgeber
hrsg. v.	herausgegeben von

I

IAIS	International Association of Insurance Supervisors
IAS	International Accounting Standard(s)
IASB	International Accounting Standards Board
IASC	International Accounting Standards Committee
IBNR	Incurred but not reported
i. d. R.	in der Regel
IFRIC	International Financial Reporting Interpretations Committee
IFRS	International Financial Reporting Standard(s)
i. H. v.	in Höhe von
i. H. d.	in Höhe der
IRZ	Zeitschrift für internationale Rechnungslegung
i. S. d.	im Sinne des/im Sinne der
ITS	implementing technical standards
i. V. m.	in Verbindung mit

K

Kfz	Kraftfahrzeug
KIVI	Kölner Institut für Versicherungsinformation und Wirtschaftsdienste GmbH

KoR	Zeitschrift für internationale und kapitalmarktorientierte Rechnungslegung

L

LIBOR	London Interbank offered Rate
lit.	littera/Buchstabe
LTGA	Long-Term Guarantees Assessment

M

MCR	Minimum Capital Requirement
MCEV	Market Consistent Embedded Value
Mio.	Millionen
Mrd.	Milliarden
MVBS	Market Value Balance Sheet

N

Nr.	Nummer(n)

O

ORSA	Own Risk and Solvency Assessment
o. A.	ohne Angabe

P

PflVG	Gesetz über die Pflichtversicherung für Kraftfahrzeughalter (Pflichtversicherungsgesetz)

Q

QIS	Quantitative Impact Study

R

RechVersV	Verordnung über die Rechnungslegung von Versicherungsunternehmen
RL	Richtlinie
Rn.	Randnummer
RSR	Regular Supervisory Report

S

S.	Seite(n)
SCR	Solvency Capital Requirement
SE	Societas Europaea
SFCR	Solvency and Financial Condition Report
SIC	Standards Interpretations Committee
sog.	sogenannte(r/n)

T

TVaR	Tail value at risk
Tz.	Textziffer

U

u. a.	unter anderem/ und andere
UBR	Unfallversicherung mit Beitragsrückerstattung
US-GAAP	United States Generally Accepted Accounting Principles
usw.	Und so weiter

V

VAG	Versicherungsaufsichtsgesetz
VaR	Value at Risk
VersR	Versicherungsrecht (Zeitschrift)
vgl.	vergleiche
VO	Verordnung
VVaG	Versicherungsverein auf Gegenseitigkeit
VW	Versicherungswirtschaft (Zeitschrift)
VVG	Versicherungsvertragsgesetz

W

WiSt	Wirtschaftswissenschaftliches Studium (Zeitschrift)
WM	Zeitschrift für Wirtschafts- und Bankrecht
WPg	Die Wirtschaftsprüfung (Zeitschrift)
www	world wide web

Z

z. B.	zum Beispiel
ZBB	Zeitschrift für Bankrecht und Bankwirtschaft
ZEuP	Zeitschrift für europäisches Privatrecht
ZfB	Zeitschrift für Betriebswirtschaft
ZfV	Zeitschrift für Versicherungswesen
ZVersWiss	Zeitschrift für die gesamte Versicherungswissenschaft

1 Einleitung

11 Problemstellung

Die EU strebt mit der Einführung von Solvency II einen angemessenen „[...] Schutz der Versicherungsnehmer und Anspruchsberechtigten“ [1] an. Die Versicherungsnehmer[2] sind dahingehend schutzbedürftig, dass ihre Interessen als Gläubiger aus den Versicherungsverträgen gewahrt werden sollen. Ein wichtiges Element von Solvency II, mit dem der Schutz gewährleistet werden soll, sind die neuen Eigenmittelvorschriften. Diese sehen vor, dass Versicherungsunternehmen[3] stets über anrechnungsfähige Eigenmittel in Höhe der Solvenzkapitalanforderung[4] sowie über Basiseigenmittel in Höhe der Mindestkapitalanforderung[5] verfügen müssen. Eine zentrale Komponente bei der

---

1 EU (Hrsg.), RL 2009/138/EG, Erwägungsgrund 16. Auslassung durch den Verfasser. Vgl. auch EU (Hrsg.), RL 2009/138/EG, Erwägungsgrund 3 und 17.

2 Der Versicherungsnehmer kauft Versicherungsschutz und wird dadurch Vertragspartner des Versicherungsunternehmens. Der Versicherte (die versicherte Person) ist die Person, deren Risiko mit dem Versicherungsvertrag abgesichert wird. Diese muss nicht mit dem Versicherungsnehmer übereinstimmen. Der Anspruchsberechtigte empfängt die Versicherungsleistung, wenn das versicherte Ereignis eintritt. Die anspruchsberechtigte Person wiederum muss nicht mit dem Versicherungsnehmer oder der versicherten Person übereinstimmen. Als Beispiel soll hier eine Risikolebensversicherung dienen, die von einem Arbeitgeber für einen Arbeitnehmer abgeschlossen wird und die beim Todesfall des Arbeitnehmers eine Zahlung an einen seiner Hinterbliebenen zusichert. Indes kann allen drei Parteien unterstellt werden, dass sie an Ansprüchen gegen das Versicherungsunternehmen interessiert sind, wenn das versicherte Ereignis eintritt. Daher wird in dieser Arbeit der Begriff „Versicherungsnehmer“ synonym für diese drei Parteien verwendet. Vgl. hierzu WAGNER, F., Versicherungslexikon, S. 115, 699, 725; MAY, M., Solvabilitätspublizität von Versicherungsunternehmen, S. 2.

3 Der aktuell gültige IFRS 4 und der künftig gültige IFRS 17 müssen auch von Unternehmen angewendet werden, die nach deutschem Handelsrecht nicht als Versicherungsunternehmen klassifiziert werden, aber dennoch Verträge anbieten, die die Definitionskriterien eines Versicherungsvertrages gemäß IFRS 4 Anhang A erfüllen. Die große Mehrheit der Anwender von IFRS 4 in Deutschland besteht indes aus Versicherungsunternehmen, die nach deutschem Handelsrecht auch als solche klassifiziert werden. In dieser Arbeit werden die Begriffe „Versicherungsunternehmen“ und „Versicherer“ synonym für alle Unternehmen verwendet, die Versicherungsverträge anbieten.

4 Die Solvenzkapitalanforderung wird auch als „*solvency capital requirement*“ (SCR) bezeichnet. Vgl. hierzu Abschnitt 243.2.

5 Die Mindestkapitalanforderung wird auch als „*minimum capital requirement*“ (MCR) bezeichnet. Vgl. hierzu Abschnitt 243.2.

Ermittlung der verfügbaren Eigenmittel, aber auch bei der Ermittlung der Solvenzkapitalanforderung ist die sog. „Solvabilitätsübersicht" oder „Solvenzbilanz"[6].[7] Die Solvency II-Richtlinie schreibt für die Solvabilitätsübersicht vor, Vermögenswerte und Schulden – einschließlich **versicherungstechnischer Rückstellungen**[8] – zum beizulegenden Zeitwert zu bewerten.[9] Zu den in der Solvabilitätsübersicht anzuwendenden Bewertungsvorschriften bestimmt Art. 9 Abs. 1 DVO[10], dass „[...] Vermögenswerte und Verbindlichkeiten nach den von der Kommission gemäß der Verordnung (EG) Nr. 1606/2002 übernommenen Internationalen Rechnungslegungsstandards" bewertet

6 In der Literatur wird die unter Solvency II aufzustellende Bilanz uneinheitlich benannt. So werden von einigen Autoren auch die Begriffe „Solvabilitätsbilanz", „Solvenzbilanz" oder „ökonomische Bilanz" verwendet. In dieser Arbeit wird indes der Begriff „Solvabilitätsübersicht" verwendet, womit der Terminologie des Versicherungsaufsichtsgesetzes (VAG) Kapitel 2 Abschnitt 1 gefolgt wird. Vgl. zu den unterschiedlichen Bezeichnungen FARNY, D., Versicherungsbetriebslehre, S. 844; SAUER, R., Solvency II und Rechnungslegung, S. 51-53. Im Englischen wird die Solvenzbilanz als *„Economic Balance Sheet"* oder als *„Market Value Balance Sheet"* (MVBS) bezeichnet, was ihre Zielsetzung unterstreicht, die Gegenüberstellung der Vermögenswerte und Schulden zum beizulegenden Zeitwert.

7 Vgl. ROCKEL, W. U. A., Versicherungsbilanzen, S. 425.

8 Versicherungstechnische Rückstellungen sind Passivposten, die direkt mit dem Versicherungsgeschäft verbunden sind. FARNY definiert sie als „[...] der Höhe nach ungewisse Verpflichtungen aus einzelnen Versicherungsverträgen oder dem gesamten Versicherungsbestand." (FARNY, D., Buchführung, S. 129, im handelsrechtlichen Kontext). Sie werden vom Versicherungsunternehmen gebildet, um zu gewährleisten, dass die aus den Versicherungsverträgen resultierenden Verpflichtungen gedeckt werden können. Vgl. ROCKEL, W. U. A., Versicherungsbilanzen, S. 41. Versicherungstechnische Rückstellungen umfassen sowohl **Rückstellungen** als auch **Verbindlichkeiten** und **Rechnungsabgrenzungsposten**. Vgl. GROOVE, D. U. A., Rechnungslegung und Prüfung der Versicherungsunternehmen, S. 26, Tz. 68. In der Literatur zu IFRS 4 und Solvency II werden die versicherungstechnischen Passivposten uneinheitlich bezeichnet: In IFRS 4 und auch im *Revised Exposure Draft Insurance Contracts* verwendet der IASB den Begriff *insurance liability*, der in der offiziellen deutschen Übersetzung zu IFRS 4 Anhang A mit „Versicherungsverbindlichkeit" übersetzt wird. Im Rechtsetzungs- und Regelgebungsverfahren von Solvency II – z. B. in der RICHTLINIE 2009/138/EG DES EUROPÄISCHEN PARLAMENTS UND DES RATES VOM 25. NOVEMBER 2009 BETREFFEND DIE AUFNAHME UND AUSÜBUNG DER VERSICHERUNGS- UND DER RÜCKVERSICHERUNGSTÄTIGKEIT (SOLVABILITÄT II) (NEUFASSUNG) (im Folgenden zitiert als „EU, RL 2009/138/EG" oder als „Solvency II-Richtlinie"), Kapitel VI, Abschnitt 2 – werden die Begriffe *„Technical Provisions"* in der englischen Fassung und „versicherungstechnische Rückstellungen" in der offiziellen deutschen Übersetzung verwendet. Die Bilanzierung der versicherungstechnischen Rückstellungen nach Solvency II baut auf einem früheren Stand des Projektes IFRS 4 Phase II auf, wobei (weitgehend) die gleichen Sachverhalte geregelt werden. Um einheitliche Begriffe zu verwenden wird daher in dieser Arbeit der Begriff „versicherungstechnische Rückstellungen" aus Solvency II verwendet. Vgl. hierzu SURREY, I., Versicherungsgeschäfte, S. 8. Zu Fehlern und Unzulänglichkeiten bei der Übersetzung der IFRS vgl. NIEHUS, R. H., IFRS auf Deutsch, S. 2477-2483.

9 Vgl. EU (Hrsg.), RL 2009/138/EG, Art. 75 f.

10 Als „DVO" wird im Folgenden die DELEGIERTE VERORDNUNG (EU) 2015/35 DER KOMMISSION VOM 10. OKTOBER 2014 ZUR ERGÄNZUNG DER RICHTLINIE 2009/138/EG DES EUROPÄISCHEN PARLAMENTS UND DES RATES BETREFFEND DIE AUFNAHME UND AUSÜBUNG DER VERSICHERUNGS- UND DER RÜCKVERSICHERUNGSTÄTIGKEIT (SOLVABILITÄT II) zitiert. Vgl. zu den für Solvency II relevanten Rechts- und Regelungsquellen Abschnitt 244.

werden müssen. Dies liegt darin begründet, dass **der mit einem komplett eigenständigen Rechnungslegungssystem für Solvency II verbundene Aufwand vermieden werden sollte.**[11]

Für versicherungstechnische Rückstellungen bzw. für Versicherungsverträge bestand indes nur ein IFRS-Interimsstandard, als die Bewertungsvorschriften für die Solvabilitätsübersicht festgelegt wurden. Der finale Standard IFRS 17 wurde zu dem Zeitpunkt noch unter dem Projektnamen IFRS 4 Phase II entwickelt. Für den angestrebten Einklang zwischen der Solvency II-Rechnungslegung und den internationalen Rechnungslegungsstandards musste aber eine Lösung gefunden werden. **Daher stützte sich die EU bei ihren Vorgaben zur Bilanzierung versicherungstechnischer Rückstellungen auf den (vorläufigen) Entwicklungsstand von IFRS 4 Phase II aus dem *Discussion Paper „Preliminary Views on Insurance Contracts“*[12] des Jahres 2007.** Der damalige Entwicklungsstand wurde im weiteren Entwicklungsprozess von Solvency II für Aufsichtszwecke konkretisiert.

In den folgenden Jahren wurden aber die Regelungen des *Discussion Paper* in zwei *Exposure Drafts*[13] und im bis vor kurzem durchgeführten Redeliberationsprozess[14] durch den IASB grundlegend überarbeitet. Dadurch **haben sich die geplanten Regelungen für den internationalen Rechnungslegungsstandard für Versicherungsverträge immer weiter von den für Solvency II konkretisierten Vorschriften entfernt.**[15] Die EU ist – wie in der Solvency II-Richtlinie festgehalten – bestrebt, den Aufwand zweier unterschiedlicher Rechnungslegungssysteme in Form der IFRS und der Solvabilitätsübersicht zu vermeiden. Insofern ist die Frage zu stellen, **wieweit sich die Regelungen für versicherungstechnische Rückstellungen noch überschneiden** – d. h. wieweit Möglichkeiten bestehen, den Rechnungslegungsaufwand wegen bestehender Übereinstimmungen bezüglich bestimmter Regelungen zu reduzieren, weil eine komplette Doppelarbeit vermieden werden kann.

---

11 Vgl. EU (Hrsg.), RL 2009/138/EG, Erwägungsgrund 46.

12 Vgl. IASB (Hrsg.), DP: Insurance Contracts, o. A.; NGUYEN, T./GROSCHE, S., IFRS 4 aufsichtsrechtlich, S. 425.

13 Vgl. IASB (Hrsg.), ED/2010/8: Insurance Contracts; IASB (Hrsg.), ED/2013/7: Insurance Contracts.

14 Vgl. IASB (Hrsg.), Effect of board redeliberations, o. A. Die Öffentlichkeit wird im Redeliberationsprozess (englisch: „*redeliberations*“) zu den vorgesehenen Regelungen befragt. Anschließend werden pro und contra der Anmerkungen und Verbesserungsvorschläge diskutiert und gegebenenfalls die vorgesehenen Regelungen modifiziert. Vgl. BAETGE, J./FLÜGEL, A./CONRAD, J., Accounting Mismatch, S. 310.

15 Vgl. NGUYEN, T./GROSCHE, S., IFRS 4 aufsichtsrechtlich, S. 425.

Der grundlegende Aufbau beider Bewertungsmodelle ist ähnlich, was vermuten lässt, dass genügend Synergiepotenzial besteht. Denn die Rückstellungshöhe wird in beiden Bilanzierungsregimen mit einem Bausteinansatz ermittelt, der sowohl gemäß IFRS 17[16] als auch gemäß Solvency II[17] drei grundlegend gleich gestaltete Bausteine umfasst. Diese Bausteine bestehen aus

- risikoneutral geschätzten **Zahlungsströmen** des zu bewertenden Versicherungsvertrags bzw. eines Portfolios von Versicherungsverträgen,
- einem **Diskontfaktor**, um den Zeitwert des Geldes zu berücksichtigen und
- einer **Risikomarge**, die die Unsicherheit der künftigen Zahlungsströme bilanziell widerspiegeln soll.

Die Ähnlichkeiten bzw. Übereinstimmungen zwischen den beiden Bilanzierungsregimen sind aber an vielen Stellen nicht gegeben, sodass ermittelt werden muss, wie die Aufstellung beider „Rechnungen" mit dem geringsten Aufwand realisiert werden kann. Dies ist sowohl bedingt durch die unterschiedliche konzeptionelle Zwecksetzung der IFRS als kapitalmarktorientierte Rechnungslegungsstandards und Solvency II als Aufsichtsregime als auch durch nichtkonzeptionelle Unterschiede.

Bezüglich der konzeptionellen Ausrichtung sind zunächst die Rechnungslegungsadressaten und Zwecke beider Rechnungslegungssysteme gegenüberzustellen, da diese als methodisches Fundament für eine Würdigung der Vorschriften und der Unterschiede dienen. Während die IFRS auf dem *Conceptual Framework* fußen, besteht für Solvency II und die im Aufsichtsregime zu praktizierende Rechnungslegung noch kein solches Fundament. Daher sind die **Rechnungslegungsadressaten und -zwecke von Solvency II** zuerst hermeneutisch anhand der Rechts- und Regelungsquellen von Solvency II zu ermitteln. Danach sind diese denen der IFRS gegenüberzustellen, um Unterschiede und Übereinstimmungen zu identifizieren.

Weiterhin ist zu untersuchen, wie viele Versicherungskonzerne nach den IFRS bilanzieren, also wie groß der **Anwenderkreis** der IFRS in der Versicherungsbranche ist. Denn während die IFRS nur

---

16 Vgl. IFRS 17.33-37; NGUYEN, T./MOLINARI, P., Fair-Value Bewertung von Versicherungsverträgen, S. 1010; NGUYEN, T./GROSCHE, S., Bewertungskonzept versicherungstechnischer Verpflichtungen, S. 30; ROCKEL, W. U. A., Versicherungsbilanzen, S. 83 f. sowie für Solvency II EU (Hrsg.), RL 2009/138/EG, Art. 77 Abs. 1-3; NGUYEN, T./GROSCHE, S., IFRS 4 aufsichtsrechtlich, S. 428.

17 Vgl. EU (Hrsg.), RL 2009/138/EG, Art. 77.

für kapitalmarktorientierte Konzerne maßgeblich sind,[18] ist Solvency II grundsätzlich von allen privatrechtlichen Versicherungsunternehmen (auch Einzelunternehmen) anzuwenden.[19] Der Aufwand zweier verschiedener Bilanzierungsregime kann indes nur in Versicherungsunternehmen vermieden werden, die die IFRS und Solvency II anwenden müssen. Eine nur kleine Schnittmenge beider Anwenderkreise würde Synergieeffekte auf diese Gruppe der Versicherungsunternehmen begrenzen.

Der **Anwendungsbereich** des IFRS 17 ist produktbezogen. Das bedeutet, dass solche Verträge in seinen Anwendungsbereich fallen, die die Definitionskriterien eines Versicherungsvertrages erfüllen – unabhängig davon, welcher Branche das die Verträge zeichnende Unternehmen zuzuordnen ist.[20] Die EU hingegen hat sich bei Solvency II für einen unternehmensbezogenen Ansatz entschieden, denn das Aufsichtsregime ist nur für Versicherungsunternehmen maßgeblich.[21] Für welche Verträge versicherungstechnische Rückstellungen gebildet werden müssen, ist indes nicht explizit geregelt.[22] Somit ist zuerst zu konkretisieren, welche Verträge der Schaden- und Unfallversicherung als Versicherungsverträge nach Solvency II klassifiziert werden und ob sich durch die Klassifikation Unterschiede zum Anwendungsbereich des IFRS 17 ergeben.

In beiden Bilanzierungsregimen sind bestimmte **Komponenten von Versicherungsverträgen zu separieren.**[23] IFRS 17 und die Rechts- und Regelungsquellen von Solvency II geben dafür jeweils eigene Kriterien vor. Diese Kriterien werden in einem separaten Abschnitt untersucht, um festzustellen, ob sie zu einem konvergenten bilanziellen Ausweis führen.

Ein weiterer Aspekt der Bilanzierung versicherungstechnischer Rückstellungen sind die **Ansatz- und Ausbuchungszeitpunkte.** Die jeweiligen Zeitpunkte weisen zwar Ähnlichkeiten auf, eröffnen

[18] Vgl. Verordnung (EG) Nr. 1606/2002 DES EUROPÄISCHEN PARLAMENTS UND DES RATES vom 19. Juli 2002 betreffend die Anwendung internationaler Rechnungslegungsstandards (im Folgenden zitiert als Verordnung (EG) Nr. 1606/2002), Art. 4 i. V. m. § 315a Abs. 1 und 2 HGB.

[19] Vgl. EU (Hrsg.), RL 2009/138/EG, Art. 2.

[20] Vgl. IFRS 17.3 sowie hier und nachfolgend in diesem Absatz NGUYEN, T./GROSCHE, S., IFRS 4 aufsichtsrechtlich, S. 425-429.

[21] Vgl. EU (Hrsg.), RL 2009/138/EG, Art. 2. Die BaFin bezeichnet Solvency II als „Aufsichtsregime", weil es die Versicherungsaufsicht als eigenständiges Regelsystem grundlegend reformiert. Vgl. BAFIN (Hrsg.), Solvency II, o. A.

[22] In § 75 Abs. 1 VAG wird lediglich festgehalten: „In der Solvabilitätsübersicht sind für sämtliche Versicherungsverpflichtungen gegenüber Versicherungsnehmern und Anspruchsberechtigten versicherungstechnische Rückstellungen zu bilden."

[23] Vgl. IFRS 17.10; Anhang I DVO.

aber auch Interpretationsspielräume.[24] Daher gilt es, Ansatz- und Ausbuchungszeitpunkte in dieser Arbeit zu konkretisieren, um abschätzen zu können, ob sie voneinander abweichen und ob ggf. Ansatz- und Ausbuchungszeitpunkt nur einmal für beide Rechnungslegungssysteme bestimmt werden müssen.

Die **Bewertungsmodelle** unterscheiden sich u. a. durch die ihnen zugrunde liegenden Konzeptionen: Der vom IASB gewählte Wertmaßstab ist ein modifizierter Zeitwert[25], die sog. *Fulfilment Cash Flows*[26]. Eine Annahme dieses Wertmaßstabs bei der Ermittlung des Rückstellungsbetrags ist, dass der Versicherer den Versicherungsvertrag nicht verkauft, sondern erfüllt.[27] Der für Solvency II gewählte Wertmaßstab ist der sog. *Current Exit Value*[28], ein reiner Zeitwertansatz, der den Preis einer fiktiven Übertragung des Versicherungsvertrags auf ein anderes Unternehmen repräsentiert.[29] In Anbetracht der unterschiedlichen Ermittlungsperspektiven ist zu fragen, wie diese im Bilanzierungsmodell reflektiert werden und ob daraus Unterschiede in der Rückstellungshöhe resultieren, etwa weil ein reiner Zeitwert eine stärkere Marktorientierung erfordert als ein modifizierter.

Festzustellen ist außerdem, dass die **Bewertungsbausteine** beider Modelle unterschiedlich gestaltet sind, was sich alleine aus den abweichenden Wortlauten der jeweiligen Rechts- und Regelungsquellen ergibt. Für jeden der Bausteine werden daher zunächst die Vorgaben des IFRS 17 und der Rechts- und Regelungsquellen von Solvency II konkretisiert und anschließend verglichen. Das Ziel des Vergleichs besteht darin zu prüfen, ob Bausteine oder Teilaspekte der Bausteine so weit übereinstimmen, dass sie nur einmal für beide Bausteinansätze ermittelt werden müssen und ob eine konvergente Auslegung mit Blick auf die Rechnungslegungszwecke zulässig oder geboten ist.

Ein Aspekt, der für alle Bausteine in der vorliegenden Arbeit zu untersuchen ist, ist die **Portfoliobildung**, d. h. die Kriterien, nach denen Versicherungsverträge bzw. versicherungstechnische

---

24 Vgl. Abschnitt 431.1; Art. 17 DVO.

25 Vgl. GALLASCH, F., Bilanzierung von Versicherungsverträgen, S. 2.

26 Vgl. IFRS 17 Appendix A – Defined terms.

27 Vgl. IFRS 17.32 (a).

28 In den Rechts- und Regelungsdokumenten von Solvency II wird der Wertmaßstab für versicherungstechnische Rückstellungen nicht mit einem eigenen Namen versehen. Definiert ist nur der „*Best Estimate*", d. h. der beste Schätzwert, der aus den diskontierten Zahlungsströmen eines Versicherungsvertrags besteht. Als Name für den vollständigen Bausteinansatz von Solvency II wird hier daher der Begriff „*Current Exit Value*" verwendet. So wurde der Wertmaßstab auch vom IASB bezeichnet, als dieser noch für den finalen IFRS 4 zur Diskussion stand. Vgl. IASB (Hrsg.), Feature Comparison (agenda paper 14B), o. A.

29 Vgl. IASB (Hrsg.), DP: Insurance Contracts, Tz. 93.

Rückstellungen i. S. d. jeweiligen Regimevorschriften zusammenzufassen sind. Im Gegensatz zum IFRS 17 wird in den Rechts- und Regelungsquellen von Solvency II eine Mindestgliederung vorgeschrieben. Diese Vorschriften sind mit den prinzipienbasierten Vorgaben des IASB zu vergleichen, um Gemeinsamkeiten zu identifizieren.

Die Elemente des ersten Bausteins, die vertraglichen **Zahlungsströme**, enthalten mehrere zu analysierende Teilaspekte: die qualitativen Anforderungen an die einzubeziehenden Zahlungsströme, die versicherungsmathematischen Ermittlungsmethoden, die Berücksichtigung künftiger Entwicklungen sowie die Regelungen zu den Vertragsgrenzen, d. h. welche Zahlungsströme einem Vertrag zuzuordnen sind. Bezüglich des zweiten Bausteins, der **Diskontierung**, schreibt der IASB vor, dass die Zinsstrukturkurven aller für den Versicherer relevanten Währungen vom Versicherer selber ermittelt werden müssen.[30] Die *European Insurance and Occupational Pensions Authority* (EIOPA) gibt diese Zinsstrukturkurven für Solvency II indes vor.[31] Diese Vorgaben erfordern einen Vergleich der Anforderungen an die zu ermittelnden Diskontzinsen sowie der für die Ermittlung vorgesehenen Methoden. Die Vorgaben zur Ermittlung der **Risikomarge** bilden den dritten Baustein. Während der IASB lediglich prinzipienbasierte Vorgaben macht und keine Ermittlungsmethode vorschreibt, geben die Rechts- und Regelungsquellen für Solvency II eine bestimmte Methode für die Ermittlung der Risikomarge vor.[32] Auch für diesen Baustein sind zunächst die Anforderungen an die Risikomarge und anschließend die konkreten Ermittlungsmethoden zu vergleichen.

Ein zentraler Unterschied zwischen beiden Bewertungsmodellen ist, dass das zentrale Bewertungsmodell nach IFRS 17 – anders als die Vorschriften von Solvency II – zusätzlich zu den *Fulfilment Cash Flows* eine **vertragsbezogene Servicemarge** vorsieht.[33] Dieser **vierte Baustein** im Bewertungsmodell des IASB soll einen Einzahlungsüberschuss neutralisieren und verhindern, dass schon kurz nach Abschluss des Versicherungsvertrags Gewinne ausgewiesen werden, d. h. wenn der Versicherungsvertrag erstmals angesetzt wird, aber noch keine Leistung durch den Versicherer erbracht

---

30 Vgl. IFRS 17.36 (b) sowie B80 f.

31 Vgl. Richtlinie 2014/51/EU des Europäischen Parlaments und des Rates vom 16. April 2014 zur Änderung der Richtlinien 2003/71/EG und 2009/138/EG und der Verordnungen (EG) Nr. 1060/2009, (EU) Nr. 1094/2010 und (EU) Nr. 1095/2010 im Hinblick auf die Befugnisse der Europäischen Aufsichtsbehörde (Europäische Aufsichtsbehörde für das Versicherungswesen und die betriebliche Altersversorgung) und der Europäischen Aufsichtsbehörde (Europäische Wertpapier- und Marktaufsichtsbehörde) (im Folgenden zitiert als EU (Hrsg.), RL 2014/51/EU), Art. 77e Abs. 1 lit. a.

32 Vgl. IFRS 17.B91; Art. 37 DVO.

33 Vgl. IFRS 17.32 (b).

wurde.[34] Diese Marge ist gemäß IFRS 17 über die Laufzeit des Vertrages erfolgswirksam aufzulösen. Die bilanziellen Konsequenzen der Behandlung dieser Servicemarge gilt es zu analysieren und die durch die Servicemarge entstehenden Unterschiede zwischen beiden Bewertungsmodellen zu erörtern.

In Anbetracht der aufgeführten Übereinstimmungen und Abweichungen ergibt sich das **übergeordnete Ziel dieser Arbeit:** Es ist für die Schaden- und Unfallversicherung zu untersuchen, wieweit das Postulat aus Erwägungsgrund 46 der Solvency II-Richtlinie erreicht wird. Das heißt es **ist zu prüfen, wieweit die aufsichtlichen Bilanzierungsvorschriften für versicherungstechnische Rückstellungen mit denen des IFRS 17 übereinstimmen, wo durch gleiche Regelungen oder durch eine übereinstimmende Auslegung der Vorschriften eine gleiche „Bilanzierungsweise" ermöglicht werden und an welchen Stellen es zu maßgeblichen Abweichungen kommt.**[35] Die finalen Vorschriften von Solvency II umfassen im Gegensatz zum IFRS 17 weder eine Erfolgsrechnung, noch eine explizite Folgebewertung oder vom Bausteinansatz abweichende Bewertungsmodelle, wie den *premium allocation approach*[36] des IFRS 17. Den entsprechenden Vorschriften des IFRS 17 stehen also keine Vorschriften von Solvency II gegenüber. Daher wird der Fokus dieser Arbeit auf die Erstbewertung nach den beiden Bausteinansätzen gelegt, die die größten Möglichkeiten für eine einheitliche Vorgehensweise bieten. Im relevanten Abschnitt sind die aufgeführten Übereinstimmungen und die Abweichungen beider Bilanzierungsmodelle zu ermitteln und zu analysieren und mit Blick auf ihre Rechnungslegungszwecke zu würdigen. Daraus ergeben sich für diese Arbeit folgende Teilfragen:

- Wie unterscheiden sich die – für Solvency II herauszuarbeitenden – **Rechnungslegungsadressaten und Rechnungslegungszwecke** beider Rechnungslegungsregime? Lassen sich die Vorschriften trotz möglicher Unterschiede konvergent auslegen oder ist eine unterschiedliche Auslegung aufgrund divergierender Adressaten und Zwecke unumgänglich?

---

[34] Vgl. IFRS 17.38 und BC218.

[35] Die DVO fordert Versicherungsunternehmen auch zur Beantwortung dieser Frage auf, wenn der finale IFRS für Versicherungsverträge in Kraft getreten ist. Denn in Art. 296 Abs. 2 lit. c DVO werden Informationen über versicherungstechnische Rückstellungen gefordert: „[G]etrennt für jeden wesentlichen Geschäftsbereich eine quantitative und qualitative **Erläuterung etwaiger wesentlicher Unterschiede** zwischen den Grundlagen, Methoden und Hauptannahmen, auf die sich das Unternehmen bei **der Bewertung für Solvabilitätszwecke** stützt, und den Grundlagen, Methoden und Hauptannahmen, auf die es sich bei **der Bewertung in seinem Abschluss** stützt" (Einfügung und Hervorhebungen durch den Verfasser). Diese Angaben sind im *Solvency and Financial Condition Report* (SFCR) zu machen.

[36] Vgl. hierzu Abschnitt 431.2.

- Überschneiden sich die **Anwenderkreise** der IFRS und von Solvency II in der deutschen Versicherungswirtschaft so weit, dass für eine ausreichende Zahl an Unternehmen die Bilanzierung vereinheitlicht werden könnte?
- Wie sehr gleichen sich die **Anwendungsbereiche** der Vorschriften für versicherungstechnische Rückstellungen nach IFRS 17 und Solvency II? Fallen die gleichen Sachverhalte unter den Anwendungsbereich des IFRS 17 und unter die Regelungen für versicherungstechnische Rückstellungen nach Solvency II?
- Wie sehr unterscheiden sich die Vorgaben, nach denen **Versicherungsverträge zu separieren** sind?
- Wie weit weichen jeweils die **Ansatz- und die Ausbuchungszeitpunkte** von versicherungstechnischen Rückstellungen in den beiden Rechnungslegungsregimen voneinander ab? Was bewirken festgestellte Abweichungen?
- Wo bestehen Abweichungen zwischen den Bausteinen bezüglich der zugrunde zulegenden Zahlungsströme, für die Diskontierung und für die Berücksichtigung des Risikos in den **Bewertungsmodellen** der versicherungstechnischen Rückstellungen? Können in beiden Rechnungslegungsregimen gleiche Vertrags-Portfolios gebildet werden? Lassen sich Teilaspekte der Regelungen bezüglich der Bausteine ggf. konvergent auslegen, um sie nur einmal ermitteln zu müssen? Wie wirkt sich das Fehlen der vertragsbezogenen Servicemarge im zentralen Bewertungsmodell von Solvency II aus? Wie ist dieser wesentliche Unterschied in beiden Regimen zu beurteilen?

12 Gang der Untersuchung

In **Kapitel 2** werden **Grundlagen des Versicherungsgeschäfts und der Versicherungsaufsicht nach Solvency II** betrachtet. Im Abschnitt 22 werden die Aufgaben und Funktionsprinzipien von Versicherungsunternehmen erläutert, die durch die Rechnungslegung abgebildet werden. Anschließend (Abschnitt 23) wird die Aufteilung des Versicherungsgeschäfts in verschiedene Versicherungszweige betrachtet, um die Schaden- und Unfallversicherung, die im Fokus dieser Arbeit steht, abzugrenzen. Danach werden die **Grundlagen zu Solvency II** gelegt (Abschnitt 24). Zuerst werden die Motive zur Entwicklung von Solvency dargelegt, um anschließend die daraus resultierende Struktur des Regelwerkes zu betrachten und die Rechnungslegungsvorschriften einzuordnen. Auch werden die verschiedenen Rechts- und Regelungsquellen von Solvency II erörtert; ihre Bedeutung für diese Arbeit wird mit Hilfe des mehrstufigen Lamfalussy-Gesetzgebungsverfahrens gezeigt.

In **Kapitel 3** werden die **Grundlagen der beiden untersuchten Rechnungslegungssysteme** betrachtet, um einen Rahmen für die Beurteilung der in Kapitel 4 zu analysierenden Bilanzierungsvorschriften zu schaffen. Zuerst werden Adressaten und Zweck der Rechnungslegung nach IFRS sowie die daraus resultierenden qualitativen Anforderungen erörtert (Abschnitt 312). Anschließend werden Adressaten, Zweck und Anforderungen der Rechnungslegung nach Solvency II hergeleitet, da diese nicht direkt in den relevanten Rechtsquellen kodifiziert sind (Abschnitt 33). Die Ergebnisse der Adressaten- und Zweckdiskussion werden im folgenden Abschnitt 34 verglichen, um Unterschiede und Gemeinsamkeiten herauszuarbeiten. Im letzten Abschnitt des Kapitels werden die parallelen Entwicklungen des IASB-Projekts zur Bilanzierung von Versicherungsverträgen und die der Rechnungslegungsvorschriften nach Solvency II dargestellt. So wird ihre Verwandtschaft belegt, aber auch gezeigt, warum sie sich in verschiedenen Aspekten voneinander unterscheiden.

Im Hauptteil der Arbeit, in **Kapitel 4**, werden Aspekte der Bilanzierung von Versicherungsverträgen bzw. versicherungstechnischen Rückstellungen konkretisiert und auf Gemeinsamkeiten und Unterschiede untersucht. Die Untersuchung folgt dabei grundsätzlich der **Struktur des IFRS 17**, der die entsprechenden Passagen bzw. Regelungen aus den Rechts- und Regelungsquellen von Solvency II gegenübergestellt werden. Bevor die zentralen Bewertungsmodelle in Abschnitt 45 betrachtet werden, werden in den Abschnitten 41 und 42 zunächst die **Anwenderkreise**, d. h. der Kreis der Unternehmen, die die jeweiligen Vorschriften anwenden müssen, und die **Anwendungsbereiche**, d. h. welche Verträge als Versicherungsverträge zu klassifizieren sind, analysiert. Damit wird die Größe der gemeinsamen Basis umrissen, innerhalb welcher mögliche Erleichterungen durch die kongruente Auslegung der in dieser Arbeit betrachteten Rechnungslegungsvorschriften erreicht werden können. Außerdem wird in Abschnitt 43 untersucht, nach welchen Kriterien bestimmte **Versicherungsvertragskomponenten separiert** und getrennt bilanziert werden müssen. Im nächsten Abschnitt wird untersucht, wie die **Ansatz- und Ausbuchungszeitpunkte** für versicherungstechnische Rückstellungen beider Systeme gestaltet sind und wie stark diese voneinander abweichen (Abschnitt 44).

Abschnitt 45 beginnt mit einem **Überblick über die zentralen Bewertungsmodelle** (Abschnitt 451) und einer Analyse ihrer **konzeptionellen Unterschiede** (Abschnitt 452). So wird ein grundlegendes Verständnis für die Modelle und ihre systematischen Unterschiede geschaffen, bevor die einzelnen Bausteine detailliert untersucht werden. Aus dem gleichen Grunde wird auch erörtert, nach welchen Kriterien Rückstellungs-Portfolios zu bilden sind (Abschnitt 453). Anschließend werden die Bausteine der zentralen Bewertungsmodelle daraufhin untersucht, wie weit sie übereinstimmen und wo Möglichkeiten bestehen, durch eine gleiche Auslegung Erleichterungen in der Bilanzierung zu erreichen:

- Der **erste Baustein** besteht aus dem Erwartungswert künftiger **Zahlungsströme** aus der Erfüllung der Verpflichtungen des Versicherungsvertrags (Abschnitt 455). Die Analyse des Bausteins umfasst dabei mehrere Teilaspekte. So werden – unter besonderer Beachtung von Akquisitionskosten – die einzubeziehenden Zahlungsströme, grundlegende methodische Vorgaben, qualitative Anforderungen, Vertragsgrenzen und zu berücksichtigende künftige Ereignisse betrachtet.

- Der **zweite Baustein** (Abschnitt 456) umfasst die Regelungen zu den zu ermittelnden Diskontfaktoren, mit denen die Zahlungsströme des ersten Bausteins abzuzinsen sind. Der Abschnitt beginnt mit einer Diskussion der Vorteile und Nachteile der Diskontierung von Zahlungsströmen aus Versicherungsverträgen. Anschließend werden die Anforderungen an die Diskontfaktoren sowie die vorgeschriebenen Ermittlungsmethoden konkretisiert und verglichen.

- Der **dritte Baustein** (Abschnitt 457) umfasst die Vorschriften zur zu bildenden Risikomarge. Nachdem die unterschiedlichen konzeptionellen Stoßrichtungen der Risikomargen nach IFRS 17 und Solvency II, sowie Vorteile und Nachteile eines separaten Risikomargenausweises diskutiert wurden, werden zunächst die in der Risikomarge abzubildenden Risiken analysiert. Anschließend werden die konkreten methodischen Vorgaben zur Ermittlung der Marge verglichen, um zu ermitteln, ob Bilanzierungssystemübergreifend die gleichen Diskontfaktoren verwendet werden können.

- Die Analyse der Bausteinansätze wird mit dem nur für IFRS 17 relevanten vierten Baustein, der **vertragsbezogenen Servicemarge** sowie die **Behandlung des Residualbetrags** unter Solvency II geschlossen (Abschnitt 458).

Im abschließenden **Kapitel 5** werden die Ergebnisse zusammengefasst und abschließend gewürdigt.

2 Grundlagen des Versicherungsgeschäfts und der Versicherungsaufsicht nach Solvency II

21 Vorbemerkungen

Um ein grundlegendes Verständnis für die der Versicherungsbilanzierung zugrunde liegenden ökonomischen Sachverhalte zu schaffen, wird im folgenden Abschnitt gezeigt, welche Aufgaben Versicherungsunternehmen wahrnehmen. In Abschnitt 23 werden anschließend die verschiedenen Arten von Versicherungsverträgen nach den von ihnen gedeckten Risiken systematisiert sowie Charakteristika der Schaden- und Unfallversicherung näher betrachtet. Damit wird der Forschungsbereich dieser Arbeit umrissen. Weiterhin werden in Abschnitt 24 Grundlagen zu Solvency II erläutert. Daran anknüpfend werden die Stellung der Rechnungslegung von Solvency II innerhalb des Aufsichtsregimes erörtert und die zahlreichen Rechts- und Regelungsquellen von Solvency II systematisiert.

22 Aufgaben von Versicherungsunternehmen

Der **Begriff des „Risikos"** ist in der Versicherungsliteratur nicht eindeutig definiert.[37] Die verschiedenen Definitionen haben aber einen gemeinsamen Kern: Die Entscheidungen von Wirtschaftssubjekten über ihr (wirtschaftliches) Handeln führen für gewöhnlich nicht zu eindeutigen Ergebnissen, sondern zu einer großen Zahl möglicher Ergebnisalternativen, die mit bekannten oder unbekannten Wahrscheinlichkeiten eintreten.[38] Das Handeln führt also zu einer Wahrscheinlichkeitsverteilung von Ergebnismöglichkeiten.[39] Für das Wirtschaftssubjekt nachteilige Abweichungen vom Planwert werden indes nicht als Risiken sondern als Chancen verstanden. Entsprechend wird in dieser Arbeit auf eine für das Versicherungswesen gebräuchliche Definition von Risiko zurückgegriffen: das Risiko die „[...] Möglichkeit einer negativen Abweichung zwischen

---

[37] Vgl. beispielhaft zum Risikobegriff WAGNER, F., Versicherungslexikon, S. 541 f.; HELTEN, E., Ist Risiko ein Konstrukt?, o. A.; KARTEN, W., Die Unsicherheit des Risikobegriffs, o. A.

[38] Dies wird bedingt durch externe Variablen, die sich anders entwickelt haben als im Plan angenommen oder durch interne Variablen, die die „Umgebung" des Wirtschaftssubjekts nicht in dem Maße beeinflusst haben wie angenommen. Vgl. FARNY, D., Versicherungsbetriebslehre, S. 25; FARNY, D., Fortentwicklung der Theorie der Versicherung, S. 868; HAX, K., Grundlagen des Versicherungswesens, S. 24; HAX, K., Grundlagen des Versicherungswesens, S. 23.

[39] Vgl. FARNY, D., Versicherungsbetriebslehre, S. 26.

Plan und Wirklichkeit“ [40] und damit die Wahrscheinlichkeitsverteilung ungünstiger Ergebnisausprägungen darstellt.[41]

Wirtschaftssubjekten wird in diesem Zusammenhang ein **Sicherungsbedürfnis** bezüglich ungewisser künftiger Entwicklungen unterstellt, die von ihnen nicht selber oder nur begrenzt vermieden werden können.[42] Das Sicherungsbedürfnis kann z. B. über eine individuelle Reservebildung befriedigt werden.[43] Die **individuelle Reservebildung** hat indes den Nachteil, dass erhebliche finanzielle Ressourcen gebunden werden, die wegen des ungewissen Schadeneintrittszeitpunkts ständig liquide vorgehalten werden müssen.[44] Dies wiederum schränkt die finanzielle Freiheit des Wirtschaftssubjekts ein. Außerdem kann ein Wirtschaftssubjekt nicht für beliebig hohe Schäden vorsorgen und muss die nötigen Reserven erst aufbauen, weshalb die sichernde Wirkung nicht sofort eintritt.[45]

Eine weitere Möglichkeit; das Sicherungsbedürfnis zu befriedigen und Verlustgefahren abzuwenden besteht darin, die „[k]ollektive Selbsthilfe durch **Versicherung**“ [46] zu beanspruchen. Das Versicherungsunternehmen befriedigt das Sicherungsbedürfnis der Versicherungsnehmer, indem es gegen Zahlung von einmaligen oder wiederkehrenden Prämien[47] eine Wahrscheinlichkeitsverteilung von Schäden des Versicherungsnehmers übernimmt. Diese Übertragung wird als

40 HAX, K., Grundlagen des Versicherungswesens, S. 23.

41 Vgl. FARNY, D., Versicherungsbetriebslehre, S. 29.

42 Vgl. z. B. MÜLLER-LUTZ, H. L., Allgemeine Versicherungslehre (Teil 1), S. 411.

43 Vgl. HELTEN, E./BITTL, A./LIEBWEIN, P., Versicherung von Risiken, S. 173 f. Eine weitere Möglichkeit für den Fall eines Schadeneintritts finanziell abgesichert zu sein ist die sog. öffentliche Hilfe. Diese ist z. B. bei Naturkatastrophen von großer Bedeutung, wenn die Selbsthilfe versagt. Vgl. hierzu HAX, K., Grundlagen des Versicherungswesens, S. 37. Vgl. auch hier und nachfolgend in diesem Absatz GALLASCH, F., Bilanzierung von Versicherungsverträgen, S. 6.

44 Vgl. MÜLLER-LUTZ, H. L., Allgemeine Versicherungslehre (Teil 1), S. 426; BRAEẞ, P., Versicherung und Risiko, S. 14 f.

45 Vgl. HELTEN, E./BITTL, A./LIEBWEIN, P., Versicherung von Risiken, S. 174; zur Unzulänglichkeit der individuellen Reservebildung, HAX, K., Grundlagen des Versicherungswesens, S. 12.

46 HAX, K., Grundlagen des Versicherungswesens, S. 12. Hervorhebung und Einfügung durch den Verfasser.

47 Die Begriffe (Versicherungs-)Prämie und (Versicherungs-)Beitrag werden häufig synonym verwendet und stehen für die Preise von Versicherungsprodukten. Vgl. WAGNER, F., Versicherungslexikon, S. 476 f. Da der Begriff Prämie indes für die in dieser Arbeit fokussierte Privatversicherung gebräuchlicher ist, wird nachfolgend vorwiegend auf Prämien abgestellt. Ausnahmen werden nur dort gemacht, wo im Gesetz der Begriff Beitrag verwendet wird, etwa bei der „Rückstellung für Beitragsrückerstattung“.

Risikogeschäft bezeichnet und stellt gleichzeitig den „Kern“ und den wichtigsten der **drei zentralen Bestandteile des Versicherungsgeschäfts** nach FARNY dar, die in der folgenden Übersicht abgebildet sind.[48]

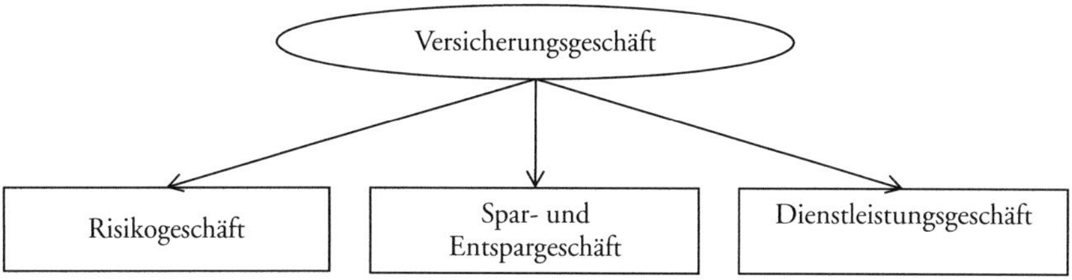

Übersicht 2-1: Die drei zentralen Bestandteile des Versicherungsgeschäfts[49]

Das **Risikogeschäft** wird in der Praxis vollzogen, indem das Versicherungsunternehmen dem Versicherungsnehmer gegen Prämienzahlung das Schutzversprechen gibt, Versicherungsleistungen zu gewähren, wenn ein zuvor spezifizierter Versicherungsfall eingetreten ist.[50] Dem Versicherungsnehmer sichern das Schutzversprechen und die tatsächliche Leistung im Schadenfall seine wirtschaftliche Lage, da der aus den Schäden entstehende Mittelbedarf teilweise oder vollständig vom Versicherungsunternehmen gedeckt wird. Beim Versicherungsunternehmen werden bei dieser Absicherung die vielen verschiedenen von den Versicherungsnehmern übernommenen Wahrscheinlichkeitsverteilungen zusammengeführt, wodurch es zu einem Risikoausgleich im Kollektiv[51] und in der Zeit[52] kommt. Beim Versicherungsnehmer kann so – abhängig von Art und Umfang

48 Vgl. HAX, K., Grundlagen des Versicherungswesens, S. 10-12 FARNY, D., Versicherungsbetriebslehre, S. 22-57; SCHULENBURG, J.-M. G. V. D./LOHSE, U., Versicherungsökonomik, S. 24.

49 Vgl. SCHULENBURG, J.-M. G. V. D./LOHSE, U., Versicherungsökonomik, S. 24.

50 Vgl. hier und nachfolgend in diesem Absatz FARNY, D., Versicherungsbetriebslehre, S. 22-30; SCHULENBURG, J.-M. G. V. D./LOHSE, U., Versicherungsökonomik, S. 24.

51 Risikoausgleich im Kollektiv bedeutet, dass Überschäden, also Risiken mit besonders hohen Schäden, häufig Unterschäden, also Risiken mit nur kleinen oder ohne Schäden gegenüberstehen. Durch diesen Ausgleich sinkt mit steigender Kollektivgröße die relative Streuung der Gesamtschadenverteilung und der kollektive Effektivschaden nähert sich dem kollektiven Erwartungsschaden an. Diese Funktionsweise entspricht dem Gesetz der großen Zahlen. Vgl. FARNY, D., Versicherungsbetriebslehre, S. 47; ALBRECHT, P./SCHWAKE, E., Versicherungstechnisches Risiko, S. 655-657; BOETIUS, J., Handbuch der versicherungstechnischen Rückstellungen, Anm. 98.

52 Da das Modell des Risikoausgleichs im Kollektiv i. d. R. auf einen Zeitraum von einer Rechnungsperiode, also einem Geschäftsjahr, begrenzt ist, wird zudem ein Risikoausgleich in der Zeit nötig. Dabei werden Überschäden oder Unterschäden einzelner Rechnungsperioden im Zeitablauf weitgehend ausgeglichen und die Streuung der Gesamtschadenverteilung wird auf lange Sicht geringer als bei einer nur einperiodigen Betrachtung. Der Risikoausgleich in der Zeit berücksichtigt, dass viele Versicherungsverhältnisse länger als eine Rechungsperiode laufen. Vgl. FARNY, D., Versicherungsbetriebslehre, S. 50-53; BOETIUS, J., Handbuch

des beanspruchten Versicherungsschutzes – auf die individuelle Reservebildung verzichtet werden. Stattdessen bildet das Versicherungsunternehmen Rückstellungen für die Regulierung von ungewissen Schäden des Versicherungsnehmers.[53]

Das Risikogeschäft ist in einigen Bereichen – z. B. in den Hauptformen der Lebensversicherung[54] – mit dem **Spar- und Entspargeschäft** verbunden.[55] Beim Spargeschäft werden vom Versicherungsnehmer entweder einmal oder laufend Beiträge an den Versicherer gezahlt, der sich wiederum dazu verpflichtet, das empfangene Kapital zu verzinsen.[56] Beim Entspargeschäft werden die vom Versicherungsnehmer eingezahlten und verzinsten Beiträge nach Plan entweder in Form von Einmalzahlungen oder über Rentenzahlungen, die sich auf einen bestimmten oder einen unbestimmten Zeitraum erstrecken, an den Versicherungsnehmer ausgezahlt.[57] Das Spar- und Entspargeschäft ist vor allem mit der Lebensversicherung und mit der Unfallversicherung mit Prämienrückgewähr verbunden.[58] Bei diesen Versicherungsformen werden die an die Versicherungsnehmer auszuzahlenden Mittel vom Versicherungsunternehmen in sog. Deckungsrückstellungen reserviert.[59]

Der dritte zentrale Bestandteil des Versicherungsgeschäfts ist das **Dienstleistungsgeschäft.**[60] Dieses ist notwendig, um aus dem Risikogeschäft und aus dem Spar- und Entspargeschäft ein zwischen Versicherer und Versicherungsnehmer austauschfähiges Gut zu erzeugen.[61] Daher besteht das Dienstleistungsgeschäft i. d. R. nicht aus eigenständigen Marktleistungen, sondern aus Dienstleistungen, die die ersten beiden zentralen Funktionen von Versicherungsunternehmen ergänzen. Das

der versicherungstechnischen Rückstellungen, Anm. 99 sowie für eine Darstellung der risikopolitischen Maßnahmen zur Realisierung eines Risikoausgleichs in der Zeit JÄGER VON EHRENSTEIN, B., Ausgleich in der Zeit Teil 1 und JÄGER VON EHRENSTEIN, B., Ausgleich in der Zeit Teil 2.

53 Nach den Rechnungslegungsvorschriften des IFRS 17 und von Solvency II sind Versicherungsunternehmen dazu verpflichtet, finanzielle Mittel i. H. d. erwarteten Zahlungsströme zurückzustellen, die anfallen, um die Verpflichtungen aus dem Versicherungsvertag zu erfüllen. Vgl. hierzu Abschnitt 455.

54 Zu den verschiedenen Versicherungszweigen vgl. Abschnitt 23.

55 Vgl. hier und nachfolgend in diesem Absatz FARNY, D., Versicherungsbetriebslehre, S. 22, 53-55; SCHULENBURG, J.-M. G. V. D./LOHSE, U., Versicherungsökonomik, S. 24.

56 Vgl. WAGNER, F., Versicherungslexikon, S. 621.

57 Vgl. WAGNER, F., Versicherungslexikon, S. 191.

58 Vgl. FARNY, D., Versicherungsbetriebslehre, S. 22.

59 Vgl. ROCKEL, W. U. A., Versicherungsbilanzen, S. 180 f.; FARNY, D., Buchführung, S. 131.

60 Vgl. hier und nachfolgend in diesem Absatz FARNY, D., Versicherungsbetriebslehre, S. 22, 55-57; SCHULENBURG, J.-M. G. V. D./LOHSE, U., Versicherungsökonomik, S. 24.

61 Vgl. mit Bezug zum Abwicklungsgeschäft WAGNER, F., Versicherungslexikon, S. 9.

Dienstleistungsgeschäft von Versicherern kann wiederum in Beratungsleistungen und Abwicklungsleistungen unterteilt werden, die häufig nicht nur eine einzelne Tätigkeit, sondern ganze Geschäftsprozesse darstellen. Beratungsdienstleistungen dienen dazu, Versicherungsnehmern die erstgenannten zentralen Bestandteile des Versicherungsgeschäfts zu erklären, vor allem, um ihren Versicherungsbedarf zu klären. Sie stehen hauptsächlich in Zusammenhang mit dem Absatz von Versicherungsverträgen. Abwicklungsleistungen sind alle Handlungen, die ausgeführt werden, um die Versicherungsprodukte auf den Märkten verwendbar zu machen. Sie umfassen Dienstleistungen, die sich über die gesamte Laufzeit des Versicherungsvertrages erstrecken, z. B. die Vertragssachbearbeitung bei Vertragsschluss und während der Laufzeit sowie die Abwicklung von eingetretenen Schäden.

23 Systematisierung von Versicherungszweigen

231. Überblick

Die zwei grundsätzlich zu unterscheidenden Arten von Versicherung sind zum einen die Sozialversicherung und zum anderen die Individual- bzw. Privatversicherung.[62] Die in der vorliegenden Arbeit betrachtete **Individual- bzw. Privatversicherung** umfasst das privatwirtschaftlich betriebene Versicherungsgeschäft; die dabei geschlossenen Versicherungsverhältnisse sind privatrechtlicher Natur.[63] Bei der Privatversicherung sind die Erstversicherung und die Rückversicherung zu unterscheiden. **Rückversicherung** bedeutet die Versicherung eines Erst- oder eines anderen Rückversicherers.[64] Dabei werden vom sog. Zedenten[65] Teile von übernommenen Schadenverteilungen gegen Prämienzahlung auf den Zessionär[66] übertragen.[67] In der **Erstversicherung** werden ausschließlich Versicherungsgeschäfte mit privaten und öffentlichen Haushalten sowie mit

62 Vgl. DVA (Hrsg.), Versicherungslehre 1, S. 21. Die Sozialversicherung umfasst Institutionen, die mit der sozialen Sicherung in der Bundesrepublik Deutschland betraut sind. Diese weisen neben dem Versicherungsprinzip auch andere, versicherungsfremde Elemente, z. B. staatliche Zuschüsse, auf und werden im Folgenden nicht näher betrachtet. Vgl. DVA (Hrsg.), Versicherungslehre 1, S. 27. Sozialversicherungen fallen indes nicht im Anwendungsbereich von Solvency II und IFRS 17 und werden daher in dieser Arbeit nicht näher betrachtet.

63 Vgl. WAGNER, F., Versicherungslexikon, S. 491; DVA (Hrsg.), Versicherungslehre 1, S. 21.

64 Vgl. WAGNER, F., Versicherungslexikon, S. 571.

65 Als Zedent werden Erst- oder Rückversicherer bezeichnet, die Anteile der von ihnen versicherten oder rückversicherten Schadenverteilungen gegen Zahlung einer Prämie an einen Rückversicherer abgeben bzw. zedieren. Vgl. WAGNER, F., Versicherungslexikon, S. 772.

66 Ein Zessionär ist eine Gesellschaft, die Rückversicherungsschutz gewährt. Vgl. WAGNER, F., Versicherungslexikon, S. 774.

67 Vgl. FARNY, D., Versicherungsbetriebslehre, S. 479 f.

gewerblichen Unternehmen als Versicherungsnehmern geschlossen.[68] In dieser Arbeit soll die Bilanzierung der Rückstellungen von Erstversicherungsunternehmen in der Schaden- und Unfallversicherung untersucht werden. Übersicht 2-2 stellt die relevanten Erstversicherungszweige dar – gegliedert nach Versicherungsleistung und Versicherungsgegenstand. Gleichzeitig werden die Gliederungsvorschriften von Solvency II gezeigt:

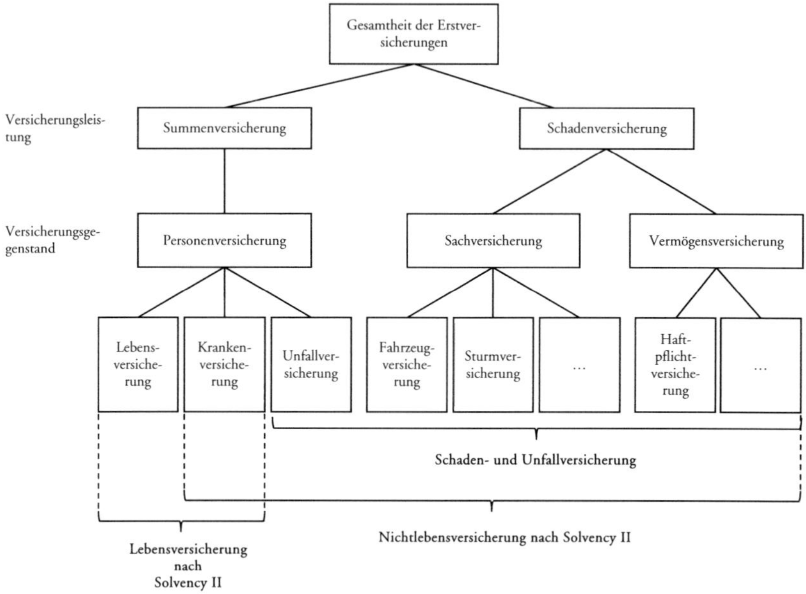

Übersicht 2-2: Gliederungsmöglichkeiten der Erstversicherung nach Versicherungszweigen[69]

Die Versicherungszweige lassen sich grundsätzlich nach der erbrachten Versicherungsleistung gliedern. Diese Unterteilung wird auch im Versicherungsvertragsgesetz (VVG) vorgenommen und

68 Vgl. FARNY, D., Versicherungsbetriebslehre, S. 240.

69 Darstellung in ähnlicher Form bei SURREY, I., Versicherungsgeschäfte, S. 26; GALLASCH, F., Bilanzierung von Versicherungsverträgen, S. 21; DVA (Hrsg.), Versicherungslehre 1, S. 24 sowie für eine Darstellung zur EU-Versicherungsmarktregulierung SCHULENBURG, J.-M. G. V. D./LOHSE, U., Versicherungsökonomik, S. 84. Der Zweig der Lebensversicherung kann noch weiter unterteilt werden. Da die Rechnungslegung in der Lebensversicherung aber nicht Forschungsgegenstand dieser Arbeit ist, wird auf eine weitere Unterteilung verzichtet.

unterscheidet zwischen Summenversicherung und Schadenversicherung.[70] Bei einer **Summenversicherung** leistet der Versicherer bei Eintritt des versicherten Ereignisses eine vorher genau vereinbarte Versicherungssumme oder Rentenzahlungen.[71] Da in den Zweigen der Summenversicherung i. d. R. keine objektiven Maßstäbe für die entstandenen Schadenhöhen bestehen, z. B. für ein Menschenleben, ist es nicht notwendig, einen tatsächlich entstandenen Schaden nachzuweisen; es muss lediglich nachgewiesen werden, dass das spezifizierte Ereignis eingetreten ist. Bei der **Schadenversicherung** verpflichtet sich der Versicherer dem Versicherungsnehmer, wenn das versicherte Ereignis eingetreten ist, den dadurch entstandenen Vermögensschaden gemäß den Vorgaben des Versicherungsvertrags zu ersetzen.[72] Damit wird nicht wie bei der Summenversicherung ein vorher genau festgelegter Betrag gezahlt, sondern ein tatsächlich entstandener Schaden ersetzt.

Weiterhin lassen sich Versicherungen nach ihren Versicherungsgegenständen unterscheiden. Bei der **Personenversicherung** ist der Versicherungsgegenstand eine konkrete Person, deren körperliche Unversehrtheit i. d. R. versichert wird. Die **Sachversicherung** hat im Versicherungsvertrag fixierte oder umschriebene Gegenstände und deren Verlust oder Beschädigung zum Versicherungsgegenstand. Die **Vermögensversicherung** hingegen bezieht sich – im Gegensatz zu Personenversicherung und Sachversicherung – auf das Vermögen als Ganzes, z. B. in Form von Schadenersatzansprüchen.[73]

Auf der nächst tieferen Gliederungsebene werden weitgehend homogene Risiken in Gruppen zusammengefasst. Dies geschieht z. B., um risikogerechte Prämien zu kalkulieren.[74] Die Möglichkeit, das Versicherungsgeschäft in Zweige einzuteilen, ist vielfältig und die in Übersicht 2-2 dargestellten Versicherungszweige lassen sich weiter in Versicherungsarten unterteilen. Bei der Kraftfahrtversicherung ist z. B. eine weitere Unterteilung in Kraftfahrzeug-Haftpflichtversicherung, Fahrzeugversicherung und Kraftfahrtunfallversicherung möglich.[75]

---

70 Vgl. VAN BÜHREN, H. W., § 1 Versicherungsvertragsrecht, Rn. 11; GALLASCH, F., Bilanzierung von Versicherungsverträgen, S. 21.

71 Vgl. hier und im Folgenden WAGNER, F., Versicherungslexikon, S. 641; DVA (Hrsg.), Versicherungslehre 1, S. 237; KOCH, P., Versicherungswirtschaft, S. 36 f.; SURREY, I., Versicherungsgeschäfte, S. 26. Je nach Vertragsgestaltung kann eine Krankenversicherung auch Elemente einer Schadenversicherung enthalten. Siehe hierzu WAGNER, F., Versicherungslexikon, S. 238.

72 Vgl. hier und im Folgenden DVA (Hrsg.), Versicherungslehre 1, S. 238.

73 Vgl. WAGNER, F., Versicherungslexikon, S. 465, 580; DVA (Hrsg.), Versicherungslehre 1, S. 25.

74 Vgl. KOCH, P., Versicherungswirtschaft, S. 271.

75 Vgl. DVA (Hrsg.), Versicherungslehre 1, S. 22 f.

Weiterhin gibt **Solvency II** eine eigene Gliederung des Versicherungsgeschäfts vor, die gemäß Art. 55 Abs. 2 DVO nach „[...] Art der aus den Verpflichtungen erwachsenden Risiken [...]" und unabhängig von der rechtlichen Form der Verpflichtungen vorgenommen wird.[76] Die in der DVO-Gliederung definierten Versicherungszweige sind für die in Abschnitt 453.3 näher beschriebene Gliederung der versicherungstechnischen Rückstellungen in homogene Risikogruppen von Bedeutung, da sie für Solvency II-Rückstellungsportfolios die Mindestgliederungstiefe darstellen. Bei der Einteilung der Versicherungszweige zu Rechnungslegungszwecken nach Solvency II wird grundsätzlich zwischen **Lebensversicherung** und **Nichtlebensversicherung** unterschieden. Danach wird in zwölf Nichtlebensversicherungszweige und sechs Lebensversicherungszweige unterteilt, wobei die Krankenversicherung in beiden Gruppen enthalten ist: einmal als Krankenversicherung nach Art der Lebensversicherung und einmal als Krankheitskostenversicherung, die keine versicherungstechnischen Elemente der Lebensversicherung enthält und daher zur Nichtlebensversicherung gezählt wird.[77]

Die Unterscheidung in Schaden- und Unfallversicherung, Lebensversicherung und Krankenversicherung ist in Deutschland gesetzlich vorgeschrieben. So darf nach dem Gebot der **Spartentrennung** gemäß § 8 Abs. 1a VAG Lebensversicherung nicht mit anderen Versicherungssparten im gleichen Unternehmen betrieben werden. Gleiches gilt für die substitutive Krankenversicherung[78] und wird damit begründet, dass ein spartenübergreifender Gewinn- und Verlustausgleich den Gläubigerschutz erhöht.[79] Versicherungszweige zusammenzufassen, die nicht der Lebensversicherung oder der Krankenversicherung zuzuordnen sind, ist indes gestattet. Die zusammengefassten Versicherungszweige der Schaden- und Unfallversicherung, die einen Großteil der Nichtlebensversicherung repräsentieren, werden auch als „Kompositversicherung" bezeichnet. In

76 Vgl. Art. 55 Abs. 2 DVO sowie zu den Versicherungszweigen EU (Hrsg.), RL 2009/138/EG, Art. 80 i. V. m. Anhang I DVO.

77 Vgl. Anhang I lit. A und D DVO. Die DVO bezeichnet die einzelnen Teile der Untergliederung als „Geschäftsbereiche". Aus Gründen der Vereinheitlichung werden diese im Folgenden auch als Versicherungszweige bezeichnet. In Übersicht 2-2 sind aus Platzgründen nicht alle Zweige aufgeführt.

78 Als substitutive Krankenversicherung gemäß § 12 Abs. 1 VAG (auch „Krankheitsvollkostenversicherung" genannt) wird der umfassende und individuelle Versicherungsschutz der privaten Krankenversicherung verstanden. Sie stellt die Alternative zur gesetzlichen Krankenversicherung dar. Vgl. WAGNER, F., Versicherungslexikon, S. 377 f.

79 Vgl. FARNY, D., Versicherungsbetriebslehre, S. 120 f.

der folgenden Übersicht ist schematisch die Struktur eines Versicherungskonzerns abgebildet, der Versicherungsgeschäfte in verschiedenen Sparten betreibt.[80]

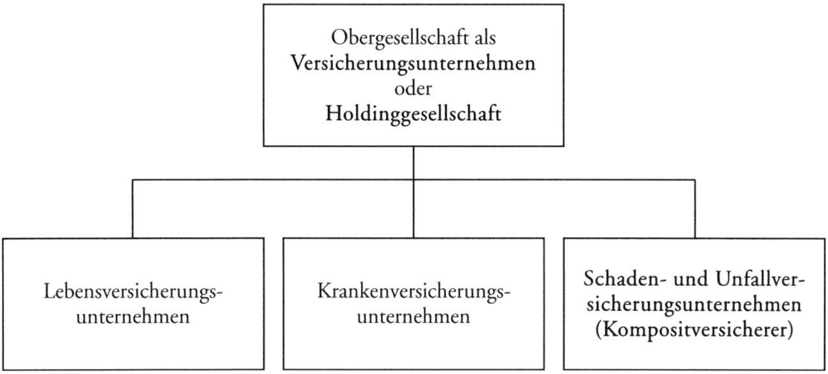

Übersicht 2-3: Schematische Darstellung der Spartentrennung in einem Versicherungskonzern[81]

232. Schaden- und Unfallversicherung

Wie im vorangegangenen Abschnitt dargelegt, sind die versicherungstechnischen Charakteristika der einzelnen Versicherungssparten sehr unterschiedlich, was sich auch in der Bilanzierung ihrer versicherungstechnischen Rückstellungen niederschlägt. Es ist also angebracht, den Fokus dieser Arbeit auf nur eine Sparte zu legen, um den Umfang der Untersuchung einzugrenzen. Diese Arbeit soll sich primär auf die Bilanzierung von Rückstellungen aus der Schaden- und Unfallversicherung beziehen. Im Folgenden wird deshalb nur diese Sparte näher betrachtet.

Im Jahr 2014 wurden in der Schaden- und Unfallversicherung in Deutschland **gebuchte Bruttobeiträge**[82] i. H. v. 62,6 Mrd. Euro[83] verzeichnet. Bezüglich der versicherungstechnischen

[80] Vgl. FARNY, D., Versicherungsbetriebslehre, S. 120.

[81] Übersicht in ähnlicher Form bei DVA (Hrsg.), Versicherungslehre 1, S. 45.

[82] Gebuchte Bruttobeiträge spiegeln das Umsatzprinzip in der GuV von Versicherungsunternehmen wider, da sie die unperiodisierten Einzahlungen der Versicherungsnehmer, also den Bruttoumsatz, darstellen. Von ihnen wurden auch noch nicht die an Rückversicherer abzuführenden Beiträge abgezogen. Gebuchte Bruttobeiträge bilden einen Ausgangspunkt bei der Ermittlung der „verdienten Beiträge für eigene Rechnung", also für den periodisierten Nettoerfolg. Vgl. ROCKEL, W. U. A., Versicherungsbilanzen, S. 27, 233 f.; WAGNER, F., Versicherungslexikon, S. 477.

[83] Vgl. GDV (Hrsg.), Statistisches Taschenbuch 2015, Tabelle 1. In den Sparten Lebens- und Krankenversicherung wurden im gleichen Jahr 93,7 Mrd. Euro und 36,2 Mrd. Euro verzeichnet.

Rückstellungen der Schaden- und Unfallversicherung sind nach **Solvency II**[84] folgende Zweige bzw. **Geschäftsbereiche** zu unterscheiden:[85] Berufsunfähigkeitsversicherung, Arbeitsunfallversicherung, Kraftfahrzeughaftpflichtversicherung, sonstige Kraftfahrtversicherung, See-, Luftfahrt- und Transportversicherung, Feuer- und andere Sachversicherung, allgemeine Haftpflichtversicherung, Kredit- und Kautionsversicherung, Rechtsschutzversicherung sowie Beistand und verschiedene finanzielle Verluste.

Verträge aus der Nichtlebensversicherung, besonders aus der Schaden- und Unfallversicherung werden häufig als kurzlaufend eingestuft. Sie haben i. d. R. eine Deckungsperiode von einem Jahr.[86] Indes existieren auch in der Schaden- und Unfallversicherung langlaufende Versicherungsverträge, z. B. Haftpflichtverträge bei Bauprojekten, die sich über die ganze Bauzeit erstrecken.[87] Da die Vertragsdauer der Privatautonomie unterliegt, kann sie frei von den beteiligten Parteien ausgehandelt werden, wobei aber bei Versicherungsverträgen, die länger als drei Jahre laufen, ein jährliches Kündigungsrecht ab dem dritten Jahr gemäß § 11 Abs. 4 VVG beachtet werden muss.[88] Weiterhin sind Versicherungsbeziehungen, die sich über einen Zeitraum von mehreren Jahren erstrecken nicht als langfristige Versicherungsverträge zu sehen, wenn sie Preisanpassungsklauseln enthalten, die es dem Versicherungsunternehmen ermöglichen, seine Prämien an die geänderte Risikosituation des Versicherungsnehmers anzupassen. Solche Verträge sind vielmehr als aufeinanderfolgende kurzlaufende Versicherungsverträge anzusehen.[89] Da sich der Zeitraum der

---

84 Da IFRS 17 keine detaillierte Untergliederung des Versicherungsgeschäfts in Zweige vorgibt, wird in dieser Arbeit, wenn notwendig, auf die Gliederung der Rückstellungen nach Solvency II verwiesen.

85 Vgl. Anhang I lit. A Nr. 2-12 DVO. Durch die Möglichkeit, Versicherungsverträge frei zu gestalten, lassen sich die einzelnen Verträge nicht immer eindeutig einem Zweig zuordnen. Es kann aber davon ausgegangen werden, dass die Krankheitskostenversicherung, die auch ein Teil der Nichtlebensversicherung ist, eher Merkmale der Krankenversicherung als der Schaden- und Unfallversicherung aufweist, weshalb sie hier nicht aufgeführt wird. Weiterhin sind noch andere Möglichkeiten denkbar, das Versicherungsgeschäft in Zweige zu unterteilen, wobei sich die größten Unterschiede durch verschiedene Detailgrade bei der Unterteilung ergeben. Vgl. dazu exemplarisch FARNY, D., Versicherungsbetriebslehre, S. 241 f. sowie GDV (Hrsg.), Statistisches Taschenbuch 2015, Tabelle 58. Solvency II unterscheidet dabei nicht zwischen Versicherungszweigen und -arten sondern gliedert nach Geschäftsbereichen. Deren Detailgrad kommt indes dem von Versicherungszweigen am nächsten.

86 Vgl. IASB (Hrsg.), Short Duration Contracts (agenda paper 1), Tz. 33 f., 39; NGUYEN, T./ROMEIKE, F., Versicherungswirtschaftslehre, S. 194 f., 199.

87 Vgl. IASB (Hrsg.), Short Duration Contracts (agenda paper 1), Appendix A; SCHULENBURG, J.-M. G. V. D., Ökonomie langfristiger Versicherungsverhältnisse, S. 24; HANEKOPF, S., Langfristige Individualversicherungsverhältnisse, S. 400 sowie hier und im nachfolgenden Absatz GALLASCH, F., Bilanzierung von Versicherungsverträgen, S. 22 f.

88 Vgl. WAGNER, F., Versicherungslexikon, S. 740; DVA (Hrsg.), Versicherungslehre 1, S. 138.

89 Vgl. NICKEL, A., Ökonomie langfristiger Versicherungsverhältnisse, S. 42.

Schadensabwicklung im Fall eines Schadeneintritts aber über mehrere Perioden erstrecken kann, ist auch für die Rückstellungsbildung eine langfristige Betrachtung notwendig.[90]

24 Grundlagen zu Solvency II

241. Vorbemerkungen

Zu Beginn dieses Abschnittes werden die Motive der Entwicklung und die Zielsetzung des Reformprojekts Solvency II dargestellt (Abschnitt 242). Die Hauptzielsetzung, den Schutz der Versicherungsnehmer zu erhöhen,[91] ist bei den in Kapitel 3 zu entwickelnden Rechnungslegungszwecken von Solvency II von besonderer Bedeutung. Nach der Skizzierung der Zielsetzung wird die Struktur (Abschnitt 243) von Solvency II erläutert und die Rechnungslegungsvorschriften in das Gesamt-Regelwerk eingeordnet. Außerdem werden die für diese Arbeit relevanten Rechts- und Regelungsquellen vorgestellt (Abschnitt 244). Die Quellen sind – bedingt durch das auf EU-Ebene zur Gesetzgebung angewendete Lamfalussy-Verfahren – in vier Ebenen unterteilt. Je weiter die betreffende Quelle vom Basisrechtsakt auf Ebene 1 entfernt ist, desto konkreter aber auch weniger rechtlich bindend sind die von ihr gemachten Vorgaben. Aufgrund dieser komplexen Struktur ist das Verhältnis der Quellen untereinander zu erörtern, und ein Ausgangspunkt für die Konkretisierung der Solvency II-Rechnungslegungsvorschriften zu schaffen.

242. Motive zur Entwicklung und Zielsetzung von Solvency II

Viele Autoren werten die durch Solvency II initiierte Veränderung der Versicherungsaufsicht als sehr grundlegend. So bezeichnet DREHER Solvency II als „Paradigmenwechsel“ [92] während GRÜNDL und KRAFT es als „[...] eines der bedeutendsten Projekte in der europäischen Versicherungswirtschaft“[93] mit „[...] Signalwirkung für die weltweite Regulierung von Versicherungsunternehmen [...]“[94] bezeichnen. Dies ist nicht verwunderlich, betrachtet man Projektumfang und

---

[90] Vgl. SWISS RE (Hrsg.), Schadenreservierung in der Nichtlebenversicherung, S. 3.

[91] Vgl. GRÜNDL, H./KRAFT, M., Solvency II, S. 3; WEHLING, A./WINTER, M., Vertrauen in die Assekuranz, S. 1390.

[92] DREHER, M., Solvenzanforderungen, S. 382.

[93] GRÜNDL, H./KRAFT, M., Solvency II, S. 1.

[94] GRÜNDL, H./KRAFT, M., Solvency II, S. 1.

Projektkomplexität sowie den grundlegenden Wechsel von primär prämienbezogenen Kapitalanforderungen unter Solvency I[95] hin zu risikobezogenen Kapitalanforderungen.[96]

Initiiert wurde Solvency II durch den Aktionsplan für Finanzdienstleistungen (*Financial Services Action Plan,* FSAP)[97].[98] Das Vorgänger-Aufsichtsregime Solvency I galt als zu wenig risikoorientiert und war mit Gestaltungsspielräumen behaftet. Die Gestaltungsspielräume führten dazu, dass länderübergreifend und sektorübergreifend nur unzureichende Aufsichtskonvergenz herrschte, die Finanzaufsicht also in je nach Land und Wirtschaftssektor unterschiedlich ausgeübt wurde.[99] Um diese Schwächen im neuen Aufsichtsregime zu vermeiden und um die künftigen Entwicklungslinien festzulegen, wurde zu Beginn des Projektes ein Anforderungskatalog erstellt.[100] Dieser enthielt u. a. Forderungen nach

- dem **Schutz der Versicherungsnehmer** durch adäquate aufsichtsrechtliche Interventionsmöglichkeiten,
- Vergleichbarkeit, Transparenz und Kohärenz, um gleiche Wettbewerbsbedingungen zu erzeugen,
- einer Solvenzkapitalanforderung, die die „wahren" Risiken besser abbildet,

---

[95] Solvency I wurde 2002 von der EU verabschiedet und anschließend in nationales Recht (in Deutschland im VAG) umgesetzt, womit es bis zur Anwendung von Solvency II ab dem 1. Januar 2016 gültig war. Eine der zentralen Aufgaben von Solvency I war die Beurteilung der Risikolage von Versicherungsunternehmen über den Vergleich des Solvabilitäts-Soll mit dem Solvabilitäts-Ist – also der geforderten mit den tatsächlich vorhandenen Eigenmitteln. Die Bestimmungen von Solvency I sahen vor, die Risikolage mit quantitativen, häufig auf Jahresabschlussgrößen basierten Größen zu beurteilen. Sie waren also eher pauschal und quantitativ ausgestaltet, ohne das Risikoprofil des Versicherungsunternehmens so tiefgreifend zu erfassen und zu beurteilen wie Solvency II. Vgl. hierzu HARTUNG, T., Versicherungsaufsicht, S. 54 f.; FARNY, D., Versicherungsbetriebslehre, S. 811-836 sowie für einen kurzen Überblick über Solvency I MAY, M., Solvabilitätspublizität von Versicherungsunternehmen, S. 25-28.

[96] Vgl. DREHER, M., Solvenzanforderungen, S. 382. Vgl. hierzu auch die Ausführungen zu Säule eins der Solvency II-Architektur im nächsten Abschnitt 243.2.

[97] Vgl. EUROPÄISCHE KOMMISSION (Hrsg.), Aktionsplan für Finanzdienstleistungen, o. A.

[98] Vgl. SCHRADIN, H., Entwicklung der Versicherungsaufsicht, S. 641; BÜRKLE, J., Die rechtliche Dimension von Solvency II, S. 1595. Vgl. außerdem hier und nachfolgend in diesem Absatz MAY, M., Solvabilitätspublizität von Versicherungsunternehmen, S. 28-35.

[99] Vgl. FMA – ÖSTERREICHISCHE FINANZMARKTAUFSICHT (Hrsg.), Solvency II Handbuch, S. 7 f. Für ausführlichere Kritik an den Regelungen von Solvency I siehe ROCKEL, W. U. A., Versicherungsbilanzen, S. 342.

[100] Vgl. hier und im Folgenden für den Anforderungskatalog EUROPÄISCHE KOMMISSION (Hrsg.), MARKT/2095/99, Tz. 2.2.

- Berücksichtigung der Marktentwicklungen,
- Prinzipienorientiertheit der neuen Regeln und
- **einer Anlehnung an bestehende Rechnungslegungsvorschriften,** um die Ausgaben zu begrenzen und ein zusätzliches System der Rechnungslegung zu vermeiden.

Die erstgenannte Forderung ist in den finalen Rechts- und Regelungsquellen gleichzeitig das **Hauptziel** von Solvency II.[101] Die Solvency II-Richtlinie als Basisrechtsakt[102] formuliert dies wie folgt: „Vorrangiges Ziel der Regulierung und Beaufsichtigung des Versicherungs- und Rückversicherungsgewerbes ist **ein angemessener Schutz der Versicherungsnehmer und Anspruchsberechtigten.**"[103] Denn das vorangehende System der Versicherungsaufsicht galt in Bezug auf Solvabilitätsvorschriften und die daraus resultierende Kapitalallokation als im „[...] Lichte der Marktentwicklungen [...] nicht mehr angemessen"[104].[105] Das Ziel des Schutzes der Versicherungsnehmer wird in der Richtlinie so beschrieben, dass „[...] [Versicherungs-] Unternehmen mit einer Wahrscheinlichkeit von 99,5 % in den kommenden zwölf Monaten weiterhin in der Lage sein werden, ihren Verpflichtungen gegenüber den Versicherungsnehmern und Begünstigten nachzukommen."[106] Dies soll in erster Linie über die Neuregelung der Solvenzkapitalanforderung, also der EU-weit einheitlichen und risikogerechten Kapitalausstattung, erreicht werden.[107] Der Schutz der Versicherungsnehmer im Sinne eines Gläubigerschutzes[108] wird durch Erwägungsgründe 53 und 127 der Solvency II-Richtlinie zusätzlich unterstützt. Darin wird gefordert, dass versicherungstechnische Rückstellungen in ausreichender Höhe zu bilden sind und Forderungen von Versicherungsnehmern zu schützen sind, wenn das betroffene Versicherungsunternehmen liquidiert wird.

---

[101] Vgl. FMA – ÖSTERREICHISCHE FINANZMARKTAUFSICHT (Hrsg.), Solvency II Handbuch, S. 8; GRÜNDL, H./KRAFT, M., Solvency II, S. 3.

[102] Vgl. zur Bedeutung der Rechts- und Regelungsquellen von Solvency II Abschnitt 244.

[103] EU (Hrsg.), RL 2009/138/EG, Erwägungsgrund 16. Hervorhebung durch den Verfasser.

[104] EU (Hrsg.), RL 2009/138/EG, Erwägungsgrund 14, Auslassung durch den Verfasser.

[105] Vgl. EU (Hrsg.), RL 2009/138/EG, Erwägungsgrund 14.

[106] EU (Hrsg.), RL 2009/138/EG, Erwägungsgrund 64, Anmerkung durch den Verfasser.

[107] Vgl. EU (Hrsg.), RL 2009/138/EG, Erwägungsgrund 64.

[108] Vgl. MAY, M., Solvabilitätspublizität von Versicherungsunternehmen, S. 32.

Der Schutz der Versicherungsnehmer im Fall einer Unternehmenskrise und der Liquidation von Vermögenswerten wird in der **marktwertorientierten Bewertung der Aktiva und Passiva** in der Solvabilitätsübersicht ausgedrückt. Denn in einem solchen Fall sind Marktwerte relevanter als fortgeführte Buchwerte.[109] Dies stellt gleichzeitig auch die Grundüberlegung zum Bewertungsmodell für versicherungstechnische Rückstellungen dar. Zusätzlich zu den Kapitalanforderungen sieht Solvency II eine Reihe weiterer Maßnahmen und Instrumente zur Unterstützung des Hauptziels vor, z. B. eine enge Zusammenarbeit der nationalen Aufsichtsbehörden mit den Versicherungsunternehmen, Governance-Anforderungen und Anforderungen an die Berichterstattung.[110]

Aus der Solvency II-Richtlinie lassen sich auch die **Nebenziele** des neuen Aufsichtsregimes ableiten, die das Hauptziel indes nicht beeinträchtigen dürfen.[111] Eines der Nebenziele ist es, eine EU-weit einheitliche Versicherungsaufsicht ohne große Gestaltungsspielräume auf Nationalebene zu schaffen, was als sog. **Aufsichtskonvergenz** bezeichnet wird.[112] Denn in den EU-Mitgliedsstaaten herrschten unter Solvency I heterogene Aufsichtsregeln, die unter Solvency II in einem „*single rule book*" vereint werden sollen.[113] Dadurch wird auch ein weiteres Nebenziel von Solvency II unterstützt: das der **Finanzstabilität** und der **fairen und stabilen Märkte**.[114] Denn durch das neue Aufsichtsregime sollen Versicherer krisenfester werden.

243. Das Drei-Säulen-Modell von Solvency II

243.1 Vorbemerkungen

Die drei zentralen Regelungsbereiche der Architektur von Solvency II werden in der Literatur als Drei-Säulen-Modell dargestellt:[115]

---

109 Vgl. SCHMEISER, H., Risikomanagement von Versicherungsunternehmen, S. 142.

110 Die von Solvency II vorgeschriebenen Maßnahmen und Anforderungen werden in Abschnitt 243 mit dem Drei-Säulen-Modell von Solvency erläutert.

111 Vgl. EU (Hrsg.), RL 2009/138/EG, Erwägungsgrund 16; BÜRKLE, J., Die rechtliche Dimension von Solvency II, S. 1596.

112 Vgl. EU (Hrsg.), RL 2009/138/EG, Erwägungsgrund 40. Vgl. auch EU (Hrsg.), RL 2009/138/EG, Erwägungsgrund 3, in dem „[...] abgestimmte Regelungen für die Beaufsichtigung von Versicherungsgruppen [...]" gefordert werden, sowie LIPOWSKY, U., Aufsichtliches Überprüfungsverfahren, S. 59.

113 Vgl. GRÜNDL, H./KRAFT, M., Solvency II, S. 4; FMA – ÖSTERREICHISCHE FINANZMARKTAUFSICHT (Hrsg.), Solvency II Handbuch, S. 5.

114 Vgl. EU (Hrsg.), RL 2009/138/EG, Erwägungsgrund 16; siehe auch EU (Hrsg.), RL 2009/138/EG, Erwägungsgrund 11, in dem Solvency II als „[...] wichtiges Instrument zur Vollendung des Binnenmarktes [...]" beschrieben wird.

115 Vgl. GRAF, C., Solvency II – Die neuen Aufsichtsregeln, S. 1, 16; GRÜNDL, H./KRAFT, M., Solvency II, S.

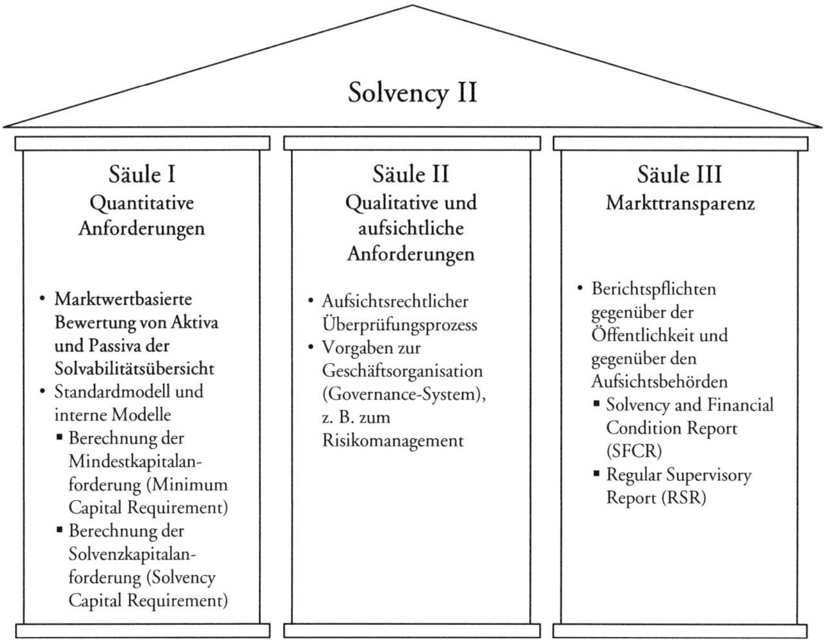

Übersicht 2-4: Das Drei-Säulen-Modell von Solvency II[116]

Die drei Säulen werden in den folgenden Abschnitten kurz erläutert. Da die **erste Säule das „Herzstück“** [117] **von Solvency II** darstellt und auch die Bewertungsvorschriften für die Solvabilitätsübersicht – also auch für versicherungstechnische Rückstellungen – enthält, wird sie am ausführlichsten betrachtet.

243.2 Die erste Säule – Quantitative Anforderungen

Die erste Säule von Solvency II umfasst quantitative Anforderungen zur Eigenmittelausstattung von Versicherungsunternehmen, die sicherstellen sollen, „[...] dass die Solvabilitätsberechnungen

10-12; WAGNER, F., Versicherungslexikon, S. 614 f.

116 Vgl. GRÜNDL, H./KRAFT, M., Solvency II, S. 10 f.; FMA – ÖSTERREICHISCHE FINANZMARKTAUFSICHT (Hrsg.), Solvency II Handbuch, S. 11-13; GRAF, C., Solvency II – Die neuen Aufsichtsregeln, S. 16 f.

117 WIESEMANN, H.-O., Neue Eigenmittelregeln, S. 339. In der Gesetzesbegründung zur Neufassung des VAG wird Kapitel 2 zur finanziellen Ausstattung auch als „Kern der neuen Solvabilitätsanforderungen“ bezeichnet. Vgl. DEUTSCHER BUNDESTAG (Hrsg.), BT-Drucks. 18/2956 S. 257 (Zu Abschnitt 1).

ein umfassendes Bild der Solvabilität[118] der Versicherungsunternehmen liefern und sämtliche Unternehmensrisiken auf der Aktiv- und Passivseite berücksichtigt werden.“ [119] Bei diesen Anforderungen lassen sich die **zwei grundlegenden Bausteine** (1.) der Ermittlung der verfügbaren Eigenmittel und (2.) der Ermittlung der geforderten Eigenmittel unterscheiden. Das Verhältnis dieser beiden Größen ist aufsichtsrechtlich von hoher Bedeutung, da an seine Ausprägung verschiedene aufsichtsrechtliche Konsequenzen anknüpfen.

Ausgangspunkt für die Ermittlung der verfügbaren Eigenmittel ist eine wirtschaftliche Bewertung der gesamten Bilanz des Versicherungsunternehmens. Knüpften die Vorschriften von Solvency I noch an bestehende Rechnungslegungsvorschriften an,[120] muss nun für Aufsichtszwecke **eine ökonomische Bilanz, die Solvabilitätsübersicht, aufgestellt werden**, die in Übersicht 2-5 dargestellt und im Folgenden erläutert wird.[121]

Art. 75 der Solvency II-Richtlinie schreibt zur Solvabilitätsübersicht vor, dass **Vermögenswerte und Verbindlichkeiten** mit dem Betrag zu bewerten sind „[...] zu dem sie zwischen sachverständigen, vertragswilligen und voneinander unabhängigen Geschäftspartnern [...]“[122] getauscht bzw. übertragen oder beglichen werden könnten. Art. 10 der DVO gibt eine Bewertungshierarchie vor, die der aus IFRS 13.76-90 ähnlich ist. Danach sind „[...] Vermögenswerte und Verbindlichkeiten prinzipiell anhand der **Marktpreise**, die an aktiven Märkten für identische Vermögenswerte und

[118] Der Begriff „Solvabilität“ ist nicht eindeutig definiert. In der Versicherungsaufsicht hat er drei verschiedene Bedeutungen: **Erstens** die „Solvabilitätsspanne“, die keinen Bereich von Werten, sondern einen fest definierten Kapitalbetrag an unbelasteten und freien Eigenmitteln beschreibt, der unter Aufsichtsaspekten vorzuhalten ist. **Zweitens** eine allgemeinere Bedeutung, nämlich Vorschriften, mit denen die Finanzsolidität von Versicherungsunternehmen sichergestellt werden sollen. Gemeint ist also nicht nur die Berechnung der Solvabilitätsspanne, sondern auch Vorschriften zur Bewertung von Vermögensgegenständen und versicherungstechnischen Rückstellungen. **Drittens** umfasst der Begriff die mit Solvency II zusammenhängende Bedeutung der „Gesamtsolvabilität“. Diese wiederum erweitert die zweite Bedeutung um Bedingungen des Geschäftsbetriebs (z. B. Produkte, Preise und Verwaltung des Unternehmens) und des äußeren Umfelds von Versicherungsunternehmen (z. B. Wettbewerbsbedingungen und Konjunkturzyklen). Die Gesamtsolvabilität ist damit stärker auf die künftige finanzielle Lage und nicht-finanzielle Faktoren ausgerichtet. Vgl. hierzu EUROPÄISCHE KOMMISSION (Hrsg.), MARKT/2535/02-DE, S. 11 f.; EUROPÄISCHE KOMMISSION (Hrsg.), MARKT/2509/03-DE, S. 1, 3; SCHRADIN, H., Entwicklung der Versicherungsaufsicht, S. 617; MAY, M., Solvabilitätspublizität von Versicherungsunternehmen, Abschnitt 232.

[119] DIENER, M./NEUKAMP, C., Die Finanzverfassung, S. 169.

[120] Vgl. GEHRINGER, M./KAMINSKI, S./BAHNSEN, R., Die Solvenzbilanz nach Solvency II, S. 958; OEHLENBERG, L./STAHL, G./BENNEMANN, C., Von der Standardformel zum Internen Modell, S. 6.

[121] Vgl. DREHER, M., Solvenzanforderungen, S. 383.

[122] EU (Hrsg.), RL 2009/138/EG, Art. 75 lit. a und b.

Verbindlichkeiten notiert sind [...]"[123] zu bewerten (erste Stufe). Sind Marktpreise nicht vorhanden, müssen auf der zweiten Stufe Marktpreise von vergleichbaren Vermögenswerten oder Verbindlichkeiten oder – wenn keine vergleichbaren Vermögenswerte ermittelt werden können – auf der dritten Stufe alternative Bewertungsmethoden verwendet werden.[124]

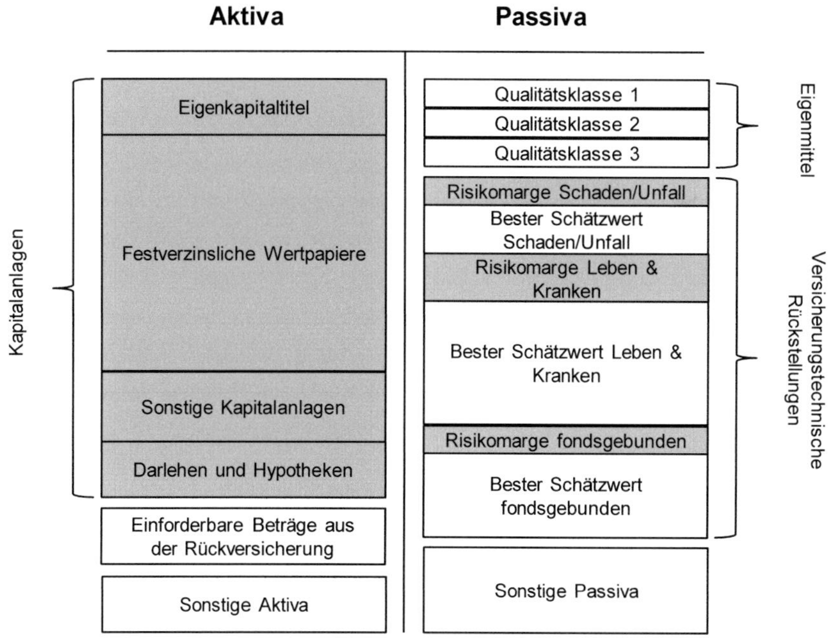

Übersicht 2-5: Schematische Darstellung einer Solvabilitätsübersicht[125]

Bei der Bewertung von Vermögenswerten und Verbindlichkeiten müssen Versicherungsunternehmen die maßgeblichen IFRS anwenden, sofern die darin verwendeten Methoden zu einer

123 Art. 10 Abs. 2 DVO. Hervorhebung durch den Verfasser.

124 Vgl. Art. 10 Abs. 3-5 DVO.

125 Vgl. GEHRINGER, M./KAMINSKI, S./BAHNSEN, R., Die Solvenzbilanz nach Solvency II, S. 959; EUROPÄISCHE KOMMISSION (Hrsg.), Technischer Durchführungsstandard zu Verfahren, Formaten und Meldebögen, S. 6-8; Anpassungen durch den Verfasser. Vgl. auch OEHLENBERG, L./STAHL, G./BENNEMANN, C., Von der Standardformel zum Internen Modell, S. 6. FMA – ÖSTERREICHISCHE FINANZMARKTAUFSICHT (Hrsg.), Solvency II Handbuch, S. 52.

marktkonformen Bewertung i. S. d. Art. 75 der Solvency II-Richtlinie führen.[126] Dabei ist stets der **Grundsatz der Verhältnismäßigkeit** i. S. d. Art. 9 Abs. 4 DVO i. V. m. Art. 29 Abs. 3 und 4 der Solvency II-Richtlinie zu beachten. Das heißt, die Bewertungsmethode ist so zu wählen, dass sie „[...] der Wesensart, dem Umfang und der Komplexität der Risiken angemessen ist, die mit der Tätigkeit des Versicherungs- oder des Rückversicherungsunternehmens einhergehen."[127] Dadurch sollen vor allem kleine Versicherungsunternehmen nicht unverhältnismäßig durch Solvency II belastet werden, weil sie sehr komplexe Bewertungsmethoden anwenden müssen.

Für **versicherungstechnische Rückstellungen** sind gemeinhin keine Marktwerte beobachtbar[128] und zum Zeitpunkt, als die Bewertungsvorschriften der Solvenzbilanz konkretisiert wurden, existierte auch kein finaler Standard für die marktorientierte Bewertung von Versicherungsverträgen nach den IFRS. Daher wurde ein vorläufiger Stand von IFRS 4 Phase II für die Zwecke von Solvency II festgeschrieben und konkretisiert.[129] Bei Kapitalanlagen kann indes durch die beschriebene Bewertungssystematik oft auf Marktwerte zurückgegriffen werden. Denn diese werden häufig bereits mit den handelsrechtlichen oder internationalen Rechnungslegungsvorschriften vom Versicherungsunternehmen ermittelt.[130]

Eine Besonderheit bei Solvency II ist die Behandlung des **Geschäfts- oder Firmenwertes und der immateriellen Vermögensgegenstände**. Während ersterer in der Solvabilitätsübersicht grundsätzlich nicht angesetzt werden darf, besteht auch für immaterielle Vermögensgegenstände ein Ansatzverbot, es sei denn, diese können einzeln veräußert und bewertet werden.[131] Für diese Sonderregelung und auch für eine marktnahe Bewertung spricht, dass im Falle einer Unternehmenskrise, z. B. einer Überschuldung und einer anschließenden Liquidation von Vermögenswerten,

---

[126] Vgl. Art. 9 Abs. 1 und 3 DVO.

[127] EU (Hrsg.), RL 2009/138/EG, Art. 29 Abs. 3. Dieser Vereinfachungsgedanke schlägt sich auch in den Erwägungsgründen 59 und 66 der Solvency II-Richtlinie nieder. Denn bei der Berechnung der versicherungstechnischen Rückstellungen und der Solvenzkapitalanforderung dürfen von kleinen und mittleren Unternehmen vereinfachte Ansätze verwendet werden.

[128] Vgl. NGUYEN, T./GROSCHE, S., Bewertungskonzept versicherungstechnischer Verpflichtungen, S. 29.

[129] Vgl. BAFIN (Hrsg.), Erläuterungen zu versicherungstechnischen Rückstellungen, Tz. 2.117. Vgl. hierzu auch die Entwicklungslinien des IASB-Projektes zur Bilanzierung von Versicherungsverträgen und von Solvency II (Abschnitt 34).

[130] Vgl. GEHRINGER, M./KAMINSKI, S./BAHNSEN, R., Die Solvenzbilanz nach Solvency II, S. 962. Bilanziert das Versicherungsunternehmen nach HGB, kann z. B. auf den bei einer außerplanmäßigen Abschreibung ermittelten Wert i. S. d. § 253 Abs. 3 und 4 HGB abgestellt werden.

[131] Vgl. Art. 12 DVO.

nicht die bilanziellen Ansätze nach dem Handelsrecht oder den IFRS, sondern nur die Veräußerungspreise relevant sind.[132]

Wurden sämtliche Vermögenswerte und Verbindlichkeiten für die Solvabilitätsübersicht ermittelt, werden anschließend die **Mittel zur Deckung der aufsichtsrechtlichen Kapitalanforderung** in einem dreistufigen Verfahren bestimmt.[133] Auf der ersten Stufe wird die Summe aus Basiseigenmitteln (die Differenz aus Vermögenswerten und Verbindlichkeiten abzüglich des Betrags eigener Aktien und zuzüglich bestimmter Nachrangverbindlichkeiten)[134] und den ergänzenden Eigenmitteln[135] gebildet. Auf der zweiten Stufe werden die errechneten Eigenmittel in verschiedene Qualitätsklassen aufgeteilt (sog. *Tiers*). Die Aufteilung erfolgt primär danach, wie gut die Verlustausgleichsfähigkeit der Eigenmittelbestandteile ist.[136] Auf der dritten Stufe wird die Anrechnung bestimmter, zuvor ermittelter Eigenmittelbestandteile begrenzt, da diese ggf. nicht in voller Höhe zum Verlustausgleich bereitstehen.

Die **aufsichtsrechtlich geforderten Eigenmittel**, auch Solvenzkapitalanforderung[137] (*Solvency Capital Requirement,* SCR) genannt, sind eine finanzmathematische Größe zur risikoadäquaten Eigenmittelausstattung von Versicherungsunternehmen.[138] In Höhe der Solvenzkapitalanforderung vorhandene Eigenmittel sollen eine Insolvenz innerhalb des nächsten Jahres zu einer Wahrscheinlichkeit von 99,5 % ausschließen.[139] Als zusätzliche Größe ist die Mindestkapitalanforderung (*Minimum Capital Requirement,* MCR) zu berechnen, die niedriger als die Solvenz-

---

132 Vgl. SCHMEISER, H., Risikomanagement von Versicherungsunternehmen, S. 142.

133 Vgl. hier und nachfolgend in diesem Absatz DEUTSCHER BUNDESTAG (Hrsg.), BT-Drucks. 18/2956 S. 260 (zu Abschnitt 2) und DIENER, M./NEUKAMP, C., Die Finanzverfassung, S. 173 f.

134 Vgl. EU (Hrsg.), RL 2009/138/EG, Art. 88; § 89 Abs. 3 VAG.

135 Vgl. EU (Hrsg.), RL 2009/138/EG, Art. 89. Die ergänzenden Eigenmittel bedürfen einer Genehmigung durch die Aufsichtsbehörde. Zu ihnen zählen z. B. Kreditbriefe und Garantien, sofern diese nicht bereits den Basiseigenmitteln zugeordnet wurden.

136 Vgl. DEUTSCHER BUNDESTAG (Hrsg.), BT-Drucks. 18/2956 S. 261 (zu § 92).

137 In der Solvency II-Richtlinie werden die aufsichtsrechtlich geforderten Eigenmittel als Solvenzkapitalanforderung bezeichnet, im VAG als Solvabilitätskapitalanforderung. Vgl EU (Hrsg.), RL 2009/138/EG, Kapitel IV Abschnitt 4 und Kapitel 2 Abschnitt 2 Unterabschnitt 2 VAG.

138 Vgl. DREHER, M., Solvenzanforderungen, S. 385, Fn. 20.

139 Vgl. FMA – ÖSTERREICHISCHE FINANZMARKTAUFSICHT (Hrsg.), Solvency II Handbuch, S. 26. Die Berechnung erfolgt auf Basis des *Value at Risk* (VaR) zu einem Signifikanzniveau von 99,5 %. Vgl. MAY, M., Solvabilitätspublizität von Versicherungsunternehmen, S. 38 f.

kapitalanforderung ist. Sie kann als „rote Linie“[140] betrachtet werden, deren Unterschreiten noch weitreichendere Konsequenzen auslöst als das Unterschreiten der Solvenzkapitalanforderung.[141]

Die **Solvenzkapitalanforderung** kann entweder mit der sog. Standardformel (auch Standardmodell), einem partiellen internen oder einem reinen internen Modell berechnet werden. In den Modellen werden einzelne Risikokategorien modular aggregiert und Korrelationen bzw. Ausgleichseffekte berechnet.[142] Während das Standardmodell die zu berücksichtigenden Parameter weitgehend vorgibt, müssen interne und partielle interne Modelle an das sie anwendende Versicherungsunternehmen angepasst und von der Aufsichtsbehörde genehmigt werden, was mit erheblichem Aufwand verbunden ist.[143] Ein internes Modell kann indes die individuelle Risikosituation des betreffenden Versicherungsunternehmens besser quantifizieren, was mit einer geringeren Solvenzkapitalanforderung verbunden sein kann.

243.3 Die zweite Säule – Qualitative und aufsichtliche Anforderungen

Quantifizierbare Risiken werden in der Kapitalanforderung berücksichtigt, die in der ersten Säule geregelt ist. Darüber hinaus sollen quantifizierbare Risiken, aber auch nicht quantifizierbare Risiken, d. h. solche, die nicht in der Kapitalanforderung berücksichtigt werden können, durch Anforderungen an die **Governance-Architektur** von Versicherungsunternehmen der zweiten Säule abgedeckt werden.[144]

Die Governance-Architektur von Solvency II umfasst Aspekte der internen Kontrolle, des Risikomanagements, der Compliance, der internen Revision und der Versicherungsmathematik.[145] Da indes nur die Ziele des Aufsichtsprozesses vorgegeben werden, obliegt es den

140 DREHER, M., Solvenzanforderungen, S. 386.

141 Die aufsichtsrechtlichen Konsequenzen werden im folgenden Abschnitt genauer ausgeführt.

142 Vgl. DIENER, M./NEUKAMP, C., Die Finanzverfassung, S. 170-173 für einen Überblick; MAY, M., Solvabilitätspublizität von Versicherungsunternehmen S. 38; WIESEMANN, H.-O., Neue Eigenmittelregeln, S. 340 f.

143 Vgl. hier und im Folgenden GRÜNDL, H./KRAFT, M., Solvency II, S. 53.

144 Vgl. FMA – ÖSTERREICHISCHE FINANZMARKTAUFSICHT (Hrsg.), Solvency II Handbuch, S. 57. Die Vergangenheit hat gezeigt, dass Insolvenzen von Versicherungsunternehmen primär durch Managementdefizite ausgelöst werden und nicht durch zu niedrige Solvabilität. Vgl. hierzu BÜRKLE, J., Die rechtliche Dimension von Solvency II, S. 1599; MÜLLER, H., Versicherungsaufsicht, S. 310 f.; ZIMMERMANN, C./BACH, C./RAUB, J., Risikomanagement, S. 300.

145 Bei den Aspekten wird zwischen Teilen des Governance-Systems und Governance-Funktionen unterschieden. Aus Platzgründen wird an dieser Stelle aber auf eine detaillierte Ausführung verzichtet. Umfassende Ausführungen finden sich bei BÜRKLE, J., Compliance und Revision, o. A.; BÜRKLE, J., Vorgaben für die interne Governance, o. A.

Versicherern, diese konkret auszugestalten, wobei Wesen, Umfang und Komplexität der Tätigkeiten des Versicherungsunternehmens berücksichtigt werden müssen.[146] Über die Governance-Architektur hinaus werden Anforderungen an „[...] die fachliche Qualifikation und die persönliche Zuverlässigkeit von Personen [...]“[147] in Schlüsselfunktionen, ausgelagerte Aktivitäten[148] und die unternehmenseigene Risiko- und Solvabilitätsbeurteilung (*Own Risk and Solvency Assessment*, ORSA)[149] gestellt. Letztere ist ein zentraler Prozess im Risikomanagement und als Gesamtheit der Prozesse und Verfahren zu verstehen, mit denen Risiken identifiziert, bewertet, kontrolliert, gehandhabt und berichtet werden.[150]

Ob die bisher für die erste und zweite Säule beschriebenen Maßnahmen adäquat umgesetzt wurden, wird im **aufsichtlichen Überprüfungsverfahren** (*supervisory review process*) nach Art. 36 der Solvency II-Richtlinie überwacht.[151] Dabei werden im Regelbeispielkatalog der Richtlinie in Art. 36 Abs. 2 die Punkte **Governance-System, versicherungstechnische Rückstellungen, Eigenkapitalanforderungen** (inklusive Qualität und Quantität der Eigenmittel), **Anlagevorschriften und die Einhaltung der Vorschriften für (partielle) interne Modelle als Prüfungsobjekte** benannt.[152]

Die Solvency II-Richtlinie stattet die Aufsichtsbehörden weiterhin mit **Instrumenten** aus, mit denen sie wirksam **intervenieren** können, um zu gewährleisten, dass die beschriebenen Vorschriften eingehalten werden.[153] So können Aufsichtsbehörden z. B. das Standardmodell nutzende Versicherungsunternehmen auffordern, unternehmensspezifische Parameter für das Standardmodell zu

[146] Vgl. EU (Hrsg.), RL 2009/138/EG, Art. 41 Abs. 2; § 23 Abs. 1 VAG sowie hier und nachfolgend in diesem Absatz MAY, M., Solvabilitätspublizität von Versicherungsunternehmen, S. 43.

[147] EU (Hrsg.), RL 2009/138/EG, Art. 42. Auslassungen durch den Verfasser. Gemeint sind damit z. B. Zuständigkeiten für Risikomanagement und Compliance. Vgl. hierzu GAL, J./SEHRBROCK, D., Die 10. VAG-Novelle, S. 38-44; DEUTSCHER BUNDESTAG (Hrsg.), BT-Drucks. 18/2956 S. 240 (zu § 24).

[148] Vgl. EU (Hrsg.), RL 2009/138/EG, Art. 49 sowie allgemein zu aufsichtsrechtlichen Anforderungen an Auslagerungen nach dem VAG HORAK, T., Outsourcing bei Versicherungsunternehmen, o. A.; GRÜNDL, H./KRAFT, M., Solvency II, S. 90.

[149] Vgl. EU (Hrsg.), RL 2009/138/EG, Art. 45; GRÜNDL, H./KRAFT, M., Solvency II, S. 100-114; FMA – ÖSTERREICHISCHE FINANZMARKTAUFSICHT (Hrsg.), Solvency II Handbuch, S. 62 f.

[150] Vgl. GRÜNDL, H./KRAFT, M., Solvency II, S. 100; FMA – ÖSTERREICHISCHE FINANZMARKTAUFSICHT (Hrsg.), Solvency II Handbuch, S. 66 f.

[151] Vgl. DREHER, M., Solvenzanforderungen, S. 388.

[152] Vgl. EU (Hrsg.), RL 2009/138/EG, Art. 36 Abs. 2.

[153] Vgl. hier sowie nachfolgend in diesem Absatz LÜTTRINGHAUS, J., Neue Governance- und Aufsichtsregeln, S. 857 f. Diese Instrumente sind – wie der Rest der Solvency II-Richtlinie – indes häufig prinzipienbasiert.

entwickeln.[154] Auch können sie ein Versicherungsunternehmen dazu auffordern, zu einem internen Modell zu wechseln,[155] sofern es unangemessen erscheint, das unmodifizierte Standardmodell zu verwenden. Überdies kann als *Ultima Ratio* ein Solvenzkapitalzuschlag gefordert werden, wenn die berechnete Solvenzkapitalanforderung das tatsächliche Risikoprofil nur inadäquat abbildet und die Risiken als zu hoch für die berechnete Solvenzkapitalanforderung erscheinen.[156] Auch für den Fall, dass Solvenz- oder Mindestkapitalanforderung unterschritten werden, sind Maßnahmen vorgegeben. Wird erstere unterschritten, kann die Aufsicht zuerst einen Sanierungsplan fordern, der zeigt, wie das Versicherungsunternehmen binnen sechs Wochen den Schwellenwert wieder überschreitet.[157] Außerdem kann sie bei längerfristiger Unterschreitung z. B. das Neugeschäft untersagen.[158] Noch weiter reichen die Befugnisse der Aufsicht, wenn die Mindestkapitalanforderung unterschritten wird – dann kann z. B. die Verfügung über die Vermögenswerte des betroffenen Versicherungsunternehmens eingeschränkt werden.[159]

243.4 Die dritte Säule – Markttransparenz

In der dritten Säule von Solvency II sind Berichtspflichten gegenüber den Aufsichtsbehörden und gegenüber der Öffentlichkeit geregelt. Die Berichtspflichten gegenüber der Öffentlichkeit sollen dazu dienen, ein Marktkorrektiv zu schaffen: Dadurch, dass Versicherungsunternehmen ihre Risiken offenlegen müssen, soll Missmanagement aufgedeckt und von Markteilnehmern abgestraft werden können, was als „Marktdisziplin" bezeichnet wird.[160]

Dies erschwert in vielen Fällen die Vorhersagbarkeit der Aufsichtsmaßnahmen, gewährleistet aber eine angemessene Überwachung der ebenfalls prinzipienorientiert gestalteten Solvabilitätsanforderungen. Vgl. FMA – ÖSTERREICHISCHE FINANZMARKTAUFSICHT (Hrsg.), Solvency II Handbuch, S. 67.

154 Vgl. EU (Hrsg.), RL 2009/138/EG, Art. 110.

155 Vgl. EU (Hrsg.), RL 2009/138/EG, Art. 119.

156 Vgl. EU (Hrsg.), RL 2009/138/EG, Art. 37.

157 Vgl. EU (Hrsg.), RL 2009/138/EG, Art. 138 Abs. 2 sowie Art. 142 zur Konkretisierung des Sanierungsplans.

158 Vgl. EU (Hrsg.), RL 2009/138/EG, Art. 141.

159 Vgl. EU (Hrsg.), RL 2009/138/EG, Art. 139 Abs. 2.

160 Vgl. SCHUBERT, T., Stand der Diskussion, S. 40 sowie GRÜNDL, H./KRAFT, M., Solvency II, S. 115 f. Die Disziplinierung des Managements durch Offenlegung von Informationen wird in der Literatur auch als „Marktdisziplin" bezeichnet. Vgl. hierzu exemplarisch ELING, M., The role of market discipline, S. 131-147; HARTUNG, T., Versicherungsaufsicht, S. 63-66 sowie speziell in Bezug auf Solvency II MAY, M., Solvabilitätspublizität von Versicherungsunternehmen, S. 68-68.

Die zentrale Komponente der **Berichterstattung an die Aufsichtsbehörden** ist der sog. *Regular Supervisory Report* (RSR), der alle Informationen enthält, die für die Zwecke der Versicherungsaufsicht benötigt werden. Darüber hinaus sind sog. *Quantitative Reporting Templates* (QRT) vorgesehen.[161] Diese sind vordefinierte Berichtsformate –meist Tabellen – mit denen quantitative Daten übermittelt werden und die in regelmäßigen Abständen erstellt werden müssen.

Die **Berichterstattung an die Öffentlichkeit** findet in Form des sog. *Solvency and Financial Condition Report* (SFCR) statt.[162] Dieser soll die Öffentlichkeit mit quantitativen und qualitativen Informationen versorgen und einen umfassenden Überblick der Geschäftstätigkeit und der Risikosituation bieten.[163] Der SFCR soll damit die Marktdisziplin fördern und durch die Marktdisziplin den Schutz der Versicherungsnehmer und Anspruchsberechtigten fördern.[164] Die Marktdisziplin stellt somit das Bindeglied zwischen der Solvency II-Berichterstattung an die Öffentlichkeit und dem Solvency II-Oberziel des Schutzes der Versicherungsnehmer und Anspruchsberechtigten dar.

Der **Inhalt** des RSR soll Angaben enthalten, „um das von den Unternehmen angewandte **Governance-System**, die von ihnen ausgeführte **Geschäftstätigkeit**, die für **Solvabilitätszwecke** zugrunde gelegten **Bewertungsprinzipien**, die tatsächlichen **Risiken** und die **Risikomanagementsysteme** sowie ihre Kapitalstruktur, ihren Kapitalbedarf und ihr **Kapitalmanagement** zu bewerten“[165]. Damit umfasst er grundsätzlich die gleichen Informationen wir der SFCR.[166] Die Inhalte des RSR müssen aber detaillierter dargestellt und weitreichender erläutert werden.[167]

244. Relevante Rechts- und Regelungsquellen

Die Rechts- und Regelungsquellen von Solvency II sind vielfältig. Sie sind in ein mehrstufiges System eingebunden und sind rechtlich unterschiedlich stark bindend. Für einen Überblick über die

161 Vgl. hier und im folgenden Satz LÜTTRINGHAUS, J., Neue Governance- und Aufsichtsregeln, S. 858; GRÜNDL, H./KRAFT, M., Solvency II, S. 120 f. Der Bericht wird in Art. 35 der Solvency II-Richtlinie verankert.

162 Vgl. EU (Hrsg.), RL 2009/138/EG, Art. 51-56. Für tiefgehende Ausführungen zum SFCR vgl. MAY, M., Solvabilitätspublizität von Versicherungsunternehmen, o. A.

163 Vgl. MAY, M., Solvabilitätspublizität von Versicherungsunternehmen, S. 46; GRÜNDL, H./KRAFT, M., Solvency II, S. 120-122.

164 Vgl. hier und im Folgenden Satz MAY, M., Solvabilitätspublizität von Versicherungsunternehmen S. 74 f.

165 EU (Hrsg.), RL 2009/138/EG, Art. 35 Abs. 2 lit. a. Hervorhebungen durch den Verfasser.

166 Vgl. EU (Hrsg.), RL 2009/138/EG, Art. 51 Abs. 1 lit. a-e und Art. 51 Abs. 2.

167 Vgl. FMA – ÖSTERREICHISCHE FINANZMARKTAUFSICHT (Hrsg.), Solvency II Handbuch, S. 74.

Quellen werden die einzelnen, speziell für Solvency II relevanten Dokumenttypen der verschiedenen Stufen kurz erläutert.[168] Anschließend werden die wichtigsten, die aufsichtsrechtliche Rechnungslegung betreffenden Rechts- und Regelungsquellen tabellarisch aufgeführt. Dies soll die anhand dieser Quellen geführte Analyse der Vorschriften in Kapitel vier der vorliegenden Arbeit erleichtern.

Die Regelungen von Solvency II werden über eine abgewandelte Form des sog. **Lamfalussy-Verfahrens** in den EU-Mitgliedsstaaten umgesetzt, angewendet und überwacht.[169] Das Lamfalussy-Verfahren hat das Ziel „[...] den EU-Gesetzgebungsprozess zu beschleunigen, ihn transparenter zu machen und für die Konvergenz bei der Anwendung der europäischen Regelungen zu sorgen."[170] Das Verfahren ist indes komplex und schwer nachvollziehbar, da es vier Ebenen umfasst,[171] deren Regelungsdokumente unterschiedlich stark konkretisiert wurden und die auch eine unterschiedliche rechtliche Bindungswirkung haben. Außerdem werden umfangreiche Befugnisse im Lamfalussy-Verfahren an verschiedene Instanzen wie die EU-Kommission und die EIOPA delegiert, um deren Ressourcen und Kompetenzen zu nutzen.[172] Übersicht 2-6 stellt die verschiedenen Ebenen des Verfahrens dar.

Auf der **ersten Ebene des Lamfalussy-Verfahrens** steht der Basisrechtsakt, der vom Europäischen Parlament und vom Europäischen Rat in einem Gesetzgebungsverfahren erlassen wird.[173] Bei Solvency II besteht die erste Stufe aus der sog. Solvency II-Richtlinie.[174]

---

[168] Eine ausführliche und vollständige Darstellung des Lamfalussy-Verfahrens auf EU-Ebene soll an dieser Stelle aus Platzgründen unterbleiben. Für eine ausführliche Darstellung vgl. RÖTTING, M./LANG, C., Lamfalussy-Verfahren, o. A.; MÖLLERS, T., Europäische Methoden- und Gesetzgebungslehre, o. A.

[169] Vgl. LÜTTRINGHAUS, J., Reform des europäischen Versicherungsaufsichtsrechts, S. 823; WEBER-REY, D./HORAK, T., Europäischer Finanzsektor, S. 722.

[170] BAFIN (Hrsg.), BaFin Journal 10/12, S. 17.

[171] Vgl. z. B. RÖTTING, M./LANG, C., Lamfalussy-Verfahren, o. A.; LÜTTRINGHAUS, J., Reform des europäischen Versicherungsaufsichtsrechts, S. 823. Durch jüngere Entwicklungen des Verfahrens etabliert sich im Schrifttum – besonders auch in Bezug auf Solvency II – die zusätzliche Ebene 2,5. Diese wird auch in der vorliegenden Arbeit als separate Ebene beschrieben. Vgl. hierzu MAY, M., Solvabilitätspublizität von Versicherungsunternehmen, S. 49 f.; BAFIN (Hrsg.), Jahresbericht 2014, S. 149; GOLDMANN, J./PURNHAGEN, K., Neue europäische Versicherungsaufsicht, S. 33; WEBER-REY, D./HORAK, T., Europäischer Finanzsektor, S. 723.

[172] Vgl. HUSTEDT, T. U. A., Verwaltungsstrukturen in der Europäischen Union, S. 135. Für eine Übersicht der beteiligten Akteure siehe WEBER-REY, D./HORAK, T., Europäischer Finanzsektor, S. 726; SCHUBERT, T., Stand der Diskussion, S. 41 sowie MAY, M., Solvabilitätspublizität von Versicherungsunternehmen, S. 54.

[173] Vgl. WEBER-REY, D./HORAK, T., Europäischer Finanzsektor, S. 721.

[174] Vgl. EU (Hrsg.), RL 2009/138/EG. Die Richtlinie wurde zuletzt ergänzt durch die Omnibus II-Richtlinie

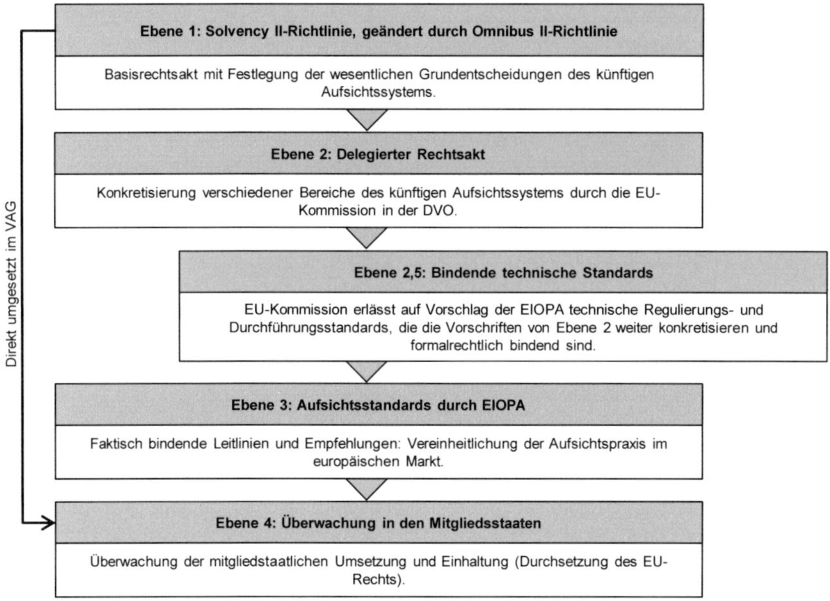

Übersicht 2-6: Die Regelungsebenen des Lamfalussy-Verfahrens im Kontext von Solvency II[175]

In der Richtlinie werden politische Grundentscheidungen getroffen werden, ohne sie zu konkretisieren.[176] Der niedrige Grad der Konkretisierung bzw. die prinzipienorientierte Gestaltung stellt wiederum den Grundstein des flexiblen Rechtssetzungsverfahrens dar.[177] Indem Konkretisierungen und kleine Korrekturen auf nachgelagerten Ebenen vollzogen werden, können Änderungen am Basisrechtsakt häufig vermieden werden. Änderungen am Basisrechtsakt würden schließlich einen langwierigen Gesetzgebungsprozess erfordern, an dem wieder der Europäische Rat und das Europäische Parlament beteiligt wären.

(siehe Übersicht 2-7). Diese setzt u. a. Änderungen der Kompetenz- und Verfahrensregelungen aus Art. 290 und 291 AEUV für Solvency II um. Vgl. WANDT, M., Prinzipienbasiertes Recht, S. 12.

175 Vgl. WEBER-REY, D./HORAK, T., Europäischer Finanzsektor, S. 722; MAY, M., Solvabilitätspublizität von Versicherungsunternehmen, S. 50. In Anlehnung an BAFIN (Hrsg.), Rechtsgrundlagen, Leitlinien und Auslegungsentscheidungen, o. A.

176 Vgl. SCHMOLKE, K., Einbeziehung des Komitologieverfahrens, S. 433.

177 Vgl. hier und im Folgenden WANDT, M., Prinzipienbasiertes Recht, S. 13, 15; MAY, M., Solvabilitätspublizität von Versicherungsunternehmen, S. 50, 53.

Auf der **zweiten Ebene des Lamfalussy-Verfahrens** steht bei Solvency II ein sog. **delegierter Rechtsakt – die DVO**[178]. Diese wird nach Art. 290 des Vertrags über die Arbeitsweise der Europäischen Union (AEUV) von der Europäischen Kommission erlassen. Die DVO enthält technische Regelungen und ergänzt bzw. ändert die Richtlinie in nicht wesentlichen Punkten.[179] Sie ist im Gegensatz zur Solvency II-Richtlinie nach ihrer Veröffentlichung unmittelbar geltendes Recht.

Ebene 2,5 enthält **technische Durchführungsstandards** (*implementing technical standards*, ITS), die nach Art. 15 EIOPA-VO[180] i. V. m. Art. 291 AEUV erlassen werden.[181] Sie dienen dazu, weitere Details zu regeln, indem z. B. Aspekte der DVO präzisiert werden, um sicherzustellen, dass die Vorschriften der Stufen eins und zwei einheitlich angewendet werden.[182] Die technischen Durchführungsstandards werden von der EIOPA entworfen und von der Europäischen Kommission verabschiedet.[183] Wenn sie von der Europäischen Kommission verabschiedet wurden, erlangen die technischen Durchführungsstandards unmittelbar rechtlich bindende Wirkung.[184]

Die **dritte Ebene des Lamfalussy-Verfahrens** enthält die sog. **Leitlinien** nach Art. 16 EIOPA-VO. Sie regeln Details und konkretisieren Vorgaben der ersten beiden Stufen, die von den technischen Durchführungsstandards nicht abgedeckt werden.[185] Die Leitlinien richten sich an die

---

[178] Die DVO wurde am 1. April 2016 durch die „Delegierte Verordnung der (EU) 2016/467 der Kommission vom 30. September 2015 zur Änderung der Delegierten Verordnung (EU) 2015/35 in Bezug auf die Berechnung der gesetzlichen Kapitalanforderungen für verschiedene von Versicherungs- und Rückversicherungsunternehmen gehaltene Anlageklassen“ (im Folgenden zitiert als Delegierte Verordnung 2016/467) angepasst. Die Anpassungen betreffen die regulatorischen Kapitalanforderungen für verschiedene Kategorien von Kapitalanlagen.

[179] Vgl. hier und im folgenden BAFIN (Hrsg.), Solvency II, o. A.; BAFIN (Hrsg.), Jahresbericht 2014, S. 149; WEBER-REY, D./HORAK, T., Europäischer Finanzsektor, S. 722 f.

[180] Als EIOPA-VO wird im Folgenden die „Verordnung (EU) Nr. 1094/2010 des Europäischen Parlaments und des Rates vom 24. November 2010 zur Errichtung einer Europäischen Aufsichtsbehörde (Europäische Aufsichtsbehörde für das Versicherungswesen und die betriebliche Altersversorgung), zur Änderung des Beschlusses Nr. 716/2009/EG und zur Aufhebung des Beschlusses 2009/79/EG der Kommission“ zitiert.

[181] Vgl. WEBER-REY, D./HORAK, T., Europäischer Finanzsektor, S. 723 f.

[182] Vgl. BAFIN (Hrsg.), Jahresbericht 2014, S.148.

[183] Vgl. RÖTTING, M./LANG, C., Lamfalussy-Verfahren, S. 10.

[184] Vgl. WEBER-REY, D./HORAK, T., Europäischer Finanzsektor, S. 723.

[185] Ein Beispiel hierfür ist Leitlinie 1 der „Leitlinien zur Bewertung von versicherungstechnischen Rückstellungen“, in der die Begriffe „Angemessenheit“ und „Vollständigkeit" erklärt werden. Leitlinie 1 bezieht sich damit auf Art. 82 der Solvency II-Richtlinie, der vorschreibt, dass „[...] Versicherungs- und Rückversicherungsunternehmen über interne Prozesse und Verfahren verfügen, um die **Angemessenheit**, die **Vollständigkeit** und die Exaktheit der bei der Berechnung der versicherungstechnischen Rückstellungen verwendeten Daten zu gewährleisten.“ (Auslassung und Hervorhebungen durch den Verfasser).

nationalen Aufsichtsbehörden der EU-Mitgliedstaaten, die in einem *Comply-or-Explain*-Verfahren erklären müssen, wenn sie einzelne Richtlinien oder Teile davon nicht anwenden wollen,[186] können aber auch von Solvency II-Anwendern als Informationsquellen genutzt werden. Durch das *Comply-or-Explain*-Verfahren erlangen die Leitlinien eine hohe faktische Bindungswirkung, sind aber im Gegensatz zu den Level 2,5-Dokumenten formalrechtlich nicht bindend.[187]

Auf der **vierten Ebene des Lamfalussy-Verfahrens** werden die Vorschriften in nationales Recht umgesetzt, was wiederum **von der EU-Kommission überprüft** wird.[188] Die Umsetzung in das deutsche Recht geschieht im **VAG** und orientiert sich an der Solvency II-Richtlinie.[189]

Die folgende Übersicht 2-7 stellt die wichtigsten in dieser Arbeit verwendeten Quellen des Lamfalussy-Verfahrens dar und ordnet sie einer der in diesem Abschnitt beschriebenen Ebenen zu.

Regelungsebene	**Bezeichnung der Rechts- bzw. Regelungsnorm**	**Zitation**
Ebene 1: Basisrechtsakt	Richtlinie 2009/138/EG des Europäischen Parlaments und des Rates vom 25. November 2009 betreffend die Aufnahme und Ausübung der Versicherungs- und Rückversicherungstätigkeit (Solvabilität II) (Neufassung)	RL 2009/138/EG
	Richtlinie 2014/51/EU des Europäischen Parlaments und des Rates vom 16. April 2014 zur Änderung der Richtlinien 2003/71/EG und 2009/138/EG und der Verordnungen (EG) Nr. 1060/2009, (EU) Nr. 1094/2010 und (EU) Nr. 1095/2010 im Hinblick auf die Befugnisse der Europäischen Aufsichtsbehörde (Europäische Aufsichtsbehörde für das Versicherungswesen und die betriebliche Altersversorgung) und der Europäischen Aufsichtsbehörde (Europäische Wertpapier- und Marktaufsichtsbehörde)	RL 2014/51/EU
Ebene 2: Durchführungsmaß-nahmen (Delegierter Rechtsakt)	Delegierte Verordnung (EU) 2015/35 der Kommission vom 10. Oktober 2014 zur Ergänzung der Richtlinie 2009/138/EG des Europäischen Parlaments und des Rates betreffend die Aufnahme und Ausübung der Versicherungs- und der Rückversicherungstätigkeit (Solvabilität II)	DVO [=Delegierte Verordnung]
	Delegierte Verordnung der (EU) 2016/467 der Kommission vom 30. September 2015 zur Änderung der Delegierten Verordnung (EU) 2015/35 in Bezug auf die Berechnung der gesetzlichen Kapitalanforderungen für verschiedene von Versicherungs- und Rückversicherungsunternehmen gehaltene Anlageklassen	Delegierte Verordnung 2016/467
Ebene 2,5: Bindende technische Standards	Durchführungsverordnung (EU) 2015/2452 der Kommission vom 2. Dezember 2015 zur Festlegung technischer Durchführungsstandards hinsichtlich der Verfahren, Formate und Meldebögen für den Bericht über Solvabilität und Finanzlage gemäß der Richtlinie 2009/138/EG des Europäischen Parlaments und des Rates	Technischer Durchführungsstandard zu Verfahren, Formaten und Meldebögen

186 Vgl. BAFIN (Hrsg.), Jahresbericht 2014, S. 150.

187 Vgl. RÖTTING, M./LANG, C., Lamfalussy-Verfahren, S. 10.

188 Vgl. WEBER-REY, D./HORAK, T., Europäischer Finanzsektor, S. 725.

189 Vgl. DEUTSCHER BUNDESTAG (Hrsg.), BT-Drucks. 18/2956. In den Begründungen zum Gesetzesentwurf wird ein Bezug zwischen Paragrafen des VAG und Artikeln der Solvency II-Richtlinie hergestellt.

Regelungsebene	Bezeichnung der Rechts- bzw. Regelungsnorm	Zitation
	Durchführungsverordnung (EU) 2016/1976 der Kommission vom 10. November 2016 zur Festlegung technischer Informationen für die Berechnung von versicherungstechnischen Rückstellungen und Basiseigenmitteln für Meldungen mit Stichtagen vom 30. September bis 30. Dezember 2016 gemäß der Richtlinie 2009/138/EG des Europäischen Parlaments und des Rates betreffend die Aufnahme und Ausübung der Versicherungs- und der Rückversicherungstätigkeit	Technischer Durchführungsstandard zur Zinsstrukturkurve
Ebene 3: Aufsichtsstandards	Leitlinien zur Bewertung von versicherungstechnischen Rückstellungen – EIOPA-BoS-14/166 DE	Leitlinien zu versicherungstechnischen Rückstellungen (BoS-14/166)
	Erläuterungen zu Leitlinien zur Bewertung von versicherungstechnischen Rückstellungen	Erläuterungen zu versicherungstechnischen Rückstellungen
Ebene 4	Gesetz zur Modernisierung der Finanzaufsicht über Versicherungen	VAG
Vorgänger-Dokument der DVO (Ebene 2)	Technical Specification for the Preparatory Phase (Part I)	Technical Specifications Part I
	Technical Specification for the Preparatory Phase (Part II)	Technical Specifications Part I
	Errata to the Technical Specifications for the Preparatory Phase	Errata to Technical Specifications

Übersicht 2-7: Ausgewählte in dieser Arbeit zitierte Rechts- und Regelungsquellen[190]

[190] Vgl. MAY, M., Solvabilitätspublizität von Versicherungsunternehmen, S. 56 mit Anpassungen für die vorliegende Arbeit.

3 Grundlagen der Rechnungslegung nach IFRS und Solvency II

31 Vorbemerkung

Ein Ziel dieser Arbeit ist es, zu beurteilen, ob die Rechnungslegungsvorschriften für versicherungstechnische Rückstellungen nach IFRS 17 und Solvency II gleich ausgelegt werden können, wodurch eine doppelte Bewertung der gleichen Sachverhalte vermieden werden kann. Dazu ist ein Bezugsrahmen notwendig, der als Maßstab für die Beurteilung dient.[191] Für IFRS 17 besteht dieser Rahmen, der im Folgenden vorgestellt wird, bereits in Form des Conceptual Framework. Für Solvency II wird ein solcher Rahmen in Abschnitt 33 herausgearbeitet.

32 Grundlagen der IFRS gemäß dem *Conceptual Framework*

321. Zweck und Adressaten der IFRS-Rechnungslegung

Das sog. ***Conceptual Framework for Financial Reporting***[192] hält die wichtigsten Konzepte und Grundlagen der vom IASB entwickelten Rechnungslegungsstandards fest.[193] Damit dient es als Deduktionsbasis und als theoretischer Unterbau[194] der internationalen Rechnungslegungsstandards und soll gewährleisten, dass der Standardsetzer bei der Überarbeitung bestehender Standards sowie bei der Entwicklung neuer Standards konsistent vorgeht.[195] Gleichwohl dient es auch als Ausgangspunkt bei der Auslegung und Interpretation der Vorschriften sowie als Bezugspunkt bei bestehenden Regelungslücken.[196]

Der IASB legt den Zweck der Rechnungslegung nach IFRS in CF.1.2 wie folgt fest:

---

191 Vgl. WÜNSCHE, B., Verbindlichkeitsrückstellungen, S. 17.

192 Das aktuell gültige Conceptual Framework wird mit CF.(Tz.) zitiert. Das davor gültige *Conceptual Framework* von 2010 wird im Folgenden zitiert als „IASB (Hrsg.), CF (2010)".

193 Vgl. CF.SP1.5, lit. a; GASSEN, J./FISCHKIN, M./HILL, V., Rahmenkonzept-Projekt des IASB und des FASB, S. 874; BAETGE, J./KIRSCH, H.-J./THIELE, S., Bilanzen, S. 151.

194 Vgl. SCHÖLLHORN, T./MÜLLER, M., Bedeutung und Relevanz des Rahmenkonzepts, S. 1624; BAETGE, J. U. A., in: Baetge u. a., Rechnungslegung nach IFRS, 2. Aufl., Teil A, Kapitel II, Tz. 15.

195 Vgl. DOBLER, M./HETTICH, S., Rahmenkonzepte von IASB und FASB, S. 35; GIMPEL-HENNING, N., Sukzessive Anteilserwerbe, S. 9.

196 Vgl. CF.SP.1.1 lit. b, c.

„The objective of general purpose financial reporting [..] is ***to provide financial information*** *about the reporting entity* ***that is useful*** *to existing and potential* ***investors, lenders and other creditors*** *in making decisions relating to providing resources to the entity. [...]"*[197]

Das **generelle Ziel der finanziellen Berichterstattung** nach den IFRS ist es also, Finanzinformationen zu vermitteln, die bereits vorhandenen und potenziellen Kapitalgebern sowie anderen Gläubigern in Bezug auf ihre Entscheidungen nützlich sind, dem Unternehmen Ressourcen bereitzustellen. Solche Informationen werden als **„entscheidungsnützlich"** bezeichnet.[198]

Informationsadressaten sind die Teilmenge der Gruppe der Informationsinteressenten[199], deren Informationsbedürfnisse in der Rechnungslegung nach IFRS zu berücksichtigen sind.[200] Wird die zu vermittelnde Information nicht am Interesse der Adressaten ausgerichtet, trägt sie nicht dazu bei, Informationsasymmetrien abzubauen und den Adressaten so vor negativen Konsequenzen durch Fehlentscheidungen zu bewahren.[201] Aus CF.1.2 geht hervor, dass der Kreis der **primären Informationsadressaten** neben den **Eigenkapitalgebern** auch explizit **Fremdkapitalgeber** einschließt.[202] An ihren Interessen muss die Rechnungslegung nach IFRS ausgerichtet werden. Der IASB begründet die Wahl der Adressaten damit, dass alle Kapitalgeber grundsätzlich auf finanzielle Berichterstattung angewiesen sind, da sie häufig keine anderen Möglichkeiten haben, Informationen über das Unternehmen zu erhalten.[203] Nichtsdestotrotz kann daraus, dass der IASB

---

197 Hervorhebungen durch den Verfasser.

198 Vgl. PELGER, C., Rechnungslegungszweck und qualitative Anforderungen, S. 910 sowie BAETGE, J./KIRSCH, H.-J./THIELE, S., Bilanzen, S. 151 im Kontext des *Conceptual Framweork* von 2010.

199 Der Informationsadressat hat einen gesetzlichen oder vertraglichen Anspruch auf Information. Die Rechenschaft erfolgt in seinem Interesse und nur seine Interessen begründen den Informationsinhalt der Rechnungslegung. Die Interessen reiner Informationsinteressenten ohne einen vertraglichen oder gesetzlichen Anspruch sind indes zu vernachlässigen. Vgl. MOXTER, A., Fundamentalgrundsätze, S. 95 sowie allgemein zum Thema des Informationsadressaten SPRENGER, R., Grundsätze gewissenhafter Rechenschaft, S. 40-88.

200 Vgl. im handelsrechtlichen Kontext MOXTER, A., Bilanzlehre, S. 418 f.

201 Vgl. MOXTER, A., Fundamentalgrundsätze, S. 94 f. MOXTER bezieht seine Ausführungen auf Rechenschaft. Zu den Überschneidungen zwischen Rechenschafts- und Informationsfunktion vgl. den folgenden Abschnitt dieser Arbeit.

202 Vgl. hierzu auch KIRSCH, H., Conceptual Framework für Phase A, S. 30 und PELGER, C., Entscheidungsnützlichkeit im neuen Gewand, S. 156 im Kontext des *Conceptual Framework* von 2010. Die Aufnahme von Fremdkapitalgebern in den primären Adressatenkreis stellt eine Erweiterung gegenüber dem ursprünglichen primären Adressatenkreis aus IAS-*Framework*.10 Satz 2 dar, der sich auf Investoren beschränkte, die dem Unternehmen Risikokapital zur Verfügung stellen.

203 Vgl. CF.1.5.

Kapitalgeber als *„primary users*"[204] bezeichnet, geschlossen werden, dass andere Parteien, die dem Unternehmen kein Kapital zur Verfügung stellen, ebenfalls Adressaten der IFRS-Rechnungslegung sein können – nämlich *secondary users.*[205] Der IASB nennt in diesem Zusammenhang die Öffentlichkeit und das Management des berichtenden Unternehmens aber auch Aufsichtsbehörden, deren Informationsinteressen er indes nicht direkt fokussiert.[206]

Nach Ansicht des IASB müssen entscheidungsnützliche Informationen Aussagen zur Rentabilität des berichtenden Unternehmens umfassen.[207] Die Rentabilität kann vom Rechnungslegungsadressaten durch **Angaben über die Höhe, den zeitlichen Anfall und die Unsicherheit von künftigen Zahlungsmittelzuflüssen** eingeschätzt werden. Dies wird auch als sog. „**Bewertungsfunktion**" der Rechnungslegung oder als was als „**Bewertungsnützlichkeit**"[208] der Informationen bezeichnet und stellt das erste Unterziel der Entscheidungsnützlichkeit dar.[209] Der Bewertungsnützlichkeit trägt der IASB in IFRS 17 insofern Rechnung, dass jede dieser im *Framework* postulierten Komponenten auch im Bewertungsmodell für Versicherungsverträge bzw. für versicherungstechnische Rückstellungen einem Bewertungsbaustein zugeordnet werden kann.[210]

Darüber hinaus sollen die berichteten Abschlussinformationen über die Ressourcenverwaltung bzw. über die Verwaltung des Kapitals durch das Management ermöglichen, letzteres zu beurteilen.[211] Dies ist die sog. „**Rechenschaftsfunktion**", die das zweite Unterziel der Entscheidungsnützlichkeit darstellt.[212] Rechenschaft dient als Kontrollinstrument ex-post dazu, Informationsasymmetrien zwischen den Kapital bereitstellenden Eigentümern und dem Management, welches

---

204 CF.1.5.

205 Vgl. BAETGE, J./KIRSCH, H.-J./THIELE, S., Bilanzen, S. 67.

206 Vgl. CF.1.9, 1.10.

207 Vgl. hier und nachfolgend in diesem Absatz CF.1.3; KAMPMANN, H./SCHWEDLER, K., Entwurf eines gemeinsamen Rahmenkonzepts, S. 525; ERB, C./PELGER, C., Vorstellungen des IASB vom neuen Rahmenkonzept, S. 1059.

208 PELGER, C., Entscheidungsnützlichkeit im neuen Gewand, S. 158.

209 Vgl. PELGER, C., Entscheidungsnützlichkeit im neuen Gewand, S. 158; GALLASCH, F., Bilanzierung von Versicherungsverträgen, S. 33.

210 Vgl. GALLASCH, F., Bilanzierung von Versicherungsverträgen, S. 34.

211 Vgl. CF.1.3.

212 Vgl. zur Rechenschaftsfunktion COENENBERG, A. G./STRAUB, B., Rechenschaft versus Entscheidungsunterstützung, o. A.

Verfügungsmacht über das Kapital hat, abzubauen. So werden Prinzipal-Agenten-Konflikte zwischen diesen beiden Parteien abgemildert.[213] Bezüglich der Rechenschaftsfunktion wird im neuen *Framework* im Vergleich zum *Conceptual Framework* von 2010 klargestellt, dass diese als Unterziel der Rechnungslegung nach den IFRS im Verhältnis zur Bewertungsnützlichkeit gleichzugewichten ist.[214]

322. Vorbemerkungen zu den qualitativen Anforderungen an die Rechnungslegung nach IFRS

Um dem übergeordneten Ziel der Rechnungslegung nach den IFRS zu genügen, müssen Abschlussinformationen bestimmte qualitative Anforderungen erfüllen.[215] Diese werden in fundamentale- und in fördernde qualitative Anforderungen gegliedert. Dabei gilt, dass eine Information schon dann als entscheidungsnützlich anzusehen ist, wenn sie die beiden **fundamentalen Anforderungen** der **Relevanz** und der **glaubwürdigen Darstellung** kumulativ erfüllt.[216] Um zu prüfen, ob diese erfüllt sind, ist in CF.2.21 ein sequentieller Prüfprozess vorgegeben. Dieser sieht im ersten Schritt vor, dass das ökonomische Phänomen identifiziert wird, das für den Rechnungslegungsadressaten nützlich sein könnte. Im zweiten Schritt wird die relevanteste verfügbare Information über das ökonomische Phänomen bestimmt. Im dritten Schritt wird geprüft, ob die als relevant identifizierte Information auch glaubwürdig dargestellt werden kann. Bei erfolgreicher Prüfung endet der Prozess an dieser Stelle, da die zu publizierende Information als entscheidungsnützlich qualifiziert ist. Ist die Information indes nicht glaubwürdig darzustellen, ist Schritt drei mit der Information von nächst höherer Relevanz durchzuführen. Diese Prüfungsschritte werden im folgenden Abschnitt erläutert.

---

213 Vgl. COENENBERG, A. G./STRAUB, B., Rechenschaft versus Entscheidungsunterstützung, S. 17 f. In dieser Konstellation ist der Kapitalgeber der Prinzipal und das Management der Agent. Für eine Übersicht zur Prinzipal-Agenten-Theorie siehe allgemein JENSEN, M. C./MECKLING, W. H., Theory of the firm; GROSSMAN, S. J./HART, O. D., An Analysis of the Principal-Agent Problem sowie im Kontext der generellen Schutzwürdigkeit von Kapitalgebern WULFERT, I./WIESKE, D., Prinzipal-Agenten-Theorie.

214 Vgl. CF.1.3 sowie GIMPEL-HENNING, N., Sukzessive Anteilserwerbe, S. 13. Eine Darstellung der zuvor inferioren Stellung der Rechenschaftsfunktion im Verhältnis zur Bewertungsnützlichkeit findet sich u. a. in KAMPMANN, H./SCHWEDLER, K., Entwurf eines gemeinsamen Rahmenkonzepts, S. 525 sowie SCHRUFF, W., Cashflow-Prognose und Rechenschaft und GALLASCH, F., Bilanzierung von Versicherungsverträgen, S. 31-36.

215 Vgl. CF.2.4; BAETGE, J./KIRSCH, H.-J./THIELE, S., Bilanzen, S. 153; PELLENS, B. U. A., Internationale Rechnungslegung, S. 92.

216 Vgl.CF.2.20 und 2.4.

323. Fundamentale qualitative Anforderungen

323.1 Relevanz

Eine Abschlussinformation erfüllt die Anforderung der **Relevanz**, wenn sie in der Lage ist, die Entscheidungen des Informationsempfängers zu beeinflussen.[217] Die Relevanz der Information wird daran gemessen, ob sie einen Prognosewert, einen Bestätigungswert oder ggf. beides aufweist.[218] Hat eine Information einen **Prognosewert**, so kann sie von Abschlussadressaten dazu genutzt werden, künftige Ereignisse einzuschätzen.[219]

Hat eine Information einen **Bestätigungswert**, können Adressaten durch ihre Hilfe in der Vergangenheit vorgenommene Einschätzungen beurteilen und ggf. korrigieren.[220] Während der Prognosewert im Zusammenhang mit dem Unterziel der Bewertungsnützlichkeit steht, ist der Bestätigungswert mit der Rechenschaftsfunktion verbunden.[221]

Des Weiteren wird in CF.2.11 **Wesentlichkeit** als Kriterium der Relevanz genannt. Das Kriterium legt fest, dass nur Informationen, die dazu geeignet sind, die ökonomischen Entscheidungen der Abschlussadressaten zu beeinflussen, in der Berichterstattung berücksichtigt werden dürfen.[222] Dies betrifft auf qualitativer Ebene die Art und auf quantitativer Ebene die Höhe des betreffenden Abschlusspostens. Das Kriterium der Wesentlichkeit ist somit eine für jedes Unternehmen zu definierende Schwelle der Relevanz einer Abschlussinformation und soll übermäßige Informationsvermittlung einschränken.[223]

---

[217] Vgl. CF.2.6; WÜNSCHE, B., Verbindlichkeitsrückstellungen, S. 27. Ob die Information tatsächlich verwertet wird oder ob die Adressaten die Information schon aus anderen Quellen erhalten haben, ist in diesem Zusammenhang irrelevant. Vgl. auch BAETGE, J., Objektivierung des Jahreserfolges, S. 168. Dieser stellt die gleichen Überlegungen für den handelsrechtlichen Jahresabschluss an.

[218] Vgl. CF.2.7.

[219] Vgl. CF.2.8. Die Information selbst muss dabei nicht zwingend eine Vorhersage darstellen, es reicht, wenn sie als Inputfaktor für eine Prognose durch den Abschlussadressaten genutzt werden kann.

[220] Vgl. CF.2.9.

[221] Vgl. EWELT-KNAUER, C., Der Konzernabschluss, S .17; BRÖTZMANN, I., Hedge Accounting, S. 42 f.

[222] Für eine detaillierte Abgrenzung von Relevanz und Wesentlichkeit siehe JUNG, M., Konzept der Wesentlichkeit, S. 36-45 sowie OSSADNIK, W., Materiality.

[223] Vgl. CF.2.11; PELLENS, B. U. A., Internationale Rechnungslegung, S. 92 f. Der IASB gibt hier keine konkreten Werte vor, da diese je nach Art und Größe des Unternehmens stark variieren können.

323.2 Glaubwürdige Darstellung

Ist eine Finanzinformation als relevant klassifiziert worden, so ist im nächsten Schritt nach CF.2.21 zu prüfen, ob sie glaubwürdig dargestellt werden kann. Bei einer glaubwürdigen Darstellung gibt die Finanzberichterstattung ein den ökonomischen Tatsachen entsprechendes Bild wieder, wobei im Zweifelsfall die rechtliche Form des dargestellten Sachverhalts in den Hintergrund treten sollte.[224] Um die Anforderung der glaubwürdigen Darstellung zu konkretisieren, sind in CF.2.14-2.18 die **drei Unteranforderungen** der Vollständigkeit, Neutralität und Fehlerfreiheit genannt, die erfüllt werden müssen, um eine glaubwürdige Darstellung sicherzustellen.[225] Die Unteranforderungen werden im Folgenden erörtert.

Vollständigkeit: Um ein ökonomisches Phänomen vollständig darzustellen, müssen alle dafür notwendigen Informationen und Erklärungen dargelegt werden.[226]

Neutralität: Neutral ist eine Abschlussinformation dann, wenn sie objektiv ausgewählt und dargestellt wird und nicht durch z. B. bilanzpolitisch motivierte Handlungen verzerrt wird.[227] Durch die Überarbeitung des *Conceptual Framework* wurde in CF.2.16 das Vorsichtsprinzip hervorgehoben, um die Neutralität zu stützen.[228] So soll, indem das Vorsichtsprinzip beachtet wird, eine Über- oder Unterbewertung von Vermögenswerten und Verbindlichkeiten vermieden werden, die der Neutralität entgegenstünde.[229] Das Vorsichtsprinzip ist demzufolge auch anzuwenden, wenn die Bausteine zur Bewertung versicherungstechnischer Rückstellungen geschätzt werden.

Fehlerfreiheit: Eine glaubwürdige Darstellung wird darüber hinaus durch eine Darstellung gefördert, die frei von Fehlern ist bzw. dadurch, dass die betreffende Information in einem fehlerfreien

224 Vgl. IASB (Hrsg.), ED.CF.2.14; BAETGE, J./KIRSCH, H.-J./THIELE, S., Bilanzen, S. 154.

225 Vgl. CF.2.13. Der IASB räumt in der Textzeile indes ein, dass alle drei Kriterien gleichzeitig nur schwer bis gar nicht erfüllbar sind.

226 Vgl. CF.2.16.

227 Vgl. CF.2.15; PELLENS, B. U. A., Internationale Rechnungslegung, S. 93.

228 Im *Conceptual Framework* von 2010 wurde das Vorsichtsprinzip nicht berücksichtigt, da es als unvereinbar mit der Neutralität galt. Vgl. hierzu IASB (Hrsg.), CF (2010).BC.3.27-3.29. Wie auch die Wiedereinführung der Rechenschaftsfunktion sorgt die Berücksichtigung des Vorsichtsprinzips für Divergenz zum *Framework* des FASB – natürlich nur, sofern die Änderungen im finalen *Framework* berücksichtigt werden. Die Neufassung des *Conceptual Frameworks* von 2010 war noch in Zusammenarbeit mit dem FASB erarbeitet worden, um Konvergenz zwischen den US-GAAP und den IFRS zu fördern. Vgl. hierzu ERB, C./PELGER, C., Vorstellungen des IASB vom neuen Rahmenkonzept, S. 1062 f.

229 Vgl. CF.2.16. Der IASB hebt in CF.BC2.40 explizit hervor, dass das Vorsichtsprinzip nicht nur einer Unterbewertung von Verbindlichkeiten und einer Überbewertung von Vermögenswerten, sondern auch einer Überbewertung von Verbindlichkeiten und einer Unterbewertung von Vermögenswerten vorbeugen soll.

Prozess gewonnen wurde.[230] Dies betrifft z. B. Schätzprozesse für Zeitwerte[231] und kann auch auf fehlerfreie Prozesse zur Schätzung der Bausteine einer versicherungstechnischen Rückstellung nach IFRS 17 übertragen werden.

Im überarbeiteten Framework wird zudem das Kriterium der **Schätzungsunsicherheit** mehr betont, als im *Conceptual Framework* von 2010.[232] Schätzungsunsicherheit tritt auf, wenn ein ökonomisches Phänomen nicht direkt beobachtet werden kann, sondern geschätzt werden muss und steigt mit dem Anteil der unbeobachtbaren Eingangsfaktoren und unverifizierbaren Bewertungsmethoden.[233] Das Kriterium wurde aufgrund der Kommentare in den Rückmeldungen auf den *Frameworks*-Entwurf von der qualitativen Anforderung der Relevanz zur qualitativen Anforderung der glaubwürdigen Darstellung umgegliedert.[234] Der Staff des IASB sieht die Vorteile der Umgliederung darin, dass folgende Vorgehensweise dadurch klarer wird:[235] Eine mit hoher Schätzungsunsicherheit behaftete Rechnungslegungsinformation kann trotz der Schätzungsunsicherheit hoch relevant sein und verwendet werden. Kann diese Information indes nicht glaubwürdig dargestellt werden, ist eine andere, weniger relevante Information zu wählen. Somit unterstützt die Schätzungsunsicherheit die Veto-Möglichkeit der glaubwürdigen Darstellung, bezogen auf die Informationsauswahl, und rückt nicht mehr durch ein hohes Maß an Relevanz in den Hintergrund.

324. Fördernde qualitative Anforderungen

Die **fördernden qualitativen Anforderungen** der **Vergleichbarkeit**, **Nachprüfbarkeit**, **Zeitnähe** und **Verständlichkeit**[236] können die Entscheidungsnützlichkeit der Jahresabschlussinformationen zusätzlich unterstützen.[237] Sie sind vor allem dann als Gütemaß für die Entscheidungsnützlichkeit

230 Vgl. CF.2.18.

231 Vgl. im Kontext von Altanteilen bei einem sukzessiven Unternehmenserwerb GIMPEL-HENNING, N., Sukzessive Anteilserwerbe, S. 19.

232 Vgl. CF.5.19-5.23 sowie im Kontext des Framework-Entwurfs GIMPEL-HENNING, N., Sukzessive Anteilserwerbe, S. 17.

233 Vgl. IASB (Hrsg.), Measurement uncertainty (agenda paper 10E), Tz. 35 lit. b.

234 Vgl. IASB (Hrsg.), Effect of Board redeliberations on ED.CF, S. 8.

235 Vgl. hier und in den zwei folgenden Sätzen IASB (Hrsg.), Measurement uncertainty (agenda paper 10E), Tz. 36.

236 Zu den vier fördernden qualitativen Anforderungen siehe CF.2.23-2.38 sowie für einen Überblick BAETGE, J./KIRSCH, H.-J./THIELE, S., Bilanzen, S. 155-158.

237 Vgl. CF.2.23.

heranzuziehen, wenn sich zwei Darstellungsarten eines relevanten ökonomischen Phänomens ähneln.[238]

Durch die fördernde Anforderung der **Vergleichbarkeit** sollen intertemporale und zwischenbetriebliche Vergleiche von ähnlichen Informationen ermöglicht werden. Dadurch soll Anlegern die Entscheidung zwischen Anlagealternativen erleichtert werden.[239] Die Anforderung wird durch konsistente Anwendung der gleichen Bilanzierungsmethoden gefördert.[240] In IFRS 17 wird die Vergleichbarkeit dadurch gefördert, dass alle Verträge, die die Definitionskriterien eines Versicherungsvertrages erfüllen, unternehmensunabhängig in seinen Anwendungsbereich fallen und grundsätzlich nach den Vorgaben des zentralen Bewertungsmodells bilanziert werden.[241]

Als weitere fördernde qualitative Anforderung führt der IASB die **Nachprüfbarkeit** an. Diese soll die glaubwürdige Darstellung von Informationen dadurch unterstützen, dass unabhängige, sachverständige Dritte in die Lage versetzt werden, zu einem Konsens zu kommen, wenn sie über den berichteten Sachverhalt urteilen.[242] BAETGE/KIRSCH/THIELE bezeichnen dies auch als „intersubjektive Nachprüfbarkeit"[243]. Informationen können nach CF.2.31 sowohl direkt als auch indirekt nachgeprüft werden. Ist ein Sachverhalt direkt nachprüfbar, kann er z. B. wie Barmittel direkt beobachtet und gezählt werden. Indirekt kann eine bilanzierte Information nachgeprüft werden, indem die Methoden und Eingangsdaten nachvollzogen werden, die vom bilanzierenden Unternehmen verwendet wurden.[244] Der IASB räumt indes ein, dass es Abschlussadressaten normalerweise nicht möglich ist, zukunftsbezogene Abschlussinformationen nachzuvollziehen, da ihnen dazu die Methoden und Eingangsdaten fehlen.[245] Auch bezogen auf versicherungstechnische Rückstellungen scheidet eine direkte Überprüfung für gewöhnlich aus, denn die Rückstellungen basieren auf zukunftsbezogenen Schätzungen, die nur in den seltensten Fällen mit Marktdaten verifiziert

---

238 Vgl. CF.2.23 sowie BAETGE, J./KIRSCH, H.-J./THIELE, S., Bilanzen, S. 155 und PELLENS, B. U. A., Internationale Rechnungslegung, S. 94.

239 Vgl. CF.2.24.

240 Vgl. CF.2.29.

241 Vgl. GALLASCH, F., Bilanzierung von Versicherungsverträgen, S. 53 f.; NGUYEN, T./GROSCHE, S., IFRS 4 aufsichtsrechtlich, S. 425 f.

242 Vgl. CF.2.30. Die vollständige Übereinstimmung aller an der Beurteilung beteiligten Personen ist indes nicht gefordert.

243 Vgl. BAETGE, J./KIRSCH, H.-J./THIELE, S., Bilanzen, S. 155 aber auch schon LEFFSON, U., GoB, S. 81.

244 Vgl. CF.2.31.

245 Vgl. CF.2.32.

werden können.[246] Aber auch die indirekte Überprüfung gestaltet sich als schwierig, da der die Informationen überprüfende Beobachter i. d. R. nicht über sämtliche Schätzmethoden und Eingangsdaten verfügt, die das Versicherungsunternehmen bei der Berechnung der Rückstellung hatte.[247] Und auch, wenn er sämtliche Schätzmethoden und Eingangsdaten kennt, bleibt fraglich, ob er diese in gleicher Granularität verwendet, wie es das bilanzierende Unternehmen getan hat, was wiederum zu Abweichungen führen kann.[248] Somit ist bestenfalls ex post eine genauere Überprüfung möglich, z. B. wenn die Rückstellungshöhe mit den tatsächlich angefallenen Zahlungsströmen verglichen wird. Diesbezüglich räumt der IASB aber ein, dass die Entscheidungsnützlichkeit leiden würde, ließe man nicht nachprüfbare bzw. auf internen Schätzungen beruhende Informationen unbeachtet.[249]

Die **Zeitnähe** ist eine fördernde qualitative Anforderung, die besagt, dass Informationen den Abschlussadressaten bzw. Entscheidungsträgern so zeitnah bereitgestellt werden sollten, dass diese noch in der Lage sind, ihre Entscheidungen danach auszurichten.[250] Dies basiert auf der Annahme, dass Informationen im Zeitablauf an Nutzen verlieren, wenngleich aus Informationen vergangener Perioden z. B. Trends abgeleitet werden können.[251]

Die vierte fördernde qualitative Anforderung ist die der **Verständlichkeit**. Sie wird durch eine klar strukturierte Präsentation von Abschlussinformationen erfüllt.[252] Dies darf indes kein Anlass sein, komplexe, nicht einfach darstellbare ökonomische Phänomene zu exkludieren, da sich Abschlussinformationen an fachkundige Leser richten.[253] Der Verständlichkeit wird vom IASB ein geringer

---

246 Vgl. IASB (Hrsg.), DP: Insurance Contracts, Tz. 93; NGUYEN, T./MOLINARI, P., Bilanzierung von Versicherungsverträgen – Teil 1, S. 21 sowie hier und im Rest des Absatzes GALLASCH, F., Bilanzierung von Versicherungsverträgen, S. 42.

247 Ein Problem stellt z. B. die Berechnung der Risikomarge dar, da diese von der individuellen und nicht beobachtbaren Risikoneigung des Versicherungsunternehmens abhängig ist. Aber auch die Schätzungen zu den vertragsbezogenen Cashflows sind vertragsabhängig und für Außenstehende nur sehr schwer nachzuvollziehen.

248 Vgl. SCHRUFF, W., Cashflow-Prognose und Rechenschaft, S. 856 zu Problemen bei der intersubjektiven Nachprüfbarkeit von geschätzten Daten bei der Bilanzierung von Level 3 *Fair Values*.

249 Vgl. IASB (Hrsg.), CF (2010).BC.3.36; KIRSCH, H.-J. U. A., Verlässlichkeit der Berichterstattung, S. 768.

250 Vgl. CF.2.33; BAETGE, J./KIRSCH, H.-J./THIELE, S., Bilanzen, S. 155.

251 Vgl. CF.2.33.

252 Vgl. CF.2.34.

253 Vgl. CF.2.35 f.

Stellenwert zugemessen, was sich unter anderem auch im komplexen Bilanzierungsmodell des IFRS 17 ausdrückt.[254]

33 Grundlagen der Rechnungslegung nach Solvency II

In diesem Abschnitt soll mit Hilfe der **hermeneutischen Methode**[255] ein theoretischer Unterbau für die Rechnungslegungsvorschriften nach Solvency II entworfen werden, denn für Solvency II besteht kein Pendant zum *Framework* der IFRS. Gleichzeitig sind aber viele Vorgaben der Rechts- und Regelungsquellen von Solvency II mit Ermessensspielräumen behaftet, weshalb ein theoretisches Fundament benötigt wird, um sie im Sinne der Solvency II-Richtlinie auszulegen. Außerdem bedarf es Kriterien, anhand derer geprüft werden kann, ob die untersuchten Vorschriften kongruent ausgelegt werden dürfen.

331. Adressaten der Rechnungslegung nach Solvency II

Für die Rechnungslegung nach Solvency II sind zunächst die Informationsadressaten zu identifizieren. Dem Hauptziel von Solvency II gemäß, das im **Schutz der Versicherungsnehmer und Anspruchsberechtigten** besteht,[256] **könnte vermutet werden, dass Versicherungsnehmer die Hauptadressaten der Rechnungslegung sind.** Ihr Schutz, d. h. die Erfüllung ihrer Zahlungsansprüche aus den Versicherungsverträgen sicherzustellen, der auch ihr Informationsinteresse begründet, ist laut der Richtlinie am höchsten zu gewichten.[257] Zudem sind der Öffentlichkeit[258], also auch den Versicherungsnehmern, durch die Publizitätspflichten der dritten Säule von Solvency II in der Form des SFCR[259] bestimmte Informationen zugänglich zu machen, z. B. die

[254] Vgl. KIRSCH, H., DP: Conceptual Framework, Rn 128 f.; GALLASCH, F., Bilanzierung von Versicherungsverträgen, S. 44.

[255] Vgl. zur hermeneutischen Methode BAETGE, J./KIRSCH, H.-J./THIELE, S., Bilanzen, S. 115-120.

[256] Vgl. EU (Hrsg.), RL 2009/138/EG, Erwägungsgrund 16.

[257] Vgl. BAETGE, J./FISCHER, T. R./PASKERT, D., Der Lagebericht, S. 11. Die Autoren identifizieren jene Informationsinteressenten als Informationsadressaten, deren wirtschaftliche Entscheidungen wesentlich von der Lage des Unternehmens abhängen.

[258] Vgl. EU (Hrsg.), RL 2009/138/EG, Erwägungsgrund 38.

[259] Vgl. hierzu die Ausführungen aus Abschnitt 243.4 sowie zur Konkretisierung des SFCR MAY, M., Solvabilitätspublizität von Versicherungsunternehmen, o. A.

Solvabilitätsübersicht.[260] Dies unterstreicht die These, dass Versicherungsnehmer die primären Adressaten sind, da der Richtliniengeber offensichtlich die Versicherungsnehmer informiert wissen will.

Gegen die These, dass die Versicherungsnehmer die Hauptadressaten sind und dafür, dass die **Finanzaufsicht** der Haupt-Rechnungslegungsadressat ist, sprechen indes zwei Tatsachen: **Erstens** enthält der für die Öffentlichkeit bestimmte SFCR nur einen Teil der verfügbaren Informationen über die Solvabilitätsübersicht, die von Versicherungsunternehmen erstellt werden. So werden z. B. nur im RSR „eine Übersicht etwaiger wesentlicher Veränderungen des Niveaus der versicherungstechnischen Rückstellungen seit dem letzten Berichtszeitraum […]"[261] sowie Einzelheiten zur Entbündelung wesentlicher Verträge gefordert.[262] Außerdem werden alle QRTs der Aufsicht, aber nur ausgewählte QRT-Informationen der Öffentlichkeit im SFCR übermittelt.[263] Das heißt, dass die Öffentlichkeit und damit auch die Versicherungsnehmer in geringerem Maße über die Solvabilitätslage des betreffenden Versicherungsunternehmens zu informieren ist als die **Aufsicht**. Letztere hat die weitreichendsten **Informationsansprüche**, also berechtigte Informationsinteressen, die rechtlich durchsetzbar sind, was die Aufsicht als Hauptadressaten der Solvency II-Rechnungslegung qualifiziert.[264] **Zweitens** ist es Versicherungsnehmern nur über den (unterstellten) Mechanismus der Marktdisziplin möglich, auf Versicherungsunternehmen einzuwirken.[265] Eine direkte Möglichkeit in die Unternehmensorganisation einzugreifen, um die Einhaltung der Vorgaben durch Solvency II durchzusetzen und ihre Forderungen zu sichern, haben sie nicht. Aufsichtsbehörden wie die BaFin beaufsichtigen die Versicherungsunternehmen und überwachen, dass die Vorschriften von Solvency II adäquat umgesetzt werden.[266] Somit ist der Schutz der Versicherungsnehmer eine ihrer zentralen Aufgaben. Weiterhin kann die Aufsicht mit den in

---

[260] Vgl. Art. 296 DVO, dort bezeichnet als „Bewertung für Solvabilitätszwecke". In der Solvabilitätsübersicht fließen die im Prozess der Bewertung für Solvabilitätszwecke gewonnenen Informationen zusammen. Sie ist also – ähnlich wie ein Jahresabschluss nach deutschem Handelsrecht – ein zentrales Medium zur Vermittlung der Rechnungslegungsinformationen.

[261] EIOPA (Hrsg.), Leitlinien über die Berichterstattung und die Veröffentlichung, Leitlinie 22, Tz. 1.36. lit. d.

[262] Vgl. EIOPA (Hrsg.), Leitlinien über die Berichterstattung und die Veröffentlichung, Leitlinie 22, Tz. 1.36. lit. j.

[263] Vgl. MAY, M., Solvabilitätspublizität von Versicherungsunternehmen, S. 7.

[264] Vgl. zu Informationsansprüchen MOXTER, A., Bilanzlehre, S. 397.

[265] Eine disziplinierende Wirkung könnte eintreten, wenn Versicherungsnehmer keine Verträge mehr mit einem Versicherungsunternehmen mit schlechter Solvabilitätslage abschließen.

[266] Vgl. EU (Hrsg.), RL 2009/138/EG, Erwägungsgrund 3 i. V. m. Erwägungsgrund 24.

Abschnitt 243.4 beschriebenen Instrumenten direkte Maßnahmen bei Versicherern veranlassen, wenn diese z. B. ihre Solvenzkapitalanforderung nicht mehr ausreichend mit Eigenmitteln decken. Das heißt, sie ist zu Maßnahmen befugt, die einen adäquaten Schutz der Versicherungsnehmer ermöglichen, was die Stellung der Aufsicht als Hauptadressaten der Solvency II-Rechnungslegung unterstreicht.

Unbeachtet dürfen die **Versicherungsnehmer** in der Adressatendiskussion indes nicht bleiben. Denn wie festgestellt wurde, haben sie ein begründetes Interesse an der Erfüllung ihrer Zahlungsansprüche gegen das Versicherungsunternehmen, das in der Richtlinie als höchst schutzbedürftig deklariert wird. Außerdem können sie über den SFCR die Solvabilitätsübersicht einsehen und haben theoretisch über den Mechanismus der Marktdisziplin die Möglichkeit, das betreffende Versicherungsunternehmen zu beeinflussen und somit auch, das Solvency II-Oberziel des Schutzes der Versicherungsnehmer und Anspruchsberechtigten zu fördern.[267] Als direkte Nebenadressaten können sie indes aufgrund der hohen Komplexität der Solvabilitätsübersicht, die ohne spezielle, betriebswirtschaftliche Kenntnisse nicht zu verstehen ist, aber nicht identifiziert werden.[268] Denn der Mehrzahl der Versicherungsnehmer kann kein ausreichendes Fachwissen unterstellt werden, das aber nötig wäre, um die Solvabilitätsübersicht zu beurteilen.[269] Dies drückt der Solvency II-Richtliniengeber darin aus, dass dem SFCR gem. Art. 292 Abs. 1 DVO eine Zusammenfassung voranzustellen ist, die „für Versicherungsnehmer und Anspruchsberechtigte verständlich ist". Diese Formulierung impliziert, dass die übrigen Inhalte des SFCR (und so auch die Solvabilitätsübersicht) ein Fachwissen erfordert, dass nicht bei Versicherungsnehmern vorausgesetzt werden kann.

---

[267] Wie in Abschnitt 243.4 festgehalten stellt die Marktdisziplin das Bindeglied zwischen der Solvency II-Berichterstattung an die Öffentlichkeit und dem Solvency II-Oberziel des Schutzes der Versicherungsnehmer und Anspruchsberechtigten dar. Kann ein Informationsinteressent keinen Einfluss i. S. d. Marktdisziplin auf das Versicherungsunternehmen ausüben, so dient seine Informiertheit nicht dem Solvency II-Oberziel. Dadurch kann er nicht als Rechnungslegungsadressat gelten. Vgl. hierzu ausführlicher MAY, M., Solvabilitätspublizität von Versicherungsunternehmen, S. 84 f.

[268] Vgl. DREHER, M./SCHAAF, M., Die Veröffentlichungspflichten nach Solvency II, S. 135-140. Die Autoren beziehen ihre Ausführungen zwar auf den ganzen SFCR. Da die Solvabilitätsübersicht ein Teil des SFCR ist und ohne spezielles Fachwissen über die Rechnungslegungsinhalte von Solvency II ebenso wenig verständlich ist wie die meisten übrigen Inhalte des SFCR, lässt sich die Argumentation übertragen. Vgl. ebenso hier und nachfolgend in diesem Absatz MAY, M., Solvabilitätspublizität von Versicherungsunternehmen, S. 79-92 für eine ausführliche Adressatendiskussion des SFCR.

[269] Eine Ausnahme hiervon können große Unternehmen darstellen, die Ressourcen aufbringen können, die Solvabilitätsübersicht zielgerichtet zu analysieren. Zum mangelnden Verständnis versicherungsspezifischer Sachverhalte von Versicherungsnehmern FARNY, D., Regulierung von Versicherungsmärkten, S. 1004, 1010 f.; KOCH, O., Markttransparenz durch Versicherungsaufsicht, S. 144 f.

Trotzdem kann davon ausgegangen werden, dass sich der Versicherungsnehmer auf andere Informationsquellen stützt, die die veröffentlichten Informationen zielgerichtet zu interpretieren wissen. Diese Quellen umfassen z. B. **Versicherungsvermittler, Finanzanalysten, Verbraucherschutzorganisationen und Ratingagenturen.** Sie dienen als Intermediäre dem Schutz der Versicherungsnehmer und können als **Nebenadressaten** der Solvency II-Rechnungslegung identifiziert werden.

Außerdem können **andere Fremdkapitalgeber** – d. h. Gläubiger, deren Ansprüche nicht auf einem Versicherungsvertrag gründen – als Nebenadressaten identifiziert werden.[270] Ihnen ist als regelmäßig große Institution mit finanziellem Interesse am Versicherungsunternehmen eine hohe Sachkompetenz zu unterstellen. Außerdem ist davon auszugehen, dass sie eine disziplinierende Wirkung i. S. d. Marktdisziplin auf ein Versicherungsunternehmen ausüben. Denn erstens sind sie an einer hohen Kreditwürdigkeit ihrer Vertragspartner interessiert, um ihre eigenen Forderungen zu sichern. Zweitens haben sie durch Sanktionsmöglichkeiten gegenüber den Versicherungsunternehmen – z. B. durch Nichtverlängerung von Krediten – die Möglichkeit, diese zu disziplinieren.[271]

Überdies kann auch das **Management** des Versicherungsunternehmens als Nebenadressat angesehen werden.[272] Denn bevor es zu aufsichtsrechtlichen Konsequenzen kommt, sollte das Management bereits Maßnahmen eingeleitet haben, die die Solvabilitätslage des Versicherungsunternehmens verbessern. Vorgeschrieben ist dies z. B. im ORSA nach § 27 VAG. Der ORSA hält das Management dazu an, die unternehmenseigene Solvabilität zu überprüfen. In § 27 Abs. 2 Nr. 2 VAG wird festgehalten, dass die Risiko- und Solvabilitätsbeurteilung „[...] mindestens eine Beurteilung [...] der Anforderungen an die versicherungstechnischen Rückstellungen in der Solvabilitätsübersicht [...]" umfasst. Missachtet das Management die Solvabilitätsvorschriften, drohen ihm Sanktionen durch die Aufsicht. Denn die Ergebnisse der Risiko- und Solvabilitätsbeurteilung sind innerhalb von 14 Tagen nachdem sie vorliegen, den Aufsichtsbehörden zu melden.[273] Um aufsichtsrechtliche Maßnahmen zu vermeiden, ist das Management also an einer guten Solvabilitätslage und einer hohen Erfüllungssicherheit der Ansprüche der Versicherungsnehmer interessiert. Die Solvabilitätsübersicht dient dabei als Instrument zur Analyse der Ist-Situation bzw.

---

270 Hier sei angemerkt, dass Versicherungsunternehmen gemäß § 15 Abs. 1 VAG nur sehr eingeschränkt Fremdkapital aufnehmen können. Daher haben Fremdkapitalgeber bei Versicherungsunternehmen nur eingeschränkte Einflussmöglichkeiten. Vgl. FARNY, D., Versicherungsbetriebslehre, S. 121 f.

271 Vgl. MAY, M., Solvabilitätspublizität von Versicherungsunternehmen, S. 88 f.

272 Vgl. SAUER, R., Solvabilitätsorientierte Gestaltung der Bilanzierung, S. 131; OTT, P., Solvabilitätsmessung, S. 228 f.

273 Vgl. § 27 Abs. 1 VAG.

als Informationsquelle für den Stand der verfügbaren Eigenmittel und für die Angemessenheit der versicherungstechnischen Rückstellungen.

Eigenkapitalgeber und **Mitbewerber** scheiden indes als Nebenadressaten aus, auch wenn sie typischerweise das Fachwissen besitzen, die Informationen der Solvabilitätsübersicht zielgerichtet zu interpretieren.[274] Beide Adressatengruppen verfolgen nicht zwangsweise Ziele, die der Marktdisziplin und damit dem Schutz der Versicherungsnehmer und Anspruchsberechtigten dienen. So verfolgen **Eigenkapitalgeber** die gegenläufigen Ziele „Geld verdienen" und „Verdienstquelle sichern".[275] Gewichtet der Eigenkapitalgeber das erste Ziel höher, kann nicht davon ausgegangen werden, dass er das Management des Versicherungsunternehmens durch Maßnahmen wie den Verkauf von Anteilen diszipliniert. Denn höhere Risiken und eine – bei gleichbleibenden verfügbaren Eigenmitteln – damit verbundene schlechtere Solvabilitätslage dienen dem Verdienstziel. **Mitbewerber** als weitere potenzielle Solvency II-Rechnungslegungsadressaten sind zudem nur in seltenen Fällen über Gläubigerbeziehungen mit anderen Versicherungsunternehmen verflochten.[276] Deshalb kann auch ihnen kein großes Interesse an der guten Solvabilitätslage eines Konkurrenten unterstellt werden.

Auch **Arbeitnehmer** scheiden als Informationsadressaten aus. Sie haben zwar ein berechtigtes Interesse an der wirtschaftlichen Situation ihres Arbeitgebers, da sie einschätzen möchten, wie sicher ihr Arbeitsplatz ist.[277] Ihre Sanktionsmöglichkeiten gegen das sie beschäftigende Versicherungsunternehmen sind indes sehr begrenzt.[278] Sie können bei einer schlechten Solvabilitätslage zwar kündigen oder als potenzielle Arbeitnehmer das betreffende Versicherungsunternehmen als Arbeitgeber ausschließen. Indes ist fraglich, ob das Management durch diese Aktionen in Bezug auf die

274 Vgl. hier und nachfolgend in diesem Absatz MAY, M., Solvabilitätspublizität von Versicherungsunternehmen, S. 89-91.

275 Vgl. BAETGE, J./KIRSCH, H.-J./THIELE, S., Bilanzen, S. 6 f. Die Ziele unternehmerischer Tätigkeit und auch die eines ökonomisch handelnden Menschen lassen sich in zwei grundlegende Motive unterteilen. Darunter fallen das Verdienstziel „Geld verdienen" und das Sicherheitsziel „Verdienstquelle sichern". Diese beiden Ziele stehen zumindest kurzfristig in einem diametralen Verhältnis.

276 Vgl. OSETROVA, A., Regulierung des Versicherungsmarkts, S. 110. Die Autorin stellt fest, dass die Ansteckungsgefahr, d. h. die Wahrscheinlichkeit, dass ein Versicherer durch die wirtschaftliche Schieflage eines anderen Versicherers in Mitleidenschaft gezogen wird, unter Versicherern weitaus geringer ist als unter Banken.

277 Vgl. BAETGE, J./FISCHER, T. R./PASKERT, D., Der Lagebericht, S. 11 f.

278 Vgl. hier und im Folgenden Satz MAY, M., Solvabilitätspublizität von Versicherungsunternehmen, S. 91.

Solvabilitätslage des Versicherungsunternehmens diszipliniert werden kann. Weiterhin dürften Arbeitnehmer, ähnlich wie Versicherungsnehmer, nur selten die Fachkompetenz besitzen, die Rechnungslegungsinformationen von Solvency II stichhaltig zu analysieren.

332. Zweck der Rechnungslegung nach Solvency II

Da die Rechts- und Regelungsquellen zu Solvency II keinen **Zweck der Rechnungslegung** vorgeben, wird dieser im Folgenden hergeleitet. Ausgangspunkt der Überlegungen sind die **Ziele der Versicherungsaufsicht**, die in der Solvency II-Richtlinie kodifiziert werden.[279] Diese sind vorrangig „[…] **ein angemessener Schutz der Versicherungsnehmer und Anspruchsberechtigten**“[280] sowie Finanzstabilität und faire und stabile Märkte.[281]

Das zentrale Instrument, mit dem diese Ziele erreicht werden sollen, sind die neuen, prospektiv und ökonomisch gestalteten Eigenmittelanforderungen.[282] Diese sollen Unternehmensinsolvenzen mit einer Wahrscheinlichkeit von 99,5 % innerhalb eines Jahres verhindern.[283] Wie in Abschnitt 243.2 beschrieben, hat die Solvabilitätsübersicht als Medium der Rechnungslegung im Kontext der Eigenmittelvorschriften eine wichtige Rolle. Sie wird in § 74 Abs. 1 VAG wie folgt festgehalten:

„Versicherungsunternehmen haben nach Maßgabe der Absätze 2 und 3 sowie der §§ 75 bis 87 **eine Gegenüberstellung von Aktiva und Passiva zum Zweck der Bestimmung der vorhandenen Eigenmittel** zu erstellen (Solvabilitätsübersicht).“

Die Solvabilitätsübersicht fungiert dabei als Ausgangspunkt, in dem die stichtagsbezogenen, vorhandenen Eigenmittel berechnet werden.[284]

---

[279] Vgl. hier sowie nachfolgend in diesem Absatz SAUER, R., Solvency II und Rechnungslegung, S. 51 und SAUER, R., Solvabilitätsorientierte Gestaltung der Bilanzierung, S. 130 f.

[280] EU (Hrsg.), RL 2009/138/EG, Erwägungsgrund 16. Auslassung und Hervorhebung durch den Verfasser. Das vorrangige Ziel wird in Erwägungsgrund 17 ein weiteres Mal unterstrichen.

[281] Vgl. EU (Hrsg.), RL 2009/138/EG, Erwägungsgrund 16.

[282] Vgl. DEUTSCHER BUNDESTAG (Hrsg.), BT-Drucks. 18/2956 S. 257 (zu Abschnitt 1).

[283] Vgl. EU (Hrsg.), RL 2009/138/EG, Erwägungsgründe 60 und 64.

[284] Vgl. GEHRINGER, M./KAMINSKI, S./BAHNSEN, R., Die Solvenzbilanz nach Solvency II, S. 859; OEHLENBERG, L./STAHL, G./BENNEMANN, C., Von der Standardformel zum Internen Modell, S. 12-15.

Die verfügbaren Eigenmittel retrospektiv bzw. gegenwartsbezogen zu ermitteln würde dem Zweck der Rechenschaft entsprechen.[285] Denn Rechenschaft „[...] kann nur über Vergangenes oder Gegenwärtiges abgelegt werden [...]"[286]. Indes enthalten die Rechnungslegungsvorschriften nach Solvency II auch **prospektive Elemente**. Zum Beispiel müssen künftige Zahlungsströme geschätzt und künftige Maßnahmen des Managements bei der Bewertung der versicherungstechnischen Rückstellungen berücksichtigt werden.[287] Der Zweck der Rechenschaft umfasst dementsprechend nur einen Teil der in der Solvabilitätsübersicht enthaltenen Informationen. Treffender als Zweck ist vielmehr die **Vermittlung eines möglichst sicheren Einblicks in die wirtschaftlichen Verhältnisse des Versicherungsunternehmens**. Dieser dient dazu, die Grundlage für die Solvency II-Eigenmittelvorschriften zu schaffen und die Aufsicht zu informieren. Somit entspricht der Zweck grundsätzlich der von MOXTER für den aktienrechtlichen Jahresabschluss formulierten Aufgabe der **Informationsregelung**, aber auch der Zielsetzung von IFRS-Abschlüssen, nämlich der, entscheidungsnützliche Informationen bereitzustellen.[288] Zusammenfassend ist der Zweck der Rechnungslegung nach Solvency II daher in der **Informationsvermittlung** zu sehen. Dieser ist indes nicht wie der der IFRS auf Kapitalanlageentscheidungen (potenzieller) Investoren gerichtet. **Er dient vielmehr der Beurteilung der Gesamtsolvabilität von Versicherungsunternehmen, um Versicherungsnehmer besser schützen zu können und stabile Finanzmärkte zu fördern.**[289] Dabei wird eine wirtschaftliche Bewertung der Aktiva und Passiva gefordert,[290] um die tatsächliche Lage des Versicherungsunternehmens beurteilen zu können. Dies dient dem Zweck die vorhandenen Eigenmittel, die das Unternehmen vor einer Insolvenz schützen sollen, verlässlich zu ermitteln. Die aus dem deutschen Handelsrecht bekannten Kapitalerhaltungsgrundsätze – das Imparitätsprinzip und das Vorsichtsprinzip –[291] sind für die Zwecke der Rechnungslegung nach Solvency II

285 Vgl. LEFFSON, U., GoB, S. 63-66; BAETGE, J./FISCHER, T. R./PASKERT, D., Der Lagebericht, S. 8.

286 BAETGE, J./FISCHER, T. R./PASKERT, D., Der Lagebericht, S. 8.

287 Vgl. Art. 23 DVO i. V. m. EU (Hrsg.), RL 2009/138/EG, Art. 77 Abs. 2.

288 Vgl. MOXTER, A., Bilanzlehre, S. 57, 123; ED.CF.1.2.

289 Vgl. § 74 Abs. 1 VAG zur Verwendung der Solvabilitätsübersicht bei der Ermittlung der vorhandenen Eigenmittel.

290 Vgl. EU (Hrsg.), RL 2009/138/EG, Erwägungsgrund 45.

291 Vgl. zu den Kapitalerhaltungsgrundsätzen BAETGE, J./KIRSCH, H.-J./THIELE, S., Bilanzen, S. 143-148, 150 sowie COENENBERG, A. G./HALLER, A./SCHULTZE, W., Jahresabschluss und Jahresabschlussanalyse, S. 45, 1030.

abzulehnen. Sie würden verzerrend auf die wirtschaftliche Betrachtung und damit auf die Berechnung der verfügbaren Eigenmittel wirken.

333. Anforderungen der Rechnungslegung nach Solvency II

Im Folgenden sollen die **Anforderungen an die Rechnungslegung nach Solvency II** entwickelt werden. Wie im vorangehenden Abschnitt erörtert wurde, ist der Hauptzweck der Rechnungslegung nach Solvency II die Informationsvermittlung. Daher werden an dieser Stelle – anstatt der nur aus dem HGB abgeleiteten grundlegenden Anforderungen jeder Informationsvermittlung[292] – ausgewählte **Informations-GoB** nach BALLWIESER[293] und BEISSE[294] herangezogen, die bei der hermeneutischen Ermittlung der Anforderungen als Anhaltspunkt dienen.[295] Die Informations-GoB sind allgemeine Grundsätze der Informationsfunktion der Rechnungslegung. Sie sind zum Teil aus den IFRS und den US-GAAP bekannt, sind aber auch im HGB und in der deutschen Bilanzierungs-Literatur vertreten.[296] Somit haben sie ein großes Maß an Allgemeingültigkeit und können auf Solvency II angewendet werden. Die für Solvency II relevanten Informations-GoB umfassen die Grundsätze der Entscheidungsrelevanz, der neutralen Berichterstattung, der Unbeachtlichkeit des Vorsichtsprinzips, der Klarheit und den der Verlässlichkeit.[297]

Einen ersten Anhaltspunkt für die Entwicklung der Anforderungen stellt Art. 35 Abs. 4 lit. c der Solvency II-Richtlinie dar, der zu den an die Aufsicht zu übermittelnden Informationen festlegt, „sie müssen **relevant**, **verlässlich** und **verständlich** sein“[298]. Weiterhin ist in Erwägungsgrund 53 der Solvency II-Richtlinie folgendes festgehalten:

---

292 Vgl. LEFFSON, U., GoB, S. 180-186.

293 Vgl. BALLWIESER, W., Informations-GoB, o. A.

294 Vgl. BEISSE, H., Zum neuen Bild des Bilanzrechtssystems, o. A.

295 Vgl. hier und nachfolgend in diesem Absatz SAUER, R., Solvabilitätsorientierte Gestaltung der Bilanzierung, S. 132-137. Die Grundsätze einer jeden Informationsvermittlung sind als Rahmengrundsätze ein Teil der handelsrechtlichen GoB. Sie überschneiden sich in großen Teilen mit den Informations-GoB. Vgl. BAETGE, J./KIRSCH, H.-J./THIELE, S., Bilanzen, S. 122 f.

296 Vgl. BALLWIESER, W., Informations-GoB, S. 120 f. Die Informations-GoB sind z. B. in § 238 HGB kodifiziert, in dem gefordert wird, dass ein Kaufmann“[...] die Lage seines Vermögens nach den Grundsätzen ordnungsmäßiger Buchführung ersichtlich zu machen“ hat. Vgl. im Kontext der deutschen Lageberichterstattung BAETGE, J./FISCHER, T. R./PASKERT, D., Der Lagebericht, S. 6-27.

297 Vgl. BALLWIESER, W., Informations-GoB, S. 116-119.

298 Hervorhebungen durch den Verfasser.

„Die Grundsätze und die versicherungsmathematische und statistische Methodik, die der Berechnung dieser versicherungstechnischen Rückstellungen zugrunde liegen, sollten gemeinschaftsweit harmonisiert werden, um die **Vergleichbarkeit** und **Transparenz** zu verbessern.“[299]

Direkt aus dem Richtlinientext lassen sich folglich die Anforderungen der **Relevanz**, der **Verlässlichkeit**, der **Verständlichkeit** sowie der **Vergleichbarkeit** ableiten. Die Anforderung der Transparenz wird in diesem Zusammenhang im Sinne der Verständlichkeit interpretiert. Die Anforderungen werden im Folgenden konkretisiert.

BALLWIESERs Ausführungen folgend, bedeutet die Anforderung der **Relevanz** i. S. d. Entscheidungsrelevanz, dass Adressaten der Rechnungslegung für sie relevante Nachrichten als Entscheidungsgrundlage benötigen. Das heißt, dass nicht alle beliebigen Informationen in die in der Solvabilitätsübersicht bilanzierten Sachverhalte einfließen dürfen und müssen, sondern nur solche, die die Entscheidungen der Adressaten beeinflussen können.[300] Anders ausgedrückt ist eine Information dann entscheidungsrelevant, wenn ein Informationsadressat aufgrund der Kenntnis dieser Information eine andere Entscheidung trifft also ohne sie. Die Entscheidungen, die von der Aufsicht als Hauptadressat getroffen werden, hängen maßgeblich von der Solvenzquote ab, also vom Verhältnis der geforderten zu den verfügbaren Eigenmitteln. Die mit Hilfe der Solvabilitätsübersicht ermittelte Höhe der verfügbaren Eigenmittel wirkt sich unmittelbar auf die Solvenzquote und somit auf mögliche aufsichtsrechtliche Konsequenzen aus. Die Rechnungslegungsinformationen nach Solvency II und die angewendeten Bewertungsmethoden müssen daher in der Lage sein, die verfügbaren Eigenmittel so klar und unverfälscht wiederzugeben, dass die Aufsicht damit die richtigen Entscheidungen treffen kann. Als Beispiel für eine relevante Rechnungslegungsinformation kann hier die gewissenhafte Anwendung versicherungsmathematischer Methoden bei der Ermittlung der Zahlungsströme aus den versicherungstechnischen Rückstellungen aufgeführt werden. Wenn dabei alle vom Versicherer nach bestem Wissen und Gewissen entscheidungsrelevanten Informationen und Zahlungsstromszenarien berücksichtigt werden, fördert dies die Relevanz und damit die Entscheidungsnützlichkeit.

Die Anforderung der **Verlässlichkeit** der Rechnungslegungsinformationen besagt, dass der Abschlussleser auf die Information vertrauen können muss. Das heißt, sie ist im Sinne der Tz. 31 des

[299] Hervorhebungen durch den Verfasser.

[300] Vgl. BALLWIESER, W., Informations-GoB, S. 116 f. Vgl. auch MOXTER, A., Fundamentalgrundsätze, S. 96 f.

Rahmenkonzepts für die Aufstellung und Darstellung von Abschlüssen[301] zu verstehen: Als Freiheit von wesentlichen Fehlern und verzerrenden Einflüssen. Diese Faktoren würden das Vertrauen der Abschlussadressaten in die veröffentlichte Information schmälern. Für versicherungstechnische Rückstellungen im speziellen ist die Anforderung auch in § 75 Abs.1 VAG kodifiziert: „[Versicherungstechnische Rückstellungen] sind auf vorsichtige, **verlässliche** und objektive Art und Weise zu berechnen."[302] Die Verlässlichkeit der Rechnungslegungsinformationen ist wichtig, denn die Aufsichtsbehörden knüpfen ihre Maßnahmen an diese Informationen und Fehler könnten zu falschen aufsichtsrechtlichen Maßnahmen führen.[303] Da Vermögenswerte und Verbindlichkeiten grundsätzlich mit ihren beizulegenden Zeitwerten zu bewerten sind, müssen häufig die Stufen 2 und 3 der Fair Value-Bewertungshierarchie nach Art. 10 DVO herangezogen werden. Denn viele Zeitwerte sind nicht direkt an Märkten beobachtbar. So auch die der versicherungstechnischen Rückstellungen. Diese konstruierten Zeitwerte sind durch den Prognosezwang und schwer objektivierbare Risikofaktoren mit Unsicherheiten behaftet. Daher ist es, um der Anforderung der Verlässlichkeit zu genügen, besonders wichtig, dass die vermittelten Informationen äußerst sorgfältig ermittelt werden. Die Verlässlichkeit einer Rechnungslegungsinformation wird gefördert, wenn die Information vom Abschlussadressat geprüft werden kann. Da relevante Informationen indes häufig nur schwer zu prüfen sind, steht Verlässlichkeit oft im Spannungsverhältnis mit der Relevanz.[304]

§ 75 Abs. 1 VAG gibt auch vor, dass versicherungstechnische Rückstellungen „**vorsichtig**" zu ermitteln sind. Indes ist nur die marktnahe Bewertung der Solvabilitätsübersicht in den Erwägungsgründen der Solvency II-Richtlinie festgehalten,[305] nicht aber das Vorsichtsprinzip i. S. d. HGB. Außerdem würde die zu berechnende Solvenzkapitalanforderung, die alle quantifizierbaren Risiken berücksichtigt, ad absurdum geführt, wenn bereits in den Bewertungsvorschriften für Vermögenswerte und Verbindlichkeiten indirekte Sicherheitszuschläge enthalten wären. Die Neufassung des VAG stellt zudem weitgehend eine Übersetzung der Solvency II-Richtlinie dar, wurde also unabhängig vom HGB und dessen Vorsichtsgedanken entwickelt. Vorsicht im neuen

301 Das Rahmenkonzept für die Aufstellung und Darstellung von Abschlüssen wurde 2010 vom Rahmenkonzept für die Rechnungslegung, dem *Conceptual Framework* abgelöst.

302 Einfügung und Hervorhebung durch den Verfasser.

303 Vgl. hier und nachfolgend in diesem Absatz SAUER, R., Solvabilitätsorientierte Gestaltung der Bilanzierung, S. 135 f.

304 Vgl. BALLWIESER, W., Informations-GoB, S. 118.

305 Vgl. EU (Hrsg.), RL 2009/138/EG, Erwägungsgrund 45.

VAG i. S. d. HGB zu interpretieren wäre daher nicht korrekt. Die Solvency II-Rechnungslegung setzt vielmehr auf den IFRS auf. Daraus ist zu schließen, dass Vorsicht im Solvency II-Kontext wie das Vorsichtsprinzip des *Conceptual Framework* zu verstehen ist – nämlich als sorgfältige Ermittlung ohne über- oder unterzubewerten.[306]

Die Anforderung der **Verständlichkeit** umfasst den Informations-GoB der Klarheit.[307] Sie gibt vor, dass Informationen eindeutig, d. h. weder bewusst noch unbewusst verschleiert dargestellt werden dürfen, also **transparent dargestellt** werden müssen. Außerdem sollen die dargestellten Informationen möglichst wenig Interpretationsspielraum bieten.[308] In der Adressatendiskussion wurde festgehalten, dass die Rechnungslegungsinformationen von Solvency II nicht für Laien, sondern für ein fachkundiges Publikum verständlich sein müssen. D. h. relevante, aber nur komplex darstellbare Informationen dürfen der Verständlichkeit halber nicht ausgelassen werden.[309]

Die Anforderung der **Vergleichbarkeit**[310] ist wie die gleichnamige Anforderung in ED.CF.2.23 zu interpretieren: Als Vergleichbarkeit von dargestellten Sachverhalten sowohl im Zeitablauf beim selben als auch unternehmensübergreifend zwischen verschiedenen Versicherungsunternehmen. Die Anforderung der Vergleichbarkeit wird weiterhin durch das in Abschnitt 242. erläuterte Solvency II-Nebenziel der Aufsichtskonvergenz unterstrichen.[311] Denn eine länderübergreifend einheitliche Versicherungsaufsicht sollte auf sowohl unternehmensübergreifend als auch im Zeitablauf einheitlich dargestellten Daten basieren. Dies fördert die aufsichtsrechtliche Gleichbehandlung der Versicherungsunternehmen, da uneinheitlich dargestellte Daten bei der Solvabilitätsbeurteilung als potenzielle Störfaktoren wegfallen.

Die *Full-Fair Value*-Bilanzierung von Solvency II[312] steht für die Informations-GoB der neutralen Berichterstattung (bzw. im Kontext der Solvabilitätsübersicht der neutralen Bewertung) und der

306 Vgl. IASB (Hrsg.), ED.CF.2.18.

307 Vgl. MOXTER, A., Fundamentalgrundsätze, S. 93 f.

308 Vgl. BALLWIESER, W., Informations-GoB, S. 118 sowie ähnlich IASB (Hrsg.), CF (2010).QC30-32.

309 So auch IASB (Hrsg.), ED.CF.2.34 f.

310 Aus dem Richtlinientext geht hervor, dass die „Grundsätze“ und die „versicherungsmathematische und statistische Methodik“ vergleichbar und transparent sein sollen. Unter den Grundsätzen sollen in dieser Arbeit die grundsätzlichen und prinzipienbasierten Vorgaben für die Bilanzierung versicherungstechnischer Rückstellungen verstanden werden Vgl. EU (Hrsg.), RL 2009/138/EG, Erwägungsgrund 53.

311 Die Aufsichtskonvergenz als Nebenziel von Solvency II ist in Erwägungsgrund 40 der Solvency II-Richtlinie festgehalten.

312 Vgl. EU (Hrsg.), RL 2009/138/EG, Art. 75.

Unbeachtlichkeit des Vorsichtsprinzips. Sie soll hier als Anforderung der **Neutralität** bezeichnet werden. Konkret bedeutet diese Anforderung, dass durch die gewählten Ansatz- und Bewertungsvorschriften keine Risikopräferenzen – d. h. etwa die Einstellung der Aufsichtsbehörden oder der bilanzierenden Versicherer zum Risiko – ausgedrückt werden dürfen.[313] Sie äußert sich auch im Bewertungsmodell für versicherungstechnische Rückstellungen von Solvency II. Denn der beste Schätzwert von Solvency II-Rückstellungen ist als Transferpreis zu ermitteln, was im VAG wie folgt kodifiziert ist:

„Der Wert der versicherungstechnischen Rückstellungen entspricht dem aktuellen Betrag, den Versicherungsunternehmen zahlen müssten, wenn sie ihre Versicherungsverpflichtungen unverzüglich **auf ein anderes Versicherungsunternehmen übertragen würden.**"[314]

34 Gegenüberstellung der Rechnungslegungsadressaten, -zwecke und -anforderungen beider Systeme

Die primären **Rechnungslegungsadressaten** der **IFRS** sind Kapitalgeber, die in ihren Kapitalanlageentscheidungen unterstützt werden sollen.[315] Der IASB erkennt zwar an, dass noch weitere potenzielle Interessengruppen bestehen, etwa das Management des entsprechenden Unternehmens oder die öffentliche Hand.[316] Die veröffentlichten Informationen müssen aber nicht hauptsächlich an deren Informationsinteressen ausgerichtet werden, sie sind also Nebenadressaten.

Die Rechnungslegung nach **Solvency II** ist primär an Aufsichtsbehörden gerichtet. Deren Auftrag besteht darin, zu überwachen, dass die Solvency II-Regelungen korrekt umgesetzt und eingehalten werden, wodurch das Richtlinienziel verfolgt wird. Versicherungsnehmer, die Intermediäre zur Informationsinterpretation vorschalten, andere Fremdkapitalgeber und das Management werden als Nebenadressaten identifiziert. Alle Nebenadressaten haben gemeinsam, dass sie direkt oder indirekt am Schutz der Versicherungsnehmer und Anspruchsberechtigten interessiert sind. Im Unterschied zu den Primäradressaten der IFRS ist den Primäradressaten der Rechnungslegung nach Solvency II ein noch höheres Maß an Fachkompetenz zu unterstellen, da die Aufsicht nur qualifiziertes Personal umschließt, unter den Investoren aber auch weniger fachkundige Adressaten wie Privatanleger

313 Vgl. SAUER, R., Solvabilitätsorientierte Gestaltung der Bilanzierung, S. 137.

314 § 75 Abs. 2 VAG. Hervorhebung durch den Verfasser. Vgl. auch EU (Hrsg.), RL 2009/138/EG, Art. 76 Abs. 2.

315 Vgl. IASB (Hrsg.), ED.CF.1.2 und 1.5.

316 Vgl. IASB (Hrsg.), ED.CF.1.9 und 1.10.

sein können. Die folgende Übersicht stellt die Adressaten beider Rechnungslegungssysteme gegenüber:

	Adressaten der Rechnungslegung nach IFRS	Adressaten der Rechnungslegung nach Solvency II
Primäradressaten	Kapitalgeber	Aufsichtsbehörden
Sekundäradressaten	Die Öffentlichkeit	Versicherungsnehmer und Anspruchsberechtigte mit Unterstützung durch Intermediäre
	Das Management	Das Management
	–	Andere Fremdkapitalgeber

Übersicht 3-1: Vergleich der Adressaten der Rechnungslegung nach IFRS mit denen nach Solvency II

Der Vergleich der **Rechnungslegungszwecke** zeigt, dass beide Rechnungslegungsregime der Informationsvermittlung dienen. Während die IFRS indes Kapitalanlageentscheidungen unterstützen sollen, zielt Solvency II darauf ab, die Forderungen der Versicherungsnehmer und Anspruchsberechtigten zu sichern. Dementsprechend beziehen die Rechnungslegungsadressaten der IFRS – abhängig von ihren Zielen – sowohl das Verdienst- als auch das Sicherheitsziel in ihre Entscheidungen ein. Für die Adressaten der Rechnungslegung von Solvency II hingegen hat das Sicherheitsziel im Sinne einer hohen Erfüllungssicherheit der Versicherungsnehmer-Ansprüche eine überragende Bedeutung. Dieses wird durch eine exakte und neutrale Bewertung der Vermögenswerte und Verbindlichkeiten und die darauf fußenden Eigenmittelvorschriften erreicht.

Die **Anforderungen** an die Rechnungslegung beider Regime sind sich ähnlich, was zum einen darauf zurückzuführen ist, dass beide den Zweck der Informationsvermittlung verfolgen und damit nach ähnlichen Grundprinzipien funktionieren. Zum anderen sind die IFRS auch für die Solvabilitätsübersicht maßgeblich, sofern keine Speziellen Rechnungslegungsvorschriften bestehen.

Gemäß der Anforderung der **Relevanz** müssen die Rechnungslegungsinformationen beider Systeme die Adressaten in Bezug auf den Zweck der Rechnungslegung mit Informationen versorgen, die ihre Entscheidungen beeinflussen können. Die Anforderungen der **glaubwürdigen Darstellung** und der **Verlässlichkeit** sind sich auch ähnlich, denn beide fordern eine weitgehende Fehlerfreiheit der Rechnungslegungsinformation. Der Unterschied besteht darin, dass der IASB die wirtschaftliche Betrachtungsweise als Aspekt der glaubwürdigen Darstellung aufnimmt. Die Anforderung der **Neutralität** ist in den IFRS eine Unteranforderung der glaubwürdigen Darstellung, während sie eine vollwertige Anforderung der Rechnungslegung von Solvency II ist. Beide Anforderungen haben indes die gleiche Stoßrichtung der neutralen, (vom Vorsichtsprinzip) unbeeinflussten Rechnungslegungsinformation.[317] Die Anforderung der **Vergleichbarkeit** ist in beiden Rechnungslegungssystemen gleich zu verstehen, und zwar als unternehmensübergreifende und perioden–übergreifende Vergleichbarkeit von Rechnungslegungsinformationen. Da die IFRS indes nicht branchengebunden sind, müssen sie zusätzlich branchenübergreifend vergleichbar sein. Die Anforderung der **Verständlichkeit** bedeutet, dass Informationen klar und unverschleiert dargestellt werden, ohne dem fachkundigen Adressaten Interpretationsspielräume zu lassen. Die IFRS-Anforderungen der **Nachprüfbarkeit** und der **Zeitnähe** haben kein Pendant im Solvency II-Anforderungskatalog. Die Anforderungen werden in der folgenden Übersicht gegenübergestellt:

Anforderungen an die Rechnungslegung nach IFRS		Anforderungen an die Rechnungslegung nach Solvency II
Fundamentalgrundsätze (nur IFRS)	Relevanz	Relevanz
	Glaubwürdige Darstellung	Verlässlichkeit
	(Neutralität)	Neutralität
Fördernde Grundsätze	Vergleichbarkeit	Vergleichbarkeit
	Nachprüfbarkeit	–
	Zeitnähe	–
	Verständlichkeit	Verständlichkeit

Übersicht 3-2: Vergleich der Anforderungen an die Rechnungslegung nach IFRS mit denen nach Solvency II

35 Entwicklungslinien von IFRS 17 sowie der Rechnungslegungsvorschriften von Solvency II

Das Projekt zur **Entwicklung eines internationalen Rechnungslegungsstandards für Versicherungsverträge** wurde 1997 von der Vorgängerorganisation des IASB, dem *International*

[317] Vgl. PELLENS, B. U. A., Internationale Rechnungslegung, S. 110 zur Bedeutung des Vorsichtsprinzips in den IFRS.

Accounting Standards Committee (IASC) begonnen.[318] Das 1999 veröffentlichte *Issues Paper*[319] war der erste wichtige Schritt des Projektes. Bereits im *Issues Paper* wurde der sog. *exit value* als Zeitwert für Versicherungsverträge bzw. für versicherungstechnische Rückstellungen vorgeschlagen; die Zeitwertbilanzierung wurde indes stark kritisiert.[320] Im darauffolgenden ***Draft Statement of Principles*** (DSOP)[321] wurde auf die Kritik gegen die Vorschläge des *Issues Paper* reagiert und neben dem *exit value* der *entity specific value* als Wertmaßstab vorgeschlagen. Dieser Wertmaßstab ist aber kein reiner Zeitwert für Versicherungsverträge, da er unternehmensspezifische Parameter bei deren Bewertung zulässt.[322]

Projektstart und Beginn der ersten Phase von Solvency II war im Jahr 1999. In der ersten Phase wurden allgemeine Rahmenbedingungen des neuen Aufsichtsregimes festgelegt und Grundsatzfragen diskutiert.[323] Bereits 1999 im Einführungsdokument[324] „***Solvency II Review***" wurde hervorgehoben, „[...] dass das neue Solvabilitätssystem so weit wie möglich auf gemeinsamen Rechnungslegungspolitiken basieren sollte, um den Kostenaufwand gering zu halten und um die Entstehung von doppelten (oder sogar mehrfachen) Rechnungslegungssystemen zu vermeiden."[325] Dem für Aufsichtszwecke verwendeten Rechnungslegungssystem wurde eine zentrale Bedeutung

---

318 Vgl. NGUYEN, T., Rechnungslegung von Versicherungsunternehmen, S. 532; IASB (Hrsg.), Issues Paper, S. 1; IASB (Hrsg.), DSOP, S. 1.

319 Vgl. IASB (Hrsg.), Issues Paper, o. A.

320 Vgl. IASB (Hrsg.), Issues Paper, Tz. 517-652 zu den Überlegungen des Steering Committee für und wider die Verwendung eines Fair Value-Ansatzes bei der Bilanzierung versicherungstechnischer Rückstellungen sowie IASB (Hrsg.), DSOP, Tz. 3.3 f.; ROCKEL, W./SAUER, R., Zur Versicherungsbilanzierung nach IFRS ab 2005, S. 1108. Vor der Festlegung auf die *Fulfilment Cash Flows* als Wertmaßstab hat der IASB im Projektverlauf viele verschiedene Fair Value (ähnliche) Wertmaßstäbe diskutiert und wieder verworfen. Eine detaillierte Darstellung aller Wertmaßstäbe wäre an dieser Stelle nicht zielführend und wird daher unterlassen. Für eine ausführliche Darstellung des Projektverlaufes mit allen Wertmaßstäben vgl. GALLASCH, F., Bilanzierung von Versicherungsverträgen, S. 47-51 sowie eine Darstellung der Wertmaßstäbe bis 2007 ROCKEL, W./SAUER, R., Preliminary Views on Insurance Contracts, S. 743.

321 Vgl. IASB (Hrsg.), DSOP, o. A.

322 Vgl. ROCKEL, W./SAUER, R., Preliminary Views on Insurance Contracts, S. 742.

323 Vgl. SCHUBERT, T., Stand der Diskussion, S. 36; SANDSTRÖM, A., Handbook of Solvency, S. 575 f. Die Aufteilung von Solvency II in Phasen ist in der Literatur nicht einheitlich. Vgl. PRICEWATERHOUSECOOPERS (Hrsg.), Solvency II-Newsletter (September 2014), S. 2; SANDSTRÖM, A., Handbook of Solvency, S. 575; SCHUBERT, T., Stand der Diskussion, S. 36. In dieser Arbeit wird der Aufteilung von Sandström gefolgt.

324 Vgl. EUROPÄISCHE KOMMISSION (Hrsg.), MARKT/2514/02-DE, S. 2. Als Einführungsdokument wird das Dokument MARKT/2095/99-EN: *The Review of the overall financial Position of an Insurance Undertaking* (zitiert als EUROPÄISCHE KOMMISSION (Hrsg.), MARKT/2095/99) bezeichnet.

325 EUROPÄISCHE KOMMISSION (Hrsg.), MARKT/2514/02-DE, S. 2. Vgl. EUROPÄISCHE KOMMISSION (Hrsg.), MARKT/2095/99, Tz. 2.2.

zugemessen.[326] Als dazu erstmals konkretere Überlegungen angestellt wurden, sahen zwei der diskutierten Möglichkeiten vor, entweder die Rechnungslegung nach den *International Accounting Standards* (IAS)[327] unmodifiziert in Solvency II zu übernehmen und mit zusätzlichen Offenlegungspflichten zu ergänzen oder die IAS zu Aufsichtszwecken für Solvency II zu modifizieren.[328] Indes waren sich die Projektverantwortlichen schon 2002 bewusst, dass es zu Verzögerungen kommen kann, würde man auf die IAS zurückgreifen, da z. B. das Projekt zur Bilanzierung von Versicherungsverträgen noch nicht abgeschlossen war.[329] Die erste Solvency II-Projektphase wurde im März 2003 mit einem ersten, grundlegenden Entwurf des neuen Aufsichtssystems abgeschlossen.[330]

Aufgrund der kontroversen Diskussionen um einen angemessenen Wertmaßstab für Versicherungsverträge erschien es zunehmend unrealistisch, dass ein finaler internationaler Rechnungslegungsstandard bis zur verpflichtenden allgemeinen Anwendung der IFRS ab dem Geschäftsjahr 2005 zur Verfügung stünde. So wurde entschieden, das damals unter dem Namen IFRS 4 geführte Projekt zur Versicherungsbilanzierung in zwei Phasen aufzuteilen, um die allgemeine IFRS-Erstanwendung nicht zu behindern.[331] IFRS 4 Phase I wurde im März 2004 mit der Veröffentlichung von IFRS 4 (*Insurance Contracts*) abgeschlossen und stellt einen Übergangsstandard dar. Dieser ist bis zur verpflichtenden Anwendung des finalen Standards für Versicherungsverträge gültig. Die folgende Übersicht zeigt die Entwicklung von IFRS 17 und Solvency II bis 2004:

326 Vgl. EUROPÄISCHE KOMMISSION (Hrsg.), MARKT/2095/99, Tz. 3.6.1.

327 Die IAS wurden bis 2001 vom IASC verabschiedet. Die ab 2001 von der Nachfolgeorganisation des IASC, dem IASB, verabschiedeten Standards werden als IFRS bezeichnet. Der Begriff IFRS im engeren Sinne umfasst nur die neueren IFRS, in dieser Arbeit soll aber der Begriff IFRS im weiteren Sinne verwendet werden. Dieser umfasst neben den IFRS auch die IAS sowie die Veröffentlichungen der die Standards interpretierenden Organe, nämlich die des *International Financial Reporting Interpretations Committee* (IFRIC) und die seiner Vorgängerorganisation des *Standing Interpretations Committee* (SIC). Vgl. hierzu BAETGE, J./KIRSCH, H.-J./THIELE, S., Bilanzen, S. 61-63.

328 Vgl. EUROPÄISCHE KOMMISSION (Hrsg.), MARKT/2514/02-DE, S. 19.

329 Vgl. EUROPÄISCHE KOMMISSION (Hrsg.), MARKT/2514/02-DE, S. 20.

330 Vgl. EUROPÄISCHE KOMMISSION (Hrsg.), MARKT/2509/03-DE, o. A.; SCHUBERT, T., Stand der Diskussion, S. 37.

331 Vgl. NGUYEN, T., Rechnungslegung von Versicherungsunternehmen, S. 532; ROCKEL, W., Fair Value-Bilanzierung versicherungstechnischer Verpflichtungen, S. 27.

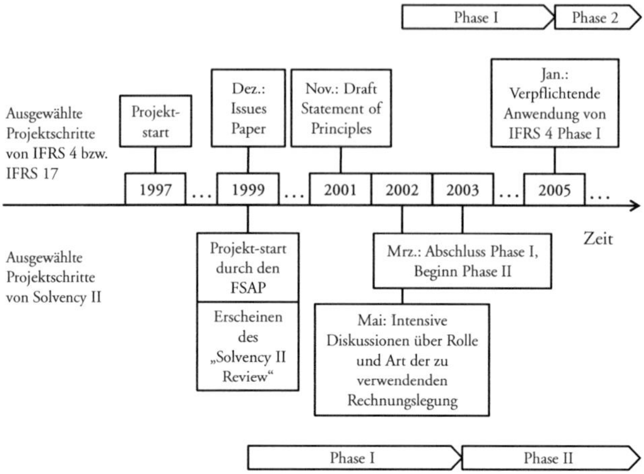

Übersicht 3-3: Ausgewählte Projektschritte bis 2005[332]

Die Regelungen des IFRS 4 Phase I sehen vor, zum Zeitpunkt der Erstanwendung von IFRS 4 die bis dato vom Versicherungsunternehmen angewendeten Bilanzierungsregeln weiter zu verwenden. Das bedeutet, dass im Jahr 2005 für die meisten deutschen Versicherer, die IFRS anwendeten, weiterhin das HGB oder die US-GAAP maßgeblich blieben.[333] Allerdings müssen dabei einige Modifikationen beachtet werden[334], die Transparenz und Vergleichbarkeit fördern sollen.[335] Weiterhin legte der IASB im 2004 veröffentlichten IFRS 4 auch den sog. *entry value* als neuen präferierten Wertmaßstab fest. Der *entry value* ist ein Zeitwert, der – ähnlich wie der *exit value* – unter bestimmten Umständen auch interne Informationen bei der Bewertung von Versicherungsverträgen zulässt. Indes sieht der *entry value* nicht vor, Gewinne bereits bei Vertragsschluss zu realisieren.[336]

---

332 Vgl. GALLASCH, F., Bilanzierung von Versicherungsverträgen, S. 48. Anpassungen durch den Verfasser.

333 Vgl. ASCHE, B./HARTUNG, T., Auswirkungen von IFRS 4 Phase II und IFRS 9, S. 1189.

334 Zu den Modifikationen zählt z. B. der Wegfall der Schwankungs- und der Großschadenrückstellungen (IFRS 4.14 (a) i. V. m. IFRS 4.BC89 lit. a-h), die die Definitionskriterien einer Schuld des Frameworks nicht erfüllen, da keine Außenverpflichtung besteht. Überdies werden im Übergangsstandard umfangreiche Anhangangaben vorgeschrieben. Vgl. SURREY, I., Versicherungsgeschäfte, S. 12 f.; GONDRING, H., Versicherungswirtschaft, S. 295 f.

335 Vgl. ROCKEL, W./SAUER, R., IFRS für Versicherungsverträge (1), S. 215; NGUYEN, T., Rechnungslegung von Versicherungsunternehmen, S. 533; ROCKEL, W./SAUER, R., Preliminary Views on Insurance Contracts, S. 742.

336 Vgl. IASB (Hrsg.), IFRS 4, Tz. BC6.

Die finalen Regelungen zur Bilanzierung von Versicherungsverträgen sollten in **IFRS 4 Phase II** entwickelt werden, die 2005 nach der verpflichtenden Erstanwendung der Phase I fortgesetzt wurde. Im Juni 2006 wurden die sog. *elaborated principles*[337] von einem Forum von 20 *Chief Financial Officers* (CFOs) herausgegeben. Diese *principles* dienten als weitere Diskussionsbasis für Phase II und umfassten den *best estimate* als Wertmaßstab, der Managementerwartungen und Marktwerte kombinierte.[338] Das im Mai 2007 veröffentlichte ***Discussion Paper***[339] sah aber den sog. ***Current Exit Value*** als Wertmaßstab vor. Dieser ist „[...] definiert als der Betrag, den ein Versicherungsunternehmen erwartungsgemäß bezahlen müsste, um seine verbleibenden Rechte und Pflichten aus den Versicherungsverträgen an ein anderes Versicherungsunternehmen zu transferieren."[340] Der *Current Exit Value* ist ein reiner Zeitwert und sieht vor, Gewinne direkt bei Vertragsschluss zu realisieren.

Die ab 2003 begonnenen Arbeiten an der zweiten Phase von Solvency II, in der der Basisrechtsakt für das Aufsichtsregime entworfen wurde,[341] mündeten im Juli 2007 in den **Entwurf der Solvency II-Richtlinie**[342]. Im Entwurf wurde der in der ersten Phase festgelegte Projektrahmen konkretisiert und detailliertere Regelungen ausgearbeitet.[343] Der Entwurf sah vor, Vermögenswerte und Verbindlichkeiten zu Aufsichtszwecken mit ihrem beizulegenden Zeitwert zu bewerten,[344] der *Current Exit Value* war der für versicherungstechnische Rückstellungen vorgesehene Wertmaßstab.[345] Die EU-Kommission hatte sich dafür entschieden, sich am damaligen Stand von IFRS 4 Phase II zu orientieren, obwohl davon ausgegangen wurde, dass sich der Wertmaßstab bis zur Veröffentlichung des finalen Rechnungslegungsstandards noch weiterentwickeln würde. Allerdings wurde auch davon ausgegangen, dass sich die grundlegenden Elemente des *Current Exit Value* auch

337 Vgl. CFO FORUM (Hrsg.), Elaborated Principles, o. A.

338 Vgl. CFO FORUM (Hrsg.), Elaborated Principles, Tz. BC10.

339 Vgl. IASB (Hrsg.), DP: Insurance Contracts, o. A.

340 ROCKEL, W./SAUER, R., Preliminary Views on Insurance Contracts, S. 742 f. Vgl. auch IASB (Hrsg.), DP: Insurance Contracts, Tz. IN21.

341 Vgl. SANDSTRÖM, A., Handbook of Solvency, S. 587.

342 Vgl. EUROPÄISCHE KOMMISSION (Hrsg.), RL 2009/138/EG – Entwurf, o. A.

343 Vgl. SCHUBERT, T./GRIEẞMANN, G., Solvency II = Basel II + X, S. 36.

344 Vgl. EUROPÄISCHE KOMMISSION (Hrsg.), RL 2009/138/EG – Entwurf, Art. 73 Abs. 1.

345 Vgl. EUROPÄISCHE KOMMISSION (Hrsg.), RL 2009/138/EG – Entwurf, Art. 75. Der Wertmaßstab wird im Entwurf zwar nicht als *Current Exit Value* bezeichnet, die benannten Bausteine entsprechen aber denen des *Discussion Papers* des IASB.

im finalen IFRS 4 (bzw. nach heutigem Stand IFRS 17) wiederfinden würden.[346] Dementsprechend wurde der *Current Exit Value* in der finalen, 2009 veröffentlichten Solvency II-Richtlinie beibehalten. Die Veröffentlichung der Solvency II-Richtlinie markiert gleichzeitig das Ende der zweiten Phase von Solvency II.

Die dritte Phase von Solvency II begann 2009 und diente der Implementierung des Aufsichtsregimes bei den Aufsichtsbehörden und Versicherern der EU-Mitgliedsstaaten.[347] In dieser Phase wurde verstärkt an den Level 2-, 2,5- und 3-Dokumenten gearbeitet, in denen der Basisrechtsakt nach dem Muster des Lamfalussy-Verfahrens[348] weiter konkretisiert wurde. Wichtige Meilensteine waren dabei der Entwurf und der Erlass der DVO ab 2012 bzw. im Januar 2015, aber auch die Level 2,5- und Level 3-Dokumente, die ebenfalls ab 2012 entworfen und ab Ende 2014 bis zur verpflichtenden Anwendung von Solvency II erlassen wurden. Die dritte Phase endete mit dem Inkrafttreten von Solvency II zum 1. Januar 2016.

Während der *Current Exit Value* für Solvency II festgeschrieben und konkretisiert wurde, wurde er für die Zwecke der IFRS vehement kritisiert. Besonders im Fokus standen dabei zum einen die Annahme einer fiktiven Transaktion, die im Widerspruch zur üblichen Abwicklung des Versicherungsgeschäfts steht. Zum anderen wurde der durch die prospektive Bewertung bedingte Gewinnausweis bei Vertragsschluss kritisiert, obwohl der Versicherer noch nicht seine vertraglichen Pflichten erfüllt hat und sich daraus eine nicht objektivierbare Volatilität der Gewinn- und Verlustrechnung (GuV) in der Folgebewertung ergäbe.[349] Diese Kritik berücksichtigte der IASB im ***Exposure Draft Insurance Contracts*** (ED/2010/8) vom Juli 2010. Im Standardentwurf schrieb er die sog. ***Fulfilment Cash Flows***, welcher ein unternehmensspezifischer Erfüllungsbetrag ist, als Wertmaßstab für Versicherungsverträge fest.[350] Dieser ist ein modellierter Zeitwert, der sich auf die mit der Vertragserfüllung verbundenen Rechte und Pflichten bezieht und der die übliche Geschäftsabwicklung besser abbildet. Die grundlegende Neuausrichtung des *Exposure Draft* von 2010

346 Vgl. EUROPÄISCHE KOMMISSION (Hrsg.), MARKT/2515/06, Tz. 7.1 f.

347 Vgl. SANDSTRÖM, A., Handbook of Solvency, S. 641.

348 Zum Lamfalussy-Verfahren siehe Abschnitt 244.

349 Vgl. hier und in den vorherigen beiden Sätzen KÖLSCHBACH, J./ENGELÄNDER, S., IFRS für Versicherungen, S. 1495.

350 Vgl. hier und im Folgenden IASB (Hrsg.), ED/2010/8: Insurance Contracts, Tz. 17 lit. a sowie GALLASCH, F., Bilanzierung von Versicherungsverträgen, S. 49 f.

wurde von der Versicherungsbranche begrüßt. Wegen der anhaltenden Kritik, z. B. an der unmittelbar erfolgswirksamen Behandlung von Schätzungsänderungen, wurden zusätzliche Änderungen beschlossen, die im Juni 2013 zur Veröffentlichung des ***Revised Exposure Draft*** (ED/2013/7)[351] führten. Im Anschluss an die *Exposure Draft*-Kommentierungsphase wurden im Redeliberationsprozess weitere Modifikationen an den Regelungen des zweiten *Exposure Drafts* beschlossen. Das zentrale Bewertungsmodell wurde in seinen Grundzügen indes nicht verändert.[352] Nach der Beendigung des Redeliberationsprozesses entschied sich der IASB das Projekt IFRS 4 Phase II in IFRS 17 umzubenennen.[353] Der finale Standard wurde am 18. Mai 2017 veröffentlicht, er tritt am 1. Januar 2021 in Kraft.[354] Die folgende Übersicht stellt wichtige Prozessschritte ab 2006 dar:

351 Vgl. ELLENBÜRGER, F./HUSCH, R., IFRS ED/2010/8, S. 268.

352 Vgl. IASB (Hrsg.), Effect of board redeliberations, o. A.

353 Vgl. IASB (Hrsg.), IASB Update November 2016, S. 9.

354 Vgl. IASB (Hrsg.), IASB finalises fundamental overhaul of insurance accounting, o. A.

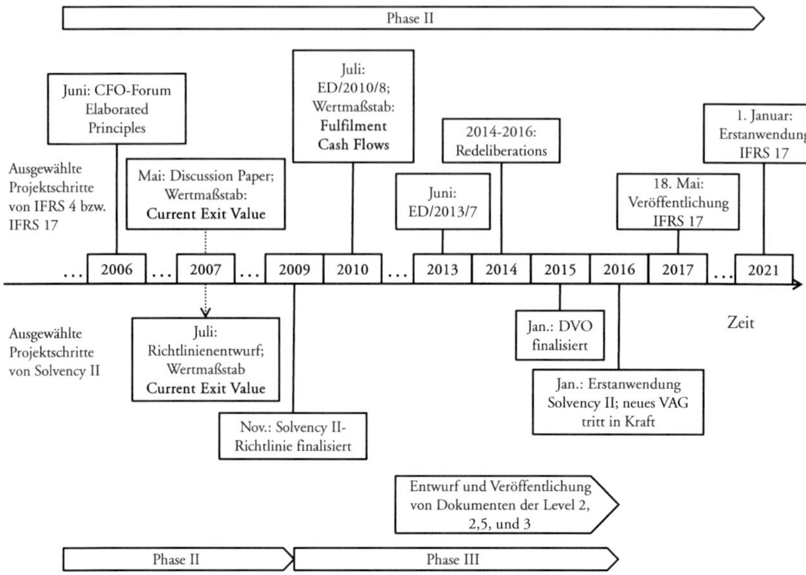

Übersicht 3-4: Ausgewählte Projektschritte seit 2006[355]

[355] In Anlehnung an GALLASCH, F., Bilanzierung von Versicherungsverträgen, S. 48.

4 Analyse der wesentlichen Gemeinsamkeiten und Unterschiede der Bilanzierungsmodelle des IFRS 17 und von Solvency II

41 Anwenderkreise der Vorschriften

Die Rechnungslegungsvorschriften von Solvency II sollen den Entwicklungen der internationalen Rechnungslegungsstandards folgen und soweit möglich auf diese zurückgreifen. So soll der zusätzliche Aufwand eines weiteren, eigenständigen Rechnungslegungssystems vermieden werden.[356] Der angestrebte Einklang in der Bilanzierung kann indes nur gehoben werden, wenn sowohl die IFRS als auch Solvency II im selben Unternehmen bzw. Konzern angewendet werden, d. h. wenn sich ihre Anwenderkreise überschneiden. Dies stellt die Grundvoraussetzung für einen möglichen Einklang dar. Daher wird im Folgenden untersucht und gewürdigt, wie **die Anwenderkreise definiert sind und wo sie sich überschneiden. Die qualitative Analyse wird dabei durch eine empirische Untersuchung des deutschen Versicherungsmarkts auf potenzielle Überschneidungen unterstützt.**

411. Anwenderkreis der IFRS

Durch Art. 4 der Verordnung (EG) Nr. 1606/2002 i. V. m. § 315a Abs. 1 und 2 HGB sind kapitalmarktorientierte Mutterunternehmen seit dem Geschäftsjahr 2005 dazu verpflichtet, ihren Konzernabschluss nach den **internationalen Rechnungslegungsstandards** aufzustellen. Für nicht kapitalmarktorientierte Mutterunternehmen besteht nach § 315a Abs. 3 ein Wahlrecht, nach dem ein IFRS-Konzernabschluss befreiend aufgestellt werden kann. Für den Einzelabschluss ist gemäß § 325 Abs. 2a HGB weiterhin der HGB-Abschluss maßgeblich, zu Offenlegungszwecken darf aber ein IFRS-Abschluss erstellt werden.[357]

Aufgrund der Tatsache, dass die einzelnen IFRS unternehmenstypunabhängig angewendet werden müssen,[358] erstreckt sich der Anwendungsbereich des IFRS 17 teilweise auch auf Unternehmen, die

---

[356] Vgl. EU (Hrsg.), RL 2009/138/EG, Erwägungsgrund 46; NGUYEN, T./GROSCHE, S., IFRS 4 aufsichtsrechtlich, S. 425.

[357] Vgl. PELLENS, B. U. A., Internationale Rechnungslegung, S. 39 f. sowie für weitere Informationen zum Anwenderkreis der IFRS in Deutschland LÜDENBACH, N./HOFFMANN, W.-D./FREIBERG, J., in: Haufe IFRS-Kommentar, 14. Aufl., § 7, o. A.; BOHL, W., in: Beck'sches IFRS-Handbuch, 5. Aufl., § 1, Tz. 25-40.

[358] Im deutschen Handelsrecht gibt es bestimmte Vorschriften, die nur für bestimmte Unternehmen gelten – etwa für Banken oder Versicherer. Die IFRS hingegen sind vom Unternehmenstyp unabhängig gestaltet, weshalb der IFRS 17 auch auf Versicherungsverträge und nicht auf Versicherungsunternehmen abstellt.

nicht als Versicherungsunternehmen im Sinne des VAG klassifiziert werden. Ein möglicher Sachverhalt, bei dem ein Nicht-Versicherungsunternehmen den künftigen Rechnungslegungsstandard für Versicherungsverträge anwenden muss, ist ein Kredit, der im Todesfall des Kreditnehmers eine Verzichtserklärung der Bank in Bezug auf den noch ausstehenden Kreditbetrag umfasst.[359] Solche Sachverhalte machen bei Banken indes nur verhältnismäßig geringe Geschäftsvolumina aus; auch in Industrie und Handel dürften nur wenige Sachverhalte in den Anwendungsbereich des künftigen Standards für Versicherungsverträge fallen. Dies wird auch dadurch begründet, dass viele Sachverhalte, die auch bei Nicht-Versicherungsunternehmen in den Anwendungsbereich des Standards fallen würden, explizit von seinem Anwendungsbereich ausgenommen sind.[360] **Praktisch hat IFRS 17 damit die bei weitem größte Relevanz für Versicherungsunternehmen, da deren Hauptgeschäft auf Versicherungsverträgen basiert.**

Doch auch unter deutschen Versicherungsunternehmen ist der Anwenderkreis der IFRS beschränkt.[361] Dies liegt u. a. darin begründet, dass nur kapitalmarktorientierte Konzern-Muttergesellschaften verpflichtend die IFRS anwenden müssen. **Für viele Versicherungsgesellschaften scheidet eine Kapitalmarktorientierung aber aufgrund ihrer Rechtsform praktisch aus.** So gilt ein Unternehmen gemäß Art. 4 der Verordnung (EG) Nr. 1606/2002 als kapitalmarktorientiert, wenn seine Wertpapiere (Eigen- und Fremdkapitaltitel) an einem geregelten Markt gehandelt werden. [362] **Versicherungsvereine auf Gegenseitigkeit** [363] **(VVaG)** werden von den eigenen Versicherungsnehmern getragen. Das bedeutet, dass ihre Anteile nicht an organisierten Märkten gehandelt werden können.[364] Versicherungskonzerne, an deren Spitze ein VVaG steht, z. B. die

[359] Vgl. WILLIS LIMITED (Hrsg.), IFRS Proposal, S. 1; SCHWEINBERGER, S./HORSTKÖTTER, M., Versicherungsverträge gemäß ED/2010/8, S. 548. Ein solches Produkt würde die Definitionsmerkmale eines Versicherungsvertrags erfüllen. Siehe hierzu Abschnitt 422.

[360] Vgl. IASB (Hrsg.), ED/2013/7: Insurance Contracts, Tz. 7. Auch in den Dokumenten zum Standardsetzungsprozess sowie in der Sekundärliteratur finden sich kaum Beispiele, die die Anwendung des *Exposure Draft* in Nicht-Versicherungsunternehmen thematisieren, was ein weiteres Indiz für die untergeordnete Bedeutung solcher Sachverhalte ist.

[361] Vgl. NGUYEN, T./GROSCHE, S., IFRS 4 aufsichtsrechtlich, S. 426.

[362] Vgl. GROTTEL, B./KREHER, M., in: Beck'scher Bilanz-Kommentar, 10. Aufl., § 315 a, Tz. 3.

[363] Der VVaG ist eine spezielle Rechtsform der Versicherungswirtschaft. Er weist Elemente einer Genossenschaft aber auch eines Wirtschaftsvereins auf da er eine Vereinigung von Personen und Kapital zu wirtschaftlichen Zwecken darstellt. Der VVaG operiert nach dem Prinzip der Gegenseitigkeit (§ 171 VAG), d. h. er ist eine körperschaftliche Trägerschaft durch alle Mitglieder, die wiederum an der Willensbildung im Verein beteiligt sind. Daher sind Versicherungsnehmer automatisch Mitglieder des Vereines, wenn sie den Versicherungsvertrag unterzeichnet haben. Vgl. FARNY, D., Versicherungsbetriebslehre, S. 204-207; NGUYEN, T./ROMEIKE, F., Versicherungswirtschaftslehre, S. 392 f.

[364] Vgl. ähnlich WAGNER, F., Versicherungslexikon, S. 733.

Debeka Gruppe oder die Signal Iduna Gruppe, können also nicht durch die Emission von Eigenkapitaltiteln in den IFRS-Anwenderkreis gelangen. Neben AG und VVaG haben **öffentlich-rechtliche Versicherungsunternehmen**[365] bzw. –gruppen mit einem Marktanteil von 11,2 % eine nicht unbedeutende Stellung auf dem deutschen Versicherungsmarkt.[366] Da die Eigentümer der öffentlich-rechtlichen Versicherer Sparkassen und Bundesländer oder andere öffentlich-rechtliche Körperschaften sind,[367] werden auch ihre Anteile nicht an organisierten Märkten gehandelt. Somit können öffentlich-rechtliche Versicherer nicht durch den Handel Ihrer Anteile an offenen Märkten in den IFRS-Pflichtanwenderkreis gelangen.

Die zweite Möglichkeit für VVaG und öffentlich-rechtliche Versicherer, optional in den Kreis der IFRS-Pflichtanwender zu gelangen, bestünde darin, **Genussrechtsscheine oder Nachranganleihen** auszugeben, die an geregelten Kapitalmärkten gehandelt werden können.[368] Die geringe Zahl der IFRS-Anwender bei den beiden Rechtsformen von Versicherern[369] lässt indes darauf schließen, dass nur selten von dieser Option Gebrauch gemacht worden ist.

Über die verpflichtende IFRS-Anwendung hinaus besteht andererseits die Möglichkeit, **freiwillig einen befreienden Konzernabschluss nach den IFRS aufzustellen.** Hier lassen sich sogar rückläufige Tendenzen feststellen: Die HUK-Coburg Gruppe stellte 2014 ihre Rechnungslegung nach einer Periode der freiwilligen IFRS-Anwendung von IFRS auf das HGB um. Begründet wurde dies u. a. damit, dass die IFRS und Solvency II sich zu weit auseinander entwickelt haben.[370] Die Nürnberger Versicherungsgruppe stellte 2016 ebenfalls von IFRS auf das HGB um, da ihre Aktien nicht mehr an einem regulierten Markt gehandelt werden.[371] Von einer fortgeführten freiwilligen Anwendung der IFRS wurde abgesehen.

---

365 Öffentlich-rechtliche Versicherungsunternehmen sind Anstalten oder Körperschaften öffentlichen Rechts. Sie verfolgen i. d. R. einen in ihrer Satzung festgelegten, historischen Zweck und agieren fast ausschließlich regional. Vgl. WAGNER, F., Versicherungslexikon, S. 451; FARNY, D., Versicherungsbetriebslehre, S. 228.

366 Vgl. KÖLNER INSTITUT FÜR VERSICHERUNGSINFORMATION UND WIRTSCHAFTSDIENSTE GMBH (Hrsg.), Marktanteilsstatistik 2015, S. 28. Bezogen auf die gebuchten Brottobeiträge 2015.

367 Vgl. KÖLNER INSTITUT FÜR VERSICHERUNGSINFORMATION UND WIRTSCHAFTSDIENSTE GMBH (Hrsg.), Marktanteilsstatistik 2015, Tabelle 6a.

368 Vgl. § 15 Abs. 1 VAG sowie FARNY, D., Versicherungsbetriebslehre, S. 210 f., 216 f, 229.

369 Vgl. hierzu Anhang 62.

370 Vgl. HUK-COBURG VERSICHERUNGSGRUPPE (Hrsg.), Geschäftsbericht 2014, S. 16; WEILER, W., Bilanz-Pressekonferenz der HUK-COBURG 2015BPK, S. 2.

371 Vgl. hier und im folgenden Satz NÜRNBERGER BETEILIGUNGS-AKTIENGESELLSCHAFT (Hrsg.), Halbjahresbericht 2016 S. 6.

Als Zwischenfazit ist somit festzuhalten, dass **IFRS 17 nur bei wenigen, großen Versicherungskonzernen angewendet werden wird.**[372]

412. Anwenderkreis von Solvency II

Die Regelungen von **Solvency II** finden „[...] **Anwendung auf Lebens- und Nichtlebensversicherungsunternehmen, die in einem Mitgliedstaat niedergelassen sind oder sich dort niederzulassen wünschen.**“[373] Auch **Versicherungsgruppen** sind Gegenstand der Regelungen, wenn sie ausschließlich oder teilweise aus Erst- oder Rückversicherungsunternehmen bestehen, die in EWR-Staaten operieren und selber in einem EWR-Staat ansässig sind.[374] So identifizieren KRAFT, PORZELT UND REBHAN alleine in Deutschland 57 Gruppenstrukturen, die voraussichtlich unter die Solvency II-Gruppenaufsicht fallen werden.[375] Ob ein Unternehmen der Versicherungsaufsicht unterliegt, hat gemäß § 4 VAG die BaFin zu entscheiden.

Ausnahmen vom Anwendungsbereich werden in Art. 3 bis 12 der Solvency II-Richtlinie definiert und knüpfen an verschiedene Kriterien an.[376] Die größenbezogenen Beschränkungen nehmen Unternehmen aus, die weniger als 5 Mio. Euro Bruttoprämien jährlich einnehmen und weniger als 25 Mio. Euro versicherungstechnische Rückstellungen bilanzieren.[377] Weiterhin werden bestimmte Unternehmen aufgrund ihres Rechtsstatus ausgeschlossen, z. B. VVaG, die bei einem anderen VVaG sämtliche Versicherungsverträge rückversichern. Auch aufgrund der Art des von ihnen betriebenen Geschäfts können gewisse Versicherer aus dem Anwendungsbereich von Solvency II ausgeschlossen werden, etwa Sterbekassen, Pensionsfonds, Pensionskassen[378] und Versicherungen des gesetzlichen Systems der sozialen Sicherheit. Schließlich werden auch einzelne Leistungsangebote vom Solvency II-Anwendungsbereich ausgeschlossen, z. B. bestimmte Beistandsleistungen.[379]

---

372 Vgl. EUROPÄISCHE KOMMISSION (Hrsg.), MARKT/2514/02-DE, S. 24; ROCKEL, W., Fair Value-Bilanzierung versicherungstechnischer Verpflichtungen, S. 195; MEYER, L., Implikationen von IFRS für Solvency II, S. 108; NGUYEN, T./GROSCHE, S., IFRS 4 aufsichtsrechtlich, S. 426.

373 EU (Hrsg.), RL 2009/138/EG, Art. 2. Hervorhebung und Auslassung durch den Verfasser.

374 Vgl. BAFIN (Hrsg.), Vorbereitung auf Solvency II, I. Anwendungsbereich.

375 Vgl. KRAFT, M./PORZELT, J./REBHAN, K., Typologie der Versicherungsgruppenstrukturen, S. 501, 520 f.

376 Vgl. FMA – ÖSTERREICHISCHE FINANZMARKTAUFSICHT (Hrsg.), Solvency II Handbuch, S. 9.

377 Vgl. EU (Hrsg.), RL 2009/138/EG, Art. 4.

378 Vgl. ARMBRÜSTER, C., Das VAG 2016, S. 426.

379 Vgl. FMA – ÖSTERREICHISCHE FINANZMARKTAUFSICHT (Hrsg.), Solvency II Handbuch, S. 9.

Im Gegensatz zu den IFRS ist der Anwendungsbereich von Solvency II und damit auch seiner Rechnungslegungsvorschriften deutlich weiter. Zwar bestehen die im vorangegangenen Absatz aufgeführten Ausnahmen; die große Mehrheit der Versicherungsunternehmen – sowohl Einzel- als auch Konzerngesellschaften – ist den Regelungen von Solvency II aber unterworfen.[380] **Damit schließt der Anwendungsbereich von Solvency II weit mehr Versicherungsunternehmen ein, als der der IFRS.**

413. Analyse der Gemeinsamkeiten und Unterschiede

Wie in den beiden vorherigen Abschnitten gezeigt wurde, ist der **Anwenderkreis** von Solvency II in Deutschland deutlich größer als der des künftigen IFRS für Versicherungsverträge. Daher ist der IFRS-Anwenderkreis der „limitierende Faktor" für die Anzahl der Versicherer, die beide Rechnungslegungsregime anwenden. Er umfasst nur einige große und bedeutende Versicherungskonzerne.[381] Nichtsdestotrotz besteht die Möglichkeit, dass die vielen HGB-orientierten Tochtergesellschaften dieser Konzerne, die höchstwahrscheinlich im Anwenderkreis von Solvency II liegen, von indirekten Synergieeffekten profitieren. Zum Beispiel wenn die Tochtergesellschaften für interne Zwecke Rechnung nach den IFRS legen, da sie IRFS-Zahlen an ihr Mutterunternehmen berichten müssen.[382] Da Solvency II früher als IFRS 17 finalisiert wurde, würden die Tochtergesellschaften von bereits durch Solvency II etablierten Systemen und gesammeltem Fachwissen profitieren, wenn IFRS 17 bei ihnen eingeführt wird.

Da der IFRS-Anwenderkreis der beschränkende Faktor bei der gemeinsamen Anwendung beider Rechnungslegungsregime ist, ist zu untersuchen, ob eine **Alternative** zu den IFRS vorteilhafter wäre. Betrachtet man diese Alternativen zu den IFRS als Ausgangsbasis für die aufsichtsrechtliche Rechnungslegung[383], relativieren sich die Nachteile durch den eingeschränkten Anwenderkreis der IFRS wieder. Denn die europaweit von kapitalmarktorientierten Unternehmen einheitlich anzuwendenden IFRS stellen einen gemeinsamen Nenner dar, der zumindest einem Teil der Versicherer die Kosten eines separaten Solvency II-Rechnungslegungssystems erspart. Eine Alternative zu den IFRS als Ausgangsbasis für die Solvency II-Rechnungslegung wäre gewesen, die nationalen, durch

380 Vgl. NGUYEN, T./GROSCHE, S., IFRS 4 aufsichtsrechtlich, S. 426; ARMBRÜSTER, C., Das VAG 2016, S. 426 sowie für den österreichischen Versicherungsmarkt FMA – ÖSTERREICHISCHE FINANZMARKTAUFSICHT (Hrsg.), Solvency II Handbuch, S. 9.

381 So auch NGUYEN, T./GROSCHE, S., IFRS 4 aufsichtsrechtlich, S. 426.

382 Vgl. LEIBFRIED, P./WEBER, I., Bilanzierung nach IAS/IFRS, S. 89.

383 Siehe hierzu Abschnitt 34.

die Versicherungsbilanzrichtlinie europaweit vereinheitlichten Rechnungslegungsvorschriften zu verwenden und diese ggf. für Aufsichtszwecke anzupassen. Dies wäre indes mit Unsicherheit behaftet gewesen. Denn lange Zeit war unklar, wie sich die Versicherungsbilanzrichtlinie entwickeln würde.[384] Außerdem enthält die Versicherungsbilanzrichtlinie viele Optionen und Wahlrechte, die zu heterogen ausgestalteter Rechnungslegung in den EU-Mitgliedsstaaten führen. Eine weitere Alternative zur Anlehnung der Rechnungslegungsvorschriften von Solvency II an die IFRS wären EU-weit komplett eigenständige Rechnungslegungsgrundsätze gewesen. Dabei hätten sich indes noch weniger Synergieeffekte ergeben als mit der gewählten Lösung. Zudem wären sowohl Entwicklungs- als auch Umsetzungsaufwand höher gewesen.[385] Denn zwischen den EU-Mitgliedsstaaten bestand „[...] keinerlei Einvernehmen über die wichtigsten Fragen der Rechnungslegung zu Aufsichtszwecken."[386] **Die IFRS als etabliertes und zeitwertorientiertes Rechnungslegungssystem stellen als Ausgangsbasis für die aufsichtsrechtlichen Bewertungsvorschriften also durchaus eine sinnvolle Alternative dar – wenn ihr Anwenderkreis auch beschränkt ist.**

42 Anwendungsbereiche der Vorschriften

421. Vorbemerkung zu Versicherungsverträgen

Eine zentrale Komponente der Anwendungsbereiche der Vorschriften zur Bilanzierung versicherungstechnischer Rückstellungen ist der **Versicherungsvertrag.** FARNY schreibt dazu: „Risikogeschäft, ggf. Spar-/Entspargeschäft und Dienstleistungsgeschäft werden in das Rechtsgeschäft des Versicherungsvertrages eingekleidet."[387] Damit ist der Versicherungsvertrag ein zu gestaltendes Element des Versicherungsproduktes. Durch ihn werden Teilgeschäfte zwischen Versicherungsnehmer und Versicherungsunternehmen zusammengefasst und rechtlich beschrieben. Außerdem sind im Versicherungsvertrag die Nebenbedingungen des Gesamtgeschäfts festgelegt, z. B. Zahlungsmodalitäten für Beiträge und Versicherungsleistungen sowie Obliegenheiten.[388]

---

384 Vgl. EUROPÄISCHE KOMMISSION (Hrsg.), MARKT/2514/02-DE, S. 18.

385 Vgl. EUROPÄISCHE KOMMISSION (Hrsg.), MARKT/2514/02-DE, S. 20-22; NGUYEN, T., Rechnungslegung von Versicherungsunternehmen, S. 154.

386 EUROPÄISCHE KOMMISSION (Hrsg.), MARKT/2514/02-DE, S. 22. Auslassung durch den Verfasser.

387 FARNY, D., Versicherungsbetriebslehre, S. 410.

388 Vgl. FARNY, D., Versicherungsbetriebslehre, S. 410.

422. Anwendungsbereich des IFRS 17

Der Anwendungsbereich des IFRS 17 schließt grundsätzlich alle Verträge ein, die die Merkmale eines **Versicherungsvertrages** erfüllen, sowie Kapitalanlageverträge mit ermessensabhängiger Überschussbeteiligung.[389] Andere Aspekte der Rechnungslegung von Versicherungsunternehmen, wie die Bilanzierung von Kapitalanlagen oder finanziellen Verbindlichkeiten sind nach den anderen IFRS (z. B. IAS 32 und IAS 39 bzw. IFRS 9) zu beurteilen.[390] Hierauf wird im Folgenden nicht eingegangen.

In IFRS 17, Anhang A, wird ein Versicherungsvertrag definiert als ein Vertrag, nach dem eine Partei (der **Herausgeber**) ein **signifikantes Versicherungsrisiko** von einer anderen Partei (dem **Versicherungsnehmer**) übernimmt, indem sie vereinbart, dem Versicherungsnehmer eine Entschädigung zu leisten, wenn ein spezifiziertes, ungewisses künftiges Ereignis (das **versicherte Ereignis**) den Versicherungsnehmer nachteilig betrifft.[391]

Ein zentrales Merkmal dieser Definition ist das zu übertragende **Versicherungsrisiko**. Als Versicherungsrisiken gelten alle Risiken, die keine Finanzrisiken sind[392] – der IASB nimmt hier also eine Negativabgrenzung vor.[393] Das Finanzrisiko umfasst das Risiko, dass sich Zinssätze, Preise von Finanzinstrumenten, Indizes, Ratings, usw., die auf aktiven Märkten gehandelt werden, ändern. Darüber hinaus können auch nicht-finanzielle Variablen als Finanzrisiko klassifiziert werden, wenn sie nicht spezifisch für eine der Vertragsparteien sind. Als Beispiel hierfür führt der IASB einen Index von Erdbebenschäden einer bestimmten Region an, dessen Ausprägung einen potenziellen Versicherungsnehmer indes nicht negativ beeinflusst.[394] Es wäre aber möglich, aus einer finanziellen Wette auf Verluste dieses Index selber einen Verlust zu erleiden, was der IASB aber nicht als Versicherungsrisiko verstanden haben möchte.

---

389 Vgl. IFRS 17.3; SCHWEINBERGER, S./HORSTKÖTTER, M., Versicherungsverträge gemäß ED/2010/8, S. 547 f.; GALLASCH, F., Bilanzierung von Versicherungsverträgen, S. 53 f.

390 Vgl. SCHLÜTER, J., in: Beck'sches IFRS-Handbuch, 5. Aufl., § 40, Tz. 5.

391 Angelehnt an den Wortlaut der deutschen Übersetzung aus IFRS 4 Appendix A, da sich der Wortlaut im *Exposure Draft* nur marginal verändert hat. Im Folgenden wird bei Regelungen, die in IFRS 4 Phase I vorhanden sind und sich im IFRS 17 wiederfinden auch auf Quellen zu IFRS 4 Phase I zurückgegriffen.

392 Vgl. IFRS 17.B7.

393 Vgl. LÜDENBACH, N./HOFFMANN, W.-D., in: Haufe IFRS-Kommentar, 14. Aufl., § 39, Tz. 9.

394 Vgl. IFRS 17.B8.

Ein weiteres Kriterium für die Definition eines Versicherungsvertrags ist die **Signifikanz** des übertragenen Risikos.[395] Signifikanz ist gegeben, wenn der Versicherer in einem beliebigen, wirtschaftlich bedeutsamen Szenario eine signifikante Schadenzahlung im Sinne eines Nettozahlungsmittelabflusses leisten muss.[396] Dem steht eine sehr niedrige Eintrittswahrscheinlichkeit des versicherten Ereignisses nicht entgegen. Als signifikant wird ein Nettomittelabfluss angesehen, dessen Barwert den Barwert der kumulierten Prämieneinnahmen übersteigt, also ein Verlust aus dem Vertrag entstehen kann.[397] Dies stellt für Verträge der Schaden- und Unfallversicherung i. d. R. keine Hürde dar.[398] Denn die versicherten Risiken haben häufig das Potenzial Schadenzahlungen auszulösen, die die eingezahlten Prämien bei weitem übersteigen. Als Beispiel können hier Personenschäden oder Fahrzeug-Totalschäden bei Kfz-Unfällen genannt werden, die oft mit erheblichen Kosten für den Versicherer verbunden sind. Außerdem dürfte kein Versicherungsnehmer einem Vertrag zustimmen, bei dem er im günstigsten Fall eine Schadenzahlung i. H. d. von ihm gezahlten Prämien erhält.

Eine weitere Komponente eines Versicherungsvertrags i. S. d. IFRS ist ein **spezifiziertes, ungewisses künftiges Ereignis**. Ob ein solches Ereignis vorliegt, hängt davon ab, ob bei mindestens einem der folgenden Kriterien Unsicherheit herrscht:[399]

- die Eintrittswahrscheinlichkeit des versicherten Ereignisses,
- der Eintrittszeitpunkt des versicherten Ereignisses oder
- der Betrag, den das Versicherungsunternehmen zu zahlen hat, wenn das versicherte Ereignis eintritt.

395 Vgl. IFRS 17.B17.

396 Vgl. hier und im folgenden Satz IFRS 17.B18 f.

397 Dieser als Test bezeichnete Vergleich der Barwerte war in IFRS 4 Phase I noch nicht vorgesehen. Er wurde im ersten *Exposure Draft* eingeführt um die Methodik des künftigen IFRS für Versicherungsverträge der der US-GAAP anzugleichen. Der Test wurde weiterhin im Redeliberationsprozess bestätigt, präzisiert und schließlich in den finalen Standard übernommen. Vgl. IASB (Hrsg.), ED/2010/8: Insurance Contracts, Tz. B25, BC191 lit. c; IASB (Hrsg.), ED/2013/7: Insurance Contracts, Tz. B19; IASB (Hrsg.), Non targeted issues (agenda paper 2D), Tz. 17, 20; IASB (Hrsg.), IASB Update May 2014, S. 2; IFRS 17.B19.

398 Vgl. hier und nachfolgend in diesem Absatz SURREY, I., Versicherungsgeschäfte, S. 94-96; GALLASCH, F., Bilanzierung von Versicherungsverträgen, S. 60 f.

399 Vgl. IFRS 17.B3; SCHLÜTER, J., in: Beck'sches IFRS-Handbuch, 5. Aufl., § 40, Tz. 8, 13. Der IASB bezeichnet die Unsicherheit als Essenz eines Versicherungsvertrages.

Daraus folgt, dass auch ein bereits vor Vertragsschluss eingetretenes Schadenereignis Gegenstand eines Versicherungsvertrages sein kann, sofern die zu leistende Schadenzahlung noch ungewiss ist.[400]

Kapitalanlageverträge mit ermessensabhängiger Überschussbeteiligung[401] hingegen erfüllen nicht die Definitionskriterien eines Versicherungsvertrages nach IFRS 17, da mit ihnen kein Versicherungsrisiko auf den Versicherer übertragen wird.[402] Dennoch gestattet der IASB, sie als Versicherungsvertrag zu bilanzieren, sofern das Versicherungsunternehmen gleichzeitig auch Verträge offeriert, die die Definition eines Versicherungsvertrages erfüllen.[403] Solche Kapitalanlageverträge werden häufig im gleichen Überschussbeteiligungs-Kollektiv mit Versicherungsverträgen gesteuert. Daher begründet der IASB diese Klassifizierung, die den Kriterien eines Versicherungsvertrags widerspricht, in IFRS 17.BC83 lit. a mit der Vermittlung relevanterer Informationen durch eine an produkttechnischen Gemeinsamkeiten orientierte Klassifizierung.[404] Indes sind solche Verträge vornehmlich in der Lebensversicherung angesiedelt, weshalb sie in dieser Arbeit nicht näher betrachtet werden.

Der IASB definiert in IFRS 17.7 auch Sachverhalte, die **explizit vom Anwendungsbereich ausgeschlossen** werden, obwohl sie die Definitionskriterien eines Versicherungsvertrags erfüllen. Diese umfassen z. B. Produktgarantien, die von Herstellern gegeben werden und Restwertgarantien, die Bestandteile von Leasingverträgen sind. Die sog. *fixed-fee service contracts*, d. h. Verträge, nach denen ein Kunde eine Dienstleistung gegen eine feste, durch den Versicherer nicht mehr anpassbare Gebühr erhält,[405] können gemäß IFRS 17.8 sowohl nach IFRS 15 als auch nach IFRS

[400] Vgl. NGUYEN, T., Rechnungslegung von Versicherungsunternehmen, S. 539; IFRS 17.B5.

[401] Eine ermessensabhängige Überschussbeteiligung ist ein vertragliches Recht des Versicherungsnehmers, über die vertraglich garantierten Leistungen hinaus zusätzliche Leistungen zu erhalten. Der Betrag dieser Leistungen muss signifikant, der tatsächliche Betrag und der zeitliche Anfall der Zahlungen müssen aber unbestimmt sein. Weiterhin muss die Überschussbeteiligung (a) vertraglich auf einem bestimmten Vertragstyp oder einem bestimmten Bestand an Verträgen beruhen, (b) aus Kapitalerträgen eines bestimmten, vom Versicherer gehaltenen Portfolios bestehen oder (c) vom Gewinn oder Verlust des Versicherers abhängig sein. Darunter fallen z. B. Verträge mit einer gesetzlich vorgeschriebenen Mindestüberschussbeteiligung, wie sie in der deutschen Lebens- und Krankenversicherung üblich sind. Vgl. IFRS 17, Appendix A; SCHLÜTER, J., in: Beck'sches IFRS-Handbuch, 5. Aufl., § 40, Tz. 15.

[402] Vgl. IFRS 17.BC82; SCHWEINBERGER, S./HORSTKÖTTER, M., Versicherungsverträge gemäß ED/2010/8, S. 548.

[403] Vgl. IFRS 17.3 lit. c.

[404] Vgl. SCHWEINBERGER, S./HORSTKÖTTER, M., Versicherungsverträge gemäß ED/2010/8, S. 548.

[405] Vgl. IASB/FASB (Hrsg.), Fixed-fee service contracts (agenda paper 2H), Tz. 1.

17 bilanziert werden, wenn die Definitionskriterien eines Versicherungsvertrages erfüllt sind und zusätzlich die Bedingungen aus IFRS 17.8 lit a-c erfüllt sind.[406]

423. Anwendungsbereich der Rechnungslegung nach Solvency II und der Vorschriften für versicherungstechnische Rückstellungen

Im Gegensatz zum rein produktbezogenen Ansatz des IFRS 17 ist Solvency II – wie in Abschnitt 41. erläutert – als Aufsichtsregime für von der BaFin zugelassene Versicherungsunternehmen und -gruppen gültig. Die Solvency II Richtlinie gibt vor, dass versicherungstechnische Rückstellungen für Versicherungs- und Rückversicherungsverpflichtungen gegenüber Versicherungsnehmern zu bilden sind.[407] Die DVO gibt in Art. 17 weiterhin einen Anhaltspunkt zum Anwendungsbereich der Vorschriften für versicherungstechnische Rückstellungen und hält fest, dass „[...] Versicherungs- und Rückversicherungsunternehmen eine Versicherungs- oder Rückversicherungsverpflichtung zu dem Zeitpunkt an[setzen], zu dem das Unternehmen Partei des die Verpflichtung begründenden **Vertrags** wird [...]"[408]. Ferner behandelt Art. 18 DVO die „Grenzen eines Versicherungs- oder Rückversicherungsvertrags", die zu berücksichtigen sind, wenn versicherungstechnische Rückstellungen berechnet werden. Somit kann festgehalten werden, dass **versicherungstechnische Rückstellungen für Versicherungsverpflichtungen aus privatrechtlichen[409] Versicherungsverträgen gebildet werden.** Letztere gilt es also zu konkretisieren, um den Anwendungsbereich einzugrenzen.

In den Rechts- und Regelungsdokumenten zu Solvency II findet sich keine Definition eines Versicherungsvertrages, wie in IFRS 17. Deshalb sind die nationalen Vorschriften maßgeblich, um die Sachverhalte einzugrenzen, die unter den Begriff des Versicherungsvertrages fallen.[410] Allerdings existiert auch **keine handelsrechtliche Definition des Begriffes Versicherungsvertrag**, was nicht

---

406 Vgl. IASB (Hrsg.), Assessing the changes since the 2013 ED (agenda paper 2E), S. 12, Tz. A1.

407 Vgl. EU (Hrsg.), RL 2009/138/EG, Art. 76 Abs. 2.

408 Einfügung und Hervorhebung durch den Verfasser.

409 Wie im Abschnitt zu den Anwenderkreisen beschrieben, sind Versicherungen des staatlichen Systems und der sozialen Sicherheit vom Solvency II-Anwenderkreis ausgeschlossen. Daher ist für die Definition von Versicherungsverträgen das Privatrecht heranzuziehen.

410 Vgl. NGUYEN, T./GROSCHE, S., IFRS 4 aufsichtsrechtlich, S. 425 f.; SCHWARZ, I./EIDT, D./SCHULENBURG, J.-MATTHIAS GRAF VON DER (Hrsg.), Übereinstimmungen und Unterschiede von IFRS und Solvency II, S. 304.

zuletzt auf die in der Literatur und auch beim Gesetzgeber unterschiedlich stark gewichteten Merkmale von „Versicherung" zurückzuführen ist.[411] In der Gesetzesbegründung von 2006 für die Neufassung des VVG führt der Gesetzgeber dazu aus, dass weiterhin bewusst auf eine Definition des Begriffes Versicherung verzichtet wird.[412] Er begründet die Entscheidung damit, dass die Definition anhand der aktuellen Versicherungsformen bestimmt werden müsse. Dadurch würden noch nicht antizipierbare Entwicklungen von Versicherungsprodukten womöglich künftige Versicherungsprodukte vom Anwendungsbereich des VVG ausschließen. Der Gesetzgeber möchte den Anwendungsbereich des VVG also möglichst offen bzw. flexibel halten.

In Ermangelung einer Legaldefinition des Versicherungsvertrages wird oft auf die beiderseitigen Pflichten zwischen Versicherungsnehmer und Versicherer im Versicherungsverhältnis abgestellt. Nach MÖLLER ist ein Versicherungsvertrag „[...] ein schuldrechtlicher, gegenseitiger Vertrag, bei welchem der Versicherer **Versicherungsschutz** (Gefahrtragung), der Versicherungsnehmer **Prämienzahlung** schuldet"[413].[414] Einen weiteren Anhaltspunkt, mit dem Merkmale von Versicherungsverträgen identifiziert werden können, bietet die Rechtsprechung des Bundesgerichtshofes. Der Bundesgerichtshof hält in Bezug auf ein Versicherungsverhältnis (das vom Versicherungsvertrag eingekleidet wird) fest, dass ein

„[...] Versicherungsverhältnis vorliegt, wenn jemand – als Versicherer – sich **gegen Entgelt** verpflichtet, einem anderen – dem Versicherungsnehmer oder dem Versicherten – eine vermögenswerte Leistung für den Fall eines **ungewissen Ereignisses** zu erbringen, das damit übernommene **wirtschaftliche Risiko** auf eine Mehrzahl von der gleichen Gefahr bedrohter Personen verteilt und der Risikoübernahme eine Kalkulation über die aufzubringenden Mittel zugrunde liegt [...]"[415].

---

[411] Vgl. DREHER, M., Versicherung als Rechtsprodukt, S. 33 f., 49 im handelsrechtlichen Kontext; MIETTINEN, J., Vorvertragliche Pflichten des Versicherers, S. 152 sowie hier und im folgenden Absatz GALLASCH, F., Bilanzierung von Versicherungsverträgen, S. 19 f.

[412] Vgl. hier und in den folgenden zwei Sätzen DEUTSCHER BUNDESTAG (Hrsg.), BT-Drucks. 16/3945 S. 56 (zu § 1 Abs. 2).

[413] MÖLLER, H., Versicherungsvertragsrecht, S. 18. Hervorhebungen durch den Verfasser.

[414] Vgl. hierzu auch DVA (Hrsg.), Versicherungslehre 1, S. 135; DREHER, M., Versicherung als Rechtsprodukt, S. 46, 50.

[415] BUNDESGERICHTSHOF, 16.11.1967 - II ZR 259/64, Tz. 6, Auslassungen und Hervorhebungen durch den Verfasser. Im Vergleich zu diesen Definitionen berücksichtigt der IASB die Prämienzahlung nicht. Er legt den Fokus bei Versicherungsverträgen auf ein signifikantes Versicherungsrisiko und das Eintreten eines ungewissen künftigen Ereignisses. Vgl. IASB (Hrsg.), IFRS 4, Anhang A; ROCKEL, W. U. A., Versicherungsbilanzen, S. 67.

Diese Definition wird in Deutschland auch aufsichtsrechtlich akzeptiert.[416] Ähnlich sind die Ausführungen des § 1 VVG, der die vertragstypischen Pflichten regelt:

„Der Versicherer verpflichtet sich mit dem Versicherungsvertrag, ein bestimmtes **Risiko** des Versicherungsnehmers oder eines Dritten durch eine Leistung **abzusichern**, die er bei Eintritt des **vereinbarten Versicherungsfalles** zu erbringen hat. Der Versicherungsnehmer ist verpflichtet, an den Versicherer die vereinbarte Zahlung (**Prämie**) zu leisten.“[417]

Als Gemeinsamkeiten aus den zitierten (Rechts-)Quellen lassen sich die folgenden **Merkmale eines Versicherungsvertrags** festhalten:[418] (1) Es handelt sich um einen privatrechtlichen Vertrag, (2) der ein ungewisses Risiko absichert (3) und dabei Einzelrisiken nach dem Gesetz der großen Zahlen im Kollektiv ausgleicht. (4) Weiterhin zahlt der Versicherungsnehmer an den Versicherer ein Entgelt und (5) erhält eine Leistung, wenn der Versicherungsfall eintritt. Diese Merkmale müssen geprüft werden, um zu beurteilen, ob ein Versicherungsverhältnis vorliegt. Dabei ist aber „[...] **keine scharfe Grenze zu ziehen** [...]“[419]. Entscheidend ist das Gesamtbild, das sich aus der Prüfung aller Merkmale ergibt.[420] Die Liste der Merkmale ist weder abschließend noch müssen die Merkmale kumulativ erfüllt sein.

Nicht als privatrechtliche Versicherungsverträge qualifizieren sich z. B. Versicherungsverhältnisse der Sozialversicherung sowie entgeltliche Wirtschaftsverträge, Lotterie und Wetten, da diese Sachverhalte kein Risiko transferieren.[421] Auch Verträge mit Hilfs- und Unterstützungskassen, die ihren Mitgliedern nur eine Chance der Risikoentlastung gewähren, nicht aber einen Rechtsanspruch, qualifizieren sich nicht als Versicherungsverträge.

---

416 Vgl. SCHMIDT, R., Gedanken zum Versicherungsbegriff, S. 4 f.

417 Hervorhebungen durch den Verfasser.

418 Vgl. EBERS, M., in: Praxiskommentar Versicherungsvertragsrecht, 2. Aufl., Einleitung, Tz. 25; AUNERT-MICUS, S., Wirtschaftsprivatrecht, Tz. 1. Die einzelnen Kriterien an dieser Stelle ausführlich zu erläutern wäre nicht zielführend, da die Definition von Versicherungsverträgen im deutschen Recht so offen gehalten ist, dass nur das Gesamtbild des Vertrages zählt, nicht aber das einzelne Merkmal. Für genauere Definitionen siehe PRÖLSS, E. R./MARTIN, A./ARMBRÜSTER, C., in: Versicherungsvertragsgesetz, 29. Aufl., § 1, Tz. 6-13, 22.

419 PRÖLSS, E. R./MARTIN, A./ARMBRÜSTER, C., in: Versicherungsvertragsgesetz, 29. Aufl., § 1, Tz. 15, Auslassungen durch den Verfasser.

420 Vgl. hier und im folgenden Satz EBERS, M., in: Praxiskommentar Versicherungsvertragsrecht, 2. Aufl., Einleitung, Tz. 26; AUNERT-MICUS, S., Wirtschaftsprivatrecht, Tz. 2.

421 Vgl. hier und im folgenden Satz EBERS, M., in: Praxiskommentar Versicherungsvertragsrecht, 2. Aufl., Einleitung, Tz. 27; AUNERT-MICUS, S., Wirtschaftsprivatrecht, Tz. 3.

424. Analyse der Gemeinsamkeiten und Unterschiede

Bei den **Anwendungsbereichen** der Rechnungslegungsvorschriften für Versicherungsverträge bzw. versicherungstechnische Rückstellungen bestehen Abweichungen. Während der IASB einen produktbezogenen und damit unternehmensformunabhängigen Ansatz wählt, stehen nur zugelassene Versicherungsunternehmen und deren Rückstellungen im Fokus der Aufsicht nach Solvency II. Der IASB begründet die Wahl des Anwendungsbereiches damit, dass erstens gleiche Geschäftsvorfälle i. S. d. qualitativen Anforderung der Vergleichbarkeit unternehmensunabhängig gleichbehandelt werden sollten.[422] Zweitens will er die durch andere Standards bereits geregelten Sachverhalte unangetastet lassen. Drittens erweist sich eine internationale und belastbare Definition von Versicherungsunternehmen als schwierig. Dem gegenüber steht der unternehmensbezogene Anwendungsbereich für versicherungstechnische Rückstellungen von Solvency II. Da sich das Aufsichtsregime speziell am Geschäftsmodell von Versicherern ausrichtet, ist dieser Ansatz zweckdienlich. Eine Ausweitung auf Nicht-Versicherungsunternehmen, die nur wenige Versicherungsverträge anbieten, wäre aufgrund der hohen regulatorischen Anforderungen von Solvency II unangemessen.

Das Aufsichtsregime Solvency II stützt sich in Deutschland auf eine viel offenere Definition von Versicherungsverträgen, verglichen mit der Definition des IFRS 17. Mit Blick auf die qualitative Anforderung der Vergleichbarkeit ist die striktere und vor allem einheitliche Definition des IASB zu begrüßen. Denn die in den EU-Staaten angebotenen Versicherungsverträge sind in Bezug auf ihren Umfang und ihre Ausgestaltung heterogen. Durch eine länderübergreifend differierende Definition von Versicherungsverträgen kann davon ausgegangen werden, dass je nach Sitzstaat der Versicherungsgesellschaft unterschiedliche Verträge als Versicherungsverträge klassifiziert werden. Darunter leidet die Aufsichtskonvergenz. Daher wäre es zu begrüßen, wenn die EIOPA wenigstens eine grobe bzw. weit gefasste Definition von Versicherungsverträgen schafft, um ein Mindestmaß an Vergleichbarkeit zu gewährleisten.

Durch die offene Definition von Versicherungsverträgen nach deutschem Recht werden unter **Solvency II** mehr Produkte als Versicherungsverträge klassifiziert als nach IFRS 17, was in der Solvabilitätsübersicht zu **höheren Rückstellungsvolumina** führt. Dies trifft vor allem auf Verträge der Lebensversicherung zu, z. B. wenn im Todesfall des Versicherungsnehmers eine Auszahlung

[422] Vgl. hier und in den folgenden beiden Sätzen IFRS 17.BC63.

i. H. d. Fondsanteile erfolgt. In diesem Fall besteht zwar ein unsicheres künftiges Ereignis, ein signifikantes Versicherungsrisiko wird aber nicht übertragen.[423] Bei Verträgen der Schaden- und Unfallversicherung wird i. d. R. immer ein signifikantes Versicherungsrisiko übertragen, weshalb in dieser Sparte keine größeren Abweichungen zwischen beiden Rechnungslegungsregimen zu erwarten sind.[424]

Zusammenfassend lässt sich festhalten, **dass Unterschiede zwischen beiden Rechnungslegungsregimen bestehen, diese in der Schaden- und Unfallversicherung aber nur gering sein dürften.** Werden in einem Unternehmen dieser Sparte beide Rechnungslegungsregime angewendet, werden weitgehend gleiche Sachverhalte als Versicherungsvertrag klassifiziert.

43 Separierung verschiedener Vertragskomponenten

431. Vorbemerkung

Sowohl IFRS 17 als auch die Regelungen von Solvency II sehen unter bestimmten Bedingungen vor, einzelne Vertragskomponenten des gleichen Versicherungsvertrages zu separieren, d. h. separat zu bilanzieren. Indes haben die Regelungen verschiedene Stoßrichtungen: Gemäß IFRS 17.10 sind Vertragskomponenten vom Versicherungsvertrag zu separieren, die in den Anwendungsbereich eines anderen Standards fallen würden, wenn sie Gegenstand eines separaten Vertrages wären. Art. 55 Abs. 5-7 DVO hingegen schreibt grundsätzlich eine Entflechtung von Vertragskomponenten vor, wenn diese verschiedenen, von Solvency II definierten Geschäftsbereichen angehören.

432. Separierung nicht-versicherungstechnischer Vertragskomponenten nach IFRS 17

IFRS 17 sieht vor, einen **Versicherungsvertrag zu entflechten, wenn dieser Komponenten einer Kapitalanlage, eingebettete Derivate oder Leistungsverpflichtungen umfasst, aufgrund derer der Versicherer Güter oder Dienstleistungen bereitstellen muss.**[425] Der Versicherer muss indes nicht entflechten, wenn die ökonomischen Eigenschaften der Nicht-Versicherungskomponenten

[423] Vgl. NGUYEN, T./GROSCHE, S., IFRS 4 aufsichtsrechtlich, S. 425 f.

[424] Vgl. zu den von IFRS 4 Phase I eingeschlossenen Verträgen NGUYEN, T., Rechnungslegung von Versicherungsunternehmen, S. 545.

[425] Vgl. hier und nachfolgend in diesem Absatz IFRS 17.11, B42 und B53.

eng mit denen der Versicherungskomponenten verbunden sind.[426] Sind Bestandteile aber abgrenzbar, werden sie nach IFRS 9 bzw. IAS 39 für Finanzinstrumente oder nach IFRS 15 für Erlöse aus Verträgen mit Kunden bilanziert.

Sparkomponenten und eingebettete Derivate sind häufig Bestandteile von Verträgen der Kranken- bzw. Lebensversicherung,[427] z. B. in Form von index- oder fondsgebundenen Sparkomponenten. Bei diesen Verträgen wird der Kapitalanlageerfolg – mit Ausnahme bestimmter Mindestgarantien – komplett an den Versicherungsnehmer weitergegeben.[428] Auch in Schaden- und Unfallversicherungsverträgen sind zu separierende Komponenten zu finden, wenn auch nicht so häufig.[429] Ein Beispiel für einen solchen Vertrag ist eine nicht kündbare Kfz-Haftpflichtpolice, die als Verkaufsanreiz kostenlos einem Kraftfahrzeug beigegeben wird. Fahrzeug und Versicherungsvertrag sind in diesem Fall nicht eng miteinander verbunden, da der Verkauf des Autos und die zu bildende Rückstellung zwei verschiedene Vorgänge sind. Auch geht die Verfügungsmacht über das Fahrzeug am Tag des Verkaufs auf den Kunden über, während der Versicherer eine Leistungsverpflichtung für die Dauer des Versicherungsvertrages eingeht. Daher sind beide Sachverhalte getrennt zu beurteilen und getrennt zu bilanzieren.[430]

433. Separierung von Vertragskomponenten der Lebens- und der Nichtlebensversicherung

Art. 55 Abs. 5-7 DVO schreibt vor, dass verschiedene Komponenten von Versicherungsverträgen zu entflechten sind.[431] Die Bestimmungen sehen zum einen vor, dass Risiken bzw. Verpflichtungen der einzelnen Sparten und der Rückversicherung getrennt voneinander ausgewiesen werden sollen, sofern sie Bestandteile desselben Vertrages sind (Abs. 5 und 7). Zum anderen müssen auch Verträge entbündelt werden, die zwar der gleichen Sparte angehören, aber Risiken aus verschiedenen, in

426 Der IASB macht in IFRS 9 Tz. B4.3.8 mehrere Beispiele, zu eng mit einem anderen Vertrag verbundenen Derivaten. Dabei hält er fest, dass ein Derivat nicht von einem Versicherungsvertrag separiert werden kann, wenn das Derivat nicht separat bewertet werden kann. Vgl. IFRS 9 Tz. B4.3.8 lit.h.

427 Vgl. ROCKEL, W./SAUER, R., IFRS für Versicherungsverträge (1), S. 217 f.

428 Vgl. IASB (Hrsg.), ED/2010/8: Insurance Contracts, Tz. 8 lit. a. sowie hier und nachfolgend in diesem Absatz GALLASCH, F., Bilanzierung von Versicherungsverträgen, S. 62 f.

429 Vgl. IASB (Hrsg.), ED/2013/7: Insurance Contracts, Tz. BC4 lit. d (ii) und (iii). Der IASB führt hier Kündigungsoptionen und Optionen zur Erweiterung der Versicherungsdeckung an.

430 Vgl. für das Beispiel IASB/FASB (Hrsg.), Unbundling (Agenda paper 1D), Tz. 16 Example 3.

431 Dies ist eine Konkretisierung von Art. 80 der Solvency II-Richtlinie, der vorschreibt, Versicherungs- und Rückversicherungsverpflichtungen in homogene Risikogruppen zu segmentieren, die mindestens nach Geschäftsbereichen getrennt sind.

Anhang I DVO definierten Geschäftsbereichen enthalten (Abs. 6).[432] In dieser Regelung manifestiert sich das **Prinzip „Inhalt vor Form"**, indem der wirtschaftliche Gehalt i. S. d. versicherten Risiken ausschlaggebend für deren Bilanzierung ist und nicht vertragliche Gestaltungen.[433] Es muss aber nur entflochten werden, wenn der entsprechende Vertrag mehrere wesentliche Risiken umfasst, die verschiedenen Risikotreibern zugeordnet werden können. Enthält er einen wesentlichen und mehrere unwesentliche Risikotreiber, ist der Vertrag bzw. die versicherungstechnische Rückstellung dem Geschäftsbereich zuzuordnen, der dem größten Risikotreiber entspricht.[434] Die EIOPA schreibt weiterhin vor, dass Versicherer beurteilen sollten, „[...] ob ein Vertrag zu dem Zeitpunkt, zu dem er angesetzt wird, entbündelt werden kann, und an jedem Bewertungsstichtag in Betracht ziehen, ob Änderungen eingetreten sind, die Auswirkungen auf die vorherige Beurteilung haben."[435] Diese Vorschrift wird von der BaFin indes im *Comply-or-Explain*-Verfahren bei den Level 3-Dokumenten angepasst. So ist für deutsche Versicherer nur zum Bewertungsstichtag zu prüfen, ob der Vertrag entflochten werden muss, die Prüfung zum Ansatzzeitpunkt entfällt.[436]

Entflechtungen sind möglich bei Unfallversicherungsverträgen, die auch eine Krankenversicherungskomponente enthalten. Auch bei Reiseversicherungen oder bei Kfz-Verträgen, die sowohl reine Schaden- als auch Haftpflichtkomponenten enthalten, die unterschiedlichen Solvency II-Geschäftsbereichen zuzurechnen sind, muss entflochten werden. Ein für Deutschland spezieller Vertragstyp, bei dem es notwendig sein dürfte, Schaden- und Unfallkomponenten und Lebensversicherungskomponenten zu entflechten, ist die **Unfallversicherung mit garantierter Beitragsrückerstattung** (UBR).[437] Ein solcher Vertrag bietet typischerweise zum einen über eine Deckungsperiode Unfallversicherungsschutz, zum anderen wird ein bestimmter Betrag nach Ablauf der

[432] Vgl. auch DREKSLER, S. U. A., Solvency II technical provisions, S. 63.

[433] Vgl. BAFIN (Hrsg.), Anleitung UBR, S. 1.

[434] Vgl. EIOPA (Hrsg.), Leitlinien zu versicherungstechnischen Rückstellungen (BoS-14/166 DE), Tz. 154; DREKSLER, S. U. A., Solvency II technical provisions, S. 64. Versicherungsverträge zu entflechten, wenn diese ein Hauptrisiko und mehrere untergeordnete Risiken enthalten, würde dem Proportionalitätsprinzip aus Erwägungsgrund 1 DVO widersprechen. Zur Unterteilung versicherungstechnischer Rückstellungen in homogene Risikogruppen siehe Abschnitt 453.2.

[435] Vgl. EIOPA (Hrsg.), Leitlinien Vertragsgrenzen (BoS-14/165 DE), Tz. 1.14.

[436] Vgl. BAFIN (Hrsg.), Rechtsgrundlagen, Leitlinien und Auslegungsentscheidungen, Abschnitt „Comply-or-Explain Verfahren zu EIOPA-Leitlinien". Es kann vermutet werden, dass die Entscheidung getroffen wurde, um Versicherern zusätzlichen Aufwand zu ersparen. Da eine Bewertung i. d. R. (kurz) vor dem Ansatz erfolgt, wäre eine zusätzliche Beurteilung, ob zu entflechten ist, von geringem Nutzen, aber mit nicht unerheblichem Aufwand verbunden.

[437] Vgl. BAFIN (Hrsg.), Anleitung UBR, S. 1.

Vertragslaufzeit – oder wenn der Versicherungsnehmer während der Vertragslaufzeit stirbt – ausgezahlt.[438] Die Unfall-Rückstellungen wären den Nichtlebensversicherungs-Geschäftsbereichen „Krankheitskostenversicherung“ oder „Berufsunfähigkeitsversicherung“ zuzuordnen. Umfasst der Vertrag Rentenzahlungen, sind diese den Lebensversicherungs-Geschäftsbereichen für Renten aus Nichtlebensversicherungsverträgen zuzuordnen.[439]

434. Analyse der Gemeinsamkeiten und Unterschiede

Die Vorschriften zur Entflechtung von Versicherungsverträgen unterscheiden sich deutlich, denn Solvency II sieht im Gegensatz zu IFRS 17 keine Separierung in versicherungsvertragsbezogene und nicht-versicherungsvertragsbezogene Komponenten vor.[440] Dies dürfte zu einem **niedrigeren Volumen versicherungstechnischer Rückstellungen im IFRS-Abschluss im Vergleich zur Solvabilitätsübersicht** führen, da z. B. eingebettete Derivate im IFRS-Abschluss häufig nicht in die versicherungstechnischen Rückstellungen inkludiert werden dürfen.

Wenn die beiden Regelwerke sich in diesem Aspekt auch grundlegend unterscheiden, wurden die Regelungen des IFRS 17 von der Vorgängerorganisation der EIOPA, dem *Committee of European Insurance and Occupational Pensions Supervisors* (CEIOPS) doch begrüßt. Die **Entflechtung von Versicherungsverträgen wirke transparenzfördernd**, wenn keine enge Verbindung zwischen dem Versicherungsvertrag und der nicht-versicherungsbezogenen Komponente bestehe.[441] Als Reaktion auf den ED/2010/8 wurde das die Entflechtung einschränkende **Kriterium des engen Bezuges aber auch als unscharf kritisiert**. Der IASB reagierte auf die Kritik, indem er das Kriterium für Kapitalanlagekomponenten unter anderem über die Vorgaben des IFRS 9 konkretisierte und für Leistungsverpflichtungen auf deren Abgrenzbarkeit nach IFRS 15 verwies.[442] Kritisch wurde auch geäußert, dass die Regelungen zur Entflechtung schnell zu sehr **komplexen Konstrukten** in der Rechnungslegung führen und daher auch mit erheblichen Kosten verbunden sind.[443] Gerade mit

---

438 Vgl. WAGNER, F., Versicherungslexikon, S. 672 f.

439 Vgl. BAFIN (Hrsg.), Anleitung UBR, S. 2 f.; Anhang I, lit. A Nr. 1 und 2 sowie lit. D Nr. 33 und 34 DVO.

440 Vgl. hier und nachfolgend in diesem Absatz NGUYEN, T./GROSCHE, S., IFRS 4 aufsichtsrechtlich, S. 426.

441 Vgl. hier und im folgenden Satz CEIOPS (Hrsg.), Comments on ED/2010/8, S. 22; IASB (Hrsg.), Summary of comment letters (agenda paper 3E), Tz. 45 sowie IASB (Hrsg.), ED/2010/8: Insurance Contracts, Tz. 8 i. V. m. IASB (Hrsg.), ED/2013/7: Insurance Contracts, Tz. BCA192.

442 Vgl.IFRS 17.10 lit. a und b, IFRS 17.B31-B35; GALLASCH, F., Bilanzierung von Versicherungsverträgen, S. 62 f.; in Bezug auf IFRS 9 insbesondere IFRS 9.B4.3.5 und B4.3.8 sowie bezogen auf IFRS 15 insbesondere IFRS 15.24-30.

443 Vgl. hier und im folgenden Satz IASB (Hrsg.), Education session on unbundling (agenda paper 3H), Tz. 12

Blick auf eine Fair Value nahe Bewertung von Versicherungsverträgen dürfte der Zuwachs an Transparenz gering ausfallen, wenn das entflochtene Derivat ebenfalls zum Fair Value bewertet wird. Gegen eine Entflechtung i. S. d. IFRS 17 spreche weiterhin, dass Versicherungsverträge zum Teil auf integrierter Basis bepreist und als Einheit behandelt werden.[444]

Die vorgegebene **Separierung von Lebens- und Nichtlebensversicherungskomponenten unter Solvency II** trägt länderübergreifend zur **Vergleichbarkeit** und damit einer höheren Relevanz der Rechnungslegungsinformationen bei. Gleichzeitig erhöht sie aber auch die Komplexität der Bilanzierung für den Versicherer. Den Argumenten gegen eine Entflechtung kann indes entgegnet werden, dass Aufwand und Komplexität reduziert werden können, wenn nur eindeutig separierbare Komponenten getrennt bilanziert werden. Unterstützend dabei wirkt, dass unterschiedliche Komponenten häufig auch ohne unverhältnismäßig hohen Aufwand separat kalkuliert werden können.[445]

Eine übereinstimmende Auslegung der Vorschriften zur Separierung verschiedener Vertragskomponenten kann nicht geschehen. So sind die **Regelungen zur Entflechtung versicherungsvertragsbezogener und nicht-versicherungsvertragsbezogener Bestandteile i. S. d. IFRS 17 bei Solvency II schon aus dem Grunde nicht umsetzbar, da die Versicherungsvertrags-Definitionen beider Systeme unterschiedlich sind.** Daher könnte ein nach deutschem Recht als Versicherungsvertrag klassifizierter Vertrag nicht einfach entflochten und seine Kapitalanlagekomponente wie ein Finanzinstrument bilanziert werden. Für die Aufteilung in Lebensversicherung und Nichtlebensversicherung in den IFRS gilt, dass stets die wirtschaftliche Betrachtungsweise in der Bilanzierung zu beachten ist. Das heißt, dass die Produkte nach ihrem tatsächlichen wirtschaftlichen Gehalt zu beurteilen und nur dann zu separieren sind, wenn dadurch entscheidungsnützliche Informationen erzeugt werden – also in sehr eindeutigen Fällen.

lit. a.

444 Vgl. IASB (Hrsg.), Education session on unbundling (agenda paper 3H), Tz. 12 lit. c.

445 Die BaFin gibt diesbezüglich für die UBR eine Anleitung als Hilfestellung vor. Vgl. BAFIN (Hrsg.), Anleitung UBR, o. A.

44 Ansatz- und Ausbuchungszeitpunkte versicherungstechnischer Rückstellungen

441. Ansatz versicherungstechnischer Rückstellungen

441.1 Ansatzzeitpunkt nach IFRS 17

Für versicherungstechnische Rückstellungen sind nach IFRS 17 **grundsätzlich drei mögliche Ansatzzeitpunkte** vorgesehen, von denen der früheste zu wählen ist:[446]

- Der **Beginn der Deckungsperiode**,
- die **erste Prämienzahlung** durch den Versicherungsnehmer oder, falls zutreffend,
- der Zeitpunkt zu dem das **Portfolio**, dem der Vertrag zugeordnet ist, **belastend** wird.

Die **Deckungsperiode** ist der Zeitraum, in dem das Risiko des versicherten Ereignisses vom Versicherungsnehmer auf das Versicherungsunternehmen übertragen wird.[447] In diesem Zeitraum deckt das Versicherungsunternehmen den Finanzmittelbedarf für die Regulierung des versicherten Ereignisses ab. **Beginn der Deckungsperiode und der Zeitpunkt der ersten Prämienzahlung** fallen für gewöhnlich auf den gleichen Zeitpunkt und sind in den meisten Fällen der Ansatzzeitpunkt für versicherungstechnische Rückstellungen.[448]

In ED/2010/7 war der Ansatzzeitpunkt noch auf den Zeitpunkt festgelegt, zu dem der Versicherer in das Versicherungsvertragsverhältnis eintritt.[449] Dies ist für gewöhnlich dann der Fall, wenn der Versicherungsvertrag für den Versicherer bindend wird (i. d. R. bei Vertragsschluss). Ein früherer Ansatzzeitpunkt wäre aber auch möglich, wenn der Versicherer vor Vertragsschluss Versicherungsdeckung offerieren muss, ohne den Vertrag an eine geänderte Risikosituation anpassen oder sich den aus ihm resultierenden Verpflichtungen entziehen zu können.[450] Aufgrund der Reaktionen auf den ersten *Exposure Draft* wurden diese Bestimmungen im zweiten *Exposure Draft* geändert und sind schließlich in veränderter Form in den finalen Standard eingegangen. Denn die ursprünglichen Bestimmungen hätten dazu geführt, dass Versicherungsverträge regelmäßig schon hätten

---

[446] Vgl. nachfolgend IFRS 17.25.

[447] Vgl. hier und im folgenden Satz WAGNER, F., Versicherungslexikon, S. 710; IFRS 17, S. 39.

[448] Vgl. IFRS 17.BC143.

[449] Vgl. IASB (Hrsg.), ED/2010/8: Insurance Contracts, Tz. 13.

[450] Vgl. IASB (Hrsg.), ED/2010/8: Insurance Contracts, Tz. 14; SCHWEINBERGER, S./HORSTKÖTTER, M., Versicherungsverträge gemäß ED/2010/8, S. 548.

angesetzt werden müssen, bevor die Deckungsperiode beginnt, da der Vertragsschluss meist vor der Deckungsperiode erfolgt. Dies wäre mit erheblichem Aufwand in Form einer Systemumstellung verbunden gewesen, denn Schaden- und Unfallversicherer setzen ihre versicherungstechnischen Rückstellungen nach dem HGB meistens erst mit Beginn der Deckungsperiode an.[451] Der Aufwand wäre durch die geringen entstehenden Vorteile im Sinne relevanterer Informationen indes nicht zu rechtfertigen gewesen.[452] Bei gewinnbringenden Verträgen wäre nämlich eine vertragsbezogene Servicemarge zu bilden, die die Erfolgswirkung der noch zu zahlenden Prämie neutralisiert – es käme also zu einem Bilanzansatz von Null. Die anderen beiden Fälle, in denen es der Entscheidungsnützlichkeit dient, den Versicherungsvertrag bereits anzusetzen, bevor die Deckungsperiode beginnt, werden von den Ansatzvorschriften des IFRS 17 abgedeckt: Wird eine **Prämie gezahlt, bevor die Deckungsperiode beginnt**, greift die Bestimmung, den Vertrag bei der ersten Prämienzahlung anzusetzen. Erweist sich der Vertrag als **belastend**, kommt es auch zum erfolgswirksamen Ansatz, noch bevor die Deckungsperiode beginnt.

Ein Versicherungsvertrag gilt als **belastend im Ansatzzeitpunkt**, wenn die aus ihm resultierenden *Fulfilment-Cash Flows* voraussichtlich zu netto-Zahlungsmittelabflüssen führen. Das heißt, die Summe aus (erwarteten) Zahlungsmittelzuflüssen, Zahlungsmittelabflüssen, zuvor angefallenen Akquisitionskosten[453], im Ansatzzeitpunkt anfallenden Zahlungsströmen und der Risikomarge ist negativ.[454] Dies kann z. B. auftreten, wenn direkt nach Vertragsabschluss Annahmen korrigiert werden müssen und keine Möglichkeit besteht, die Prämie nachträglich anzupassen, oder wenn der Versicherer bewusst verlustbringende Verträge anbietet, beispielsweise als Teil einer Strategie, um Marktanteile zu gewinnen.[455] Belastende Verträge dürfen nicht einem Portfolio gewinnbringender Verträge zugeordnet werden.[456]

Die Gegenüberstellung der (erwarteten) Einzahlungen mit den (erwarteten) Auszahlungen und der Risikomarge, mit der festgestellt wird, ob ein Versicherungsvertrag belastend ist, wird ***onerous test***

[451] Vgl. hier und im folgenden Satz IFRS 17.BC141; IASB (Hrsg.), Summary of comment letters (agenda paper 3E), Tz. 115; GDV (Hrsg.), GDV comments on ED/2010/8, S. 5; NGUYEN, T./GROSCHE, S., IFRS 4 und Solvabilitätsanforderungen, S. 529.

[452] Vgl. hier und nachfolgend in diesem Absatz IASB/FASB (Hrsg.), Timing of initial recognition (agenda paper 3I), Tz. 15 lit. a und Tz. 25 lit. b; GALLASCH, F., Bilanzierung von Versicherungsverträgen, S. 68.

[453] Vgl. Zu Akquisitionskosten Abschnitt 455.122.

[454] Vgl. IFRS 17.47.

[455] Vgl. IASB/FASB (Hrsg.), Residual margins (agenda paper 6B), Tz. 12.

[456] Vgl. IFRS 17.16 lit. (c)

genannt.[457] Der Test ist laut IFRS 17.47 grundsätzlich beim Bilanzansatz durchzuführen. Im Standardentwicklungsprozess hat der IASB verschiedene Indikatoren angegeben, deren Auftreten bei einem Portfolio oder Versicherungsvertrag einen *onerous test* auslöst, sodass der Test nicht pauschal für jeden Versicherungsvertrag oder jedes Portfolio durchgeführt werden muss.[458] Diese umfassen eine kombinierte Schaden-/Kostenquote von über 100 %[459], einen signifikanten Anstieg der Schwere bzw. der Zahl der auftretenden Schäden oder ein sich änderndes Risikoprofil.

441.2 Ansatzzeitpunkt nach Solvency II

Bestimmungen zum Ansatzzeitpunkt nach Solvency II sind in der DVO zu finden. Diese gibt vor, dass versicherungstechnische Rückstellungen zum früheren Zeitpunkt aus[460]

- Eintritt des Versicherers in das Vertragsverhältnis oder
- Beginn des Versicherungsschutzes, also der Deckungsperiode,

anzusetzen sind. Die Bestimmungen zum Bilanzansatz sind in ihrem finalen Stand in der DVO dem Entwicklungsstand des ersten *Exposure Drafts* von 2010 ähnlich.[461] Denn kurz bevor der ED/2010/8 veröffentlicht wurde und dessen Ansatzregelung schon feststand, wurde in den *Technical Specifications* der fünften *Quantitative Impact Study* (QIS5)[462] zu Solvency II erstmals explizit der Bilanzansatz geregelt und seitdem nicht mehr geändert.[463]

---

457 Vgl. IASB/FASB (Hrsg.), Residual margins (agenda paper 6B), Tz. 12.

458 Vgl. hier und im folgenden Satz IASB (Hrsg.), Short Duration Contract Modified Approach (agenda paper 1), Tz. 9 und 125.

459 Die kombinierte Schaden-/Kostenquote oder auch *combined ratio* gibt das Verhältnis von Schadenzahlungen und Betriebsaufwand zu den verdienten Prämien an. Sie ist eine zentrale Kennzahl in der Schaden- und Unfallversicherung, da sie Aufschluss über die Leistungsfähigkeit des Unternehmens gibt. Denn nur wenn die Quote unter 100 % liegt, erzielt das entsprechende Versicherungsunternehmen mit dem betrachteten Vertrag oder Portfolio einen Gewinn. Vgl. WAGNER, F., Versicherungslexikon, S. 133; NGUYEN, T., Rechnungslegung von Versicherungsunternehmen, S. 424.

460 Vgl. Art. 17 DVO. Im Text von Art. 17 werden die versicherungstechnischen Rückstellungen als Versicherungsverpflichtungen bezeichnet.

461 Vgl. zu den Ansatzregelungen des ersten *Exposure Draft* IASB (Hrsg.), ED/2010/8: Insurance Contracts, Tz. 13 f.

462 Die QIS sind Auswirkungsstudien zu Solvency II. In ihnen werden verschiedene Aspekte des Aufsichtsregimes unter „realen" Bedingungen europaweit bei Versicherungsunternehmen getestet. Zu den getesteten Aspekten gehörte neben der Bewertung der versicherungstechnischen Rückstellungen u. a. auch die Ausgestaltung des Standardmodells. Vgl. WAGNER, F., Versicherungslexikon, S. 508 f.

463 Während im *Discussion Paper* von 2007 noch der Eintritt in das Vertragsverhältnis alleine maßgeblich war, konkretisierten IASB und FASB den Ansatzzeitpunkt in einer gemeinsamen Konferenz, die noch vor der

Da der Beginn der Deckungsperiode als Ansatzzeitpunkt bereits im vorherigen Abschnitt thematisiert wurde, wird an dieser Stelle auf die diesbezüglichen Ausführungen verwiesen. Der **Eintritt in das Vertragsverhältnis** oder – wie in Art. 17 DVO beschrieben – der Zeitpunkt, „[...] zu dem das Unternehmen Partei des die Verpflichtung begründenden Vertrags wird [...]", wurde indes noch nicht genauer erörtert. Er ist indes schwierig zu bestimmen. So kommen neben dem Beginn der Deckungsperiode, je nach Jurisdiktion, Transaktionsumständen und Vertragskonditionen für diesen Zeitpunkt mehrere Möglichkeiten in Frage. Etwa wenn der Versicherer ein verbales Angebot unterbreitet, wenn der Versicherungsnehmer die erste Prämie zahlt oder wenn der Vertrag unterschrieben wird.[464] Das heißt, der Versicherer kann abhängig vom betrachteten Vertrag festlegen, wann in das Vertragsverhältnis eingetreten wird.

Weiterhin ist bei Solvency II zu beachten, dass beim Bilanzansatz mögliche ***expected profits included in future premiums*** (EPIFP) zu berücksichtigen sind. EPIFP – zu Deutsch **„bei künftigen Prämien einkalkulierte erwartete Gewinne"**[465] – sind Gewinne, die aus vertraglich fixierten, erwarteten Prämienzahlungen resultieren werden. Sie entstehen z. B., wenn ein gewinnbringender Versicherungsvertrag gezeichnet wird, vor der ersten Prämienzahlung aber ein Stichtag liegt und er somit angesetzt wird, ohne, dass Zahlungsmittelzuflüsse verzeichnet wurden. Das folgende, stark vereinfachte Beispiel soll diese Fallkonstellation verdeutlichen: Ein Kfz-Haftpflicht-Vertrag wird zum 20. Dezember 2016 abgeschlossen, die Prämienzahlung i. H. v. 100 Euro erfolgt aber erst zum 10. Januar 2017, Diskontierungseffekte werden nicht berücksichtigt. Am Bilanzstichtag zum 31. Dezember 2016 wäre in der separaten Eigenmittelposition EPIFP der erwartete Gewinn aus dem Versicherungsvertrag auszuweisen. Erwartet das Versicherungsunternehmen Zahlungsmittelabflüsse aus dem Vertrag i. H. v. 90 Euro, so wäre der als EPIFP auszuweisende Betrag 10 Euro.[466]

Veröffentlichung der *Technical Specifications* zu QIS5 stattfand. Zwar wurde der Wertmaßstab des *Discussion Paper*, der *Current Exit Value* beibehalten, in den bis dato nicht konkretisierten Ansatzvorschriften folgte die EU aber weiterhin den Entwicklungen des IFRS 4. Vgl. IASB/FASB (Hrsg.), Recognition (agenda paper 11B), Tz. 12; EUROÄISCHE KOMMISSION (Hrsg.), QIS5 Technical Specifications, Tz. TP.2.13.

464 Vgl. hier und nachfolgend in diesem Absatz IASB/FASB (Hrsg.), Recognition (agenda paper 11B), Tz. 8-14.

465 BAFIN (Hrsg.), Auslegungsentscheidung zu EPIFP, o. A. Hervorhebung durch den Verfasser.

466 Ähnlich in EIOPA (Hrsg.), Expected Profits arising from Future Premiums, S. 6. EPIFP werden in Abschnitt 458.3 zusammen mit der Behandlung von Gewinnen aus Versicherungsverträgen nach Solvency II genauer betrachtet.

442. Ausbuchung versicherungstechnischer Rückstellungen

442.1 Ausbuchungszeitpunkt nach IFRS 17

Gemäß IFRS 17.74 ist ein Versicherungsvertrag **auszubuchen, wenn die aus ihm resultierenden Verpflichtungen erloschen sind**, also wenn sie **erfüllt oder gekündigt werden oder auslaufen**. Zu diesem Zeitpunkt hat der Versicherer keine Gefahr vom Versicherungsnehmer mehr zu tragen.[467]

Schwierigkeiten können sich bei dieser Vorgabe dadurch ergeben, dass **ein Versicherer nicht immer eindeutig bestimmen kann, wann die Verpflichtungen aus dem Versicherungsvertrag erfüllt wurden**. So kann es sein, dass ein Schaden zwar in der Deckungsperiode aufgetreten ist, aber erst Jahre nachdem die Deckungsperiode abgelaufen ist, gemeldet wird, er also am Ende der Deckungsperiode noch nicht abschätzbar ist. Als Beispiel sei hier ein Wasserschaden genannt, der von einer Gebäudeversicherung gedeckt, aber erst nach dem Ende der Deckungsperiode entdeckt wird. Damit solchen Fällen Rechnung getragen wird, spricht sich der IASB dagegen aus, den Versicherungsvertrag auszubuchen, sofern noch vertragliche Ansprüche bestehen könnten.[468] Dies stünde einer glaubhaften Darstellung des Versicherungsvertrags entgegen. Er gesteht den Versicherern aber zu, die versicherungstechnische Rückstellung zu einem nur noch sehr geringen Betrag zu bilanzieren, wenn keine Anhaltspunkte bestehen, die auf einen noch nicht gemeldeten Schaden deuten. In der Praxis dürfte es daher keinen großen Unterschied machen, ob eine versicherungstechnische Rückstellung ausgebucht oder nur noch zu sehr geringem Wert bilanziert wird.

Ein Tatbestand, der laut IFRS 17.74 lit. (b) dazu führt, dass der Vertrag ausgebucht werden muss, ist seine **Modifikation**. Dies trifft indes z. B. zu, wenn der modifizierte Vertrag in den Anwendungsbereich eines anderen Standards fällt (IFRS 17.72 lit. (a) (i)), der modifizierte Vertrag einem anderen Portfolio zugeordnet werden soll als der ursprüngliche Vertrag (IFRS 17.72 lit. (a) (iv)) oder der *premium-allocation approach* für kurzlaufende Verträge bei ihm angewendet werden soll (IFRS 17.72 lit. (c)). Damit sind die Modifikationstatbestände eindeutig vorgegeben.

---

[467] Vgl. IFRS 17.75; NGUYEN, T./GROSCHE, S., IFRS 4 und Solvabilitätsanforderungen, S. 530.

[468] Vgl. hier und nachfolgend in diesem Absatz IFRS 17.BC322.

442.2 Ausbuchungszeitpunkt nach Solvency II

Für Solvency II wird in Art. 17 DVO bestimmt, dass eine versicherungstechnische Rückstellung ausgebucht werden muss, wenn sie „[...] **erloschen, erfüllt oder gekündigt ist oder ausläuft.**“[469] Der englische Wortlaut der DVO stimmt an dieser Stelle mit dem des IFRS 17 überein. Der einzige Unterschied ist, dass der Rechnungslegungsstandard das Erlöschen als Oberbegriff für Erfüllung, Kündigung und Auslaufen versteht. Da keine weiteren Solvency II Rechts- oder Regelungsquellen die Ausbuchung näher beschreiben und der Wortlaut der Solvency II-Regelungen mit dem der IFRS weitestgehend übereinstimmt, dürften viele Versicherer auf die Regelungen des IASB zurückgreifen, um die Bestimmungen von Solvency II zu konkretisieren.

443. Analyse der Gemeinsamkeiten und Unterschiede von Ansatz- und Ausbuchungszeitpunkten

Betrachtet man die Ansatzvorschriften, lässt sich – wie der IASB bereits festgestellt hat – konstatieren, dass die Regelungen von **Solvency II**, die denen des ersten Standardentwurfs ähneln,[470] **entscheidungsnützlicher** sind. Denn dadurch, dass der Vertrag bereits bei Abschluss angesetzt werden muss, wird das Versicherungsgeschäft in einigen Fällen früher bilanziell abgebildet, als dies durch IFRS 17 vorgesehen ist.[471] Der Zuwachs an Entscheidungsnützlichkeit, der durch den früheren Ansatz erreicht wird, ist indes mit einem erheblichen Mehraufwand durch eine Systemumstellung verbunden.[472] Da Versicherer ihre Verträge nach geltendem Recht mehrheitlich zu Beginn der Deckungsperiode ansetzen, müssten die IT-Systeme auf den früheren Ansatzzeitpunkt umgestellt werden. Außerdem sprechen weitere Argumente gegen einen früheren Ansatzzeitpunkt im künftigen Standard für Versicherungsverträge. Wie erörtert, werden die Fälle, in denen es entscheidungsnützlicher ist, den Vertrag bereits vor Beginn der Deckungsperiode anzusetzen, von IFRS 17 abgedeckt. Zum einen durch die Pflicht zum Ansatz, wenn die erste Prämie

469 Auslassung und Hervorhebung durch den Verfasser.

470 Vgl. IASB (Hrsg.), ED/2013/7: Insurance Contracts, Tz. BCA210, Tz. 49 Lit. (a) und Tz. 50 i. V. m. IFRS 17.74.

471 Vgl. DAV (Hrsg.), Ergebnisbericht Best Estimate, S. 22.

472 Vgl. hier und im folgenden Satz IASB/FASB (Hrsg.), Timing of initial recognition (agenda paper 3I), Tz. 14 f.;. NGUYEN, T./GROSCHE, S., IFRS 4 und Solvabilitätsanforderungen, Fn.17.

gezahlt wird und zum anderen durch den *onerous test*[473]. In allen anderen Fällen dürfte der Zuwachs an Entscheidungsnützlichkeit nur marginal sein, wenn der Vertrag früher angesetzt wird.

Bei den Ansatzvorschriften wird ferner einer der **größten Unterschiede** zwischen beiden in dieser Arbeit betrachteten Bausteinansätzen sichtbar, der gleichzeitig den früheren Ansatzzeitpunkt von Solvency II rechtfertigt: Der Solvency II-Bausteinansatz sieht **keine vertragsbezogene Servicemarge** vor, mit der Gewinne periodisiert werden. Künftig erwartete Gewinne werden in der Solvabilitätsübersicht sofort den Basiseigenmitteln zugeordnet.[474] Im Gegensatz zum Exposure Draft ergeben sich beim früheren Ansatz also sehr wohl bilanzielle Auswirkungen. Vor diesem Hintergrund ist der frühere Ansatz nach Solvency II gerechtfertigt und zu begrüßen. Ansatzzeitpunkte gewinnbringender Verträge lassen sich nur übereinstimmend auslegen, wenn der Vertragsschluss nach dem Beginn der Deckungsperiode und der ersten Prämienzahlung liegt.

Weiterhin kann festgehalten werden, dass **durch die wenig konkrete Formulierung des Eintritts in das Versicherungsverhältnis des Art. 17 DVO Ansatzspielräume bei Solvency II entstehen.** Denn der Versicherer muss für sich entscheiden, wie er den Vertragseintritt abhängig von der Vertragsgestaltung definiert. Diese Ansatzspielräume machen die Solvency II-Rechnungslegungsinformationen über versicherungstechnische Rückstellungen weniger vergleichbar. Hier müssen die nationalen Aufsichtsbehörden sicherstellen, dass Versicherungsverträge nach einheitlichen Kriterien angesetzt werden.

Bei der Ausgestaltung der **Ausbuchungszeitpunkte** bestehen indes keine relevanten Unterschiede. Betrachtet man die fast übereinstimmenden Wortlaute, liegt es nahe, die Bestimmungen von Solvency II durch IFRS 17 zu konkretisieren.

Zwar lässt der IASB verlauten, dass die Regelungen relevante Informationen liefern, da die Rückstellungen so lange angesetzt bleiben, bis keine Verpflichtungen mehr aus dem Vertrag zu erwarten sind. Indes entstehen hierdurch Interpretationsspielräume, da die Versicherer selber entscheiden können, wie lange und zu welchem Betrag die Rückstellung angesetzt bleiben muss, nachdem die Deckungsperiode abgelaufen ist. Wie der Widerwille des deutschen Gesetzgebers, Versicherungsverträge abschließend zu definieren, zeigt, sind Versicherungsverträge sehr heterogen. Daher wäre

---

[473] Dies setzt selbstredend voraus, dass der *onerous test* gewissenhaft durchgeführt wird, wenn Anzeichen darauf hindeuten, dass ein Vertrag belastend ist.

[474] Die Vorschriften zur Gewinnrealisierung ausgiebig im Abschnitt der Ansatzvorschriften zu diskutieren wäre nicht zielführend. Daher sei an dieser Stelle auf Abschnitt 458. verwiesen.

es für den IASB auch schwierig, begründbare, harte Grenzwerte für eine Ausbuchung zu setzen. Außerdem ist die Vorgehensweise, eine Rückstellung auszubuchen, wenn ihr Ansatzgrund entfällt, nicht neu, da sie der Vorgehensweise des HGB entspricht.[475] Somit sprechen auch pragmatische Gründe für die aktuelle Ausgestaltung der Ausbuchungsregelungen – trotz möglicher Interpretationsspielräume.

45 Vergleich der Bewertung versicherungstechnischer Rückstellungen nach den zentralen Bewertungsmodellen des IFRS 17 und von Solvency II

451. Übersicht über beide Bausteinansätze

Wie bereits in der Problemstellung erörtert, bestehen sowohl das zentrale IFRS 17 Bewertungsmodell als auch das Solvency II Bewertungsmodell für versicherungstechnische Rückstellungen aus verschiedenen Bausteinen. Der **erste Baustein** besteht aus der Summe der künftig erwarteten, wahrscheinlichkeitsgewichteten und vom Vertrag eingeschlossenen Zahlungsströme. Diese Zahlungsströme werden mit einem marktkonsistenten und risikofreien Zins diskontiert, was den **zweiten Baustein** darstellt.[476] Die ersten beiden Bausteine werden unter Solvency II auch als bester Schätzwert (englisch: „*best estimate*") bezeichnet.[477] Sie werden in beiden Bewertungsmodellen um **den dritten Baustein**, eine Risikomarge, erweitert.[478] Diese berücksichtigt das Risiko, das dadurch entsteht, dass die tatsächliche Ausprägung der Zahlungsströme von ihrem Erwartungswert abweichen kann. Die ersten drei Bausteine werden im Bewertungsmodell des IFRS 17 in Summe als *Fulfilment Cash Flows* bezeichnet.[479] Konzeptionell muss die Risikomarge so hoch angesetzt werden, dass sie den bilanzierenden Versicherer zwischen der risikobehafteten Rückstellung aus dem Versicherungsvertrag und einer garantierten Zahlung in Höhe des Erwartungswerts der Rückstellung indifferent werden lässt (IFRS 17) bzw. so hoch, dass ein anderer Versicherer die Rückstellung zu diesem Preis übernehmen und erfüllen würde (Solvency II).[480]

---

[475] Vgl. SCHWEINBERGER, S./HORSTKÖTTER, M., Versicherungsverträge gemäß ED/2010/8, S. 548; § 249 Abs. 2 Satz 2 HGB.

[476] Vgl. EU (Hrsg.), RL 2009/138/EG Art. 77 Abs. 2; IASB (Hrsg.), ED/2013/7: Insurance Contracts Tz. 33, 36, 37.

[477] Vgl. EU (Hrsg.), RL 2009/138/EG, Art. 77 Abs. 1.

[478] Vgl. EU (Hrsg.), RL 2009/138/EG Art. 77 Abs. 2; IFRS 17.37.

[479] Vgl. IFRS 17 Appendix A.

[480] Vgl. IFRS 17.37 und B87; ELLENBÜRGER, F./ENGELÄNDER, S./KÖLSCHBACH, J., Der letzte Schritt zum

Die folgende Übersicht stellt die Bausteine bzw. Zusammenhänge schematisch dar:

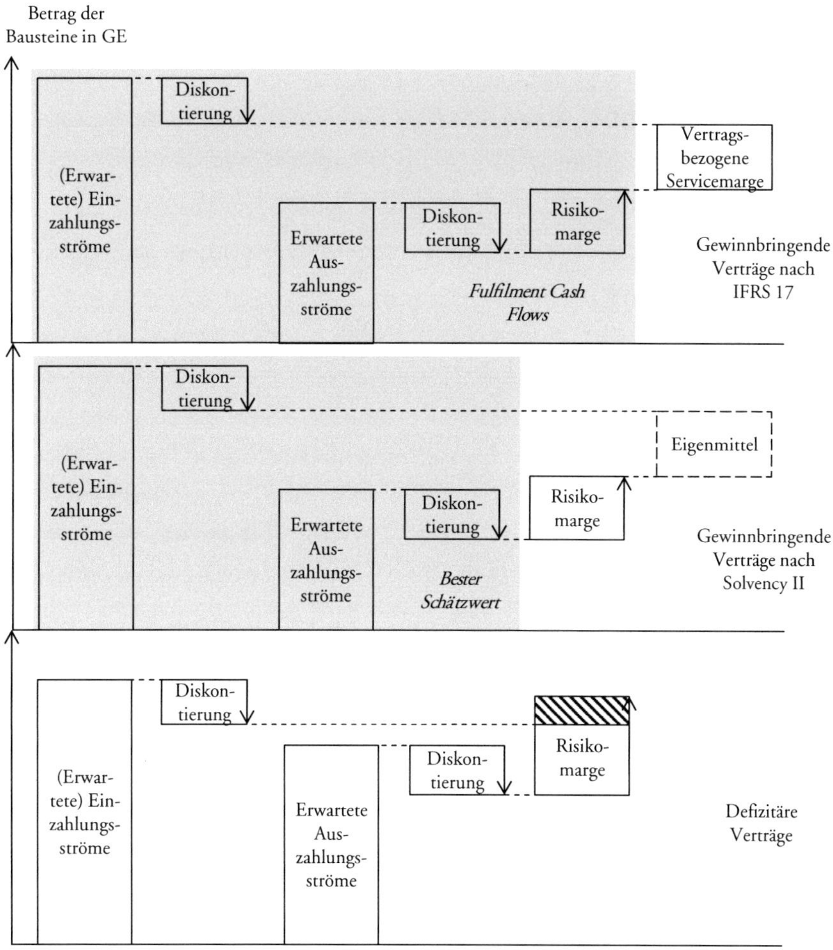

Übersicht 4-1: Schematische Darstellung beider Bausteinansätze[481]

IFRS für Versicherungsverträge, S. 814; Vgl. EU (Hrsg.), RL 2009/138/EG Art. 77 Abs. 3.

481 Angelehnt an GALLASCH, F., Bilanzierung von Versicherungsverträgen, S. 81; ASCHE, B./HARTUNG, T., Auswirkungen von IFRS 4 Phase II und IFRS 9, S. 1194.

Über die drei beschriebenen Bausteine hinaus sieht IFRS 17 eine **vertragsbezogene Servicemarge** vor, die anfängliche Gewinne neutralisieren soll, die entstehen würden, wenn der erwartete Betrag der Einzahlungen den der drei Bausteine übersteigt.[482] Sie darf indes nicht gebildet werden, wenn der Vertrag defizitär ist, d. h. die Summe der ersten drei Bausteine die erwarteten Einzahlungen übersteigt (im dritten Teil der folgenden Übersicht schraffiert dargestellt). Im Bewertungsmodell von Solvency II darf keine vertragsbezogene Servicemarge gebildet werden. Etwaige Gewinne werden den Basiseigenmitteln zugeordnet, sobald der Versicherungsvertrag angesetzt wird.[483]

451.1 Beispiel der Erstbewertung versicherungstechnischer Rückstellungen für IFRS 17 und Solvency II

Um die grundlegende Funktionsweise der Bausteinmodelle zu verdeutlichen, wird nachfolgend ein einfaches Beispiel konstruiert und erörtert.[484] Betrachtet wird ein Portfolio gleichartiger Verträge der Schadenversicherung mit einjähriger Laufzeit. Vertragsschluss, Prämienzahlung und Beginn der Deckungsperiode liegen im Zeitpunkt t_0. Zum Vertragsschluss fallen beim Versicherer Akquisitionskosten i. H. v. 50 Euro an. Weiterhin werden aus den Verträgen Zahlungsmittelabflüsse i. H. v. 800 Euro erwartet, die sich aus Schadenzahlungen und direkt zurechenbaren Verwaltungskosten zusammensetzen. Der Diskontierungsfaktor für die Auszahlungen beträgt 2 %. Die Risikomarge ist i. H. v. 15 % der diskontierten Zahlungsmittelabflüsse anzusetzen. Aus Vereinfachungsgründen wird davon ausgegangen, dass die Zahlungsstromschätzer, der Diskontfaktor und die Risikomarge beider Bewertungsmodelle übereinstimmen.

Die Akquisitionskosten fließen bereits in t_0 für eine Risikoprüfung ab und sind daher in beiden Bilanzierungsmodellen sofort aufwandswirksam zu berücksichtigen. Die versicherungstechnische Rückstellung, die in t_0 für das Portfolio anzusetzen ist, besteht im Fall von **IFRS 17** (unternehmensspezifischer Erfüllungsbetrag) aus den diskontierten erwarteten Auszahlungen, der Risikomarge und der vertragsbezogenen Servicemarge. D. h. sie ist die Differenz aus vom Versicherungsnehmer geleisteten Zahlungen und bereits für den Versicherungsvertrag geleisteten Zahlungen. Im Fall von **Solvency II** besteht sie aus den diskontierten Auszahlungsströmen (bester Schätzwert) und der Risikomarge.

482 Vgl. IFRS 17.38.

483 Vgl. NGUYEN, T./GROSCHE, S., IFRS 4 aufsichtsrechtlich, S. 429; EU (Hrsg.), RL 2009/138/EG, Art. 88 S. 1 Nr. 1.

484 Vgl. für das Beispiel insgesamt IASB (Hrsg.), IFRS 4 Illustrative Examples, Tz. IE7; GALLASCH, F., Bilanzierung von Versicherungsverträgen, S. 81-83.

Die aus dem Vertrag resultierende versicherungstechnische Rückstellung wird wie folgt berechnet:

Komponente	Berechnung	Betrag in t_0 (in Euro)
Akquisitionskosten	–	50
Diskontierte Auszahlungsströme	800 / 1,02 =	784,31
Risikomarge	784,31 * 0,15 =	117,65
Summe Auszahlungen	50 + 784,31 + 117,65 =	951,96
Prämienzahlungen	–	1.000
Erwarteter Überschuss des Vertrages (vertragsbezogene Servicemarge nach IFRS 17 bzw. Residualbetrag nach Solvency II)	1.000 – 50 – 784,31 + 117,65 =	48,04
Versicherungstechnische Rückstellung gemäß IFRS 17	784,31 + 117,65 + 48,04 =	950
Versicherungstechnische Rückstellung gemäß Solvency II	784,31 + 117,65 =	901,96

Übersicht 4-2: Berechnung versicherungstechnischer Rückstellungen beim Erstansatz nach IFRS 17 und Solvency II

Hier wird deutlich, dass sich beide Rechnungslegungssysteme besonders darin unterscheiden, wie sie Überschüsse beim ersten bilanziellen Ansatz behandeln: Der erwartete Überschuss i. H. v. 48,04 Euro wird nach IFRS 17 in der **vertragsbezogenen Servicemarge abgegrenzt und periodisiert,** was den Charakter der Marge als Rechnungsabgrenzungsposten verdeutlicht. Das heißt, es ergibt sich zum Ansatzzeitpunkt keine Erfolgswirkung. Im Bilanzierungsmodell von Solvency II wird der **anfängliche Überschuss indes sofort den Eigenmitteln zugeordnet** und nicht durch eine Rückstellung abgegrenzt.[485]

[485] Bei Solvency II kann nicht von einer Erfolgswirksamkeit gesprochen werden, da die Rechnungslegung nach Solvency II keine GuV enthält. Für tiefergehende Ausführungen zu diesem Themengebiet siehe Abschnitt 458.

451.2 Die Stellung der zentralen Bewertungsmodelle

451.21 Die Bewertungsmodelle des IFRS 17

Die *Fulfilment Cash Flows* als Wertmaßstab des IFRS 17 werden grundsätzlich mit einem dreiteiligen Bausteinansatz, dem sog. *Building Block Approach*, ermittelt und folgebewertet.[486] Wenn indes bestimmte Voraussetzungen erfüllt sind, gestattet der IASB den Anwendern, die *Fulfilment Cash Flows* mit Hilfe alternativer Modelle zu ermitteln.

So sind noch der *Variable Fee Approach* für bestimmte Verträge der Lebensversicherung sowie das vereinfachte Modell für kurzlaufende Verträge der *Premium Allocation Approach*[487] als Ermittlungsmethoden vorgesehen. Der ***Variable Fee Approach*** ist ein modifizierter *Building Block Approach*, der für bestimmte Verträge mit Überschussbeteiligung, d. h. einer Beteiligung der Versicherungsnehmer an Überschüssen des Versicherungsunternehmens, vorgesehen ist.[488] Er darf nur bei Versicherungsverträgen angewendet werden, denen erstens ein eindeutiges Portfolio von Vermögenswerten zugrunde liegt, an deren Zeitwertänderungen der Versicherungsnehmer partizipiert.[489] Zweitens muss der Versicherer erwarten, dass ein maßgeblicher Teil der Zahlungsströme des Versicherungsvertrags mit den Wertänderungen der Vermögenswerte schwankt und der Versicherungsnehmer drittens einen großen Teil der Gewinne aus diesen Kapitalanlagen erhalten wird. Diese Anwendungsvoraussetzungen werden aber i. d. R. nur von Verträgen der Lebensversicherung erfüllt,[490] weshalb der *Variable Fee Approach* in der Schaden- und Unfallversicherung kaum Bedeutung haben wird. Daher wird er in dieser Arbeit nicht näher betrachtet.

486 Vgl. IASB (Hrsg.), ED/2010/8: Insurance Contracts, Tz. 22 und IN4. Der Begriff „*Building Block Approach*" wird zwar im IFRS 17 nicht erwähnt, dafür aber in weiteren Dokumenten, die vom IASB vor der Veröffentlichung der finalen Standards herausgegeben wurden, z. B. IASB (Hrsg.), Outreach and comment letter analysis (agenda paper 2A), Tz. 94 und IASB (Hrsg.), Fieldwork (agenda paper 2C), Tz. 82.

487 Vgl. IFRS 17.53-59.

488 Vgl. IFRS 17.45; IASB (Hrsg.), IASB Update June 2015, S. 2 f.; IASB (Hrsg.), Assessing the changes since the 2013 ED (agenda paper 2E), Tz. 6 lit. a; IASB (Hrsg.), The development of the accounting model for insurance contracts (agenda paper 2D), S. 4 Nr. 16 sowie zur Überschussbeteiligung WAGNER, F., Versicherungslexikon, S. 662 f.

489 Vgl. für die Anwendungskriterien des *Variable Fee Approach* IFRS 17.B101; IASB (Hrsg.), Cover note (agenda paper 2), Tz. 8; ERNST & YOUNG (Hrsg.), Variable Fee Approach, S. 2.

490 Vgl. NGUYEN, T., Rechnungslegung von Versicherungsunternehmen, S. 545 für eine Kategorisierung der grundsätzlichen Vertragstypen in die Versicherungssparten.

Im Gegensatz dazu wird der ***Premium Allocation Approach*** eine größere Bedeutung für Verträge der Schaden- und Unfallversicherung haben.[491] Denn die für den *Premium Allocation Approach* notwendigen Anwendungsvoraussetzungen werden von vielen Schaden- und Unfallversicherungsverträgen erfüllt: Zum einen muss der *Approach* zu vergleichbaren Werten der Rückstellungen führen wie der Bausteinansatz, zum anderen dürfen die Deckungsperioden der zu bewertenden Verträge nicht länger als ein Jahr sein.[492] Da Verträge der Schaden- und Unfallversicherung wie bereits beschrieben, häufig durch Deckungsperioden von nur einem Jahr gekennzeichnet sind und der IASB bei solchen kurzlaufenden Verträgen davon ausgeht, dass Ergebnisse des Bausteinansatzes durch den *Premium Allocation Approach* gut approximiert werden,[493] wird letzterer künftig wohl häufig angewendet werden. Gleichzeitig spielt der Bausteinansatz weiterhin eine maßgebliche Rolle. Denn der *Premium Allocation Approach* darf nur zur Ermittlung der Rückstellung für die verbleibende Deckung[494] verwendet werden. Das heißt, dass Schadenrückstellungen mit dem Bausteinansatz ermittelt werden müssen.[495] Weiterhin ist der Bausteinansatz auch für belastende Verträge relevant, die beim Erstansatz mit dem vereinfachten Ansatz bewertet wurden. Die Rückstellung des *Premium Allocation Approach*, also die Rückstellung für die verbleibende Deckung (*liability for remaining coverage*), bemisst sich grundsätzlich an der dem Versicherer zugeflossenen Prämie, ohne, dass die exakte Verbindlichkeit bestimmt wird.[496] Der genaue, die Prämie übersteigende Betrag aus erwarteten Auszahlungen und der Risikomarge muss für das belastende Vertragsportfolio mit dem Bausteinansatz ermittelt werden.[497] Es kann daher festgehalten werden, dass obwohl das vereinfachte Bewertungsmodell in der Schaden- und Unfallversicherung in vielen Fällen angewendet werden darf, der Bausteinansatz eine große Bedeutung hat. Denn er wird regelmäßig herangezogen, um den *Premium Allocation Approach* zu ergänzen und steht stets als

491 Vgl. IASB (Hrsg.), Short Duration Contracts (agenda paper 1), Tz. 33 f., 39; NGUYEN, T./ROMEIKE, F., Versicherungswirtschaftslehre, S. 194 f., 199 sowie hier und nachfolgend in diesem Absatz GALLASCH, F., Bilanzierung von Versicherungsverträgen, S. 78 f.

492 Vgl. IASB (Hrsg.), ED/2013/7: Insurance Contracts, Tz. 35.

493 Vgl. IASB (Hrsg.), ED/2013/7: Insurance Contracts, Tz. BCA121 lit. a. Weiterhin legt der IASB fest, dass der *Premium Allocation Approach* nur angewendet werden darf, wenn nicht zu erwarten ist, dass die mit dem Vertrag verbundenen Zahlungsströme in der Vorschadenperiode signifikant schwanken. Vgl. IASB (Hrsg.), ED/2013/7: Insurance Contracts, Tz. BCA121 lit. b.

494 Siehe hierzu Abschnitt 454.

495 Vgl. IFRS 17.59 lit. b.

496 Vgl. IFRS 17.55 lit. (a).

497 Vgl.IFRS 17.57 lit. (b).

alternatives Bewertungsmodell bereit. Die Zusammenhänge zum zu wählenden Bewertungsmodell werden in der folgenden Übersicht verdeutlicht:

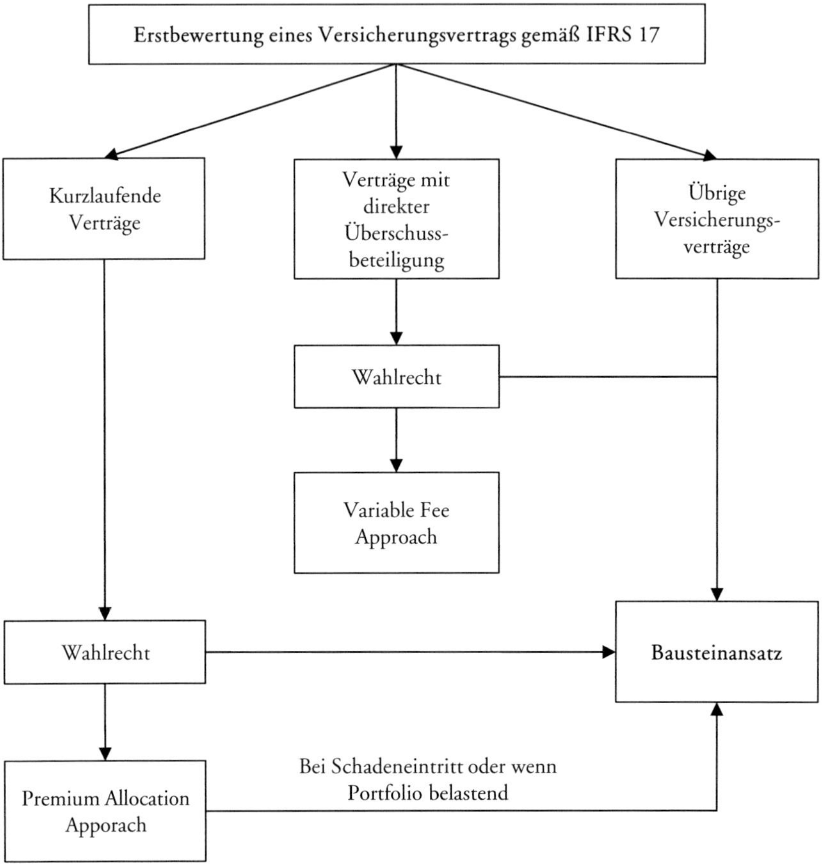

Übersicht 4-3: Vorgehensweise bei der Wahl des Bewertungsmodells nach IFRS 17[498]

Dadurch, dass der IASB gestattet, abhängig von der jeweiligen Vertragsgestaltung, unterschiedliche Bewertungsmodelle anzuwenden, sinkt die Vergleichbarkeit und damit die Relevanz der Jahresabschlussinformationen. Gleichzeitig werden die Informationen komplexer und für die Nutzer von Jahresabschlüssen schwerer verständlich.

[498] In Anlehnung an ASCHE, B., Jahresabschlussanalyse und Bilanzpolitik, S. 167.

Der IASB schreibt in Bezug auf den in der Schaden- und Unfallversicherung relevanten *Premium Allocation Approach* zwar vor, dass dieser zu Wertansätzen führen muss, die annähernd denen des Bausteinansatzes entsprechen. Nichtsdestotrotz werden durch die vereinfachte Bewertung verzerrende Effekte auf die Rückstellungshöhe entstehen, die sich aufsummieren können, wenn das Modell für kurzlaufende Verträge wie erwartet in der Schaden- und Unfallversicherung häufig verwendet wird.

451.22 Das Bewertungsmodell nach Solvency II

Der Wertmaßstab für versicherungstechnische Rückstellungen nach **Solvency II**, der ***Current Exit Value***, setzt sich aus drei Bausteinen zusammen.[499] In den Rechts- und Regelungsquellen von Solvency II ist nur ein Bewertungsmodell konkretisiert, nämlich eben dieser zentrale Bausteinansatz. Im Rahmen dieses Ansatzes dürfen aber „[...] **vereinfachte Methoden und Techniken zur Berechnung der versicherungstechnischen Rückstellungen** [...]“[500] angewendet werden. Art. 56 DVO grenzt die Komponenten, die bei der Rückstellungsbewertung vereinfacht werden können, nicht ein. Daher ist davon auszugehen, dass grundsätzlich alle Komponenten – etwa die statistischen Schätzmethoden zur Ermittlung der Zahlungsströme[501] – vereinfacht werden können. Konkretisiert werden nur vereinfachte Methoden zur Berechnung der Risikomarge[502] sowie für die Bestimmung der Rückversicherungsanteile an den versicherungstechnischen Rückstellungen.[503] Ein eigenständiges, alternatives Bewertungsverfahren, wie etwa der *Premium Allocation Approach* des IFRS 17, ist indes nicht vorgesehen.[504]

Anwendungsvoraussetzung für vereinfachte Methoden und Techniken ist, dass sie bezogen auf Art, Umfang und Komplexität der zu bewertenden Risiken angemessen sind, diese Faktoren also adäquat in der Rückstellungshöhe berücksichtigen.[505] Außerdem dürfen die Ergebnisse der vereinfachten Bewertungsverfahren keine Fehler enthalten, die die Adressaten der Rechnungslegungsinformationen in ihren Entscheidungen beeinflussen könnten. Wenn keine angemessenere

[499] Vgl. EU (Hrsg.), RL 2009/138/EG, Art. 77 Abs. 2.

[500] EU (Hrsg.), RL 2009/138/EG, Art. 86 lit. h. Hervorhebungen und Auslassungen durch den Verfasser.

[501] Vgl. DAV (Hrsg.), Ergebnisbericht Best Estimate, S. 56.

[502] Siehe hierzu Abschnitt 457.422.

[503] Vgl. Art. 57 f. DVO.

[504] Vgl. Art. 56, 58, 61 DVO; NGUYEN, T./GROSCHE, S., IFRS 4 aufsichtsrechtlich, S. 430.

[505] Vgl. Art. 56 Nr. 1 DVO.

Bewertungsmethode als eine vereinfachte verfügbar ist, oder die versicherungstechnische Rückstellung durch die vereinfachte Bewertungsmethode grundsätzlich höher ermittelt wird als mit einer angemessenen Bewertungsmethode, dürfen Vereinfachungen auch angewendet werden, wenn die Anwendungsvoraussetzungen nicht erfüllt sind.[506] Somit ist für Solvency II festzuhalten, dass der Bausteinansatz mit ggf. vereinfachten Verfahren das einzige, genau beschriebene Bewertungsmodell für versicherungstechnische Rückstellungen ist. Die Vergleichbarkeit leidet indes darunter, dass vereinfachte Bewertungsansätze zugelassen sind, diese vom Regulator aber meist nur unzureichend spezifiziert werden.

452. Konzeptionelle Unterschiede der Wertmaßstäbe des IFRS 17 und von Solvency II

Der Wertmaßstab der ***Fulfilment Cash Flows*** des IFRS 17 ist ein sog. *entity-specific value*, der bei der Bewertung von Versicherungsverträgen eine unternehmensspezifische Sichtweise vorsieht. Das bedeutet, dass der Wert eines Versicherungsvertrags so ermittelt werden muss, dass die unternehmensspezifische Situation bei der Erfüllung der Verpflichtungen aus dem Versicherungsvertrag reflektiert wird. Bei der Bewertung müssen also ggf. Faktoren berücksichtigt werden, die nur für das bilanzierende Unternehmen relevant sind, nicht aber für andere Marktteilnehmer.[507]

Der ***Current Exit Value*** von Solvency II hingegen stellt den Transferpreis dar, „[...] den das Versicherungs- oder Rückversicherungsunternehmen zahlen müsste, wenn es seine vertraglichen Rechte und Pflichten unverzüglich auf ein anderes Unternehmen übertragen würde."[508] Da das den Vertrag übernehmende Versicherungsunternehmen weder von Besonderheiten des den Vertrag abgebenden Unternehmens profitiert, noch von ihnen nachteilig betroffen sein würde, dürfen diese Besonderheiten auch nicht im Wert des Versicherungsvertrags reflektiert werden.

Aufgrund dieser divergierenden Bewertungsperspektiven könnten daher auch divergierende Bewertungskonsequenzen resultieren – neben den Unterschieden, die durch konkrete Vorgaben in den Rechts- und Regelungsquellen bestehen. Eine unternehmensinterne Bewertung von Versicherungsverträgen i. S. d. IFRS 17 könnte sich z. B. bei folgenden Sachverhalten von einer marktkonsistenten Bewertung unterscheiden:[509]

---

506 Vgl. Art. 56 Nr. 4 DVO.

507 Vgl. IASB (Hrsg.), DSOP, Tz. 3.3; GALLASCH, F., Bilanzierung von Versicherungsverträgen, S. 74.

508 EU (Hrsg.), RL 2009/138/EG, Erwägungsgrund 55.

509 Vgl. zu den folgenden zwei Unterschieden GEIB, G., IFRS für Versicherungsgeschäfte, S. 122; IASB (Hrsg.),

- Ein Versicherer nimmt **verglichen zum Markt höhere Verwaltungskosten** in Kauf, um sich als serviceorientierter Dienstleister zu präsentieren.
- Ein Versicherer hat zwar die gleichen Informationen wie andere Marktteilnehmer um künftiges Schadenpotenzial einzuschätzen, zieht aus den Informationen indes **andere Schlussfolgerungen** als die übrigen Marktteilnehmer.

Allerdings ist die Frage zu stellen, wieweit Versicherer solche Sachverhalte überhaupt marktkonsistent und damit nicht primär aufgrund unternehmensinterner Informationen bewerten können. Denn wie bereits festgestellt wurde, gibt es für gewöhnlich keine Märkte für Versicherungsverträge, **Marktpreise können in den allerwenigsten Fällen direkt herangezogen werden.**[510] Ähnliches gilt für die in beiden zentralen Bewertungsmodellen vorherrschende synthetische Bewertung von Versicherungsverträgen mit den Bausteinansätzen. Zur Objektivierung der Berechnungen innerhalb der einzelnen Bausteine anhand von Marktdaten müssten Daten vergleichbarer Sachverhalte mit ausreichender Detailtiefe vorliegen, etwa um Risikoeinschätzungen von anderen Marktteilnehmern nachvollziehen zu können. Es ist aber zu bezweifeln, dass solche Informationen öffentlich verfügbar sind. Ist sich ein Versicherungsunternehmen bewusst, dass seine Geschäftspraxis von der des Marktes abweicht, müsste es dies also anhand eigener Schätzungen in die Bewertungsbausteine einfließen lassen. Bezogen auf den ersten der beiden beispielhaft genannten Sachverhalte könnte dies geschehen, indem eine etwas geringere Verwaltungskostenquote als die tatsächlich im Unternehmen Gemessene herangezogen wird, um die erwarteten Auszahlungen zu bestimmen. Die daraus resultierenden Unterschiede in der Rückstellungshöhe dürften aber nur gering ausfallen, da auch unternehmensspezifische Informationen in den *Current Exit Value* einfließen sollten, wenn das bilanzierende Unternehmen die Eigenschaften von Versicherungsverträgen dadurch besser abbilden kann.[511]

Die mangelnde Verfügbarkeit von Marktdaten dürfte also verhindern, dass sich die Bewertungsergebnisse der Bewertungsbausteine aufgrund der unterschiedlichen Bewertungsperspektiven stark voneinander unterscheiden. **Die Unterschiede zwischen beiden Bewertungsmodellen, die**

Cover note (agenda paper 2), Tz. A2 lit. b.

510 Vgl. IASB (Hrsg.), DP: Insurance Contracts, Tz. 93; ENGELÄNDER, S./KÖLSCHBACH, J., Diskussionspapier des IASB zur Phase II, S. 387 f.

511 Vgl. Erwägungsgrund 55 DVO. Im Erwägungsgrund wird indes nicht definiert, was „besser“ bedeutet, was wiederum eine konvergente Auslegung der Vorschriften begünstigt.

durch deren unterschiedliche konzeptionelle Ausrichtung bzw. Bewertungsperspektiven bedingt werden, sind nur gering und können vernachlässigt werden.[512]

453. Zusammenfassung versicherungstechnischer Rückstellungen

453.1 Vorbemerkung

Beide Rechnungslegungsregime sehen vor, Versicherungsverträge in **Portfolios** zusammenzufassen. Dies geschieht bei Solvency II z. B. um die Vertragsbestände Unternehmensübergreifend vergleichbarer zu machen, was aus den strikten Mindestgliederungsvorgaben abgeleitet werden kann.[513] Außerdem werden zur Risikoreduktion häufig viele ähnliche Versicherungsverträge von Versicherern abgeschlossen[514] und auch auf dieser Ebene gesteuert. Dies spricht – der Anforderung der glaubwürdigen Darstellung i. S. d. *Management Approach*[515] folgend – auch dafür, der Portfolioebene in der Rechnungslegung Bedeutung zuzumessen.[516] In beiden Rechnungslegungsregimen sind zudem für die Bewertung der einzelnen Bausteine Vertragsportfolios zu bilden bzw. können gebildet werden. Denn in einigen Fällen sind Berechnungen auf Portfolioebene die praktikablere Lösung verglichen mit der Berechnung auf Einzelvertragsebene. So etwa bei der Berechnung der Zahlungsströme für ein Vertragsportfolio.[517]

---

512 Vgl. GEIB, G., IFRS für Versicherungsgeschäfte, S. 122; CLARK, P. H. U. A., Fair Value Accounting for General Insurance Companies, S. 1022 f.; GALLASCH, F., Bilanzierung von Versicherungsverträgen, S. 76 f.

513 Vgl. Anhang I DVO.

514 Vgl. IFRS 17.BC118.

515 Die glaubwürdige Darstellung als Anforderung an die IFRS-Rechnungslegung besagt, dass die Rechnungslegung ein den ökonomischen Tatsachen entsprechendes Bild zeichnen sollte, unabhängig von rechtlichen Ausgestaltungen (siehe Abschnitt 312.2). Der *Management Approach* ist mit der Anforderung insofern kongruent, dass er besagt, dass unternehmensinterne Controllinginformationen für Zwecke der externen Rechnungslegung verwendet werden können. Vgl. BENECKE, B., Internationale Rechnungslegung und Management Approach, S. 3. Zieht man den *Management Approach* als Kriterium zur Würdigung der Vorschriften zur Portfoliobildung heran, ist eine Bilanzierung, die sich an den internen, zur Unternehmenssteuerung genutzten Vertragsportfolios orientiert, zu begrüßen. Vgl. generell zum *Management Approach* in den IFRS WEIßENBERGER, B. E./MAIER, M., Der Management Approach in der IFRS-Rechnungslegung, S. 1-3.

516 Vgl. DAV (Hrsg.), Ergebnisbericht Best Estimate, S. 30.

517 Vgl. IFRS 17.33 und B66 lit. (d); Art. 34 Abs. 3 DVO.

453.2 Zusammenfassung von Versicherungsverträgen in Portfolios nach IFRS 17

453.21 Portfoliodefinition

Der IASB definiert ein Portfolio von **Versicherungsverträgen** als „*Insurance contracts subject to similar risks and managed together.*"[518]. Es gilt also zunächst zu klären, was ähnliche Risiken sind und was es bedeutet, wenn Versicherungsverträge zusammen gesteuert werden, um zu verstehen, wie Portfolios i. S. d. IFRS 17 gebildet werden müssen.

Für das Kriterium der **ähnlichen Risiken** bestehen viele Auslegungsmöglichkeiten. So wäre es einerseits denkbar, lediglich grob zwischen den Versicherungssparten zu differenzieren, also in Schaden- und Unfallversicherung, Krankenversicherung und Lebensversicherung.[519] Eine so weite Auffassung teilt der IASB indes nicht, da er festhält, dass erwartungsgemäß **Versicherungsverträge der gleichen Produktlinie** ähnliche Risiken versichern.[520] Der Begriff der Produktlinie wird vom IASB nicht im Standard definiert. Aus einem Agenda Paper ist aber zu entnehmen, dass die Gliederungsebene der Produktlinien unterhalb der Spartenebene angesiedelt ist – sprich, eine Sparte enthält mehrere Produktlinien. So können z. B. die Kfz-Haftpflichtversicherung oder die Hausratsversicherung als Produktlinien definiert werden.[521] Andererseits könnte eine sehr enge Auffassung dieses Kriteriums bedeuten, dass sehr kleine Portfolios gebildet werden. In der Praxis wird der Grad der unternehmensinternen Portfolioaggregation auch sehr stark von Faktoren wie der Geschäftsgröße oder internen Prozessen abhängen.

Da der IASB eine Produktlinie aber nur als Beispiel für eine Ansammlung ähnlicher Risiken anführt, sind auch noch andere Definitionskriterien für ähnliche Risiken gestattet. So identifizierte der IASB basierend auf Feldtests verschiedene Vertragseigenschaften, von denen eine oder zwei typischerweise von Versicherern herangezogen werden, um das Geschäft in Portfolios zu unterteilen.[522] Dazu gehören die Art des versicherten Risikos (z. B. Diebstahl oder Feuer), die geografische

---

518 IFRS 17 Appendix A. Hervorhebungen durch den Verfasser. Die ursprüngliche Portfoliodefinition aus ED/2013/7 enthielt noch den Zusatz „*and that are priced similarly relative to the risk taken on*", womit auf eine gleiche Bepreisung der Risiken aus den Versicherungsverträgen als zusätzlich zu beachtendes Kriterium bei der Portfoliobildung abgestellt wurde. Das Kriterium wurde indes im Redeliberationsprozess gestrichen, da es die Portfoliodefinition sehr eng macht, also dazu geführt hätte, dass sehr kleine Portfolios hätten gebildet werden müssen. Vgl. IASB (Hrsg.), Level of aggregation (agenda paper 2C), Tz. 2.

519 Vgl. IASB (Hrsg.), Definition of a portfolio of insurance contracts (agenda paper 7A), Tz. 13 f. sowie hier und nachfolgend in diesem Absatz GALLASCH, F., Bilanzierung von Versicherungsverträgen, S. 88.

520 Vgl. IFRS 17.14.

521 Vgl. IASB (Hrsg.), Definition of a portfolio of insurance contracts (agenda paper 7A), Tz. 15

522 Vgl. Hier und im folgenden Satz IASB (Hrsg.), Definition of a portfolio of insurance contracts (agenda

Lage (z. B. der Versicherungsnehmer oder die versicherten Risiken), die Art des Versicherungsnehmers (z. B. gewerblich oder privat), die Geschäftseinheit des zeichnenden Versicherers abhängig von seiner Organisationsform oder der Vertriebskanal (z. B. Direkt- oder Maklervertrieb). Der Standardsetzer gibt aber nicht an, wieweit Versicherer sich an diesen Merkmalen orientieren sollen, wenn sie ihre Portfolios bilden, wodurch die unternehmensübergreifende Vergleichbarkeit der zu bildenden Portfolios sinkt.

Das zweite bei der Portfoliobildung zu beachtende Kriterium ist die **gemeinsame Steuerung von Risiken in einem Pool.** Der IASB konkretisiert dieses Kriterium nur in geringem Ausmaß. Um festzustellen, ob Versicherungsverträge gemeinsam gesteuert werden, gibt der IASB vor, dass Kriterien wie die Vertriebskanäle, die Art und Weise, wie Verträge verwaltet werden, die Geschäftseinheit, von der aus die Verträge betrieben werden (z. B. eine Tochtergesellschaft) oder die geografische Lage herangezogen werden sollen.[523] Darüber hinaus stellt er nur fest, dass Versicherungsverträge, deren Deckung von zwei geografisch unterschiedlich gelegenen Gesellschaften des selben Versicherers gezeichnet wird, trotzdem gemeinsam gesteuert werden können.[524]

Portfolios von Versicherungsverträgen sind gem. **IFRS 17.16** weiter **in Gruppen zu unterteilen.** Diese bestehen – sofern vorhanden – aus (a) Verträgen, die bei ihrem bilanziellen Ansatz verlustbringend sind, (b) Verträgen, die beim bilanziellen Ansatz kein signifikantes Risiko tragen, verlustbringend zu werden und (c) den übrigen Verträgen. Die separate Bilanzierung von verlustbringenden Verträgen wird vom IASB vorgeschrieben, da die gemeinsame Bewertung von gewinnbringenden und verlustbringenden Verträgen zu Ausgleichseffekten führen würde, die eine der Leistungserbringung durch den Versicherer entsprechenden Auflösung der vertragsbezogenen Servicemarge verhindern.[525] Gleichzeitig werden entscheidungsnützliche Informationen über die Preispolitik des Versicherers produziert.[526] Dieser Mechanismus soll durch ein vereinfachtes Beispiel verdeutlicht werden:

paper 7A), Tz. 15.

523 Vgl. IASB/FASB (Hrsg.), Unit of Account: Portfolio (agenda paper 2A), Tz. B3.

524 Vgl. IASB/FASB (Hrsg.), Unit of Account: Portfolio (agenda paper 2A), Tz. 16 f.

525 Vgl. IFRS 17.BC120.

526 Vgl. IFRS 17.BC119.

Ein Vertragsportfolio besteht aus 200 Verträgen, die jeweils eine Geldeinheit (GE) Prämie beim Versicherer generieren. 100 dieser Verträge sind voraussichtlich verlustbringend, es werden *Fulfilment Cash Flows* i. H. v. 110 GE geschätzt. Die 100 weiteren Verträge sind voraussichtlich gewinnbringend, mit geschätzten *Fulfilment Cash Flows* i. H. v. 80 GE.

- Eine **gemeinsame, ungruppierte Bewertung** würde zu einer **Rückstellung** i. H. v. 110 GE + 80 GE = **190 GE** und einer **vertragsbezogenen Servicemarge** i. H. v. 200 GE – 190 GE = **10 GE**, also der eingenommenen Prämie abzüglich der zu bildenden Rückstellung führen.

- Eine **in verlustbringende und nicht verlustbringende Verträge gruppierte Bewertung** würde indes zu einem bei Bilanzansatz **in der GuV zu erfassenden Verlust** i. H. v. 110 GE – 100 GE = **10 GE** führen, was den Überhang der *Fulfilment Cash Flows* der verlustbringenden Verträge über die zugehörigen Prämieneinnahmen darstellt. Zudem ist eine **Rückstellung** i. H. v. 100 GE + 80 GE = **180 GE** zu bilden, die die nicht sofort ergebniswirksam zu erfassenden *Fulfilment Cash Flows* der gewinnbringenden und der verlustbringenden Verträge bilanziell abbildet. Für die gewinnbringenden Verträge ist abschließend eine **vertragsbezogene Servicemarge** zu bilden, deren Höhe sich aus der Differenz aus den Prämieneinnahmen und den *Fulfilment Cash Flows* errechnet, also 100 GE – 80 GE = **20 GE**.

Das Beispiel verdeutlicht, dass eine gruppierte Vertrags-Bewertung dem Informationsadressaten ein besseres Verständnis über die Profitabilität der vom Versicherer abgeschlossenen Versicherungsverträge vermittelt. Damit wird dem Ziel der IFRS genüge getan, Informationen über die „*financial performance*" eines Unternehmens zu vermitteln.[527] Es verdeutlicht aber gleichzeitig auch die Asymmetrie des Bewertungsmodells, da erwartete Verluste imparitätisch zu behandeln sind, während erwartete Gewinne pro rata temporis realisiert werden müssen.

Weiterhin dürfen sich nur Verträge in einer Vertragsgruppe befinden, die innerhalb eines Jahres abgeschlossen wurden, sodass die Gruppen nach IFRS 17.16 ggf. weiter zu unterteilen sind.[528] Der IASB begründet diese Vorgabe damit, dass so keine offenen, unbefristeten Portfolios gebildet werden, mit denen Informationen zur Portfolioprofitabilität verloren gingen.[529] Denn ein konstanter

527 Vgl. IFRS 17.BC15 lit. (a) sowie zur Begründung des IASB zu den Gruppierungsvorschriften IFRS 17.BC122 –BC125.

528 Vgl. IFRS 17.22.

529 Vgl. hier und im folgenden Satz IFRS 17.BC136.

Zustrom neuer Verträge in ein bestehendes Portfolio würde eine korrekte erfolgswirksame Auflösung der vertragsbezogenen Servicemarge erschweren und dazu führen, dass zu realisierende Gewinne über die Deckungsperiode des Vertrages hinaus nicht realisiert würden.

453.22 An das Portfolio geknüpfte Bilanzierungskonsequenzen

IFRS 17 sieht vor, dass die **Zahlungsströme** jedes Versicherungsvertrags eines Portfolios auf Portfolioebene aggregiert werden.[530] Zahlungsströme, die nur auf Portfolioebene geschätzt werden können, sind auch im ersten Baustein zu berücksichtigen – sie sind auf die Gruppen des betreffenden Vertragsportfolios zu verteilen. Auch für die **Bewertung von belastenden Verträgen** ist ein Portfolio die zentrale Maßeinheit. Der IASB hat im Redeliberationsprozess festgelegt, dass belastende Verträge nur zu einer aufwandswirksamen Erhöhung der Rückstellung führen, wenn diese Teil eines Portfolios bzw. einer Vertragsgruppe sind, das bzw. die insgesamt belastend ist.[531] Der Verlust durch einen einzelnen belastenden Versicherungsvertrag, der sich erst im Zeitablauf als belastend erweist, kann also durchaus im Kollektiv von den positiven vertragsbezogenen Servicemargen anderer Versicherungsverträge ausgeglichen werden.[532] Diesen Ausgleich im Kollektiv gesteht der IASB einem Versicherer indes nur für **Vertragsgruppen zu, deren vertragliche Zahlungsströme bezogen auf Höhe und zeitlichen Anfall ähnlich auf die Hauptrisikotreiber reagieren.** Außerdem müssen die Verträge eine **ähnliche Profitabilität aufweisen.**[533] Diese Merkmale sind als Zusatz zur allgemeinen, im vorangegangenen Abschnitt behandelten Portfoliodefinition zu interpretieren, was die Portfoliobildung restriktiver gestaltet.

In IFRS 17 wird nicht vorgegeben, auf welchem Aggregationsniveau **die Risikomarge** zu ermitteln ist. Der Standard bestimmt lediglich, dass der Versicherer das Bezugsportfolio für die Ermittlung der Risikomarge so weit fassen darf, wie er es als angemessen erachtet, um Risiko zu tragen.[534] Dies lässt sich auf das mit der Risikomarge und mit der unternehmensspezifischen Erfüllungsperspektive

530 Vgl. hier und im folgenden Satz IFRS 17.33.

531 Vgl. IASB (Hrsg.), Effect of board redeliberations, S. 52.

532 Vgl. IASB (Hrsg.), Level of aggregation (agenda paper 2A), Tz. 12.

533 Vgl. IASB (Hrsg.), Effect of board redeliberations, S. 53. Die Profitabilität kann in diesem Fall über die vertragsbezogene Servicemarge quantifiziert werden, die prozentual einen ähnlichen Anteil der Versicherungsprämien ausmacht.

534 Vgl. IFRS 17.B88 lit. (a).

übereinstimmende Ziel zurückführen – nämlich die individuelle Risikowahrnehmung der Versicherer zu reflektieren.[535] In ED/2010/8 war noch vorgegeben, die Risikomarge auf Portfolioebene zu berechnen. Ein solches, fixiertes Aggregationsniveau würde indes risikomindernde Diversifikationseffekte zwischen den Vertragsportfolios ausblenden, die der Versicherer bei einer ökonomischen Betrachtung womöglich in die Risikomarge einbeziehen würde. Damit wäre für die Risikoübernahme vom Versicherer eine höhere Vergütung zu fordern, die die tatsächlichen Gegebenheiten nicht reflektiert.[536] Ein vorgegebenes Aggregationsniveau würde also dem Ziel widersprechen. Da es dem Versicherer freisteht, wie viele Versicherungsverträge er bei der Berechnung der Risikomarge berücksichtigt, stellt das höchste Aggregationsniveau die Konzernebene dar.[537]

Die **vertragsbezogene Servicemarge** soll beim Erstansatz des Versicherungsvertrags auf Portfolioebene erfasst und in der Folge erfolgswirksam im Portfolio aufgelöst werden.[538] In IFRS 17.B119 bestimmt der IASB, dass die Marge systematisch so aufgelöst werden soll, dass der als Gewinn oder Verlust erfasste Betrag die durch den Versicherer erbrachten Dienstleistungen angemessen reflektiert. Damit die Marge im Portfolio nach dieser grundsätzlichen Vorgabe aufgelöst werden kann, muss bei der Portfoliobildung die Vertragslaufzeit berücksichtigt werden. Denn wird die vertragsbezogene Servicemarge für ein Portfolio von Versicherungsverträgen über die durchschnittliche Laufzeit des Portfolios aufgelöst, würde für Verträge mit unterdurchschnittlicher Laufzeit womöglich noch ein Erfolg realisiert, nachdem ihre Deckungsperiode abgelaufen ist.[539] Um die Laufzeit der Verträge adäquat zu berücksichtigen, gibt der IASB vor, dass sog. *coverage units* gebildet werden sollen.[540] Die *coverage units* sollen die den Versicherungsnehmern noch zu gewährende Deckung quantifizieren, sodass abhängig von der verbleibenden Deckung die vertragsbezogene Servicemarge aufgelöst werden kann.[541] Wie eine solche *coverage unit* zu bilden ist, gibt der IASB

---

535 Vgl. IFRS 17.BC213 lit. b.

536 Vgl. IASB (Hrsg.), Unit of Account - Risk Adjustment (agenda paper 7C), Tz. 15.

537 Vgl. ELLENBÜRGER, F./ENGELÄNDER, S./KÖLSCHBACH, J., Der letzte Schritt zum IFRS für Versicherungsverträge, S. 819; GALLASCH, F., Bilanzierung von Versicherungsverträgen, S. 157 f.

538 Vgl. IFRS 17.38 und 44 sowie im Kontext des ED/2013/7 GALLASCH, F., Bilanzierung von Versicherungsverträgen, S. 85 f. sowie in Bezug auf ED/2010/8 WIPF, D./GRIMM, T./BIBER, R., IFRS 4 Phase II, S. 143 f.

539 Vgl. IASB (Hrsg.), Level of aggregation (agenda paper 2A), Tz. 23 f.

540 Vgl. IFRS 17.BC279.

541 Vgl. IASB (Hrsg.), Response to feedback on ED/2013/7, S. 14 Nr. 11.

indes nicht vor. Damit wird ein Bilanzierungsspielraum geschaffen, mit dem es Versicherern ermöglicht wird, die Erfolgsrealisierung innerhalb eines Vertragsportfolios zeitlich zu beeinflussen.

453.3 Zusammenfassung von versicherungstechnischen Rückstellungen in Geschäftsbereiche nach Solvency II

453.31 Unterteilung in Geschäftsbereiche und homogene Risikogruppen

Im Gegensatz zu IFRS 17 werden für die Portfoliobildung bzw. für die unter Solvency II sog. „Segmentierung" eindeutige Vorgaben gemacht:

„Bei der Berechnung ihrer versicherungstechnischen Rückstellungen **segmentieren** die Versicherungs- und Rückversicherungsunternehmen ihre Versicherungs- und Rückversicherungsverpflichtungen **in homogene Risikogruppen**, die **zumindest nach Geschäftsbereichen getrennt** sind."[542]

Diese Vorgabe ist so zu interpretieren, dass das Geschäft mindestens in Geschäftsbereiche zu segmentieren ist, die das maximale Aggregationsniveau einer homogenen Risikogruppe darstellen. In der Praxis wird ein Solvency II-Geschäftsbereich aber i. d. R. in mehrere homogene Risikogruppen unterteilt.[543] Deshalb werden homogene Risikogruppen in dieser Arbeit als Gliederungsebene unterhalb der Geschäftsbereiche geführt. Zunächst gilt es also, die **Mindestgliederungstiefe** für Rückstellungen zu klären, die sich durch die **25 Geschäftsbereiche**[544] ergibt, die in Anhang I der DVO definiert sind. Die Geschäftsbereiche unterteilen die Rückstellungen nach Art des versicherten Risikos (z. B. Berufsunfähigkeit und Kraftfahrzeughaftpflichtversicherung) und in Erst- und Rückversicherungsverträge. Die DVO gibt zur Segmentierung vor, dass stets die Art des in der Rückstellung berücksichtigten Risikos bei der Einteilung in Geschäftsbereiche maßgeblich ist. Die

[542] EU (Hrsg.), RL 2009/138/EG, Art. 80. Hervorhebungen durch den Verfasser.

[543] Vgl. BAFIN (Hrsg.), Erläuterungen zu versicherungstechnischen Rückstellungen, Tz. 2.29.; DREKSLER, S. U. A., Solvency II technical provisions, S. 61 f. Um Zahlungsströme versicherungsmathematisch möglichst genau schätzen zu können, empfiehlt es sich, möglichst große und homogene Kollektive zu bilden. Dabei stehen Bestandsgröße und Homogenität aber in einem Konkurrenzverhältnis. Vgl. MACK, T., Schadenversicherungsmathematik, Abschnitt 3.1.6; DAV (Hrsg.), Ergebnisbericht Best Estimate, S. 30. Das mit einem Geschäftsbereich verbundene Maß an Homogenität reicht in vielen Fällen als Voraussetzung für die versicherungsmathematischen Methoden aber nicht aus, weshalb der Geschäftsbereich weiter unterteilt wird.

[544] Die Geschäftsbereiche sind im Anhangs-Abschnitt 61 zu finden. Vgl. LLOYD'S (Hrsg.), Technical Provisions under Solvency II, S. 22-24 für eine genauere Beschreibung der einzelnen Solvency II-Geschäftsbereiche.

rechtliche Form – also z. B. wie der Versicherungsvertrag nach nationalem Recht klassifiziert ist – ist nur von untergeordneter Bedeutung.[545]

Darüber hinaus schreibt Art. 33 DVO vor, dass der beste Schätzwert für Zahlungsströme verschiedener **Währungen getrennt zu berechnen** ist. Daraus ergibt sich wiederum die Notwendigkeit, innerhalb der 25 definierten Geschäftsbereiche einzelne Portfolios zu bilden, die jene Währungen reflektieren, in denen das Versicherungsgeschäft betrieben wird.[546] Die Aufteilung anhand von Währungen ist problematisch, betrachtet man z. B. den Fall, dass ein Versicherungsschaden zwar in britischen Pfund beglichen werden muss, die Vermögenswerte, die dazu aufgelöst werden, aber in Euro notiert sind und auch nur in Pfund gewechselt werden, um den Schaden zu begleichen. In einem solchen Fall empfiehlt es sich, den Versicherungsvertrag einem in Euro notierten Portfolio zuzuordnen, da das Risiko der Währungskonvertierung der Vermögenswerte das Wechselkursrisiko in Bezug auf die Schadenzahlung, deren Höhe und Anfallszeitpunkt ungewiss sind, ausgleicht. Wie genau vorgegangen wird, um währungsorientierte Portfolios zu bilden, wird indes dem Versicherer überlassen.[547]

Eine weitere Gliederungsebene nach Solvency II ist die der **homogenen Risikogruppen**, die gebildet werden, wenn eine reine Segmentierung in Geschäftsbereiche zu ungenau ist. Zwar ist nur die Segmentierung in Geschäftsbereiche und darüber hinaus in Währungen über die DVO vorgeschrieben, dennoch sind in Anbetracht des i. d. R. diversifizierten Geschäfts vieler Versicherer weitere Unterteilungen in den einzelnen Geschäftsbereichen vorzunehmen bzw. homogene Risikogruppen zu bilden.

Die Bildung homogener Risikogruppen geht auch aus dem Wortsinn der „Leitlinien zur Bewertung von versicherungstechnischen Rückstellungen" hervor: „Bei der Berechnung der versicherungstechnischen Rückstellungen **sollten Versicherungs- und Rückversicherungsunternehmen homogene Risikogruppen** zur Ableitung von Annahmen **verwenden.**"[548] Die weitere Unterteilung von versicherungstechnischen Rückstellungen ist also eine Soll-Anforderung und keine reine

[545] Vgl. Art. 55 Nr. 2 und Erwägungsgrund 24 DVO; BAFIN (Hrsg.), Zuordnung von Produkten der Krankenversicherung, o. A. Die Art des Risikos des jeweiligen Geschäftsbereichs kann der Beschreibung der Geschäftsberichte in Anhang I der DVO entnommen werden.

[546] Vgl. DAV (Hrsg.), Ergebnisbericht Best Estimate, S. 30; DREKSLER, S. U. A., Solvency II technical provisions, S. 61 f., 65. Die Verfasser beziehen sich auf den fast finalen Stand der DVO, die betreffenden Passagen haben sich im Vergleich zur endgültigen DVO indes nicht materiell verändert.

[547] Vgl. DREKSLER, S. U. A., Solvency II technical provisions, S. 64.

[548] EIOPA (Hrsg.), Leitlinien zu versicherungstechnischen Rückstellungen (BoS-14/166 DE), Tz. 1.49.

Option. Die EIOPA definiert eine homogene Risikogruppe als „[...] eine Reihe von Policen mit ähnlichen Risikomerkmalen.“[549] Die Risikogruppen sollen aufgrund von Daten zusammengesetzt werden, die ausreichend glaubwürdig[550] und in Bezug auf die zusammengefassten Risiken möglichst homogen sind, wobei beide Faktoren in einem ausgewogenen Verhältnis zueinander stehen sollen.[551] Im Gegensatz zum IASB stellt die EIOPA also nicht auf das gemeinsame Management von Versicherungsverträgen ab. Sie gibt aber verschiedene Merkmale vor, über die Risiken abgeleitet bzw. unterteilt werden können. Dazu gehören die Zeichnungspolitik (d. h. Entscheidungen, die beeinflussen, welche Risiken vom Unternehmen übernommen werden sollen)[552], Schadenabwicklungsmuster (d. h. die Art und Weise, wie das Versicherungsunternehmen die aufgetretenen Versicherungsfälle reguliert), das Risikoprofil der Versicherungsnehmer (z. B. differenziert nach Alter oder Wohnort), Produktmerkmale (in der Lebensversicherung insbesondere Garantien) sowie künftige Maßnahmen des Managements, die sich etwa auf den Vertrieb bestimmter Produkte richten. [553] Weiterhin ist bei der Bildung homogener Risikogruppen zu beachten, dass Versicherungsverträge, die unterschiedliche Arten von Risiken abdecken, nach den in Abschnitt 433 beschriebenen Regeln separiert werden müssen. So muss z. B. ein Kfz-Versicherungsvertrag, der zum einen Haftpflichtschäden und zum anderen Teil- oder Vollkaskoschäden abdeckt, auf verschiedene Risikogruppen aufgeteilt werden, insbesondere, wenn die Risiken verschiedenen Solvency II-Geschäftsbereichen zuzuordnen sind.[554]

Die Portfolioaufteilung in homogene Risikogruppen wird in der folgenden Übersicht dargestellt:

Hervorhebungen durch den Verfasser.

549 EIOPA (Hrsg.), Leitlinien zu versicherungstechnischen Rückstellungen (BoS-14/166 DE), Tz. 1.50.

550 Unter Glaubwürdigkeit der Daten, die zur Ermittlung eines Portfolios herangezogen werden ist deren Verlässlichkeit bzw. Belastbarkeit zu verstehen. Dazu gehört z. B. die ausreichende Verfügbarkeit historischer Daten um Trends innerhalb der zu bewertenden Risikogruppe zu bewerten und deren Merkmale besser einschätzen zu können. Vgl. BAFIN (Hrsg.), Erläuterungen zu versicherungstechnischen Rückstellungen, Tz. 2.25.

551 Vgl. EIOPA (Hrsg.), Leitlinien zu versicherungstechnischen Rückstellungen (BoS-14/166 DE), Tz. 150.

552 Vgl. WAGNER, F., Versicherungslexikon, S. 772.

553 Vgl. EIOPA (Hrsg.), Leitlinien zu versicherungstechnischen Rückstellungen (BoS-14/166 DE), Tz. 1.51.

554 Vgl. BAFIN (Hrsg.), Erläuterungen zu versicherungstechnischen Rückstellungen, Tz. 2.27; LLOYD'S (Hrsg.), Technical Provisions under Solvency II, Abschnitt 4.5.

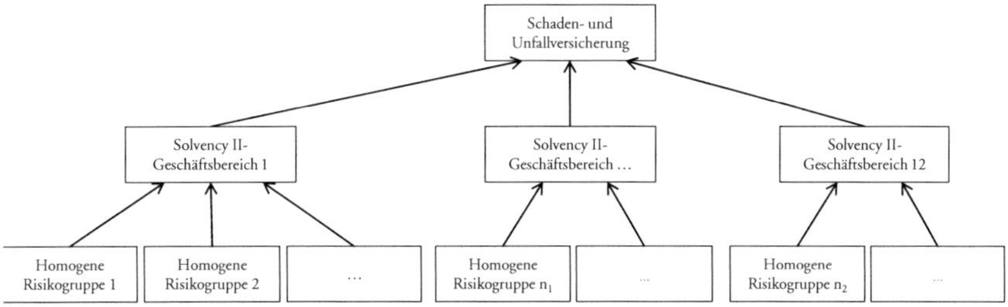

Übersicht 4-4: Unterteilung der versicherungstechnischen Rückstellungen in Geschäftsbereiche und homogene Risikogruppen nach Solvency II[555]

453.32 An die Segmentierung geknüpfte Bilanzierungskonsequenzen

Die Solvency II-Geschäftsbereiche und die ihnen zugehörigen homogenen Risikogruppen sind auch bei der Berechnung der versicherungstechnischen Rückstellungen von Bedeutung. Davon sind alle drei Bausteine des zentralen Bewertungsmodells nach Solvency II in unterschiedlicher Form betroffen.

Für das bei der Ermittlung der **vertraglichen Zahlungsströme** anzuwendende Aggregationsniveau ist Art. 80 der Solvency II-Richtlinie maßgeblich. Dieser gibt vor, dass Rückstellungen mindestens getrennt nach Geschäftsbereichen zu berechnen sind. Die „Leitlinien zur Bewertung von versicherungstechnischen Rückstellungen" als Level 3-Dokument empfehlen weiterhin, Schätzungen, die auf der Ebene homogener Risikogruppen (also mindestens auf Ebene der Geschäftsbereiche) vorgenommen werden, auf niedrigere Aggregationsniveaus zu übertragen. Diese niedrigeren Aggregationsniveaus sind entweder einzelne oder gruppierte Verträge.[556] Die EIOPA definiert den Begriff der gruppierten Verträge indes nicht genau. Aus dem Leitlinientext geht aber hervor, dass Gruppierungen von Versicherungsverträgen innerhalb homogener Risikogruppen gebildet werden können, wenn die entsprechenden homogenen Risikogruppen nicht ausreichend nach einzelnen Risikoarten oder Vertragsmerkmalen differenzieren und die darauf gestützten Berechnungen nicht ausreichend genau wären.[557]

---

555 Angelehnt an BAFIN (Hrsg.), BaFin Journal 08/16, S. 15.

556 Vgl. EIOPA (Hrsg.), Leitlinien zu versicherungstechnischen Rückstellungen (BoS-14/166 DE), Tz. 1.53.

557 Vgl. BAFIN (Hrsg.), Erläuterungen zu versicherungstechnischen Rückstellungen, Tz. 2.29.

Die **risikolose Zinsstrukturkurve** ist für jede Währung, in der ein Versicherungsunternehmen Geschäft betreibt, separat zu ermitteln.[558] Dies korrespondiert mit der Pflicht, Währungen zu berücksichtigen, wenn homogene Risikogruppen gebildet werden. So kann für jede homogene Risikogruppe, deren Geschäft in nur einer Währung betrieben wird, die passende Zinskurve zur Diskontierung gewählt werden.

Die Erläuterungen der EIOPA zu den Level 3-Vorschriften empfehlen zur Segmentierung der **Risikomarge** wie folgt vorzugehen:

„Als **erstes** wird die Risikomarge für die **gesamte Geschäftstätigkeit des Unternehmens** berechnet, die der Diversifikation zwischen den Geschäftsbereichen Rechnung trägt. In einem **zweiten Schritt** wird die **Marge den Geschäftsbereichen zugeordnet.**"[559]

Für die Solvabilitätsübersicht ist die Risikomarge also auf Unternehmensebene zu ermitteln, sämtliche Diversifikationseffekte zwischen den betriebenen Geschäftsbereichen eines Versicherungsunternehmens sind einzubeziehen.[560] Diversifizierungseffekte zwischen den Versicherungsunternehmen einer Gruppe dürfen indes nicht genutzt bzw. in der Rückstellungshöhe abgebildet werden.[561] Um den Gesamtbetrag der **Risikomarge auf Unternehmensebene auf die Solvency II-Geschäftsbereiche zu verteilen**, empfiehlt die EIOPA die Risikomarge entsprechend der Anteile der Geschäftsbereichs-SCR am Gesamt-SCR zuzuordnen.[562] Dazu wird das SCR unter der Annahme berechnet,[563] dass das Versicherungsunternehmen außer dem Versicherungsgeschäft, für das es die Risikomarge zu ermitteln gilt, kein Geschäft betreibt. Wenn die relativen Anteile des

[558] Vgl. Art. 44 Nr. 1 DVO.

[559] EIOPA (Hrsg.), Erläuterungen zu Leitlinien zu versicherungstechnischen Rückstellungen, Tz. 2.113. Hervorhebungen durch den Verfasser.

[560] Vgl. Art. 37 DVO i. V. m. EIOPA (Hrsg.), Erläuterungen zu Leitlinien zu versicherungstechnischen Rückstellungen, Tz. 2.113.

[561] Vgl. Erwägungsgrund 130, Art. 37 Nr. 1 und Art. 38 Nr. 1 lit. a. DVO.

[562] Vgl. EIOPA (Hrsg.), Erläuterungen zu Leitlinien zu versicherungstechnischen Rückstellungen, Tz. 2.114.

[563] Die Solvenzkapitalanforderung für diesen Zweck erneut zu ermitteln wäre aufwendig. Die Erläuterungen der EIOPA verweisen hier nicht direkt auf die Solvenzkapitalanforderung des Referenzunternehmens – obwohl bei eben diesem nur für die Verpflichtungen aus den Versicherungsverträgen das SCR ermittelt wird und es daher für die Aufteilung verwendet werden könnte. Da in der nachfolgend vorgestellten Formel indes auf das SCR des Referenzunternehmens verwiesen wird, ist davon auszugehen, dass das SCR nicht für diese Zwecke neu zu berechnen ist.

SCR sich im Zeitablauf nicht maßgeblich ändern, kann die Gesamt-Risikomarge nach der folgenden Formel verteilt werden:[564]

$$COCM_{lob} = \frac{SCR_{RU,lob}(0)}{\sum_{lob} SCR_{RU,lob}(0)} \times COCM$$

Übersicht 4-5: Formel zur Verteilung des Gesamt-SCR auf die Solvency II-Geschäftsbereiche

Dabei steht $COCM_{lob}$ für die den Geschäftsbereichen zugeordnete Risikomarge, $SCR_{RU,lob}$ (0) für die Solvenzkapitalanforderung des Geschäftsbereichs (lob) des Referenzunternehmens zum Zeitpunkt t=0 und COCM für die gesamte Risikomarge. Wenn nicht davon ausgegangen werden kann, dass die relativen Anteile der Geschäftsbereichs-SCR konstant bleiben, sind detailliertere Berechnungen vorzunehmen oder Skalierungsfaktoren zu verwenden. Letztere stellen sicher, dass die Teil-SCR weiterhin in der Summe das Gesamt-SCR ergeben.[565]

Auf Konzernebene sind die Risikomargen der Tochterunternehmen zu addieren. Dabei sind Konsolidierungseffekte zu berücksichtigen, sofern sich ein Tochterunternehmen nicht zu 100 % im Besitz der Konzern-Muttergesellschaft befindet.[566]

453.4 Analyse der Gemeinsamkeiten und Unterschiede

Die nach IFRS 17 und Solvency II **maßgeblichen Portfoliodefinitionen unterscheiden sich grundlegend**. Der IASB gibt lediglich Merkmale vor, anhand derer das bilanzierende Unternehmen Portfolios identifizieren und anschließend ggf. weiter in Gruppen aufteilen soll. Für Solvency II hingegen ist mit den vordefinierten Geschäftsbereichen, der Segmentierung nach Währungen, aber auch mit der separaten Berechnung der Risikomarge für einzelne Konzerngesellschaften eine klare Mindestgliederungstiefe der maßgeblichen Portfolios vorgegeben.

Die weniger strikten Vorgaben zur Portfoliobildung nach IFRS 17 führen dazu, dass die Art und Weise, wie Versicherungsunternehmen ihre Portfolios bilden, nur schwer nachvollziehbar und unternehmensübergreifend kaum vergleichbar ist. Dem kann indes entgegengehalten werden, dass durch die wenig einschränkenden Vorgaben die **glaubwürdige Darstellung** gefördert wird, da die

[564] Vgl. hier und auch für die Formel EIOPA (Hrsg.), Erläuterungen zu Leitlinien zu versicherungstechnischen Rückstellungen, Tz. 2.115 sowie EIOPA (Hrsg.), Technical Specification for the Preparatory Phase (Part I), Tz. TP.5.28.

[565] Vgl. EIOPA (Hrsg.), Erläuterungen zu Leitlinien zu versicherungstechnischen Rückstellungen, Tz. 2.116.

[566] Vgl. EIOPA (Hrsg.), Technical Specification for the Preparatory Phase (Part I), Tz. G.22. i. V. m. Tz. G.16. lit. a und c.

Vorgaben Versicherern ermöglichen, den *Management Approach* anzuwenden. Denn Versicherungsunternehmen können i. d. R. Portfolios für Bilanzierungszwecke so verwenden und ausweisen, wie sie für interne Steuerungszwecke gebildet werden. Im Endergebnis wird so die „wirtschaftliche Betrachtungsweise“[567] der Portfoliobildung in den Abschlussinformationen gefördert.

Die strikte Unterteilung in Geschäftsbereiche nach Solvency II hingegen fördert die unternehmensübergreifende Vergleichbarkeit und das Verständnis der Rechnungslegungsadressaten, da auch im internationalen unternehmensübergreifenden Vergleich die gleichen, **einheitlichen Mindestgliederungsvorschriften** gelten. Dem steht indes die in einigen Fällen gegenläufige interne Steuerung von Portfolios homogener Risikogruppen entgegen. So merken z. B. DREKSLER ET AL an, dass britische Kfz-Versicherer aufgrund dieser Regelungen ihre internen Kalkulationen für die Schadenrückstellungen anpassen müssen.[568] Die von diesen Versicherern angebotenen Kfz-Versicherungsverträge führen auch zu Rückstellungen, die anderen als den beiden von Solvency II für die Kfz-Versicherung vorgesehenen Geschäftsbereichen zuzuordnen sind.

Darüber hinaus unterscheiden sich die **an ein bestimmtes Aggregationsniveau gebundenen Bilanzierungsvorschriften** vor allem bei der **Risikomarge.** Denn IFRS 17 gibt kein Niveau vor, auf dem die IFRS-Risikomarge ermittelt werden muss. Wie erläutert, kann ein Versicherer vielmehr frei festlegen, wie groß das Portfolio von Versicherungsverträgen ist, das er nutzt, um die Risikomarge zu berechnen. Dies kann also den ganzen Versicherungskonzern umfassen. Mit Blick auf die Vorgaben des *Frameworks* **gewichtet der IASB in diesem Fall – wie bei den Vorschriften zur Mindestgliederung – die glaubwürdige Darstellung höher als die sich dazu diametral verhaltende (intersubjektive) Nachprüfbarkeit und Vergleichbarkeit.** Die Möglichkeit, den Risikoausgleich über das gesamte Portfolio von Versicherungsverträgen eines Konzerns zu nutzen, entspricht dem Kerngedanken des Risikoausgleichs im Kollektiv und damit einem grundlegenden Funktionsprinzip von Versicherungen.[569] Dieses zu nutzen ist ökonomisch durchaus berechtigt und spiegelt, sofern nicht missbraucht um Bilanzpolitik zu betreiben, die tatsächlichen wirtschaftlichen Verhältnisse i. S. d. glaubwürdigen Darstellung wider. Dem kann indes entgegengehalten werden, dass bei freien Wahlmöglichkeiten der Portfoliogröße zur Diversifikation die tatsächliche Portfoliobildung für die Abschlussadressaten nur schwer nachvollziehbar bzw. nachprüfbar ist.

---

[567] BAETGE, J./KIRSCH, H.-J./THIELE, S., Bilanzen, S. 154.

[568] Vgl. DREKSLER, S. U. A., Solvency II technical provisions, S. 61 f.

[569] Vgl. NGUYEN, T./ROMEIKE, F., Versicherungswirtschaftslehre, S. 12.

Die Gliederungsvorschriften nach Solvency II mit den differenzierten Vorgaben, insbesondere zur Risikomarge, sind demgegenüber leichter nachzuvollziehen und fördern die unternehmensübergreifende Vergleichbarkeit der publizierten Informationen. Gleichzeitig sind sie komplex und zwängen die Bilanzierung versicherungstechnischer Rückstellungen, besonders aber die der Risikomarge, in ein Korsett, das häufig nicht mit der „wirtschaftlichen Betrachtung" übereinstimmen wird. **Dies hat zur Folge, dass der maximal mögliche Risikoausgleich im Kollektiv in der Solvabilitätsübersicht nicht abgebildet werden darf.** Den maximal möglichen Risikoausgleich im Kollektiv zu nutzen würde indes die Risikomarge sinken lassen, da die einbezogenen Diversifikationseffekte größer wären. Somit dürften die Vorgaben zur Solvency II-Risikomarge verglichen mit den Vorgaben des IFRS 17 in einigen Fällen zu einer höheren Bewertung der Gesamt-Risikomarge führen.[570]

In Anbetracht der unterschiedlichen, den beiden Bilanzierungskonzepten zugrundeliegenden Wertmaßstäben, den *Fulfilment Cash Flows* und dem *Current Exit Value*, **kann nur bedingt empfohlen werden, die Regelungen zur Portfoliobildung eines Bewertungskonzepts auf das andere zu übertragen.** Die Exit-Preis-Perspektive unter Solvency II macht einerseits klare Portfoliogrenzen, die auch bei einer Portfoliotransaktion unabdingbar wären, notwendig. Dem steht die unternehmensinterne Erfüllungsperspektive nach IFRS 17 gegenüber, die stärker darauf ausgerichtet ist, die individuelle wirtschaftliche Lage des bilanzierenden Unternehmens bei der Portfoliobildung zu berücksichtigen. Der IASB stellt außerdem klar, dass er die Portfoliobildungsvorschriften nach Solvency II nicht in IFRS 17 berücksichtigt, da diese auf Solvabilität und nicht auf finanzielle Ertragskraft ausgerichtet seien.[571] Das bedeutet, dass eine unterschiedliche Portfoliobildung zwischen beiden Bilanzierungssystemen berechtigt ist. Andererseits kann argumentiert werden, dass die unternehmensspezifische Situation durch die Einführung von Solvency II beeinflusst wird. Wenn die tatsächliche Portfoliobildung des Geschäfts also durch Solvency II beeinflusst wird oder sie von vornherein der von Solvency II nicht entgegensteht, ist es vertretbar, die für Solvency II verwendete Segmentierung des Geschäfts – sowohl bezogen auf die Zahlungsströme als auch auf die Risikomarge – auf den IFRS-Abschluss zu übertragen. An dieser Stelle wird dafür plädiert, dass der Versicherer mindestens genau im Anhang angibt, auf welche Kriterien er sich bei

570 Vgl. NGUYEN, T./GROSCHE, S., IFRS 4 aufsichtsrechtlich, S. 430.

571 Vgl. IFRS 17.BC119.

der Portfoliobildung stützt, um die Regelungen zur Portfoliobildung nach IFRS 17 für Rechnungslegungsadressaten verständlicher zu machen.

454. Die verschiedenen Arten versicherungstechnischer Rückstellungen nach IFRS 17 und nach Solvency II

Versicherungstechnische Rückstellungen werden für verschiedene Zwecke gebildet. Damit diese unterschiedlichen Zwecke im Rechnungswesen abgebildet werden können, wird sowohl nach IFRS 17 als auch nach Solvency II zwischen jeweils zwei Arten von Rückstellungen differenziert, die weitestgehend kongruent sind.

Die erste Art umfasst nach IFRS 17 die sog. **Rückstellung bzw. Verpflichtung für die verbleibende Deckung** (*liability for remaining coverage*) und nach Solvency II die sog. **Prämienrückstellung** (*premium provision*). Grundsätzlich umfasst die erste Art die im deutschen Handelsrecht zu bildenden Deckungsrückstellungen, Beitragsüberträge, Rückstellungen für drohende Verluste und Rückstellungen für Beitragsrückerstattung.[572] Die Rückstellung für die verbleibende Deckung ist definiert als

„[a]n entity's obligation to investigate and pay valid claims under existing ***insurance contracts*** *for* ***insured events*** *that have not yet occurred (ie the obligation that relates to the unexpired portion of the* ***coverage period****).“*[573]

Die DVO bestimmt in Art. 36 Abs. 2 bezüglich der Prämienrückstellung:

„Die Prämienrückstellung gilt für künftige Schadensfälle, die durch Versicherungs- und Rückversicherungsverpflichtungen, die innerhalb der in Art. 18 genannten Vertragsgrenzen liegen, gedeckt sind. Zahlungsstrom-Projektionen für die Berechnung der Prämienrückstellung schließen Leistungen, Aufwendungen und Prämien im Zusammenhang mit diesen Schadenfällen ein.“

---

572 Vgl. Ellenbürger, F./Engeländer, S./Kölschbach, J., Der letzte Schritt zum IFRS für Versicherungsverträge, S. 814. Für Erläuterungen zu den Rückstellungsarten siehe Farny, D., Buchführung, S. 129-134 und Rockel, W. u. a., Versicherungsbilanzen, S. 155 f.

573 IFRS 17, Appendix A.

Diese Art von Rückstellung wird also gebildet, um Mittel zu reservieren für (1) noch nicht eingetretene Schäden, deren Regulierung dem Versicherungsnehmer aber im Versicherungsvertrag zugesagt wurde (2) sowie für damit zusammenhängende Verwaltungs- und Abschlusskosten und übrige versicherungstechnische Aufwandspositionen.[574]

Die zweite Art umfasst bei IFRS 17 die sog. Rückstellung bzw. Verpflichtung für aufgetretene Schäden (*liability for incurred claims*) sowie bei Solvency II die sog. Schadenrückstellung (*claims provision*). Die Rückstellung für aufgetretene Schäden ist definiert als

„*[a]n entity's obligation to investigate and pay valid claims for insured events that have already occurred, including events that have occurred but for which claims have not been reported, and other incurred insurance expenses.*"[575]

Die Schadenrückstellung ist zu bilden „[...] für bereits eingetretene Schadenfälle unabhängig davon, ob die aus diesen Schadenfällen resultierenden Ansprüche angemeldet wurden oder nicht."[576]

Diese Art von Rückstellung wird also gebildet, um Verpflichtungen aus eingetretenen Schäden (inklusive direkter und indirekter Schadenregulierungskosten und Erstattungen) zu decken, die noch nicht reguliert wurden, deren genaue Höhen also noch nicht feststehen.[577]

Das heißt, dass eine Prämienrückstellung bzw. eine Rückstellung/Verpflichtung für die verbleibende Deckung gebildet wird, wenn der Vertrag angesetzt wird. Dies geschieht, um das Versicherungsversprechen gegenüber dem Versicherungsnehmer bilanziell abzubilden, ohne dass bereits Schäden eingetreten sind. Zentrale Fragen sind dabei, welche Verträge anzusetzen sind und welche Laufzeiten diese Verträge haben, sowie in welchem Umfang für diese Verträge Ein- und Auszahlungen anfallen werden. Eine Schadenrückstellung bzw. eine Rückstellung für aufgetretene Schäden wird erst gebildet, wenn ein vom Versicherungsvertrag gedeckter Schaden aufgetreten ist, der zum Bewertungsstichtag weder beglichen noch hinreichend reguliert bzw. konkretisiert wurde,

574 Vgl. DAV (Hrsg.), Ergebnisbericht Best Estimate, S. 8, 20.

575 IFRS 17, Appendix A.

576 Art. 36 Abs. 3 DVO.

577 Vgl. DAV (Hrsg.), Ergebnisbericht Best Estimate, S. 8.

um ihn als betragsgenaue Verpflichtung auszuweisen.[578] Die zentrale Frage bei einer Schadenrückstellung ist daher, welche Zahlungsströme mit der Regulierung des konkreten Schadens verbunden sein werden.

455. Baustein eins – Ermittlung der Zahlungsströme

455.1 In beiden Bewertungsmodellen zu berücksichtigende Zahlungsströme

Die in einem Versicherungsvertrag zu berücksichtigenden Zahlungsströme stellen **in beiden Bewertungsmodellen den ersten Baustein** dar. In diesem Abschnitt wird grundlegend umrissen, welche Zahlungsströme in beiden Bewertungsmodellen berücksichtigt werden müssen. Die diskussionswürdigen Regelungen in Bezug auf die Zahlungsströme – etwa die Verteilung der Akquisitions- und Gemeinkosten – werden in den nachfolgenden Abschnitten erörtert.

Nach IFRS 17 und Solvency II sind grundsätzlich alle Zahlungsströme innerhalb der Grenzen des Versicherungsvertrags zu berücksichtigen.[579] Den größten Teil der **Einzahlungen** stellen jegliche Art der vom Versicherungsnehmer gezahlten Prämien dar. Auch Einzahlungen, die daraus resultieren, dass der Versicherer dem Versicherungsnehmer vertraglich vereinbarte Leistungen in Rechnung stellen kann, müssen im ersten Baustein berücksichtigt werden.[580] Außerdem müssen etwaige Rückforderungen und Regressbeträge – d. h. Forderungen gegen Dritte, die dem Versicherer gegenüber ersatzpflichtig sind – berücksichtigt werden, die in bestimmten Vertragskonstrukten anfallen.[581] Dies gilt indes nur, sofern solche Beträge nicht als separater Vermögenswert i. S. d. IFRS zu klassifizieren sind.[582]

Die im ersten Baustein beider Bewertungsmodelle zu berücksichtigenden **Auszahlungen** umfassen die zur Vertragserfüllung notwendigen Zahlungsströme.[583] Den größten Teil der Auszahlungen

578 Vgl. HOMMEL, M./BIELKE, D./ZICKE, J., Gewinnglättung dominiert fair value, S. 409; DAV (Hrsg.), Ergebnisbericht Best Estimate, S. 21.

579 Vgl. IFRS 17.B61 und B65; Erwägungsgrund 9 DVO. Zu Vertragsgrenzen siehe Abschnitt 455.4.

580 Vgl. IFRS 17.B66 lit. a und m; Art. 28 lit. d DVO.

581 Dies gilt z. B. in folgendem Fall: Ein Versicherer hat mit einem Versicherungsnehmer einen Vertrag über eine verbundene Wohngebäudeversicherung geschlossen. Durch die Versicherung ist ein im versicherten Gebäude entstandener Wasserschaden gedeckt, den die Versicherung dem Versicherungsnehmer ersetzen muss. Der Schaden ist indes nur aufgrund eines Montagefehlers durch den zuständigen Installateur entstanden, der wiederum von der Versicherung in Haftung genommen werden kann. Vgl. WAGNER, F., Versicherungslexikon, S. 529.

582 Vgl. IFRS 17.B66 lit. (k); Art. 28 lit. g DVO.

583 Vgl. NGUYEN, T./GROSCHE, S., IFRS 4 aufsichtsrechtlich, S. 427.

machen die Aufwendungen für Versicherungsleistungen aus. Diese umfassen erwartete Zahlungen und Naturalleistungen[584] an den Versicherungsnehmer für bestehende und bereits gemeldete aber auch für bestehende und noch nicht gemeldete Schäden sowie für künftig erwartete Schäden, die es zu schätzen gilt.[585] Weiterhin sind in die Zahlungsströme den Versicherungsverträgen zuordenbare künftige Akquisitions- sowie fixe und variable Gemeinkosten einzubeziehen.[586] Auch Steuerzahlungen, sowie alle übrigen Kosten, die der Versicherungsgeber vertragsgemäß zu tragen hat, sind in den Zahlungsstromschätzern zu berücksichtigen.[587]

455.11 Analyse der Gemeinsamkeiten und Unterschiede

Die im ersten Baustein zu berücksichtigenden Arten von Zahlungsströmen stimmen in beiden Bewertungsmodellen weitestgehend überein,[588] die relevanten Regelungspassagen können konvergent ausgelegt werden.[589] Wie in Abschnitt 452 festgestellt, sind auch durch die divergierenden Bewertungsperspektiven hier keine großen Unterschiede zu erwarten.

Unterschiede ergeben sich in beiden Bewertungsmodellen aber durch die **Bezugsgröße für die Zahlungsstromschätzer**, d. h. auf welchem Vertrags-Aggregationsniveau Kosten zugeordnet werden dürfen. Dem Einzelbewertungsgrundsatz folgend sind hierfür grundsätzlich die einzelnen Verträge maßgeblich. Da dies in vielen Fällen aber nicht praktikabel ist, wird auf ein höheres Aggregationsniveau ausgewichen, d. h. die Kosten werden z. B. auf Portfolioebene geschätzt und fließen auf Portfolioebene in den Baustein ein.

Die in IFRS 17 bestimmte Bezugsgröße für die Zahlungsströme ist ein Portfolio bzw. eine Gruppe von Versicherungsverträgen. Der Rechnungslegungsstandard bestimmt in diesem Zusammenhang, dass nur Zahlungsströme, die eindeutig einem Portfolio und – sofern das Portfolio in Gruppen zu unterteilen ist – dessen Gruppen von Versicherungsverträgen (oder im besten Fall einem Versicherungsvertrag) zuordenbar sind, bei der Rückstellungsbildung berücksichtigt werden dürfen.[590]

[584] Naturalleistungen sind Realgüter, die der Versicherte im Schadenfall von der Versicherung erhält. Etwa eine Kfz-Frontscheibe, die wegen eines Steinschlags ersetzt wird. Vgl. FARNY, D., Versicherungsbetriebslehre, S. 399.

[585] Vgl. IFRS 17.B65 lit. (b) und (g); Art. 28 lit. a und b DVO.

[586] Vgl. IFRS 17.B65 lit. (e) und (l); Art. 28 lit. c und e DVO i. V. m. Art. 31 Abs. 2 DVO.

[587] Vgl. IFRS 17. B66 lit. (i) und (m); Art. 28 lit. c und h DVO.

[588] Vgl. IFRS 17.B65; Art. 28 DVO.

[589] Vgl. ähnlich NGUYEN, T./GROSCHE, S., IFRS 4 aufsichtsrechtlich, S. 427.

[590] Vgl. hier und im folgenden Satz IFRS 17.33 und B66 lit. (d) i. V. m. IFRS 17.24.

Nicht einem Portfolio zuordenbare Kosten sind hingegen sofort wenn sie anfallen erfolgswirksam zu erfassen,[591] was insbesondere Gemeinkosten betrifft, die portfolioübergreifend anfallen.[592]

Die Rechts- und Regelungsquellen von Solvency II definieren die Bezugsgröße für die Zahlungsstromschätzer nicht genau, d. h. es wird nicht genau spezifiziert, welche Kostenart welchem Vertrags-Aggregationsniveau zuzuordnen ist.[593] Ein Anhaltspunkt lässt sich aber in Art. 31 Abs. 2 DVO finden: „Gemeinkosten **werden den Bestandteilen des besten Schätzwerts, auf die sie sich beziehen**, nach realistischen und objektiven Kriterien und im Zeitverlauf einheitlich zugeordnet."[594] Der Wortsinn dieser Aussage kann mithilfe der *Technical Specification* zur QIS5[595] konkretisiert werden, die zur Verteilung der Gemeinkosten noch festhielten: „*The allocation of overhead expenses to **lines of business, homogeneous risk groups or any other segments of the best estimate** should be done on an economic basis following realistic and objective principles.*"[596] Das heißt die Kosten könnten sowohl auf Portfoliobasis – also auf homogene Risikogruppen oder auf Solvency II-Geschäftsbereiche – als auch auf Segmentebene in die Zahlungsstromschätzer einfließen.[597] So wären etwa die erwarteten Aufwendungen für eine IT-Plattform, mit der die Schadenabwicklung auf der Ebene des gesamten Schaden- und Unfall-Segments eines Versicherers verbessert werden soll, unter Solvency II dem besten Schätzwert des Segments zuzuordnen. Da diese Aufwendungen aber nicht auf einzelne Portfolios verteilt werden können, wären sie gemäß ED/2013/7, wenn sie anfallen, sofort erfolgswirksam zu erfassen. Daraus folgt ein erhöhtes Rückstellungsvolumen unter Solvency II im Vergleich zu IFRS 17, da der erste Baustein auf Gesamtunternehmensebene an Volumen gewinnt.

Die generelle Möglichkeit fixe und variable Gemeinkosten in den Zahlungsströmen von Versicherungsverträgen zu berücksichtigen, sofern sie zuordenbar sind, ist entscheidungsnützlich i. S. d.

---

591 Vgl. IFRS 17.B66 lit. (d); IASB (Hrsg.), Cash flows (agenda paper 3F), S. 26, Tz. 8.

592 PRICEWATERHOUSECOOPERS (Hrsg.), Using Solvency II to implement IFRS 17, S. 7.

593 Art. 28 DVO stellt nur allgemein auf den besten Schätzwert ab, konkretisiert aber nicht, auf welches Aggregationsniveau sich dieser bezieht.

594 Hervorhebung durch den Verfasser.

595 Die QIS5 *Technical Specification* war ein Vorgängerdokument der DVO und diente während der QIS dazu, die Vorgaben der Solvency II-Richtlinie vorläufig zu konkretisieren.

596 Hervorhebung durch den Verfasser.

597 Vgl. hierzu noch in QIS5 EUROPÄISCHE KOMMISSION (Hrsg.), QIS5 Technical Specifications, TP.2.28; NGUYEN, T./GROSCHE, S., IFRS 4 aufsichtsrechtlich, S. 428.

Framework-Anforderungen der glaubwürdigen Darstellung und der Verlässlichkeit. Schließlich berücksichtigt ein Versicherer seine Gemeinkosten, wenn er seine Versicherungsprodukte bepreist. Somit ist es sinnvoll, die zuordenbaren Gemeinkosten in der Rückstellung auch den Prämieneinnahmen gegenüberzustellen.[598] Im Bewertungsmodell des IFRS 17 wird dadurch zudem die Aussagekraft der vertragsbezogenen Servicemarge gestärkt. Denn würden portfoliovariable Gemeinkosten – wie im ersten Standardentwurf für Akquisitionskosten vorgesehen[599] – nicht in den Zahlungsstromschätzern berücksichtigt, würde ein höherer erwarteter Überschuss pro Versicherungsvertrag als vertragsbezogene Servicemarge ausgewiesen.

Die in der **Solvabilitätsübersicht** gebotene Vorgehensweise, Aufwendungen auch auf höhere Aggregationsniveaus des besten Schätzwertes zu verteilen, ist vor dem Hintergrund der **Entscheidungsnützlichkeit** der des Rechnungslegungsstandards vorzuziehen. Denn dadurch kann der Rechnungslegungsadressat die Entstehungsbereiche der Gemeinkosten auch dann nachvollziehen, wenn diese nicht auf ein einzelnes Portfolio heruntergebrochen werden können.

Zu kritisieren bleibt indes an den Regelungen, dass der erste Baustein über die gestaltbare Zuordnung von Zahlungsströmen manipuliert werden kann. Dadurch, dass Versicherer in IFRS 17 über das Kriterium der Zuordenbarkeit von Gemeinkosten zu einem Portfolio beeinflussen können, ob diese Aufwendungen sofort erfolgswirksam behandelt oder aber in den ersten Baustein einfließen und periodisiert werden, entstehen bilanzpolitische Spielräume. Hier wären Beispiele des IASB wünschenswert, die verdeutlichen, welche Gemeinkosten als einem Portfolio zuordenbar und welche als sofort aufwandswirksam gelten. Dieser Kritikpunkt gilt für die Solvabilitätsübersicht nur bedingt, da Versicherer Gemeinkosten, die nicht einem spezifischen Portfolio zugeordnet werden können, auf dem nächst höheren Aggregationsniveau berücksichtigen müssen. Weiterhin ist in beiden Systemen von Versicherern i. S. d. Vergleichbarkeit zu fordern, dass von einer einmal vorgenommenen Zuordnungssystematik von Gemeinkosten nur in begründeten Ausnahmefällen abgewichen werden darf. Zudem wäre ein deutlicherer Wortlaut in der DVO zur Bezugsgröße der Zahlungsstromschätzer wünschenswert – so wie er noch in den *Technical Specifications* zu QIS5 zu finden war.

---

[598] Vgl. IASB (Hrsg.), Cash flows (agenda paper 3F), Tz. 47; GALLASCH, F., Bilanzierung von Versicherungsverträgen, S. 108.

[599] Vgl. IASB (Hrsg.), ED/2010/8: Insurance Contracts, Tz. B61 lit. b.

455.12 Behandlung von Akquisitionskosten

455.121. Vorbemerkung

Ein Blick in den Geschäftsbericht des Allianz-Konzerns des Jahres 2015 offenbart, welchen Stellenwert Vertrags-Akquisitionskosten bzw. Abschlusskosten in der GuV einnehmen: In der Schaden- und Unfallversicherung belaufen sich die Abschlusskosten 2015 auf 10,2 Mrd. Euro bei verdienten Netto-Beiträgen i. H. v. 46,4 Mrd. Euro. Die Netto-Abschlusskostenquote beträgt damit 22,0 %. Außerdem machen die Abschlusskosten 76,3 % der gesamten Verwaltungskosten aus.[600] Da die Akquisitionskosten also eine bedeutende Bilanzposition darstellen, IFRS 17 und Solvency II sich aber stark darin unterscheiden, wie Abschlusskosten bilanziell zu behandeln sind, werden sie im Folgenden näher betrachtet.

455.122. Behandlung von Akquisitionskosten nach IFRS 17

Akquisitionskosten bzw. *insurance acquisition cash flows* werden vom IASB definiert als

„*Cash flows arising from the costs of selling, underwriting and starting a* ***group of insurance contracts*** *that are directly attributable to the* ***portfolio of insurance contracts*** *to which the group belongs. Such cash flows include cash flows that are not directly attributable to individual contracts or* ***groups of insurance contracts*** *within the portfolio.*"[601]

Die Definition stellt klar, dass *acquisition cash flows* auf Portfolioebene zu erheben sind.[602] *Acquisition cash flows* umfassen Auszahlungen, die mittelbar und unmittelbar beim Abschluss von Versicherungsverträgen anfallen, z. B. Abschlussprovisionen sowie Kosten für Antrags- und Risikoprüfungen.[603] Sie fallen häufig noch vor dem bilanziellen Ansatz der zugehörigen Versicherungsverträge an,[604] weshalb der IASB sie gesondert behandelt, um sie in den ersten Baustein des IFRS 17-Bewertungsmodells einfließen zu lassen.[605]

600 Für die den Quoten zugrundeliegenden Werte vgl. ALLIANZ SE (Hrsg.), Geschäftsbericht der Allianz Gruppe 2015, S. 176 und 217. Die Abschlusskostenquote drückt das Verhältnis von Abschlusskosten zu verdienten Beiträgen (netto) aus.

601 IFRS 17, Appendix A.

602 Vgl. IFRS 17.BC182 für die Vorteile der portfoliogebundenen Erfassung gegenüber der rein vertragsgebundenen.

603 Vgl. WAGNER, F., Versicherungslexikon, S. 2 f.

604 Vgl. IFRS 17.BC178.

605 Vgl. IFRS 17.BC179.

IFRS 17 sieht vor, **solche akquisitionsbedingten Auszahlungen, die vor dem Bilanzansatz der zugehörigen Versicherungsverträge anfallen, als Vermögenswert zu erfassen.**[606] Werden die zugehörigen Verträge angesetzt, wird der Vermögensgegenstand ausgebucht und in den Portfolio-Zahlungsströmen erfasst. Dies führt dazu, dass die vertragsbezogene Servicemarge des Vertrags-Portfolios verringert wird und vorvertragliche *acquisition cash flows* so behandelt werden, wie die übrigen zur Vertragserfüllung notwendigen Zahlungsströme.[607]

Weiterhin regelt der IASB auch die **zeitliche Verteilung des Aufwandes, der durch *acquisition cash flows* entsteht.**[608] Der Aufwand ist systematisch über die Deckungsperiode des Vertragsportfolios zu erfassen, und zwar so, dass er den korrespondierenden Prämieneinnahmen aus den Versicherungsverträgen gegenübersteht.[609] So wird also abgelehnt, die Akquisitionskosten in dem Moment aufwandswirksam zu erfassen, in dem sie anfallen, was i. d. R. zu Vertragsbeginn ist.[610]

455.123. Behandlung von Akquisitionskosten nach Solvency II

Die aktuellen Rechts- und Regelungsquellen von Solvency II enthalten keine Definition der Akquisitionskosten. Um trotzdem einen Eindruck davon zu bekommen, was unter Solvency II darunter zu verstehen ist, hilft ein Blick in die *Technical Specification for the Preparatory Phase* – ein Vorgängerdokument der DVO – in der diese wie folgt beschrieben werden:

*„Acquisition expenses include expenses which can be identified at the level of individual insurance contract and have been incurred because the undertaking has issued that particular contract. These are commission costs, **costs of selling, underwriting and initiating an insurance contract that has been issued.**"*[611]

Die *„commission costs"*, also Provisionskosten, sind als Entgelte für die Zuführung von Neugeschäft zu verstehen.[612] Daher fallen sie unter die *„costs of selling, underwriting and initiating an*

606 Vgl. hier und im folgenden Satz IFRS 17.27.

607 Vgl. IFRS 17.38 lit. (b) und BC177.

608 Vgl. hierzu insgesamt IFRS 17.IE72-IE80.

609 Vgl. IFRS 17.B125 und BC 179.

610 Vgl. IASB (Hrsg.), Presentation in statement of comprehensive income – acquisition costs (agenda paper 2C), Tz. 9 lit. a.

611 EIOPA (Hrsg.), Technical Specification for the Preparatory Phase (Part I), TP.2.49. Hervorhebung durch den Verfasser.

612 Vgl. WAGNER, F., Versicherungslexikon, S. 502.

insurance contract", weshalb die Solvency II-Definition fast mit der des IASB übereinstimmt. Grundsätzlich werden also die gleichen Zahlungsströme als Akquisitionskosten definiert, die Unterschiede der Definitionen werden an dieser Stelle nicht näher analysiert.

In der DVO werden künftig erwartete Akquisitionskosten wie nach IFRS 17 in den Zahlungsströmen des ersten Bausteins berücksichtigt.[613] Es gibt aber keine Bestimmungen, die darauf gerichtet sind, den zeitlichen Anfall des aus den Akquisitionskosten entstehenden Aufwands zu steuern. Das bedeutet, dass **Akquisitionskosten direkt, wenn sie anfallen, das Eigenkapital mindern.**

455.124. Analyse der Gemeinsamkeiten und Unterschiede

Die Regelungen des IFRS 17 unterscheiden sich gegenüber denen von Solvency II grundlegend darin, wie **Akquisitionskosten** behandelt werden. Während IFRS 17 vorschreibt, Akquisitionskosten in den *Fulfilment Cash Flows* des Portfolios zu berücksichtigen, in das der Vertrag eingeordnet werden soll und auch vorsieht, die angesetzten Akquisitionskosten erfolgswirksam über die Vertragslaufzeit zu verteilen, mindern Akquisitionskosten in der Solvabilitätsübersicht sofort die verfügbaren Eigenmittel – was einer sofortigen erfolgswirksamen Erfassung in den IFRS entspricht. Dadurch kommt es zu einem niedrigeren Rückstellungsvolumen unter Solvency II.

Die Behandlung der Akquisitionskosten lässt sich indes in den – nicht immer ganz eindeutigen – Bilanzierungskonzepten beider Rechnungslegungssysteme und den daraus resultierenden Bausteinansätzen ergründen. Der IASB hat die Vermittlung entscheidungsnützlicher Informationen für (potenzielle) Investoren zum Ziel. Dieses Ziel will er grundsätzlich mit einem Bilanzierungsmodell verfolgen, das einem *Asset-Liability*-Ansatz entspricht.[614] Dies hieße aber strenggenommen, dass der Periodenerfolg als Differenz der angesetzten Vermögenswerte und Schulden ermittelt werden müsste und auch anfängliche Gewinne realisiert werden müssten.[615] Wie bereits erläutert, enthält der Bausteinansatz des **IASB** aber eine vertragsbezogene Servicemarge, die Gewinne bei Vertragsansatz neutralisieren und periodisieren soll. Dies entspricht konzeptionell dem ***Deferral and***

613 Vgl. Art. 31 Abs. 1 lit. d DVO.

614 Vgl. hierzu bereits IFRS 4 BC6 lit. a, sowie in der Sekundärliteratur SCHWEINBERGER, S./HORSTKÖTTER, M., Versicherungsverträge gemäß ED/2010/8, S. 546; HOMMEL, M./BIELKE, D./ZICKE, J., Gewinnglättung dominiert fair value, S. 404; HELLER, S., Versicherungsverträge nach IFRS, S. 97.

615 Vgl. ZIMMERMANN, J./SCHWEINBERGER, S., Gestaltungsformen der Bilanzierung von Versicherungsverträgen, S. 60.

Matching-Ansatz, nach dem Erträge und Aufwendungen der Periode zugeordnet werden, in denen die ihnen zugehörige Leistung erfolgt ist.[616] Da der IASB sich also schon mit der Servicemarge dafür entschieden hat, den *Asset-Liability*-Ansatz[617] zu durchbrechen[618] und Gewinn zu periodisieren, ist es folglich konsistent, wenn auch Akquisitionskosten nach dem Muster der Leistungserbringung durch den Versicherer in der GuV erfasst werden. Der Auffassung des IASB folgend, bedeutet dies auch, dass es entscheidungsnützlich ist, wenn Akquisitionskosten in die zu bildende Rückstellung einfließen und somit periodisiert werden, also entsprechend der vom Versicherer erbrachten Leistung zu späteren Zeitpunkten in der GuV eine Erfolgswirkung haben.

Solvency II hingegen verfolgt einen reinen *Asset-Liability*-Ansatz, der sich allein auf beizulegende Zeitwerte stützt und sämtliche Wertänderungen der versicherungstechnischen Rückstellungen direkt im Eigenkapital verrechnet. Mit Blick auf den Zweck der Solvabilitätsübersicht, und zwar die verfügbaren Eigenmittel eines Versicherungsunternehmens zeitpunktgenau zu ermitteln, ist es entscheidungsnützlich, Beträge für die Akquisition von Versicherungsverträgen direkt im Eigenkapital zu berücksichtigen. Würden diese mithilfe von Erfolgsermittlungsprinzipien über die Vertragslaufzeit verteilt, obwohl sie bereits abgeflossen sind, würde die Aussagekraft des Eigenkapitalausweises geschmälert und gegen die Anforderung der Neutralität verstoßen.

Somit ist für die unterschiedliche Behandlung der Akquisitionskosten festzuhalten, dass diese gerechtfertigt ist und keine Möglichkeit besteht, die Regelungen gleich auszulegen.

455.2 Grundlagen zur Ermittlung der Zahlungsströme aus Versicherungsverträgen

455.21 Vorbemerkung

Um das Bündel vertragsbezogener, künftiger Zahlungsströme zu schätzen, müssen Versicherer versicherungsmathematisch-statistische Methoden verwenden.[619] Damit der erste Baustein bei der

[616] Vgl. IASB (Hrsg.), DSOP, Tz. 2.7.

[617] Für eine ausführlichere Diskussion der Vor- und Nachteile von *Deferral and Matching*-Ansatz und *Asset-Liability*-Ansatz, siehe Abschnitt 458.4.

[618] Zum konzeptionellen Hintergrund und der Begründung für die Einführung der vertragsbezogenen Servicemarge siehe Abschnitt 458.2.

[619] Vgl. IASB (Hrsg.), Cash flows (agenda paper 3F), Tz. 22 f.; Art. 34 Abs. 2 DVO; EIOPA (Hrsg.), Annexes to the Technical Specification for Preparatory Phase (Part I), Annex B; GDV (Hrsg.), Schätzung von Schaden- und Prämienrückstellungen, S. 8.

gegebenen Methodenvielfalt reguliert wird und um ihn im Zeitablauf sowie unternehmensübergreifend vergleichbarer zu machen, werden Vorgaben gemacht, die die Methodenfreiheit der Versicherer einschränken. Diese Vorgaben werden nachfolgend konkretisiert und gewürdigt.

455.22 Grundlagen der Zahlungsströme nach IFRS 17

IFRS 17 sieht vor, den **Erwartungswert** bzw. den statistischen Mittelwert aus den möglichen Zahlungsströmen eines Versicherungsvertrags zu bilden.[620] Dies soll geschehen, indem für den Vertrag verschiedene Szenarien ermittelt werden, die nach Möglichkeit alle denkbaren Ergebnisse – z. B. von der Schadenfreiheit über die gesamte Deckungsperiode bis hin zu einem Katastrophenschaden – umfassen. Die aggregierten Zahlungsströme jedes Szenarios sind dann laufzeitadäquat zu diskontieren und mit ihrer geschätzten Eintrittswahrscheinlichkeit zu gewichten.

Um den Betrag einer künftigen Einzahlung oder Auszahlung zu ermitteln, erachtet der IASB hier eine **Szenariobetrachtung** als entscheidungsnützlicher verglichen mit einer reinen Punktschätzung. Denn die Szenariobetrachtung umfasst eine Vielzahl möglicher Zahlungsstrom-Szenarien, aus der ein wahrscheinlichkeitsgewichteter Wert ermittelt wird, wohingegen eine Punktschätzung nur ein einziges mögliches Szenario, z. B. das wahrscheinlichste, umfasst.[621] In vielen Rückmeldungen auf den ersten *Exposure Draft* wurde bezogen auf die einzubeziehenden Szenarien angemerkt, dass es unverhältnismäßig aufwendig, wenn nicht unmöglich sei, sämtliche mögliche Ergebnisse in eine Szenariobetrachtung einzubeziehen.[622] Daher räumt der IASB explizit ein, dass es **gestattet ist Schätzungsmethoden zu verwenden, die die betrachteten Szenarien auf ein praktikables Niveau senken.**[623] Entscheidend ist dabei, dass die glaubwürdige Darstellung des Ergebnisses nicht beeinträchtigt wird und keine relevanten Informationen außer Acht gelassen werden, also alle relevanten Informationen (d. h. am besten alle verfügbaren) berücksichtigt werden. Wieweit hier vereinfacht werden darf und wie aufwändig die Suche nach geeigneten Informationen sein muss, hängt indes vom Einzelfall ab und liegt daher im Ermessen des Versicherers. Deshalb werden von den bilanzierenden Versicherern Angaben über die relevanten einbezogenen Daten bzw. Szenarien,

---

620 Vgl. hier und nachfolgend in diesem Absatz IFRS 17.B37 f.

621 Vgl. IFRS 17.BC148.

622 Vgl. IASB (Hrsg.), Cash flows (agenda paper 3F), Tz. 13 lit. b.

623 Vgl. hier und nachfolgend in diesem Absatz IFRS 17.B39; IASB (Hrsg.), Cash flows (agenda paper 3F), Tz. 20 f. So dürfen z. B. sehr unwahrscheinliche, aber schwerwiegende Katastrophenschäden nicht außer Acht gelassen werden.

Methoden und deren Änderungen im Zeitablauf i. S. d. IFRS 17.117 gefordert, um Ermessensspielräume zu verkleinern.

Neben der Möglichkeit die Zahlungsströme zu schätzen, gestattet der IASB auch sie mit einem Portfolio von Finanzinstrumenten ganz oder teilweise zu **replizieren**, um ihren beizulegenden Zeitwert zu ermitteln.[624] Dies soll an einem einfachen **Beispiel** verdeutlicht werden:[625] Ein Versicherungsunternehmen offeriert einen Sparvertrag im Zeitpunkt t_0, der zu Auszahlungen i. H. v. 30 und 1.030 Euro in den Zeitpunkten t_1 und t_2 führt. Das heißt der Rückzahlungsbetrag beträgt 1.000 Euro bei einer Nominalverzinsung von 3 %. Gleichzeitig existieren an einem aktiven und liquiden Finanzmarkt die Nullkuponanleihen N_1 (Kurs 9,8 Euro, fällig in t_1) und N_2, (Kurs 9,4 Euro, fällig in t_2), beide haben einen Nennwert von 10 Euro und kein Ausfallrisiko. Wenn der Versicherer also in t_0 drei Anleihen N_1 und 103 Anleihen N_2 kauft, kann er die Zahlungsströme nachbilden. Der bilanzielle Wert des Versicherungsvertrags in t_0, also die zu bildende Rückstellung, beträgt dann 9.976 Euro, was dem Wert der erworbenen Nullkuponanleihen in diesem Zeitpunkt entspricht. Werden die Zahlungsströme repliziert, sind sie nicht mehr zu diskontieren und mit einer Risikomarge zu versehen, da diese Komponenten bereits vom Marktwert antizipiert sind.[626]

455.23 Grundlagen der Zahlungsströme nach Solvency II

Um die Zahlungsstromkomponente des besten Schätzwerts zu ermitteln, bestehen nach der Solvency II-Richtlinie – wie nach IFRS 17 – zwei Möglichkeiten, für die aber eine klare Reihenfolge vorgegeben wird. Die erste und vorzugsweise anzuwendende Methode ist die, Zahlungsströme **aus einem geeigneten Portfolio von Finanzinstrumenten nachzubilden**. Die Preise von hierfür verwendeten Finanzinstrumenten müssen einem aktiven und liquiden Markt entnommen werden, d. h. verlässlich ermittelbar sein.[627] Die Zahlungsströme des zu bewertenden Versicherungsvertrags müssen außerdem in jedem künftigen Zeitpunkt durch die Finanzinstrumente exakt nachbildbar sein.[628] Die Zahlungsströme von geeigneten Finanzinstrumenten müssen den Zeitwert des Geldes und ggf. ein geeignetes Risikoniveau widerspiegeln, weshalb die Solvency II-Richtlinie in diesem

624 Vgl. IFRS 17.B46.

625 Vgl. für das Beispiel COTTIN, C./NÖRTEMANN, S., Der Begriff der Risikomarge, S. 10 f.

626 Vgl. IFRS 17.B46.

627 Vgl. Art. 40 Abs. 3 DVO.

628 Vgl. Art. 40 Abs. 2 DVO; GRÜNDL, H./KRAFT, M., Solvency II, S. 42.

Fall nicht vorschreibt, die einzelnen Bausteine des Bewertungsmodells separat zu berechnen.[629] Dieses Vorgehen wird auch als „Berechnung der versicherungstechnischen Rückstellungen als Ganzes“ bezeichnet und ist ähnlich dem Vorgehen nach IFRS 17.B46 f.[630]

Können die Zahlungsströme nicht repliziert werden, müssen sie **geschätzt werden**. In der *Technical Specification for the preparatory Phase* wird dazu Folgendes bestimmt: „*The best estimate should correspond to the probability weighted average of future cash-flows taking account of the time value of money.*“[631] Wie schon für IFRS 17 festgestellt, muss auch der Zahlungsstromschätzer nach Solvency II als gewichteter Mittelwert vieler Einzelschätzer ermittelt werden. Punktschätzer sind nach diesem Wortlaut nicht vorgesehen.

Bei der Ermittlung des besten Schätzwertes sind gemäß Art. 77 Abs. 2 der Solvency II-Richtlinie **alle ein- und ausgehenden Zahlungsströme zu berücksichtigen**, die anfallen, um die Verbindlichkeiten aus den Versicherungsverträgen abzurechnen. Ähnlich wie bei den Vorgaben von IFRS 17 ist damit aber auch nicht gemeint, dass alle möglichen Daten und daraus konstruierten Szenarien in die Zahlungsstromschätzungen aufgenommen werden müssen. So relativiert Art. 34 Abs. 2 DVO die Aussage aus der Richtlinie und gibt vor, dass die verwendeten versicherungsmathematischen Methoden alle **zur Verfügung stehenden und relevanten Daten** nutzen sollen.[632] Dadurch wird der Aufwand für die Versicherer auf ein angemessenes Niveau abgesenkt. Da nicht genau definiert ist, was relevant ist, besteht indes auch Ermessensspielraum.

455.24 Analyse der Gemeinsamkeiten und Unterschiede

Grundsätzlich ist **die Replikation von Zahlungsströmen** zu befürworten, da – einen funktionierenden Markt vorausgesetzt – die mit vielen Spielräumen behaftete Schätzung der Bausteine so durch eine objektivierbare Ermittlungsmethode ersetzt wird.[633] Die Replikation ist indes mit einigen Schwierigkeiten verbunden. So ist es unwahrscheinlich, Finanzinstrumente mit Zahlungs-

629 Vgl. EU (Hrsg.), RL 2009/138/EG, Art. 76 Abs. 4.

630 Vgl. bspw. im Kontext der Gliederung der Solvabilitätsübersicht EUROPÄISCHE KOMMISSION (Hrsg.), Technischer Durchführungsstandard zu Verfahren, Formaten und Meldebögen, S. 7 f.

631 EIOPA (Hrsg.), Technical Specification for the Preparatory Phase (Part I), Tz. TP.2.1.

632 Vgl. hierzu auch EIOPA (Hrsg.), Leitlinien zu versicherungstechnischen Rückstellungen (BoS-14/166 DE), Tz. 1.25 sowie EIOPA (Hrsg.), Annexes to the Technical Specification for Preparatory Phase (Part I), Annex B Tz. 1.

633 So auch IFRS 17.BC153.

strömen zu finden, die die Eigenschaften eines speziellen Versicherungsvertrages angemessen replizieren, da die meisten Versicherungsverträge komplexere Zahlungsstrukturen aufweisen, als der Vertrag im aufgeführten Beispiel.[634] Wie die von der EIOPA konstruierten Beispiele[635] zeigen, lassen sich außerdem fast nur Verträge der (kapitalbildenden) Lebensversicherung mit Finanzinstrumenten nachbilden. Denn diese sind oft besser vorhersagbar, als solche der Schaden- und Unfallversicherung. Generell, insbesondere aber für die Schaden- und Unfallversicherung, ist **diese Art versicherungstechnische Rückstellungen zu berechnen daher ungebräuchlich.** Da der IASB zudem nicht verpflichtend vorschreibt Zahlungsströme zu replizieren, sondern eher – sofern dies möglich ist – den Bausteinansatz damit zu verifizieren, dürfte diese Technik von IFRS-Anwendern noch seltener verwendet werden als von Solvency II-Anwendern.

Da in beiden Rechnungslegungssystemen die Zahlungsströme i. d. R. geschätzt werden müssen und replizierte Zahlungsströme im Ergebnis grundsätzlich mit dem des Bausteinansatzes übereinstimmen sollten, wird die Vergleichbarkeit innerhalb des jeweiligen Systems aber auch systemübergreifend nicht grundlegend durch unterschiedliche Ermittlungsmethoden beeinträchtigt. Zu kritisieren bleibt aber, dass IFRS 17 nicht wie Solvency II vorgibt, wann genau die Zahlungsströme geschätzt und wann sie repliziert werden müssen, sondern die Entscheidung dem Bilanzierenden überlässt. Dadurch wird wiederum die Vergleichbarkeit eingeschränkt. Um diese Schwäche zu mildern, sollten Versicherer die freien Vorgaben des Rechnungslegungsstandards ausnutzen, um so zu verfahren, wie nach Solvency II vorgeschrieben.

Die Schätzmethodik muss in beiden Bewertungsmodellen ähnliche Anforderungen erfüllen, d. h. eine angemessene Anzahl von Szenarien muss in den Schätzern berücksichtigt werden, aus der der wahrscheinlichkeitsgewichtete Mittelwert der Zahlungsströme berechnet wird. **Welche konkrete versicherungsmathematische Methode zu verwenden ist, wird aber nicht vorgegeben.** Daher kann es trotz ähnlicher Vorgaben zu den einzubeziehenden Zahlungsströmen[636] vorkommen, dass aufgrund abweichender versicherungsmathematischer Methoden unterschiedliche Zahlungsstrom-Schätzer berechnet werden. So können sowohl innerhalb des gleichen Rechnungslegungsregimes bei unterschiedlichen Versicherern unterschiedliche Schätzmethoden verwendet werden, als auch

634 Vgl. NGUYEN, T./GROSCHE, S., IFRS 4 aufsichtsrechtlich, S. 427; COTTIN, C./NÖRTEMANN, S., Der Begriff der Risikomarge, S. 11.

635 Vgl. BAFIN (Hrsg.), Erläuterungen zu versicherungstechnischen Rückstellungen, Abschnitt „Zu Leitlinie 65 – Zuverlässige Nachbildung"; EIOPA (Hrsg.), Technical Specification for the Preparatory Phase (Part I), TP.4.8.

636 Vgl. Abschnitt 455.1.

im gleichen Unternehmen abhängig vom jeweiligen System. Dies steht der Anforderung der Vergleichbarkeit entgegen und eröffnet Versicherern Möglichkeiten die Rückstellungshöhe zu beeinflussen.[637]

Die Zahl der zu verwendenden aktuariellen Schätzmethoden zu beschränken oder gar konkrete Methoden vorzugeben, würde aber in einigen Fällen einer adäquaten Risikoeinschätzung zuwiderlaufen, nämlich dann, wenn eine andere als die vorgegebene Methode verlässlichere Ergebnisse produzieren würde. Darüber hinaus ist es Aufgabe der Versicherungsmathematik und nicht der Rechnungslegung, eine dem Sachverhalt angemessene Methode zu wählen.[638] Indes könnte die Vergleichbarkeit gefördert werden, indem IASB und EIOPA generell vorgeben, bei welchem Sachverhalt welche aktuarielle Methode angemessen ist. Dies wurde noch in der *Technical Specification for the Preparatory Phase* gemacht.[639] Weiterhin sollte auch den Versicherern selber daran gelegen sein, Methoden rechnungslegungsregimeübergreifend konsistent anzuwenden, um Doppelberechnungen zu vermeiden.[640]

455.3 Qualitative Anforderungen an die Zahlungsströme und an die zu verwendenden Daten

455.31 Anforderungen an die Zahlungsströme nach IFRS 17

Die erste **Anforderung** an die Zahlungsströme ist die, dass **alle verfügbaren Informationen unverzerrt in die Bewertung einfließen müssen.**[641] Zu den zu berücksichtigenden Informationen gibt der IASB einige Beispiele:[642] Schadeninformationen, die von Versicherungsnehmern gemeldet wurden, Informationen über die Charakteristika eines Portfolios, historische Daten, die aus der Erfahrung des Versicherers resultieren (z. B. regionale Schadenhäufigkeiten) oder aktuelle Preise von Rückversicherungsverträgen und anderen Finanzinstrumenten.

637 Vgl. NGUYEN, T./GROSCHE, S., IFRS 4 aufsichtsrechtlich, S. 428.

638 Vgl. im Kontext der Risikomarge IASB (Hrsg.), Risk Adjustment techniques to meet the objective (agenda paper 3C), Tz. 12.

639 Vgl. EIOPA (Hrsg.), Annexes to the Technical Specification for Preparatory Phase (Part I), Annex B; OEHLENBERG, L./STAHL, G./BENNEMANN, C., Von der Standardformel zum Internen Modell, S. 6 f.

640 Vgl. NGUYEN, T./GROSCHE, S., IFRS 4 aufsichtsrechtlich, S. 428.

641 Vgl. IFRS 17.33 lit. (a).

642 Vgl. zu den Beispielen IFRS 17.B41.

Die zweite **Anforderung** ist die, dass Zahlungsströme die **Perspektive des bilanzierenden Versicherers reflektieren sollen, solange sie keinen beobachtbaren Marktpreisen widersprechen.**[643] Der IASB unterscheidet bei den zu schätzenden Komponenten der Zahlungsströme zwischen Marktvariablen und Nicht-Marktvariablen. **Marktvariablen** sind beobachtbare Marktdaten, z. B. Zinssätze oder Wertpapierpreise.[644] Werden nicht beobachtbare, aber marktbezogene Zahlungsströme[645] geschätzt, müssen diese konsistent mit beobachtbaren Marktdaten sein.[646] Außerdem dürfen eigene Schätzer von beobachtbaren Marktvariablen des gleichen ökonomischen Phänomens nicht vorgezogen werden.[647] Dies widerspricht indes dem im vorangegangenen Abschnitt diskutierten Wahlrecht, das es den Versicherern überlässt, wann sie Replikationsportfolios nutzen, um Zahlungsströme nachzubilden. Denn da für Replikationsportfolios verwendete Finanzinstrumente bzw. deren Preise als Marktvariablen gelten, müsste streng genommen eine (teilweise) Bewertung über ein Replikationsportfolio dem Bausteinansatz vorgezogen werden – wie unter Solvency II.

Nicht-Marktvariablen sind alle anderen Variablen, die sich nicht als Marktvariablen qualifizieren, z. B. Schadenhäufigkeit und -höhe.[648] Sie sind in der Schaden- und Unfallversicherung von weitaus größerer Bedeutung als Marktvariablen.[649] Als Nicht-Marktvariablen gilt z. B. die Schadenerfahrung eines Versicherers. Je nachdem, welche Daten einem Versicherer zur Verfügung stehen, muss er abwägen, welche am relevantesten sind, wenn er Versicherungsverträge bewertet. So kann eine unternehmensintern ermittelte Sterbetafel gegenüber einer externen relevanter sein, wenn sie das zu bewertende Kollektiv besser repräsentiert.[650]

643 Vgl. IFRS 17.33 lit. (b).

644 Vgl. IFRS 17.B42 lit. (a).

645 Dies wäre z. B. bei einer Immobilie der Fall, für die kein Marktpreis vorliegt und die es für Versicherungszwecke zu bewerten gilt.

646 Vgl. hier und im folgenden Satz IFRS 17.B44.

647 In bestimmten Fällen dürfen hiervon Ausnahmen i. S. d. IFRS 13.79 gemacht werden, z. B. wenn der beobachtbare Marktpreis nicht aktuell ist.

648 Vgl. IFRS 17.B42 lit. (b).

649 Vgl. BÄCHLER, R., Bilanzierung von Versicherungsverträgen, S. 382; GALLASCH, F., Bilanzierung von Versicherungsverträgen, S. 99.

650 Vgl. IFRS 17.B50. Mit Hilfe von Sterbetafeln wird die Sterbewahrscheinlichkeit einer Person ermittelt, die einen Lebensversicherungsvertrag abschließt. Sterbetafeln messen die Sterbewahrscheinlichkeit von Personen eines fiktiven Kollektivs, getrennt nach Alter und Geschlecht. Vgl. WAGNER, F., Versicherungslexikon, S. 606.

Die **dritte Anforderung**, die der IASB an die Zahlungsströme stellt, ist die **Aktualität der Schätzungen**, d. h. die Schätzungen müssen zum Stichtag alle relevanten Informationen enthalten.[651] Dazu muss der Versicherer die von ihm gemachten Schätzungen in der Folgebewertung aktualisieren bzw. überprüfen, ob sich Parameter verändert haben.[652] Dabei muss zwischen langfristigen Trends und kurzfristigen Ausreißern, also besonders starken und voraussichtlich einmaligen Abweichungen von Parametern, differenziert werden.[653] Ausreißer dürfen nicht dazu führen, dass die Schadenerfahrung eines Versicherers in Frage gestellt wird, auch wenn sie die aktuellsten Informationen darstellen.

Die **vierte** vom IASB in IFRS 17.33 aufgeführte **Anforderung** ist die, dass die Schätzungen der Zahlungsströme **explizit bzw. eindeutig** sein müssen. Das bedeutet, dass die Zahlungsstromschätzer unabhängig von den Berechnungen des Diskontfaktors und der Risikomarge vorgenommen werden müssen – sie dürfen also den Zeitwert des Geldes nicht berücksichtigen und müssen risikoneutral vorgenommen werden.[654] Dies zielt darauf ab, dass jede einzelne Komponente des Bausteinansatzes einen genauen Zweck verfolgt. Enthalten z. B. die Zahlungsströme schon indirekte Risikozuschläge, weil sie vorsichtig geschätzt werden, wird die exakte Berechnung der Risikomarge ad absurdum geführt. Außerdem würde dies die glaubwürdige Darstellung beeinträchtigen, da die Bausteine neben den Elementen, die sie ihrem Charakter nach enthalten sollen, noch weitere Elemente enthalten würden. Weiterhin versteht der IASB unter einer expliziten Schätzung auch, dass der Versicherer regelmäßig prüft, ob sich Rahmenbedingungen geändert haben, die Einfluss auf die Zahlungsströme haben.[655] Dies fördere die Aktualität der veröffentlichten Informationen und dadurch auch deren Glaubwürdigkeit.

455.32 Den Zahlungsströmen nach Solvency II zugrundeliegende Informationen

Art. 82 der Solvency II-Richtlinie hält fest, dass Versicherungsunternehmen über Prozesse verfügen müssen, die gewährleisten, dass die bei der Berechnung der versicherungstechnischen Rückstellungen verwendeten Daten **angemessen**, **vollständig** und **exakt** sind. Diese Anforderungen werden im Folgenden erörtert.

651 Vgl. IFRS 17.33 lit. (c).

652 Vgl. IFRS 17.Tz. B54.

653 Vgl. IFRS 17.B56.

654 Vgl. IFRS 17.22 lit. (d).

655 Vgl. hier und im nächsten Satz IFRS 17.BC157.

Unter **angemessenen** Daten versteht die EIOPA, „[...] dass Daten für verschiedene Zeiträume einheitlich verwendet werden."[656] Uneinheitliche Daten können entstehen, wenn sich Geschäftsprozesse, IT-Systeme oder Risikomerkmale im Zeitablauf ändern und somit zu einer inkonsistenten Datenbasis führen.[657] Diese Inkonsistenzen können z. B. in uneinheitlich erfassten Daten bestehen. Inkonsistente historische Daten müssen daher ggf. angepasst werden, um für die Berechnung der versicherungstechnischen Rückstellungen geeignet zu sein.[658] Solche Anpassungen müssen häufig vorgenommen werden, wenn in einem Zeitraum besonders schwache oder starke Erfahrungswerte bestehen, wenn sich die Rückversicherungsverträge des Versicherers ändern oder wenn ungewöhnliche oder große Schäden auftreten.

Vollständig sind Daten, wenn sie auf einem ausreichend langen Betrachtungszeitraum basieren, der es dem Versicherer ermöglicht, Trends und Zyklen im Datensatz zu erkennen.[659] Die EIOPA macht keine generellen Vorgaben, ab welcher Länge des Betrachtungszeitraums Daten als vollständig gelten. Dies ist verständlich, da die Vollständigkeit von Daten in hohem Maße vom versicherten Risiko abhängt. Die EIOPA gibt in den Erläuterungen zu Leitlinien zur Bewertung von Versicherungstechnischen Rückstellungen indes ein Beispiel, mit dem sie versucht, diese Vorgabe zu konkretisieren. Danach gilt ein Datenstock für den Solvency II-Geschäftsbereich Kraftfahrzeughaftpflichtversicherung als nicht vollständig, wenn für ihn nur ein einziges Abwicklungsdreieck[660] bezahlter Schäden eines Zeitraums von fünf Jahren besteht. Denn nicht mit jeder versicherungsmathematischen Methode zur Berechnung von Schadenrückstellungen wären daraus die gleichen

656 EIOPA (Hrsg.), Leitlinien zu versicherungstechnischen Rückstellungen (BoS-14/166 DE), Tz. 1.18. Auslassung durch den Verfasser.

657 Vgl. EIOPA (Hrsg.), Erläuterungen zu Leitlinien zu versicherungstechnischen Rückstellungen, Tz. 2.5.

658 Vgl. hier und im Folgenden Art. 19 Abs. 1 lit a DVO; EIOPA (Hrsg.), Leitlinien zu versicherungstechnischen Rückstellungen (BoS-14/166 DE), Tz. 1.19.; EIOPA (Hrsg.), Erläuterungen zu Leitlinien zu versicherungstechnischen Rückstellungen, Tz. 2.7.

659 Vgl. EIOPA (Hrsg.), Leitlinien zu versicherungstechnischen Rückstellungen (BoS-14/166 DE), Tz. 1.15.; EIOPA (Hrsg.), Erläuterungen zu Leitlinien zu versicherungstechnischen Rückstellungen, Tz. 2.1.

660 Ein Abwicklungsdreieck stellt historische Schadenaufwendungen oder Schadenzahlungen z. B. einer Versicherungssparte tabellarisch dar. Versicherer schätzen mit Abwicklungsdreiecken versicherungstechnische Rückstellungen oder Schadenverteilungen. Aktuarielle Standardverfahren unter Solvency II zur Schätzung von Schadenrückstellungen basieren normalerweise auf Abwicklungsdreiecken. Vgl. WAGNER, F., Versicherungslexikon, S. 8 f.; DAV (Hrsg.), Ergebnisbericht Best Estimate, S. 47.

Trends erkennbar.[661] Außerdem weisen die Daten eines solchen Abwicklungsdreiecks keine ausreichende Detailtiefe auf, da z. B. sehr langfristige Personenschäden und kurzfristig regulierbare Sachschäden miteinander vermischt werden.

Als **exakt** gelten Daten, wenn sie die folgenden drei Bedingungen kumulativ erfüllen.[662] Erstens dürfen sie keine wesentlichen Fehler aufweisen. Zweitens müssen Daten, die in unterschiedlichen Zeiträumen erfasst wurden und für dieselbe Schätzung verwendet werden, kohärent sein. Sie dürfen also keine Brüche aufweisen und müssen stets den gleichen Pool von Risiken abdecken, wie ein Abwicklungsdreieck, das sich nur auf Kfz-Haftpflicht-Personenschäden einer Großstadt bezieht. Drittens müssen die Daten zeitnah und im Zeitverlauf einheitlich erfasst sein. Die Zeitnähe kann hier wie die Aktualität der Zahlungsstrom-Daten nach IFRS 17 interpretiert werden, nämlich so, dass die Daten alle am Stichtag relevanten Informationen enthalten. Daten einheitlich, also standardisiert, zu erfassen, dient zudem ihrer Kohärenz.

455.33 Analyse der Gemeinsamkeiten und Unterschiede

Die in den beiden vorherigen Abschnitten erörterten Anforderungen einzuhalten, sollte im Geschäftsprozess eines Versicherungsunternehmens eine Selbstverständlichkeit sein, um die Qualität der Zahlungsstrom-Schätzer sicherzustellen. Aus diesem Grunde sollten die Anforderungen des einen Rechnungslegungswerkes auf das jeweils andere übertragen werden. Die einzige Ausnahme stellt hier die IFRS 17-Anforderung dar, die besagt, dass Zahlungsströme die Perspektive des bilanzierenden Versicherers reflektieren sollen, andererseits aber keinen beobachtbaren Marktpreisen widersprechen dürfen. Diese auf Solvency II zu übertragen wäre nicht mit der rein marktwertorientierten Sicht der Solvabilitätsübersicht vereinbar und würde daher den Bestimmungen von Solvency II widersprechen.

455.4 Vertragsgrenzen

Vertragsgrenzen werden definiert, um festzulegen, welche Zahlungsströme bei der Schätzung der künftigen Zahlungsströme eines Versicherungsvertrages einbezogen werden dürfen. Dies geschieht, indem zwischen aktuell gültigen und künftigen Versicherungsverträgen bzw. daraus resultierenden Zahlungsströmen unterschieden wird.[663] Besonders werden in diesem Zusammenhang vertragliche

[661] Vgl. hier und im Folgenden EIOPA (Hrsg.), Erläuterungen zu Leitlinien zu versicherungstechnischen Rückstellungen, Tz. 2.3. f.

[662] Vgl. hier und nachfolgend in diesem Absatz Art. 19 Abs. 2 DVO.

[663] Vgl. IFRS 17.BC159; ROCKEL, W. U. A., Versicherungsbilanzen, S. 360.

Rechte analysiert, die dazu führen können, dass ein bestehender Versicherungsvertrag von einer der Vertragsparteien modifiziert wird. Dazu gehören z. B. Optionen, mit denen der Vertrag von einer Seite gekündigt, angepasst oder verlängert werden kann.[664]

455.41 Vertragsgrenzen nach IFRS 17

Der IASB legt grundsätzlich fest, dass **Zahlungsströme innerhalb der Vertragsgrenzen liegen**, wenn diese aus substantiellen Rechten oder Pflichten erwachsen, die während der Berichtsperiode bestehen, in der der Versicherer

- den **Versicherungsnehmer** dazu zwingen kann die **Prämie zu zahlen** oder
- in der der Versicherer die **substantielle Verpflichtung** hat, **den Versicherungsnehmer mit Dienstleistungen zu versorgen.**[665]

Das bedeutet, das Versicherungsunternehmen kann den Versicherungsnehmer dazu verpflichten, seine Prämie zu bezahlen (aufgrund vertraglicher Verpflichtungen). Muss der Versicherer Leistungen an den Versicherungsnehmer erbringen, ohne dass eine eindeutige Verpflichtung des Versicherungsnehmers vorliegt, eine Prämie zu zahlen, hat er die Vertragsgrenzen über das Ende eben dieser substantiellen Leistungsverpflichtung zu bestimmen, was in IFRS 17.34 lit. (a) und (b) spezifiziert wird. IFRS 17.34 ist zusammen mit IFRS 17.BC160 auszulegen, in der festgehalten wird, dass ein Versicherungsvertrag (und damit auch die substantielle Leistungsverpflichtung) nicht mehr besteht, wenn **weder Versicherer noch Versicherungsnehmer** (= die Vertragsparteien) **an den Vertrag gebunden sind.** Für diesen Fall definiert der IASB zwei Szenarien:

Zum einen besteht keine Leistungsverpflichtung seitens des Versicherers mehr, **nachdem die Deckungsperiode abgelaufen ist und der Versicherungsnehmer auch kein Recht mehr hat, den Vertrag zu erneuern.**[666] Zahlungsströme, die anfallen, nachdem die Deckungsperiode ausgelaufen ist und der Versicherungsnehmer auch keine Option hat, diese zu verlängern, von ihm also auch

[664] Vgl. IFRS 17.B62.

[665] Vgl. hier und im folgenden Satz IFRS 17.34; ELLENBÜRGER, F./ENGELÄNDER, S./KÖLSCHBACH, J., Der letzte Schritt zum IFRS für Versicherungsverträge, S. 818.

[666] Vgl. IFRS 17.BC160 lit. (a).

keine Beiträge mehr eingefordert werden können, dürfen dementsprechend nicht bei der Bewertung der Rückstellung einbezogen werden.[667] Dieses Kriterium ist für Versicherungsverträge mit Einmalprämie[668] intuitiv anwendbar.[669]

Zum anderen ist der Versicherer nicht mehr an den Versicherungsvertrag gebunden, wenn er die vertraglichen Risiken neu bewerten und bepreisen kann, da alle Zahlungsströme, die nach der Neubewertung anfallen, dem zukünftigen, zu neuen Konditionen verlängertem Vertrag zuzurechnen sind.[670] Die neue Bepreisung der vertraglichen Risiken, die eine Vertragsgrenze darstellt, ist grundsätzlich in zwei Konstellationen möglich:

So wird in **IFRS 17.34 lit.** (a) festgelegt, dass die Verpflichtung für einen Vertrag endet, wenn der Versicherer die Möglichkeit hat, die Risiken des konkreten Versicherungsnehmers neu zu beurteilen und einen Preis festzulegen, der diese Risiken voll reflektiert.[671] Alternativ ist nach **IFRS 17.34 lit.** (b) auch eine Vertragsgrenze zu ziehen, wenn der Versicherer die Risiken des Portfolios, in das der zu beurteilende Versicherungsvertrag eingeordnet wurde, neu bewerten und einen Preis für das ganze Portfolio festlegen kann, der diese Portfolio-Risiken voll berücksichtigt. In diesem Fall darf die Prämienhöhe bis zum Zeitpunkt der Portfoliorisikoneubewertung keine Risiken reflektieren, die den Perioden nach der Portfoliorisikoneubewertung zuzurechnen sind – die Deckungszeiträume also klar getrennt sind. Der IASB begründet die Unterscheidung zwischen der Risikoneubewertung eines einzelnen Vertrags und der eines Vertragsportfolios wie folgt:[672] Versicherer können in einigen Fällen keine individuelle Risikoprüfung (z. B. eine Gesundheitsprüfung des Versicherungsnehmers) durchführen. Sie können aber sehr wohl die Risiken anhand allgemeiner Daten (z. B. einer verbesserten Sterblichkeitserfahrung) neu bewerten und diesen besseren Wissensstand auch in die Prämienhöhe einfließen lassen. Somit reflektiert die Prämiensumme des Portfolios nach

---

[667] Vgl. IASB (Hrsg.), ED/2013/7: Insurance Contracts, Tz. BCA38 lit. a; GALLASCH, F., Bilanzierung von Versicherungsverträgen, S. 103.

[668] Bei Versicherungsverträgen mit Einmalprämie wird einmalig eine Prämie für die gesamte Deckungsperiode bzw. Vertragslaufzeit entrichtet. Vgl. WAGNER, F., Versicherungslexikon, S. 181.

[669] Vgl. IASB (Hrsg.), ED/2010/8: Insurance Contracts, Tz. BC59.

[670] IFRS 17.BC160 lit. (b)

[671] Der IASB betont, dass die neue Prämie die reevaluierten Risiken voll reflektieren können muss. Damit eine Vertragsgrenze gezogen werden kann, darf die Preissetzung also nicht beschränkt sein.

[672] Vgl. für die folgende Argumentation IFRS 17.BC162 lit. (c) und BC163.

dem Zeitpunkt der Neubewertung wiederum angemessen seine Risiken, weshalb es falsch wäre, wenn keine Vertragsgrenze gezogen würde.

455.42 Vertragsgrenzen nach Solvency II

Die Vertragsgrenzen nach Solvency II sind ähnlich gestaltet wie die nach IFRS 17. Zum Versicherungsvertrag nach Solvency II gehören laut Art. 18 Abs. 2 DVO alle „[...] **mit dem Vertrag zusammenhängenden Verpflichtungen** einschließlich solcher, die sich auf das einseitige Recht des Versicherungs- oder Rückversicherungsunternehmens auf **Vertragsverlängerung oder Ausweitung des vertraglichen Geltungsbereichs** beziehen, sowie **Verpflichtungen, die sich auf gezahlte Prämien beziehen** [...]“[673].

In Art. 18 Abs. 3 DVO wird mit Blick auf diese Definition konkretisiert, bis zu welchen drei Zeitpunkten Verpflichtungen noch mit einem Versicherungsvertrag zusammenhängen und in der Prämienrückstellung dieses Vertrages erfasst werden müssen:[674] Der Zeitpunkt, an dem das Versicherungsunternehmen ein einseitiges Recht besitzt, (1) **einen Versicherungsvertrag zu beenden**, (2) **künftige Prämienzahlungen abzulehnen** oder (3) **uneingeschränkt Beiträge und Versicherungsleistungen so anpassen kann**, dass diese die (geänderte) Risikosituation des Vertrages widerspiegeln. Außer Kraft gesetzt werden diese Grenzen nur, wenn der Versicherer den Versicherungsnehmer zu einer Prämienzahlung für Verpflichtungen nach einem der drei Zeitpunkte zwingen kann.

Ein Unterschied zum IFRS 17 ist die Möglichkeit, eine Prämie zurückzuweisen. Hierzu ist die Vorgabe aus Art. 18 Abs. 2 DVO, dass nur Verpflichtungen in die Zahlungsströme einzubeziehen sind, für die seitens des Versicherungsnehmers eine Prämie gezahlt wurde. Kann der Versicherer eine Prämie für eine künftige Deckungsperiode zurückweisen, sind die vertraglichen Verpflichtungen dieser Periode nicht von Prämien gedeckt und somit außerhalb der Vertragsgrenzen. Das Kriterium, uneingeschränkt die Prämie an geänderte vertragliche Risiken anzupassen stimmt weitestgehend mit dem des IFRS 17 überein und wird daher an dieser Stelle nicht noch einmal erörtert. Das Kriterium, dass der Versicherungsvertrag vom Versicherer beendet werden kann, stellt wie die neue Bepreisung eines Versicherungsvertrages ein mögliches Ende der aktuellen Deckungsperiode dar, weshalb es auch eine Vertragsgrenze markiert.

---

[673] Hervorhebungen durch den Verfasser.

[674] Vgl. hier und nachfolgend in diesem Absatz DAV (Hrsg.), Ergebnisbericht Best Estimate, S. 22.

Ein Bereich, der in Solvency II explizit geregelt ist, nicht aber nach IFRS 17, ist die **Entbündelung** von Versicherungsverträgen, die aus Komponenten mit unterschiedlichen Vertragsgrenzen gemäß Art. 18 Abs. 3 DVO bestehen.[675] Wenn ein Vertrag aus Komponenten besteht, für die unterschiedliche Vertragsgrenzen gelten, sind diese Komponenten separat zu bewerten und Prämienrückstellungen so zu bilden, dass die unterschiedlichen Grenzen abgebildet werden. Denkbar ist eine solche Konstellation, wenn eine Brandschutzversicherung auf fünf Jahre für ein Produktionsgelände mit zwei Gebäuden abgeschlossen wird. Wenn nur eins der beiden Gebäude einer jährlichen Risikoüberprüfung durch das Versicherungsunternehmen unterliegt, weil es z. B. durch die Produktion besonderen Brandschutzvorschriften unterliegt, und der Versicherungsvertrag ein Sonderkündigungsrecht für nur dieses Gebäude enthält, das greift, wenn die Brandschutzvorschriften missachtet werden, dann muss der Vertrag grundsätzlich entbündelt werden. Ob der Vertrag entbündelt werden kann, muss festgestellt werden, wenn dieser zum ersten Mal angesetzt wird.[676]

Weiterhin sind **künftige Prämienforderungen aus bestehenden Versicherungsverträgen in die Zahlungsströme der versicherungstechnischen Rückstellungen einzubeziehen.**[677] Dies wird im folgenden Abschnitt anhand eines Beispiels verdeutlicht.

455.43 Analyse der Gemeinsamkeiten und Unterschiede

Die Regelungen zu den Vertragsgrenzen von IFRS 17 und Solvency II-Rückstellungen unterscheiden sich vor allem darin, **welche Zahlungsströme von Verträgen einbezogen werden, deren Deckungsperiode noch nicht begonnen** hat.[678] Verträge der Schaden- und Unfallversicherung haben häufig eine Deckungsperiode von einem Jahr, verlängern sich aber automatisch, sofern der Versicherungsnehmer den Vertrag nicht bis zu einem bestimmten Zeitpunkt kündigt. Dies wird als stillschweigende Erneuerung bezeichnet. Liegt der Bewertungsstichtag für den betreffenden Vertrag bzw. für die versicherungstechnische Rückstellung nach dem letztmöglichen Kündigungszeitpunkt des Versicherungsnehmers, aber noch vor Beginn der neuen Deckungsperiode, gilt der

675 Vgl. hier und im folgenden Satz Art. 18 Abs. 6 DVO; DAV (Hrsg.), Ergebnisbericht Best Estimate, S. 23.

676 Vgl. EIOPA (Hrsg.), Leitlinien Vertragsgrenzen (BoS-14/165 DE), Tz. 1.14 f.

677 Vgl. Erwägungsgründe 33 und 44 der DVO.

678 Vgl. hier und nachfolgend in diesem Absatz und für das anschließende Beispiel DAV (Hrsg.), Ergebnisbericht Best Estimate, S. 23 f. EUROPÄISCHE KOMMISSION (Hrsg.), Annexes to the QIS5 Technical Specifications, Annex D für weitere Abgrenzungsbeispiele nach Solvency II.

Vertrag zum Bewertungsstichtag als verlängert. Diese Verlängerungsoption muss in den Zahlungsströmen einer Prämienrückstellung unter Solvency II berücksichtigt werden, auch wenn noch keine Prämie vom Versicherungsnehmer gezahlt wurde. Schließlich muss eine Rückstellung für Solvency II – wie im Abschnitt zum Bilanzansatz bereits festgestellt – ab dem Zeitpunkt bilanziert werden, zu dem der Vertragsschluss erfolgt ist. IFRS 17 regelt diesen Fall anders, denn der Rechnungslegungsstandard schreibt vor, dass versicherungstechnische Rückstellungen voraussichtlich gewinnbringender Verträge erst angesetzt werden dürfen, wenn die Deckungsperiode beginnt oder eine Prämie gezahlt wurde.

Die bilanziellen Konsequenzen einer stillschweigenden Erneuerung werden im Folgenden an einem **Beispiel** verdeutlicht. Der Bewertungs- bzw. Bilanzstichtag beider Rechnungslegungssysteme sei der 31. Dezember 2016. Der betrachtete Versicherungsvertrag hätte bis zum 30. November 2016 gekündigt werden können, der Versicherungsnehmer hat dieses Recht indes nicht in Anspruch genommen. Die Deckungsperiode des betrachteten Vertrags läuft noch bis zum 28. Februar 2017 und wird danach um ein weiteres Jahr verlängert.

- Nach **Solvency II** ist am 31. Dezember 2016 sowohl die aktuelle Deckungsperiode bis zum 28. Februar 2017, als auch die anschließende Deckungsperiode ab dem 1. März 2017 bis zum 28. Februar 2018 in der Prämienrückstellung zu berücksichtigen. Schäden, die bis zum 31. Dezember 2016 aufgetreten sind, aber zu diesem Zeitpunkt noch nicht vollständig reguliert sind, werden in der Schadenrückstellung berücksichtigt.

- Die Regelungen von **IFRS 17** gestatten nur die Deckungsperiode bis zum 28. Februar 2017 in der *liability for remaining coverage* zu berücksichtigen, nicht aber die anschließende Deckungsperiode. Wie unter Solvency II muss die *liability for incurred claims* für bereits eingetretene, aber bis zum 31. Dezember 2016 noch nicht vollständig abgewickelte Schäden gebildet werden.

Durch den früheren Ansatzzeitpunkt dürfte das Rückstellungsvolumen unter Solvency II generell höher ausfallen als das nach IFRS 17. Die Unterschiede sind aber mit Blick darauf, dass in IFRS 17 ein *Deferral and Matching*-Ansatz und in der Solvabilitätsübersicht ein *Asset-Liability-Management*-Ansatz verfolgt wird, als konsistent innerhalb ihres Rechnungslegungssystems zu beurteilen. Für eine ausführliche Würdigung sei an dieser Stelle auf Abschnitt 458.4 verwiesen.

Neben der stillschweigenden Erneuerung bestehen für beide Bewertungsmodelle weitere Fälle, in denen es schwierig ist, bestehende von künftigen Verträgen abzugrenzen. So etwa wenn **ein Versicherer einen Versicherungsvertrag verlängern muss oder diesen nicht kündigen kann, Prämie**

oder Versicherungsleistung aber nicht vollständig angepasst werden können, daher also auch keine Vertragsgrenze zu ziehen ist.[679] Solche Fälle treten z. B. auf, wenn der Versicherer eine moralische Verpflichtung hat, Vertragsverlängerungen anzubieten[680] oder wenn Branchenübereinkünfte bestehen, die es dem Versicherer nicht möglich machen, einen Vertrag zu beenden[681]. Die zentrale Frage ist dabei stets, zu welchem Grad ein Versicherer eine Prämie oder Versicherungsleistung anpassen kann und ob dadurch eine Vertragsgrenze zu ziehen ist oder nicht. Wenn keine Vertragsgrenze gezogen werden kann, sind die künftig zu erwartenden Zahlungsströme schon heute in der Rückstellung für verbleibende Deckung und der Prämienrückstellung zu erfassen.

Da es kritisch ist, für solche Verlängerungsoptionen genaue Vertragsgrenzen zu definieren bzw. festzulegen, ab wann eine Prämie oder Deckungssumme als der Risikosituation angemessen gilt, sollten IASB und EIOPA Beispiele für diese Fälle entwerfen, an denen sich die Anwender orientieren können. Dies ist insbesondere vor dem Hintergrund wichtig, dass davon ausgegangen werden kann, **dass einige Verträge nicht nur einmal, sondern über mehrere Deckungsperioden und Jahre verlängert werden könnten.** Da in solchen Fällen häufig keine eindeutige Vertragsgrenze gezogen werden kann, müssen die erwarteten Zahlungsströme in den versicherungstechnischen Rückstellungen berücksichtigt werden. Eine so weite Auffassung der Vertragsgrenzen birgt sowohl Vorteile als auch Nachteile. Geht man davon aus, dass die Vertragsverlängerungen vom Versicherungsnehmer definitiv wahrgenommen werden und bestehen auch keine Anhaltspunkte dafür, eine Vertragsgrenze zu ziehen, so entsprechen die aneinandergereihten Deckungsperioden einem Versicherungsvertrag, mit einer einzigen, langen Deckungsperiode. Daher ist es in diesem Fall korrekt, die künftig zu erwartenden Zahlungsströme bereits beim Erstansatz zu berücksichtigen. Denn diese werden in der Zukunft zu einer sehr großen Wahrscheinlichkeit ergebnis- bzw. solvabilitätsrelevant werden. Gleichzeitig eröffnet diese Regelung den Versicherern Spielräume, das Rückstellungsvolumen zu beeinflussen – etwa über die erwartete Stornoquote oder wenn die EPIFP beurteilt werden

679 Vgl. hier und nachfolgend in diesem Absatz DREKSLER, S. U. A., Solvency II technical provisions, S. 19 f. Die Autoren machen auf die Abgrenzungsschwierigkeiten im Kontext von Solvency II aufmerksam, aufgrund der ähnlichen Regelungen zu den Vertragsgrenzen lässt sich die Problematik aber auch auf ED/2013/7 übertragen.

680 Etwa bei einer Hausratsversicherung, wenn aufgrund der Absackung eines Gebäudes die Vertragskonditionen grundlegend neu festgelegt werden müssten, der Versicherer aus moralischen Gründen indes weitgehend unveränderte Konditionen anbietet. Vgl. DREKSLER, S. U. A., Solvency II technical provisions, S. 20.

681 Etwa bei der Übereinkunft britischer Versicherer mit der britischen Regierung, weiterhin Flutversicherungsschutz in Gegenden anzubieten, die als sehr risikobehaftet gelten. Vgl. DREKSLER, S. U. A., Solvency II technical provisions, S. 20.

müssen.[682] Da es viele denkbare Szenarien unklarer Vertragsgrenzen gibt, kann nur empfohlen werden, dass die Versicherer zu ihrer Vorgehensweise Angaben in SFCR und RSR machen, um Transparenz zu fördern.

Weiterhin sind die Regelungen von Solvency II zu den Vertragsgrenzen umfassender. Denn auch die **Entbündelung** von Verträgen, die Vertragskomponenten mit unterschiedlichen Vertragsgrenzen umfassen, ist eine Vorgabe. Die Pflicht zur Entbündelung birgt indes den Nachteil in sich, dass die Regelungen unter Solvency II komplexer und intransparenter werden. Wurde ein Vertrag vorher bereits entbündelt, da er aus Lebens- und Nichtlebensversicherungskomponenten unterschiedlicher Solvency II-Geschäftsbereiche besteht, kommt nun eine weitere Dimension der Entbündelung hinzu, die durch die Vertragsgrenzen getrieben wird. Hier hängt es vom Einzelfall und der Häufigkeit ab, wie oft in solchen Fällen entbündelt werden muss, ob diese Regelung primär die Entscheidungsnützlichkeit oder die Komplexität erhöht.

455.5 Berücksichtigung künftiger Ereignisse innerhalb der Vertragsgrenzen

455.51 Vorbemerkung

Im vorangegangenen Abschnitt wurde festgestellt, dass Vertragsgrenzen über vertragliche Rechte definiert werden können, die es dem Versicherungsunternehmen ermöglichen, den betroffenen Versicherungsvertrag maßgeblich zu ändern. Dies trifft z. B. zu, wenn es dem Versicherer möglich ist, den neuen Preis für die Versicherungsleistung oder den Versicherungsschutz komplett einer geänderten Risikosituation des Versicherungsnehmers anzupassen. Indes gibt es auch **Optionen in der Schaden- und Unfallversicherung, die einen Versicherungsvertrag nicht so grundlegend modifizieren, dass sie eine Vertragsgrenze darstellen**, sich also innerhalb der Vertragsgrenzen befinden. Davon betroffen sind z. B. Fälle, in denen die Versicherungsleistung dynamisiert wird oder in denen Prämien und Leistungen nicht vollständig vom Versicherer angepasst werden können.[683]

Das folgende Beispiel soll verdeutlichen, wie solche Optionen ausgestaltet sein können:[684] Ein Versicherungsnehmer schließt eine verbundene Gebäudeversicherung für eine Laufzeit von zwei Jahren

682 Vgl. DREKSLER, S. U. A., Solvency II technical provisions, S. 20.

683 Vgl. DAV (Hrsg.), Ergebnisbericht Best Estimate, S. 66.

684 Ein ähnliches Beispiel findet sich in IASB (Hrsg.), Policyholder Behaviour (agenda paper 6C), Tz. 20.

ab, es besteht kein Kündigungsrecht. Für beide Jahre fällt eine Prämie i. H. v. 1.000 Euro an, jeweils zu Beginn der Deckungsperiode und nachdem ein Jahr der Deckungsperiode abgelaufen ist. Die Deckungssumme beträgt 200.000 Euro. Der Versicherungsnehmer hat für das zweite Jahr der Deckungsperiode das vertragliche Recht (die Option), die Deckungssumme auf 100.000 Euro herabzusetzen, was mit einer verminderten Prämienzahlung i. H. v. 550 Euro verbunden ist. Wenn ein Vertrag eine solche Option vorsieht, muss diese in beiden Rechnungslegungssystemen auch in den Zahlungsstromschätzern berücksichtigt werden.

Zudem sehen die Rechts- und Regelungsdokumente von Solvency II vor, **künftige Maßnahmen des Managements** im besten Schätzwert zu berücksichtigen.[685] Dazu zählen z. B. angekündigte Prämiensteigerungen oder die erwartete Entscheidung des Managements, Gebühren für die Absicherung eines Wertpapier-Portfolios vom Versicherungsnehmer zu verlangen, das für eben diesen aufgrund eines Vertrages der kapitalbildenden Lebensversicherung gehalten wird.[686]

455.52 Zu berücksichtigende künftige Ereignisse nach IFRS 17

Sind Zahlungsströme innerhalb der Vertragsgrenzen davon abhängig, ob ein Versicherungsnehmer eine vertragliche Option ausübt, so muss das künftige Verhalten des Versicherungsnehmers realistisch beurteilt werden.[687] Dies geschieht auf Portfoliobasis und unabhängig von der Portfoliogröße. In einem *Agenda Paper* des IASB wird vorgeschlagen, die Bewertung der künftigen Ereignisse auf Basis von Erwartungswerten vorzunehmen, was als *look through approach* bezeichnet wird.[688] Dies bedeutet, dass sämtliche mögliche Zahlungsstrom-Szenarien mit ihren erwarteten Eintrittswahrscheinlichkeiten gewichtet und zu einem Erwartungswert verdichtet werden müssen. Dabei ist entscheidend, dass sie risikoneutral geschätzt werden. Denn das Risiko, dass die Schätzungen negativ von ihrem Erwartungswert abweichen, muss in der Risikomarge berücksichtigt werden. Dabei darf nicht pauschal davon ausgegangen werden, dass alle Versicherungsnehmer eines Portfolios ihre

685 Vgl. Art. 23 DVO sowie EIOPA (Hrsg.), Leitlinien zu versicherungstechnischen Rückstellungen (BoS-14/166 DE), Leitlinien 38-40.

686 Vgl. EIOPA (Hrsg.), Technical Specification for the Preparatory Phase (Part I), TP.2.137. An dieser Stelle ist anzumerken, dass vertragliche Optionen und Garantien in der Lebensversicherung eine weitaus größere Bedeutung haben als in der Nichtlebensversicherung.

687 Vgl. hier und in den folgenden beiden Sätzen IFRS 17.B62.

688 Vgl. hier und nachfolgend in diesem Absatz IASB (Hrsg.), Policyholder Behaviour (agenda paper 6C), Tz. 16 lit. b i. V. m. Tz 17 lit. c; NGUYEN, T./GROSCHE, S., Bewertungskonzept versicherungstechnischer Verpflichtungen, S. 31.

Optionen ausüben oder verfallen lassen – es sei denn, die Umstände lassen auf dieses Verhalten schließen.[689]

455.53 Zu berücksichtigende künftige Ereignisse nach Solvency II

Wie die Regelungen des IFRS 17 sehen auch die Rechts- und Regelungsquellen von Solvency II vor, das künftige Verhalten von Versicherungsnehmern zu berücksichtigen. So sind Annahmen „[...] in Bezug auf die Wahrscheinlichkeit, dass die Versicherungsnehmer ihre **Vertragsoptionen**, einschließlich **Storno- und Rückkaufsrechte**, ausüben werden [...]"[690] realistisch zu wählen. Bestehen also Optionen, die die Zahlungsströme innerhalb der Vertragsgrenzen beeinflussen könnten, dürfen diese nicht unbeachtet bleiben. Wie diese zu beachten sind, wird indes nicht konkretisiert. In Art. 26 DVO wird lediglich festgehalten, dass aus dem früheren Verhalten von Versicherungsnehmern prospektiv geschätzt werden soll, in welchem Ausmaß die Optionen genutzt werden. So könnten z. B. historische Stornoquoten dazu herangezogen werden, um das Verhalten von Versicherungsnehmern prospektiv einzuschätzen. In der Analyse des Verhaltens müssen zudem verschiedene Faktoren berücksichtigt werden. Diese umfassen die Frage, wie vorteilhaft es unter den gegebenen Umständen für den Versicherungsnehmer ist oder war, die Option auszuüben. Auch vergangene und künftige wirtschaftliche Rahmenbedingungen, Managemententscheidungen und sonstige Indizien müssen ausgewertet werden.[691]

Künftigen Maßnahmen des Managements wird in der DVO eine hohe Bedeutung zugemessen, sie werden separat in Art. 23 geregelt. Ähnlich den Vorgaben für die Vertragsoptionen wird auch hier nicht konkret vorgegeben, mit welcher Methode dies geschehen soll, es werden aber Faktoren genannt, die zu berücksichtigen sind. So müssen die künftigen Maßnahmen als **realistisch** i. S. d. Art. 77 Abs. 2 der Solvency II-Richtlinie gelten.[692] Dazu müssen sie objektiv bestimmt werden, im Einklang mit der aktuellen Geschäftspraxis stehen, aber auch untereinander abgestimmt sein, sowie

689 Vgl. hierzu auch IFRS 17.B62 lit. (a) und (b).

690 EU (Hrsg.), RL 2009/138/EG, Art. 79 Abs. 2. Hervorhebungen durch den Verfasser. Vgl. hierzu auch Erwägungsgrund 9 der DVO.

691 Vgl. Art. 26 DVO. Die BaFin hat in einer Auslegungsentscheidung festgelegt, dass künftige Finanzmarktparameter mit Hilfe von Szenariogeneratoren bestimmt werden müssen. Dies trifft aber nur zu, wenn die künftige Entwicklung der Finanzmärkte einen starken Einfluss auf die Rückstellungshöhe hat, was in der Schaden- und Unfallversicherung aufgrund der meist kurzfristigen Anlagehorizonte eher ungewöhnlich ist. Vgl. BAFIN (Hrsg.), Kapitalmarktmodelle, o.A.

692 Vgl. hier und im folgenden Satz Art. 23 Abs. 1 DVO.

den Verpflichtungen gegenüber den Versicherungsnehmern nicht zuwiderlaufen und auch öffentliche Verlautbarungen des Versicherungsunternehmens einbeziehen. Versicherer werden über diese Vorgaben dazu angehalten, ihre **Annahmen zu plausibilisieren, wodurch Bilanzpolitik vermieden werden soll.** Dies wird durch die weiteren Vorgaben der DVO gestützt. Denn Art. 23 Abs. 3 DVO verpflichtet Versicherer dazu, die künftigen Maßnahmen des Managements in einem Plan festzuhalten, der von den Verwaltungs-, Management- und Aufsichtsorganen der Gesellschaft gebilligt wird. Zudem muss den Aufsichtsbehörden auf Nachfrage auch dargelegt werden können, wie sich künftige von aktuellen Managementmaßnahmen unterscheiden, wie diese im besten Schätzwert berücksichtigt werden und wie sensitiv der beste Schätzwert auf diese Veränderungen reagieren wird.[693]

455.54 Analyse der Gemeinsamkeiten und Unterschiede

Implizit ist die Vorgabe, mögliches Verhalten von Versicherungsnehmern mittels wahrscheinlichkeitsgewichteter Zahlungsstrom-Szenarien zu quantifizieren, schon in den grundlegenden methodischen Anforderungen enthalten, die in Abschnitt 455.2 erörtert wurden. Die Vorgabe, dass alle dem Versicherer bekannten Szenarien in die Erwartungswertbildung einfließen sollen, umfasst schließlich auch, künftiges Verhalten der Versicherungsnehmer bezüglich der Ausübung von Vertragsoptionen zu berücksichtigen. Da die Rechts- und Regelungsquellen von Solvency II nicht vorschreiben, wie genau die **Entscheidungen der Versicherungsnehmer** bezüglich ihrer Optionsausübung einfließen sollen, kann ein einheitliches Vorgehen gefördert werden, wenn der *look through approach* auf Solvency II übertragen wird. Denn auch unter Solvency II werden die Zahlungsströme als Erwartungswerte berechnet, der *look through approach* ist damit methodisch konsistent.

Managementmaßnahmen werden nur unter Solvency II thematisiert. Dass ihnen eine hohe Priorität zugesprochen wird, geht daraus hervor, dass Versicherer gegenüber den Aufsichtsbehörden auf Nachfrage die erwarteten Sensitivitäten der Managementmaßnahmen erklären können und dafür einen Plan anfertigen müssen, der von diversen Organen gebilligt wird. Dies ist verständlich, da **unterstellte bzw. erwartete Managemententscheidungen das Rückstellungsvolumen erheblich beeinflussen können und aufgrund ihres nur auf Erwartungen basierenden Charakters bilanzpolitische Spielräume schaffen:** So ist z. B. kritisch zu hinterfragen, wenn ein Lebensversicherer trotz gutem Kapitalanlageumfeld plant, die Versicherungsnehmer nur wenig an

693 Vgl. Art. 23 Abs. 2 DVO.

Kapitalanlagegewinnen partizipieren zu lassen, um etwa sein Eigenkapital zu stärken. Als inkonsistent i. S. d. Art. 23 Abs. 1 lit. b DVO würde weiterhin gelten, wenn für die Zukunft unterstellt würde, dass nicht bezahlte Prämien erfolgreich bis zum Ende der Vertragslaufzeit eingeklagt werden können, obwohl säumigen Versicherungsnehmern in der Vergangenheit stets gekündigt wurde.[694] Während bei eingeklagten Prämien der Vertrag bis zum vertraglichen Ende laufen kann und die versicherungstechnische Rückstellung ebenfalls weiterzuführen ist, würde sie bei einer Kündigung, also einer vorzeitig abgebrochenen Deckungsperiode ausgebucht und mit Eigenmitteln ausgeglichen werden.

Zwar gilt auch für künftige Maßnahmen des Managements die Argumentation, dass diese sowohl unter IFRS 17 als auch unter Solvency II in einer korrekt durchgeführten und vollumfänglichen Schätzung der Zahlungsströme enthalten sein müssten, auch wenn diese nicht explizit in den Rechts- und Regelungsquellen erwähnt würden. Diese Schätzungen können aber die Rückstellungshöhe erheblich beeinflussen und gleichzeitig für Bilanzpolitik missbraucht werden. Daher ist an dieser Stelle zu empfehlen, die **Solvency II-Regelungen auf IFRS 17 zu übertragen.** Dies würde einen transparenten Umgang mit künftigen Managemententscheidungen und die damit verbundene glaubwürdige Darstellung fördern, wenn der erste Baustein ermittelt wird. Die anzufertigenden und der Aufsichtsbehörde vorzulegenden Pläne sollten in diesem Fall mit in die Prüfungspflicht aufgenommen werden. Zur Berücksichtigung künftiger Ereignisse kann abschließend festgehalten werden, dass es keine widersprüchlichen Bestimmungen zwischen IFRS 17 und den Rechts- und Regelungsquellen von Solvency II gibt, aber sehr wohl unterschiedliche Schwerpunkte in Details der Regelungen.

456. Baustein zwei – Diskontierung der Zahlungsströme

456.1 Vor- und Nachteile der Diskontierung der Zahlungsströme

Die Diskontierung der Zahlungsströme stellt in beiden zentralen Bewertungsmodellen den zweiten Baustein dar. Sowohl IFRS 17 als auch Solvency II sehen eine Diskontierung der im ersten Baustein ermittelten Zahlungsströme mit einem risikolosen Zins vor.[695] Ein zentraler Unterschied in den Regelungen, der schon an dieser Stelle zu erwähnen ist, besteht darin, dass die dafür

[694] Vgl. FMA – Österreichische Finanzmarktaufsicht (Hrsg.), Leitfaden Solvabilität II, Säule 1, S. 12.
[695] Vgl. IFRS 17.B78; Art. 44 DVO.

zu verwendenden Zinsstrukturkurven für die relevanten Währungen nach dem Rechnungslegungsstandard vom Versicherungsunternehmen selbst ermittelt werden müssen, diese indes von der EIOPA für Solvency II vorgegeben werden.[696]

Mit der Diskontierung sind sowohl Vorteile als auch Nachteile verbunden, die im Folgenden erörtert werden, um die Entscheidung für die Diskontierung der Zahlungsströme in beiden Bewertungsmodellen nachvollziehbar zu machen. **Nachteile** sind z. B. die **höheren Kosten**, die durch den zusätzlichen Bewertungsbaustein entstehen, aber auch ein **erhöhtes Maß an Subjektivität**, das dadurch entsteht, dass die Zinsstrukturkurven über die Eingangsparameter durch den bilanzierenden Versicherer beeinflusst werden können.[697] Beide Nachteile betreffen aber vor allem die Regelungen des IFRS 17. Denn Aufwand und bilanzpolitische Spielräume entstehen vornehmlich dadurch, dass die Zinsstrukturkurven durch den Versicherer selber ermittelt werden müssen. Die Gestaltungsmöglichkeiten sind für Solvency II eingeschränkt, da die maßgeblichen Zinsstrukturkurven durch die EIOPA vorgegeben werden und nur unter bestimmten, genau regulierten Umständen vom Versicherer angepasst werden können.[698] Eine Möglichkeit, die Nachteile des Rechnungslegungsstandards abzuschwächen, wäre daher, wenn Versicherer für die Zwecke des künftigen internationalen Rechnungslegungsstandards auf die Zinsstrukturkurven von Solvency II zurückgreifen könnten. Daher wird in den folgenden Abschnitten geprüft, ob die prinzipienbasierten Vorgaben des IASB dies gestatten.

Ein weiterer Nachteil aus der Diskontierung entsteht insbesondere in der Schaden- und Unfallversicherung: Die Zeitpunkte, zu denen die angefallenen Schäden reguliert werden und zu dem die Zahlungen vom Versicherer zu leisten sind, sind – im Gegensatz zur Lebensversicherung – nämlich i. d. R. nicht genau zu bestimmen. Gleichzeitig ist die Schadenregulierung häufig ein langwieriger Prozess, der sich etwa in der Haftpflichtversicherung über mehrere Jahre erstrecken kann.[699] **Durch die Schätzung der Zahlungszeitpunkte entstehen unabhängig vom gewählten Diskontfaktor bilanzpolitische Spielräume.** Unterstellt der Versicherer z. B., dass die Schadenzahlung später zu

[696] Vgl. IFRS 17.B78 und B81; EU (Hrsg.), RL 2014/51/EU, Art. 77e Abs. 1 lit. a.

[697] Vgl. IFRS 17.BC188; IASB (Hrsg.), DP: Insurance Contracts, Tz. 66.

[698] Dem Versicherer ist es unter gewissen Umständen gestattet, sog. Volatilitäts- und Matching-Anpassungen vorzunehmen. Diese werden in Abschnitt 456.32 erläutert.

[699] Vgl. SWISS RE (Hrsg.), Schadenreservierung in der Nichtlebenversicherung, S. 3 sowie hier und nachfolgend in diesem Absatz ASCHE, B., Jahresabschlussanalyse und Bilanzpolitik, S. 179-181.

leisten ist, als sie tatsächlich geleistet wird, kann er den Diskontierungseffekt nutzen, um den Rückstellungswert im Ansatzzeitpunkt zu verringern.

Dies soll an einem **Beispiel** verdeutlicht werden: Der Diskontierungszins sei für alle kommenden Perioden 2 % und der Versicherer schätzt, dass er eine Zahlung von 1.000 Euro leisten muss. Unterstellt er, dass die Zahlung in zwei Perioden fällig wird, so ergibt sich ein Barwert von 1.000 Euro / $1{,}02^2$ = 961 Euro. Unterstellt er aber, dass die gleiche Zahlung erst in fünf Perioden geleistet werden muss, ergibt sich bei unveränderten Parametern ein Barwert von 1.000 Euro / $1{,}02^5$ = 906 Euro, also ein niedrigerer Betrag.

Dieser **Spielraum kann etwa durch Anhangangaben offengelegt werden.** Der IASB verpflichtet die bilanzierenden Versicherer im Rechnungslegungsstandard zu zwei Arten von Angaben. Zum einen muss das geschätzte Abwicklungsmuster angegeben werden, d. h. die Schätzungen des Versicherers, wann Schadenzahlungen in welcher Höhe zu leisten sind.[700] Zum anderen müssen Abweichungen zwischen den Zahlungsstromschätzern und den tatsächlich gezahlten Beträgen in der GuV erfasst werden.[701] Sofern der Versicherer diese Abweichungen separat ausweist, wie noch in ED/2010/8 explizit gefordert,[702] können Bilanzleser zumindest durch unternehmensübergreifende Vergleiche und eine Zeitreihenanalyse folgern, ob der Versicherer die Zahlungszeitpunkte adäquat geschätzt hat. Wenn regelmäßig vom geschätzten zeitlichen Zahlungsmuster abgewichen wird, deutet dies darauf hin, dass womöglich bilanzpolitische Spielräume ausgenutzt werden. Erschwert wird eine solche Analyse aber dadurch, dass häufig tatsächlich nur schwierig geschätzt werden kann, wann die Schadenzahlungen anfallen und regelmäßig auch nicht bilanzpolitisch motivierte deutliche Abweichungen vom geschätzten zeitlichen Zahlungsmuster auftreten.[703] Auch wenn solche Angaben nur bedingt transparenzfördernd sind, wären sie doch wünschenswert für Solvency II. In der DVO sind indes keine vergleichbaren Vorgaben zu finden.

Den aufgeführten Nachteilen stehen diverse **Vorteile** durch die Diskontierung gegenüber, die die Relevanz der Rechnungslegungsinformationen so weit erhöhen, dass sie die Nachteile überkompensieren.[704] Das wichtigste Argument für eine Diskontierung ist, dass **die**

[700] Vgl. IFRS 17.132 lit. (b).

[701] Vgl. IFRS 17.130.

[702] Vgl. IASB (Hrsg.), ED/2010/8: Insurance Contracts, Tz. 72 lit. d (i).

[703] Vgl. ASCHE, B., Jahresabschlussanalyse und Bilanzpolitik, S. 181.

[704] Vgl. IFRS 17.BC189; IASB (Hrsg.), DP: Insurance Contracts, Tz. 66 sowie STEINER, C., Bilanzierung versicherungstechnischer Rückstellungen, S. 496.

Rechnungslegungsadressaten nicht indifferent bezüglich des Zeitpunktes sind, zu dem die einzelnen Zahlungsströme anfallen.[705] Weder aus Investitions- noch aus Solvabilitätsgesichtspunkten hat eine heute zu leistende Zahlung den gleichen Wert, wie eine in zehn Jahren zu leistende Zahlung in gleicher Höhe. Die Zahlungsströme müssen daher über die Diskontierung unabhängig von ihrem zeitlichen Anfall vergleichbar gemacht werden.

Weiterhin wird in den IFRS – die auch für die Solvency II-Bilanzierung relevant sind[706] – **für ähnliche Sachverhalte ebenfalls eine Diskontierung vorgeschrieben**, etwa für langfristige Rückstellungen nach IAS 37.45.[707] Das heißt, die Konsistenz innerhalb der Rechnungslegungssysteme wird gefördert, wenn auch versicherungstechnische Rückstellungen diskontiert werden.

Da die zentralen Bewertungsmodelle grundsätzlich für alle Verträge anzuwenden sind, sind **grundsätzlich alle Verträge der Schaden- und Unfallversicherung, der Krankenversicherung sowie der Lebensversicherung zu diskontieren.** Verglichen mit den etablierten Rechnungslegungssystemen stellt eine Diskontierung der Zahlungsströme aus Schaden- und Unfallversicherungsverträgen einen Paradigmenwechsel dar. Denn die etablierten, unter IFRS 4 Phase I verwendeten Vorschriften des HGB und der US-GAAP sehen für die aus diesen Verträgen resultierenden Schadenrückstellungen grundsätzlich keine Diskontierung vor.[708] Da die aus Schaden- und Unfallversicherungsverträgen resultierenden Auszahlungen in Bezug auf ihre Eintrittswahrscheinlichkeit, ihren zeitlichen Anfall und ihre Höhe häufig nur schwer vorhersagbar sind, wurde in einigen Rückmeldungen auf das *Discussion Paper* und auf ED/2010/8 gefordert, Verträge der Schaden- und Unfallversicherung generell von der Diskontierungspflicht auszunehmen.[709] Denn nach Meinung der Kommentatoren würde aufgrund des hohen Niveaus an Unsicherheit durch eine Diskontierung die Entscheidungsnützlichkeit herabgesetzt. Der IASB ist diesen Forderungen nicht nachgekommen, sondern hat indes eine Ausnahme geschaffen. So müssen Rückstellungen aus Verträgen, die mit dem vereinfachten Bewertungsmodell des IFRS 17

---

705 Vgl. IFRS 17.BC186 sowie hier und im folgenden Satz IASB (Hrsg.), DP: Insurance Contracts, Tz. 66 lit. a (i).

706 Vgl. EU (Hrsg.), RL 2009/138/EG, Erwägungsgrund 46.

707 Vgl. IASB (Hrsg.), DP: Insurance Contracts, Tz. 66 lit. a (iii).

708 Vgl. SANNER, A./OECKING, S., Bilanzierung und Rechnungslegung, S. 53; ASCHE, B./HARTUNG, T., Auswirkungen von IFRS 4 Phase II und IFRS 9, S. 1189; GALLASCH, F., Bilanzierung von Versicherungsverträgen, S. 125.

709 Vgl. hier und im folgenden Satz IASB (Hrsg.), ED/2013/7: Insurance Contracts, Tz. BCA66; IFRS 17.BC187.

ermittelt worden sind, dem *Premium Allocation Approach*, grundsätzlich nicht diskontiert werden.[710] Schadenrückstellungen, die für mit dem *Premium Allocation Approach* bewertete Verträge gebildet werden, sind ebenfalls nicht zu diskontieren, sofern der Versicherer erwartet, dass der der Rückstellung zugrundeliegende Schaden innerhalb eines Jahres abgewickelt wird, der Zinseffekt also nur gering ist.[711]

Der IASB nimmt mit dieser Entscheidung auch eine **leicht eingeschränkte Vergleichbarkeit mit den Solvency II-Rückstellungen** in Kauf, für die nur ein Bewertungsmodell vorgesehen ist, in dem eine Diskontierungspflicht besteht. Denn selbst, wenn der *Premium Allocation Approach* die Ergebnisse der Bausteinansätze angemessen approximiert, bleibt ein – wenn auch kleiner – Unterschied durch die fehlende Diskontierung bestehen.

456.2 Grundlegende Anforderungen an die Diskontierungszinssätze

456.21 Vorbemerkungen

Der IASB gibt in IFRS 17 prinzipienbasiert zwei Methoden vor, von denen eine gewählt werden muss, mit der die maßgeblichen Zinsstrukturkurven zu ermitteln sind. Zum einen kann die Zinsstrukturkurve eines Portfolios mit risikobehafteten Finanzinstrumenten um bestimmte Faktoren wie Kreditrisiken bereinigt werden, sodass eine Zinsstrukturkurve mit den Charakteristika erzeugt wird, die vom IASB gefordert werden. Dieses Vorgehen wird als ***top-down approach*** bezeichnet.[712] Zum anderen kann eine risikofreie Zinsstrukturkurve als Referenz verwendet und um bestimmte Charakteristika erweitert werden, sodass den Anforderungen des IASB an die Zinsstrukturkurve entsprochen wird. Dieses Vorgehen wird als ***bottom-up approach*** bezeichnet.[713]

Die Zinsstrukturkurven für die Zwecke von Solvency II werden von der EIOPA vorgegeben.[714] Diese risikofreien Zinsstrukturkurven können ggf. mit den Matching- oder Volatilitätsanpassungen modifiziert werden. Beide Modifikationen zielen darauf ab, marktbedingte Spreadschwankungen und die dadurch entstehende Eigenkapitalvolatilität zu mildern, was die wirtschaftliche Lage von

---

710 Vgl. IFRS 17.B72 lit. (d). Die einzige Ausnahme besteht in Verträgen, die eine signifikante Finanzierungskomponente haben.

711 Vgl. IFRS 17.294.

712 Vgl. IFRS 17.B81. Siehe hierzu Abschnitt 456.312.

713 Vgl. IFRS 17.B80. Siehe hierzu Abschnitt 456.311.

714 Vgl. EU (Hrsg.), RL 2014/51/EU, Art. 77e Abs. 1. Maßgeblich bedeutet in diesem Zusammenhang, dass die EIOPA Zinsstrukturkurven für die für den europäischen Versicherungsmarkt wichtigsten Währungen berechnet. Vgl. EIOPA (Hrsg.), Technical documentation – discounting (EIOPA-BoS-15/035), S. 6.

Versicherungsunternehmen stabilisiert sowie prozyklischem Anlageverhalten entgegensteuert.[715] Die Vorgehensweise der EIOPA bei der Ermittlung der risikofreien Zinsstrukturkurven ähnelt dem *bottom-up approach* nach IFRS 17, da in beiden Ermittlungsverfahren Zinsstrukturkurven von risikoarmen Finanzinstrumenten im ersten Schritt um Restrisiken bereinigt werden. Während IFRS 17 die Versicherer indes verpflichtet, den Diskontzins weiter an Liquiditätseigenschaften von Versicherungsverträgen anzupassen, sind die damit korrespondierenden Matching- und Volatilitätsanpassungen nach Solvency II optional.[716]

Bevor betrachtet wird, wie die Zinsstrukturkurven genau ermittelt werden, gilt es zu untersuchen, welche Anforderungen von beiden Rechnungslegungssystemen an den Diskontierungszins gestellt werden. Schließlich werden die *approaches* bzw. Ermittlungsmethoden an den Anforderungen ausgerichtet.

456.22 Anforderungen an den Diskontierungszins nach IFRS 17

Der IASB stellt in IFRS 17.36 folgende grundsätzliche Anforderungen an die vom Versicherer zu bestimmenden Zinsstrukturkurven:

„An entity shall adjust the estimates of future cash flows to reflect the time value of money and the financial risks related to those cash flows, to the extent that the financial risks are not included in the estimates of cash flows. The discount rates applied to the estimates of the future cash flows described in paragraph 33 shall:

(a) reflect the time value of money, the characteristics of the cash flows and the liquidity characteristics of the insurance contracts;

(b) be consistent with observable current market prices (if any) for financial instruments with cash flows whose characteristics are consistent with those of the insurance contracts, in terms of, for example, timing, currency and liquidity; and.

(c) exclude the effect of factors that influence such observable market prices but do not affect the future cash flows of the insurance contracts."

Die zu bestimmende Zinsstrukturkurve soll die Charakteristika der Zahlungsströme aus einem Versicherungsvertrag gemäß IFRS 17.36 lit. (a) angemessen reflektieren. In einem IASB-Meeting

715 Vgl. DEUTSCHER BUNDESTAG (Hrsg.), BT-Drucks. 18/2956, S. 258, Zu § 80 und Zu § 82.

716 Vgl. IFRS 17.B80; §§ 80 und 82 VAG.

wurde diesbezüglich festgehalten, dass **beobachtbare Marktzinssätze grundsätzlich aus fünf verschiedenen Komponenten bestehen bzw. fünf verschiedene Charakteristika besitzen:** (1) einen risikolosen Zins, (2) eine Risikoprämie für erwartete Kreditverluste, (3) eine Marktprämie für die mit einem Kreditverlust verbundene Unsicherheit bzw. unerwartete Kreditverluste, (4) eine Illiquiditätsprämie und (5) andere Elemente, etwa Steuern.[717] Für Versicherungsverträge erkennt der IASB nur Komponenten (1) und (4) als relevant an.[718] Komponenten (2) und (3), sind nach Auffassung des IASB irrelevant für Versicherungsverträge, da ihre Höhe stets vom betrachteten Instrument abhängt, nicht aber repräsentativ für den betrachteten Versicherungsvertrag ist.[719] Zudem sind versicherungsvertragsspezifische Risiken in der Risikomarge zu berücksichtigen. Dadurch, dass der Diskontzins frei von Risiken sein muss, unterbindet der IASB, dass Risiken doppelt berücksichtigt werden.[720] Ebenso sind die übrigen Elemente, wie Steuern auf bestimmte Finanzinstrumente, die von Komponente (5) abgedeckt werden, nicht näher spezifiziert und nicht relevant, da sie nicht versicherungsvertragsspezifisch sind. Der risikolose Zinssatz, Komponente (1), ist hingegen relevant, da er den reinen Zeitwert des Geldes repräsentiert. Die Illiquiditätsprämie, Komponente (4), ist dagegen umstritten und nicht eindeutig vom IASB definiert.[721] Der IASB rechtfertigt ihre Existenz darüber, dass sich Versicherungsverträge nur schwer handeln lassen und für die deshalb bestehende Illiquidität vom hypothetischen Käufer also ein Aufschlag verlangt werden kann.

IFRS 17.36 lit. (b) besagt, dass die zu ermittelnden Zinssätze stets **konsistent mit Zinsen von am Markt beobachtbaren Finanzinstrumenten** sein sollen.[722] Die Finanzinstrumente sollen ähnliche Zahlungsstrom-Charakteristika wie der Versicherungsvertrag aufweisen.[723] Das heißt, sie müssen z. B. zeitlich gleiche Zahlungsmuster aufweisen, die gleiche Währung haben und ähnlich

[717] Vgl. IASB (Hrsg.), Discounting (agenda paper 17D), Tz. 16.

[718] Vgl. IASB (Hrsg.), Discounting (agenda paper 17D), Tz. 17, 19 sowie IFRS 17.B80 und B81.

[719] Vgl. IFRS 17.BC196 lit. (b); IASB (Hrsg.), Discounting (agenda paper 17D), Tz. 18.

[720] Vgl. IFRS 17.B90; ELLENBÜRGER, F./ENGELÄNDER, S./KÖLSCHBACH, J., Der letzte Schritt zum IFRS für Versicherungsverträge, S. 818 f.

[721] Vgl. hier und im folgenden Satz GALLASCH, F., Bilanzierung von Versicherungsverträgen, S. 136 f. Die Illiquiditätsprämie wird im folgenden Abschnitt genauer erläutert.

[722] Der IASB stellt in lit. a zwar auf „*prices*", also Preise von Finanzinstrumenten, ab, da aber verwendbare Zinssätze z. B. an Märkten für Zinsswaps direkt beobachtet werden können, ist davon auszugehen, dass hiermit beobachtbare Zinssätze gemeint sind. Vgl. Art. 44 Abs. 1 DVO.

[723] Vgl. hier und nachfolgend in diesem Absatz IFRS 17.36 lit. (b).

liquide gehandelt werden können wie der korrespondierende Versicherungsvertrag. Die Anforderung der **zeitlich gleichen Zahlungsmuster** ist so zu verstehen, dass in den Zeitpunkten, in denen Auszahlungen aufgrund von vertraglichen Verpflichtungen erwartet werden, Einzahlungen durch die Referenz-Finanzinstrumente anfallen. Dadurch soll erreicht werden, dass für jeden relevanten Zeitpunkt ein Diskontfaktor berechnet werden kann.[724]

Bezüglich der Finanzinstrumente, von denen eine Zinsstrukturkurve abgeleitet werden kann, macht der IASB keine genauen Vorgaben und verzichtet auf Restriktionen.[725] Die Charakteristika der Referenz-Finanzinstrumente sollten aber weitestgehend mit denen der Versicherungsverträge übereinstimmen, für die die Zinsstrukturkurve ermittelt wird, um Anpassungen möglichst gering zu halten. Dies bedeutet z. B., dass eine IBNR-Rückstellung[726] für Schäden, von denen ausgegangen wird, dass sie erst in sechs Jahren in US-Dollar beglichen werden müssen, mit einem Zins diskontiert werden sollte, der sich an einem Wertpapier-Portfolio orientiert, das eine ähnliche Restlaufzeit hat und ebenfalls in US-Dollar gehandelt wird. Ebenso sind Zinsen in entsprechender Währung und Laufzeit für alternative Zahlungsstrom-Szenarien zu ermitteln.[727]

Sind **keine Marktzinsen beobachtbar**, etwa im Fall sehr lang laufender Rückstellungen, müssen Schätzmethoden angewendet werden.[728] Dies kann bedeuten, dass das Ende der Zinsstrukturkurve ab dem Zeitpunkt extrapoliert wird, ab dem keine Marktwerte mehr beobachtbar sind, so wie es in Art. 46 DVO für die Solvency II-Zinsstrukturkurven vorgesehen ist. Solche sehr langfristigen Zinsen sind indes in der Schaden- und Unfallversicherung aufgrund des meist kurzfristigen Geschäfts von untergeordneter Bedeutung.

Darüber hinaus dürfen gemäß **IFRS 17.36 lit** (c) die verwendeten Diskontierungszinssätze keine Komponenten enthalten, die keine Auswirkung auf die künftigen Zahlungsströme des korrespondierenden Versicherungsvertrags sind. Diese Anforderung ist besonders wichtig, wenn der *top-down-approach* angewendet wird, denn die Zinsstrukturkurve eines Referenzportfolios enthält im

---

724 Vgl. IASB/FASB (Hrsg.), Top down approaches (agenda paper 5A), Tz. A2 f.

725 Vgl. hier und im folgenden Satz IFRS 17.B85.

726 IBNR steht für incurred but not reported, also für die Spätschadenreserve. Diese wird für Schadenfälle gebildet, die zwar schon eingetreten, am Bilanzstichtag aber noch nicht gemeldet sind.

727 Vgl. ELLENBÜRGER, F./ENGELÄNDER, S./KÖLSCHBACH, J., Der letzte Schritt zum IFRS für Versicherungsverträge, S. 818.

728 Vgl. IFRS 17.B78. und B 81 lit. c.

Gegensatz zu einer (fast) risikofreien Zinsstrukturkurve im *bottom-up-approach* noch für den Versicherungsvertrag irrelevante Faktoren. Verwendete Referenz-Marktzinssätze sind daher um solche Komponenten zu bereinigen. Da ein Zinssatz gewöhnlich als risikolos bezeichnet wird, wenn er Komponenten (2) und (3), also erwartete und unerwartete Kreditrisiken, nicht enthält, sind beobachtbare Marktzinssätze i. S. d. IFRS 17.36 lit. (c) typischerweise um diese beiden Komponenten zu bereinigen.[729]

456.23 Die Illiquiditätsprämie des IFRS 17

Die Liquidität eines Finanzinstruments wurde im vorherigen Abschnitt als eine für Versicherungsverträge relevante Eigenschaft beschrieben. Während sie im *top-down approach* unverändert vom verwendeten Kapitalanlageportfolio übernommen werden kann,[730] muss sie im *bottom-up approach* separat ermittelt werden, damit sie auf den risikolosen Zins – der i. d. R. anhand von liquiden Kapitalanlagen ermittelt wird – aufgeschlagen werden kann.[731] Daher wird im Folgenden umrissen, was unter der Illiquiditätsprämie i. S. d. IFRS 17 zu verstehen und wie diese konzeptionell zu bewerten ist.

Alle Vermögensgegenstände besitzen Liquiditätseigenschaften und sind – Bargeld in Heimatwährung ausgenommen – zu einem gewissen Grad illiquide. Gemessen wird Liquidität relativ im Verhältnis zu einem hochliquiden Referenzobjekt, im Fall der Illiquiditätsprämie als Aufschlag auf einen risikolosen Zins, der mit dem Grad der Illiquidität des zu bewertenden Objektes steigt.[732] Dadurch verringert sich der Barwert des zu bewertenden Objektes. **Illiquidität in Versicherungsverträgen kann grundsätzlich auf zwei Arten begründet werden, die nicht zwingenderweise für dasselbe Bewertungsobjekt den gleichen Liquiditätsgrad indizieren.**[733] Zum einen kann sie über **Eigenschaften des Versicherungsvertrags** begründet werden: Ist der Vertrag einfach zu bewerten, weil seine Zahlungsströme gut vorhersagbar sind, so gilt er als illiquider als ein Vermögensgegenstand mit schlecht vorhersagbaren Zahlungsströmen. Ein Versicherer könnte

729 Vgl. IASB (Hrsg.), Discounting (agenda paper 17D), Tz. 18, 20.

730 Vgl. IFRS 17.BC196 lit. (b).

731 Vgl. IFRS 17.BC196 lit. (a); AMERICAN ACADEMY OF ACTUARIES (Hrsg.), Setting the discount rate, S. 1; IASB/FASB (Hrsg.), Top down approaches (agenda paper 5A), Tz. 7 lit. a.

732 Vgl. SOPP, G., Liquiditätsprämien von Policen, S. 271; HIBBERT, J. U. A., Liquidity Premium – literature review, S. 10.

733 Vgl. hier und nachfolgend in diesem Absatz JORION, P., Financial Risk Manager Handbook, S. 610; CEIOPS (Hrsg.), Report on the Liquidity Premium, S. 4; CLARK, D./MITCHELL, S., Illiquidity in the valuation of insurance liabilities, S. 5 f.; CFO FORUM (Hrsg.), MCEV Basis for Conclusions, Tz. 138.

nämlich die Verpflichtungen aus einem illiquiden Versicherungsvertrag mit illiquiden Vermögenswerten – also solchen mit schlecht vorhersagbaren Zahlungsströmen – decken und so eine Illiquiditätsprämie verdienen. Durch die bessere Vorhersagbarkeit der Zahlungsströme des Versicherungsvertrages können Kapitalanlagen bis zu ihrer Endfälligkeit gehalten werden, ohne dass diese vorher verkauft werden müssen. Zum anderen kann die Illiquiditätsprämie begründet werden über **Eigenschaften des Marktes**, auf dem der Vermögenswert gehandelt wird – sofern etwa auf dem Markt Friktionen bestehen, die Marktteilnehmer daran hindern, einen Vermögensgegenstand auszutauschen. Bestehen Friktionen, so muss davon ausgegangen werden, dass es zu höheren Transaktionskosten kommt, wenn der Vermögensgegenstand weiterverkauft werden soll, weshalb der Käufer für diese Illiquidität eine Prämie verlangt.

Der IASB gibt keine Liquiditäts- oder Illiquiditätsdefinition von Versicherungsverträgen vor. Betrachtet man die Vorgaben des IFRS 17 und der zugehörigen *Basis for Conclusions*, scheint der Board aber die zweite Begründung zu wählen. So stellt er darauf ab, wie stark die Marktfriktionen sind, wenn Ansprüche oder Verpflichtungen aus einem Versicherungsvertrag übertragen werden sollen.[734] IFRS 17.BC194 lautet:

„*The Board concluded that, in principle, the discount rate for a group of insurance contracts should reflect the* ***liquidity characteristics*** *of the items being measured. Thus,* ***the discount rate should equal the return on the underlying non-tradable investment (see paragraph BC193(a)), because the entity cannot sell or put the contract liability without significant cost.*** *There should be no deduction in the rate for the implicit premium for the embedded put option, because no such put option is present in the liability.*"[735]

Die in IFRS 17.BC194 beschriebene Verkaufsperspektive, in der Marktfriktionen über die Illiquiditätsprämie vergütet werden, widerspricht indes der grundlegenden Ausrichtung der *Fulfilment Cash Flows*.[736] Denn diese unterstellt, dass der Versicherer die Verpflichtungen aus den Versicherungsverträgen erfüllt und sie weder an Dritte verkauft noch sie vom Versicherungsnehmer auf Dritte übertragen werden.[737] Weiterhin widerspricht die Verkaufsperspektive unabhängig vom gewählten Bewertungsmodell oder Wertmaßstab der Natur des Versicherungsgeschäfts, die besonders

[734] Vgl. GALLASCH, F., Bilanzierung von Versicherungsverträgen, S. 137.

[735] Hervorhebungen durch den Verfasser.

[736] Vgl. IFRS 17.B87; IASB (Hrsg.), ED/2013/7: Insurance Contracts, S. 5.

[737] Vgl. SOPP, G., Liquiditätsprämien von Policen, S. 273.

in der Schaden- und Unfallversicherung darauf basiert, dass Risiken abgesichert werden und nicht darauf, dass Versicherungsverträge verbrieft und gehandelt werden.[738] **Konzeptionell ist eine Illiquiditätsprämie, die über den unterstellten Verkauf eines Versicherungsvertrages oder einer Verpflichtung hergeleitet wird also abzulehnen.**[739]

Daher ist im Folgenden zu prüfen, ob die Illiquiditätsprämie für den Diskontzins von Versicherungsverträgen über den **Grad der Unsicherheit der Zahlungsströme** begründet werden kann. Dieser Erklärungsansatz basiert auf dem Grundgedanken, dass **Aktiv- und Passivseite von Versicherer-Bilanzen gemeinsam und nicht isoliert zu betrachten sind, da Kapitalanlagen gehalten werden, um die Verpflichtungen aus den Versicherungsverträgen zu decken.**[740] Sind die entstehenden Zahlungsströme bzw. Auszahlungsverpflichtungen aus den Versicherungsverträgen gut vorhersagbar, sinkt der Verkaufsdruck für die die Versicherungsverpflichtungen deckenden Kapitalanlagen. Das Versicherungsunternehmen kann in illiquide Kapitalanlagen investieren und so über die ihnen innewohnende Illiquiditätsprämie zusätzliche Erträge erzielen. Daher wäre für Versicherungsverträge mit gut vorhersagbaren Zahlungsströmen eine höhere Illiquiditätsprämie zu fordern als für solche mit schlecht vorhersagbaren Zahlungsströmen.

Wird die Illiquiditätsprämie gemäß dieser Begründung gebildet, könnte der Fall eintreten, dass Risiken sowohl im Diskontzins als auch in der Risikomarge und damit **doppelt berücksichtigt** werden, da die Risikomarge eine Vergütung für die vom Versicherer übernommenen Risiken darstellt. Risiken doppelt bzw. außerhalb der Risikomarge zu berücksichtigen ist nach IFRS 17.B90 indes untersagt. Die Vermutung einer doppelten Berücksichtigung trifft allerdings nicht zu, denn wenn die Zahlungsströme zeitlich oder ihrer Höhe nach unsicher sind, ist eine höhere Risikomarge für den entsprechenden Versicherungsvertrag zu bilden als für einen mit sicheren Zahlungsströmen.[741] Die Risikomarge ist so hoch anzusetzen und auf die geschätzten Auszahlungsströme des

738 Vgl. CEIOPS (Hrsg.), Comments on ED/2010/8, Tz. 23 lit. b (1).

739 So auch GALLASCH, F., Bilanzierung von Versicherungsverträgen, S. 138 f.

740 Vgl. hier und nachfolgend in diesem Absatz SOPP, G., Liquiditätsprämien von Policen, S. 272. Zwar darf die Zinsstrukturkurve der die versicherungstechnischen Rückstellungen bedeckenden Kapitalanlagen gemäß IFRS 17.BC201 nicht auf die versicherungstechnischen Rückstellungen übertragen werden, um diese zu diskontieren. Der Grad der Liquidität der Kapitalanlagen von Versicherern reflektiert aber durchaus die Laufzeit der von ihnen gezeichneten Versicherungsverträge. Vgl. hierzu GDV (Hrsg.), Risikofreie Zinsstrukturkurve unter Solvency II, S. 46 sowie zur Kapitalanlagepolitik von Versicherungsunternehmen im Verhältnis zu ihren versicherungstechnischen Rückstellungen BAETGE, J./FLÜGEL, A./CONRAD, J., Accounting Mismatch, o. A.

741 Vgl. IFRS 17.B91.

Versicherungsvertrags aufzuschlagen, dass sie den Versicherer zwischen den unsicheren Verpflichtungen aus dem Versicherungsvertrag und einer sicheren Verpflichtung in Höhe der geschätzten Auszahlungen und der Risikomarge indifferent werden lässt.[742] Durch die Risikomarge werden also Versicherungsverträge, deren Zahlungsströme zeitlich und betragsmäßig unsicher sind, in sichere, also illiquide Verpflichtungen umgewandelt. **De lege ferenda wäre damit zu empfehlen, dass der Diskontzins für alle Versicherungsverträge gleichermaßen um eine Illiquiditätsprämie erhöht werden sollte, die der einer hoch illiquiden Kapitalanlage entspricht.**

456.24 Anforderungen an den Diskontierungszins nach Solvency II

Art. 43 DVO enthält allgemeine Bestimmungen zu den für Solvency II zu ermittelnden Diskontierungszinssätzen:

„Die Sätze der risikolosen Basiszinskurve müssen alle folgenden Kriterien erfüllen:

(a) Versicherungs- und Rückversicherungsunternehmen können die Sätze in der Praxis **risikolos** verdienen;

(b) die Sätze werden zuverlässig anhand von Finanzinstrumenten ermittelt, die in einem **tiefen, liquiden und transparenten Finanzmarkt** gehandelt werden.

Die Sätze der maßgeblichen risikolosen Zinskurve werden für **jede Währung und Fälligkeit** getrennt auf der Grundlage aller relevanten Daten und Informationen über die betreffende Währung und Fälligkeit berechnet. Die Sätze werden auf transparente, vorsichtige, verlässliche und objektive sowie im Zeitverlauf konsistente Art und Weise bestimmt.“[743]

In **Art. 43 lit. a DVO** wird vorgeschrieben, dass die Zinsen, mit denen diskontiert wird, **risikolos** sein müssen. In Art. 44 und 45 DVO wird bestimmt, dass Zinsswaps, die grundsätzlich als Ausgangspunkt für die Ermittlung der Zinsstrukturkurven dienen, um **Kreditrisiken** bereinigt werden sollen. Wie IFRS 17 sieht also auch Solvency II vor, die als Referenz verwendeten Finanzinstrumente um Kreditrisiken zu bereinigen.

Weiterhin schreibt **Artikel 43 lit. b DVO** vor, dass die Finanzinstrumente, von denen die zur Diskontierung verwendeten Zinssätze abgeleitet werden, von **tiefen, liquiden und transparenten**

[742] Vgl. IFRS 17.B87 sowie hier und nachfolgend in diesem Absatz GALLASCH, F., Bilanzierung von Versicherungsverträgen, S. 139-143.

[743] Hervorhebungen durch den Verfasser.

Finanzmärkten entnommen werden müssen.[744] Diese Marktanforderungen sollen sicherstellen, dass die verwendeten Daten marktkonsistent sind, da Marktkonsistenz eine der grundlegenden Anforderungen an die Rechnungslegung nach Solvency II ist.[745] Sie werden in Art. 1 DVO präzisiert. So bezeichnet ein

- „,**tiefer Markt**‘ einen Markt, an dem **Transaktionen** mit einer großen Menge von Finanzinstrumenten stattfinden können, **ohne dass dies den Preis dieser Instrumente wesentlich beeinflusst**;“[746]
- „,**liquider Markt**‘ einen Markt, an dem Finanzinstrumente durch einen Kauf- oder Verkauf **rasch liquidiert** werden können, **ohne** dass dies eine **wesentliche Preisänderung** bewirkt;“[747]
- „,**transparenter Markt**‘ einen Markt, an dem **aktuelle Handels- und Preisinformationen für die Öffentlichkeit**, insbesondere für Versicherungs- oder Rückversicherungsunternehmen, rasch **verfügbar** sind“[748].

Indem die EIOPA diese drei Marktanforderungen bei der Ermittlung der Zinsstrukturkurven beachtet, will sie den Ermittlungsprozess für die anwendenden Versicherungsunternehmen transparenter gestalten und dadurch das Verständnis für Solvency II und das Vertrauen der Versicherungsindustrie in das neue Aufsichtsregime stärken.[749] Um zu prüfen, ob diese Kriterien für bestimmte Finanzinstrumente und - märkte erfüllt sind, führt die EIOPA ein sog. *assessment of depth, liquidity and transparency* (DLT *assessment*) durch, das in Abschnitt 456.321 beschrieben wird.[750]

744 So auch EU (Hrsg.), RL 2014/51/EU, Art. 79a. In das VAG ist dieser Artikel nicht eingegangen, da die Zinsstrukturkurven von der EIOPA ermittelt werden. Vgl. DEUTSCHER BUNDESTAG (Hrsg.), BT-Drucks. 18/2956, S. 235, Zu § 7 (Begriffsbestimmungen).

745 Vgl. EIOPA (Hrsg.), Technical documentation – discounting (EIOPA-BoS-15/035), S. 7; EU (Hrsg.), RL 2009/138/EG, Erwägungsgrund 53 sowie Art. 75 und 76.

746 Art. 1 Abs. 32 DVO. Hervorhebungen durch den Verfasser.

747 Art. 1 Abs. 33 DVO. Hervorhebungen durch den Verfasser. Die DVO wählt wie der IASB die transaktionsbezogene Liquiditätsdefinition. Da versicherungstechnische Rückstellungen nach Solvency II unter der Annahme bewertet werden, dass der bilanzierende Versicherer sie auf einen anderen Versicherer überträgt, ist die transaktionsbezogene Definition für Solvency II konzeptionell angemessen.

748 Art. 1 Abs. 34 DVO. Hervorhebungen durch den Verfasser.

749 Vgl. EIOPA (Hrsg.), Technical documentation – discounting (EIOPA-BoS-15/035), S. 7.

750 Vgl. EIOPA (Hrsg.), Technical documentation – discounting (EIOPA-BoS-15/035), Tz. 75.

Da nach Art. 33 DVO der beste Schätzwert für Zahlungsströme in verschiedenen **Währungen** getrennt zu berechnen ist, müssen für die verwendeten Währungen auch entsprechende Diskontfaktoren ermittelt werden. So ermittelt die EIOPA risikofreie Zinsstrukturkurven für alle 13 Währungen der Staaten des europäischen Wirtschaftsraums.[751] Darüber hinaus tut sie dies auch für 20 weitere Währungen, die für den europäischen Versicherungssektor relevant sind und für die verlässliche und öffentlich zugängliche Marktdaten existieren.

Neben der Anforderung, dass eine Zinsstrukturkurve für jede Währung zu ermitteln ist, muss gemäß Art. 43 DVO auch ein **Diskontfaktor für jede Fälligkeit** ermittelt werden. Dadurch soll es dem Versicherer ermöglicht werden, jeden Zahlungsstrom aus den Versicherungsverträgen zu diskontieren, gleich zu welchem Zeitpunkt er anfällt. Die EIOPA kommt dieser Anforderung nach, indem sie Diskontfaktoren für die folgenden 150 Jahre, jeweils in Jahresschritten, angibt.[752] Um Versicherungsverträge auch unterjährig abzinsen zu können, schreibt die EIOPA vor, dass Versicherer die jährlichen Diskontfaktoren linear interpolieren.[753] Das heißt, es können gleitende Übergänge zwischen den Diskontfaktoren zweier Jahre gebildet werden. So können für jeden Zeitpunkt der nächsten 150 Jahre Diskontfaktoren abgeleitet werden.

456.25 Analyse der Gemeinsamkeiten und Unterschiede

Bevor die Vorschriften gewürdigt werden, soll noch einmal unterstrichen werden, dass die Art, nach der die EIOPA die maßgeblichen Zinsstrukturkurven ermittelt, wesentlich stärker mit dem *bottom-up approach* als mit dem *top-down approach* des IFRS 17 korrespondiert. Eine für beide Rechnungslegungsregime gleiche Vorgehensweise ist nur mit dem *bottom-up approach* möglich.

Wie nach IFRS 17 werden auch nach Solvency II Zinsstrukturkurven um **Kreditrisiken** bereinigt. In welchem Umfang dies geschieht, wird in Abschnitt 456.321 untersucht, und zwar wenn betrachtet wird, wie genau die ermittelten Zinsstrukturkurven um Kreditrisiken für Solvency II zu bereinigen sind. Bezüglich der unerwarteten Kreditverluste ist noch einmal festzuhalten, dass diese nur in einem IASB-*Meeting* explizit als Teil des Kreditrisikos beschrieben wurden, nicht aber im Rechnungslegungsstandard. Letzterer schreibt nur allgemein vor, dass Diskontfaktoren um Kreditrisiken zu bereinigen sind. Da Diskontfaktoren nach Solvency II auch allgemein um

[751] Vgl. hier und im folgenden Satz EIOPA (Hrsg.), Technical documentation – discounting (EIOPA-BoS-15/035), Tz. 67 f., Annex 14.A.

[752] Vgl. EUROPÄISCHE KOMMISSION (Hrsg.), DVO 2016/1976 (Zinsstrukturkurven), Anhang I.

[753] Vgl. EIOPA (Hrsg.), Technical documentation – discounting (EIOPA-BoS-15/035), Tz. 222.

Kreditrisiken zu bereinigen sind, stimmen die Vorschriften dem Wortlaut nach überein. Vorerst kann also festgehalten werden, dass **beide Rechnungslegungssysteme in diesem Punkt gleichgerichtet sind.**

Weiterhin schreibt der IASB vor, dass der **zeitliche Anfall der Zahlungsströme** der als Referenz verwendeten Finanzinstrumente so weit wie möglich mit denen des zu bewertenden Versicherungsvertrags übereinstimmen muss. So wird sichergestellt, dass laufzeitgerechte Diskontfaktoren berechnet werden können. **Diese Anforderung deckt sich mit der Anforderung aus der DVO, die besagt, dass Diskontfaktoren für jede Fälligkeit berechnet werden müssen.** Wie bereits erörtert, werden von der EIOPA für die nächsten 150 Jahre Diskontfaktoren vorgegeben. Für jeden Zeitpunkt in dieser Zeitspanne kann ein Diskontfaktor zwischen zwei Jahreswerten interpoliert werden. Zwar wird durch die Interpolation nicht der genaue Diskontfaktor für einen unterjährigen Zeitpunkt berechnet. Da es sich aber um zukunftsbezogene Schätzwerte handelt, wäre der Zuwachs an Genauigkeit überschaubar, der zusätzliche Aufwand indes relativ hoch. Auch dürfte es nur in sehr seltenen Fällen vorkommen, dass Zahlungsströme erwartet werden, die in mehr als 150 Jahren anfallen.[754]

Die Anforderung des IFRS 17, dass Zinsstrukturkurven von Finanzinstrumenten abgeleitet werden sollen, die die gleiche **Währung** der erwarteten Versicherungsvertrags-Zahlungsströme hat, ist **kongruent mit der Anforderung in der DVO**, die besagt, dass für unterschiedliche Währungen Zinsstrukturkurven zu bilden sind. Beide Anforderungen zielen darauf ab, dass ein währungsgerechter Diskontfaktor vom Versicherer verwendet wird. Die EIOPA ermittelt Zinsstrukturkurven für die Währungen, die für die meisten europäischen Versicherer die größte Bedeutung besitzen – z. B. für den Euro, den US-Dollar und das britische Pfund. Es wird also nicht für jede existierende Währung eine Zinsstrukturkurve ermittelt, was der Wortlaut der DVO aber suggeriert. Für Wäh-

754 In der Lebensversicherung, in der für gewöhnlich weitaus langlaufendere Verträge abgeschlossen werden als in der Schaden- und Unfallversicherung, gibt es nur in wenigen Fällen Laufzeiten, die 30 Jahre überschreiten. Vgl. INTERNATIONAL MONETARY FUND (Hrsg.), Global Financial Stability Report April 2015, S. 22.

rungen, für die die EIOPA keine Zinsstrukturkurve veröffentlicht, müssen Versicherer diese daher selbst nach der in der *Technical Documentation*[755] beschriebenen Methode ermitteln.[756]

Am stärksten unterscheiden sich die Anforderungen an die Diskontfaktoren darin, dass IFRS 17 eine **Illiquiditätsprämie** als Komponente der Diskontfaktoren verpflichtend vorschreibt, VAG und DVO aber nicht. Dies stellt einen eindeutigen, kodifizierten Unterschied dar, der es unmöglich macht, dass die unmodifizierten, risikolosen Zinsstrukturkurven von Solvency II direkt für die Zwecke des IFRS 17 übernommen werden können.

Indes ist anzumerken, dass für Solvency II noch 2010 eine Illiquiditäts- bzw. Liquiditätsprämie als Aufschlag auf die risikolosen Zinsstrukturkurven diskutiert wurde.[757] Außerdem stellen die in den finalen Rechts- und Regelungsdokumenten optionalen Zinskomponenten – Matching-Anpassung und Volatilitätsanpassung – wie die Illiquiditätsprämie ein Aufschlag auf die risikolosen Zinsstrukturkurven dar, die an Marktzinssätzen ausgerichtet werden. Da die Aufschläge also Ähnlichkeiten aufweisen, wird im folgenden Abschnitt untersucht, ob zwischen ihnen Gemeinsamkeiten bestehen, die für eine gleiche Bilanzierung in beiden Rechnungslegungsregimen genutzt werden können.[758]

Die in IFRS 17.36 lit. b und Art. 43 lit. b DVO geforderte **Marktkonsistenz** ist eine konvergente Forderung an die verwendeten Referenz-Finanzinstrumente – wenn sie durch die Präzisierungen in der DVO und durch das DLT *assessment* für Solvency II auch detaillierter geregelt ist. Im Sinne der Rechnungslegungsanforderungen beider Rechnungslegungssysteme ist diese Anforderung zu begrüßen. Bei IFRS 17 fördert die Marktkonsistenz der verwendeten Finanzinstrumente schließlich die glaubwürdige Darstellung durch Neutralität, da die verwendeten Eingangsdaten so objektiviert

---

755 Da die Zinsstrukturkurven von der EIOPA herausgegeben werden, sind in der DVO richtungweisende Angaben dazu gemacht, wie diese zu ermitteln sind. Um ein besseres Verständnis der veröffentlichten Zinsstrukturkurven und der dahinterstehenden Methodik zu fördern, hat die EIOPA aber eine *Technical Documentation* herausgegeben. Diesem Dokument ist zu entnehmen, wie die EIOPA bei der Ermittlung genau vorgeht, sodass Versicherer die publizierten Zinsstrukturkurven besser verstehen und antizipieren können, welche Faktoren zu einer Veränderung der Kurven führen. Vgl. EIOPA (Hrsg.), Technical documentation – discounting (EIOPA-BoS-15/035), S. 6 f. Die *Technical Documentation* besitzt keinerlei rechtliche Bindungswirkung, sie soll lediglich die Compliance mit den Regelungen von Solvency II fördern. Vgl. EIOPA (Hrsg.), Technical documentation – discounting (EIOPA-BoS-15/035), S. 9, 12.

756 Vgl. EIOPA (Hrsg.), Technical documentation – discounting (EIOPA-BoS-15/035), Tz. 91.

757 Vgl. CEIOPS (Hrsg.), Report on the Liquidity Premium, S. 3.

758 Da Matching-Anpassung und Volatilitätsanpassung keine Pflichtbestandteile der Solvency II-Diskontfaktoren sind und nicht in den Anforderungen an die Diskontfaktoren beschrieben werden, werden sie im folgenden Abschnitt behandelt.

werden. Gleiches gilt für Solvency II, wobei die Marktkonsistenz hier auch mit Blick auf die generelle *Fair-Value*-Bewertung in der Solvabilitätsübersicht positiv zu bewerten ist.

Zusammenfassend ist festzuhalten, dass in der Illiquiditätsprämie von IFRS 17 ein klarer Unterschied zwischen den Diskontfaktoren des Rechnungslegungsstandards und von Solvency II besteht, die übrigen Kriterien aber übereinstimmen. Die Grundvoraussetzungen, die von der EIOPA veröffentlichten risikofreien Zinsstrukturkurven in modifizierter Form auch für die Zwecke des IFRS 17 im *bottom-up approach* zu verwenden, sind damit gegeben. In den folgenden Abschnitten wird untersucht, wieweit es Überschneidungen bei den Vorgaben zur Ermittlung der Zinsstrukturkurven, also der Umsetzung der Anforderungen, kommt.

456.3 Ausgestaltung der gestatteten Ermittlungsmethoden

456.31 Gestattete Methoden nach IFRS 17

456.311. *Bottom-up approach*

Für den in IFRS 17.B80 umrissenen *bottom-up approach* ist eine (weitgehend) risikofreie Zinsstrukturkurve als Ausgangspunkt zu verwenden. Diese ist um versicherungsvertragsspezifische Charakteristika anzupassen, was die explizit in IFRS 17.B80 aufgeführten Liquiditätseigenschaften, aber auch den nicht in lit. b aufgeführten zeitlichen Anfall betrifft.

Zuerst muss erörtert werden, wie eine **risikofreie Zinsstrukturkurve** zu ermitteln bzw. zu approximieren ist, denn eine solche, gänzlich risikofreie Kurve ist nicht direkt am Markt beobachtbar.[759] Eine Möglichkeit, eine risikofreie Zinsstrukturkurve zu approximieren, ist, sie an **Staatsanleihen mit bestem Rating** abzulesen, die in der Währung der zu deckenden Verpflichtung gehandelt werden und die eine der Versicherungsverpflichtung entsprechende Laufzeit haben. Solche Anleihen – etwa die des deutschen Staates – sind zwar nicht risikofrei, enthalten aber so wenig Risiko, dass sie durchaus als Ausgangspunkt verwendet werden können.[760] Probleme treten indes auf, wenn sich *Credit Spreads* auf Staatsanleihen entwickelt haben, diese also doch als risikobehaftet gelten, wie die Anleihen der EU-Krisenstaaten.[761] Sofern die Zinsstrukturkurve auch für Währungen von

[759] Vgl. ELLENBÜRGER, F./ENGELÄNDER, S./KÖLSCHBACH, J., Der letzte Schritt zum IFRS für Versicherungsverträge, S. 818.

[760] Vgl. CEIOPS (Hrsg.), Risk-free interest rate term structure (CEIOPS-DOC-34-09), Tz. 3.22 f.; GDV (Hrsg.), Risikofreie Zinsstrukturkurve unter Solvency II, S. 10; IASB/FASB (Hrsg.), Discount Rate for non-participating contracts (agenda paper 3D), Tz. 24.

[761] Vgl. IASB/FASB (Hrsg.), Discount Rate for non-participating contracts (agenda paper 3D), Tz. 26; CEIOPS (Hrsg.), Risk-free interest rate term structure (CEIOPS-DOC-34-09), Tz. 3.23 f.

Ländern, die kein Top-Rating haben, über Staatsanleihen ermittelt werden soll, müssen die risikobehafteten Zinssätze der jeweiligen Zeitpunkte um ihre Kreditrisiken bereinigt werden.[762]

Alternativ ist es möglich, die risikofreie Zinsstrukturkurve über **Zinsswaps** zu approximieren.[763] Bei Zinsswaps vereinbaren zwei Geschäftsparteien an künftigen Zeitpunkten Zinszahlungen auf einen Nominalwert zu tauschen. Dabei zahlt meist die eine Partei einen fixierten Zinssatz und die andere einen variablen Zinssatz, der z. B. an den *Euro InterBank Offered Rate* (EURIBOR) oder an den *London Interbank Offered Rate* (LIBOR) gekoppelt ist. Der Nominalwert – etwa eine Anleihe oder ein Kredit– dient dabei lediglich dazu, die Zinszahlungen bestimmen zu können, wird aber nicht zwischen den Swap-Parteien getauscht.[764] Aus Zinsswaps verschiedener Laufzeiten können wiederum Zinsstrukturkurven, auch Swapkurven genannt, abgeleitet werden. Diese sind aber wie nicht top-geratete Staatsanleihen noch um Kreditrisiken zu bereinigen – wenn sie auch nur minimale Kontrahentenausfallrisiken aufgrund meist hinterlegter Sicherheiten aufweisen.[765]

Die eigentliche Schwierigkeit des *bottom-up approach* liegt indes nicht darin, die risikofreie Ausgangs-Zinsstrukturkurve zu ermitteln, sondern darin, diese um die schwierig zu ermittelnde **Illiquiditätsprämie** zu erweitern.[766] Denn die Prämie soll für bestenfalls eingeschränkt handelbare Versicherungsverträge marktkonsistent sein und es hat sich noch keine Methode etabliert, mit der diese Prämie zuverlässig ermittelt werden kann.[767] Weiterhin macht der IASB keine Vorgaben bezüglich der zu verwendenden Ermittlungsmethode, mit dem Verweis auf die Prinzipienorien-

---

762 Dies ist zwar nach dem Wortlaut des Standardentwurfs nicht explizit vorgesehen, wird in Anbetracht nicht unerheblicher Kreditrisiken aber auch für den *top-down-approach* gemäß Solvency II durchgeführt. Vgl. EIOPA (Hrsg.), Technical documentation – discounting (EIOPA-BoS-15/035), Abschnitt 5; CEIOPS (Hrsg.), Risk-free interest rate term structure (CEIOPS-DOC-34-09), Tz. 3.24. Wie solche Zinsstrukturkurven um mögliche Kreditrisiken angepasst werden können, wird im folgenden Abschnitt beschrieben.

763 Vgl. IASB/FASB (Hrsg.), Discount Rate for non-participating contracts (agenda paper 3D), Tz. 27.

764 Vgl. SCHORMAIR, T., Credit Default Swaps, S. 59-61; LÄGER, V., in: Finanzderivate, 3. Aufl., § 2 Praxisbeispiele zu Finanzderivaten, Tz. 1.

765 Wenn Zinsswaps auch häufig nur geringe Kreditrisiken in sich bergen, so sind diese doch signifikant genug, dass die EIOPA in Art. 45 DVO festschreibt, die Swap-Rates um diese zu bereinigen. Vgl. GDV (Hrsg.), Risikofreie Zinsstrukturkurve unter Solvency II, S. 16. Wie eine solche Bereinigung vorgenommen werden kann, wird im folgenden Abschnitt erörtert.

766 Der IASB geht davon aus, dass alle Versicherungsverträge als nicht handelbar, also illiquide anzusehen sind. Vgl. IASB (Hrsg.), ED/2013/7: Insurance Contracts, Tz. BCA76. Vgl. auch IASB/FASB (Hrsg.), Top down approaches (agenda paper 5A), Tz. 3 lit. c; IASB/FASB (Hrsg.), Discounting (agenda paper 3D), Tz. 36.

767 Vgl. NGUYEN, T./MOLINARI, P., Bilanzierung von Versicherungsverträgen – Teil 1, S. 23; IASB (Hrsg.), ED/2013/7: Insurance Contracts, Tz. BCA77; GALLASCH, F., Bilanzierung von Versicherungsverträgen, S. 143.

tierung der IFRS.[768] Der *Staff* des IASB verweist aber auf den bereits in dieser Arbeit zitierten CEIOPS-Report, in dem die drei gebräuchlichsten Methoden aufgeführt werden, mit denen die Illiquiditätsprämie ermittelt werden kann.[769] Die Methoden beziehen sich zwar auf die Illiquiditätsprämien von Vermögenswerten, sind aber als adäquat für Versicherungsverträge anzusehen, sofern eventuell entstehende Fehler berücksichtigt werden.[770] Diese drei Methoden werden im Folgenden kurz vorgestellt:

Die erste Methode ist die CDS ***Negative-Basis Method***, in der der Spread einer Unternehmensanleihe mit dem Spread eines CDS für das gleiche Unternehmen und mit gleicher Laufzeit, Währung und Schulden-Priorität verglichen wird.[771] Dabei unterscheiden sich beide Instrumente darin, dass der CDS als hoch liquide angesehen wird, während die Unternehmensanleihe mit einem gewissen Grad an Illiquidität behaftet ist. Somit kann die Differenz beider Spreads als Illiquiditätsprämie angesehen werden.

Die zweite Methode ist die ***Covered Bond Method***.[772] Bei dieser Methode werden Finanzinstrumente – vornehmlich Pfandbriefe und Swaps – mit gleichen Zahlungsströmen, aber unterschiedlichen Liquiditätscharakteristika, verglichen. Pfandbriefe gelten aufgrund ihrer Besicherung als risikofrei, sind aber verglichen mit Swaps höchster Ratingklasse weniger liquide. Daher kann aus der Differenz der Zinssätze beider Finanzinstrumente eine Illiquiditätsprämie abgeleitet werden.

Nach der ***Structural Model Method*** wird mit Hilfe von synthetischen Finanzinstrumenten ein Spread gebildet, der lediglich das Kreditrisiko eines bestimmten Finanzinstruments enthält, nicht aber Liquiditätsrisiken.[773] Zieht man den Spread von dem des tatsächlichen Finanzinstruments – etwa einer Unternehmensanleihe – ab, bleibt die Illiquiditätsprämie übrig.

---

[768] VGL. IFRS 17.BC195 lit. (b).

[769] Vgl. IASB/FASB (Hrsg.), Discounting (agenda paper 3D), Tz. 32 i. V. m. CEIOPS (Hrsg.), Report on the Liquidity Premium, S. 12-18 sowie für eine Übersicht über die Literatur zu Illiquiditätsprämien und über weitere Ermittlungsmethoden HIBBERT, J. U. A., Liquidity Premium – literature review, S. 15 f.

[770] Vgl. hier und nachfolgend für die drei vorgestellten Methoden CEIOPS (Hrsg.), Report on the Liquidity Premium, S. 12-14.

[771] Vgl. hier und nachfolgend in diesem Absatz HIBBERT, J. U. A., Liquidity Premium – literature review, S. 17 f.

[772] Vgl. hier und nachfolgend in diesem Absatz HIBBERT, J. U. A., Liquidity Premium – estimation methods, S. 9.

[773] Vgl. hier und nachfolgend in diesem Absatz HIBBERT, J. U. A., Liquidity Premium – estimation methods, S. 7 f.

Jede Methode hat spezifische Schwächen, etwa konzeptionell unerwünschte Kreditrisiken in den verwendeten Instrumenten der CDS *Negative-Basis Method* und der *Covered Bond Method* sowie schwierig zu objektivierende Parameter bei der *Structural Model Method.*[774] Obwohl demnach keine der vorgestellten Methoden grundsätzlich den anderen überlegen ist, wäre es wünschenswert, wenn der IASB die Methodenvielfalt eingrenzt, um in Anbetracht der Spielräume innerhalb der einzelnen Methoden ein gewisses Maß an Vergleichbarkeit zu gewährleisten.[775] Denn die mit den vorgestellten Methoden ermittelten Illiquiditätsprämien weichen teilweise deutlich voneinander ab. So z. B. bei der von der CEIOPS ermittelten Prämie für eine US-Dollar-Zinsstrukturkurve, die zum gleichen Zeitpunkt Mitte 2009 je nach Methode zwischen ca. 50 und 450 Basispunkten lag.[776] Da der IASB die Methodenvielfalt nicht beschränkt, sind zudem weitere Methoden denkbar, die womöglich zu noch größeren Unterschieden führen würden.

Die Tatsachen, dass der IASB den Begriff der Illiquidität nicht genau definiert und auch kein Maß für den Grad der Illiquidität von Versicherungsverträgen schafft, **erweitern die bilanzpolitischen Spielräume.**[777] Wenn der IASB seine prinzipienbasierten Vorgaben auch darüber rechtfertigt, dass Versicherer so ihre individuellen Verhältnisse bilanziell adäquater abbilden können, kann in Anbetracht dieser unpräzisen Vorgaben keine Rede mehr von Entscheidungsnützlichkeit der Bilanzinformationen sein. Konkretisierungen bzw. Einschränkungen der anwendbaren Methoden wären hier sehr wohl angebracht.

456.312. *Top-down approach*

Nach dem *top-down approach* i. S. d. IFRS 17.B81 wird eine mit nicht versicherungsvertragsspezifischen Komponenten behaftete Zinsstrukturkurve nach den Vorgaben des IASB modifiziert, eine Zinsstrukturkurve mit den gewünschten Eigenschaften zu erhalten.[778] Als Ausgangspunkt für den *top-down approach* fungiert ein Portfolio von Finanzinstrumenten, die die Eigenschaften der zu

[774] Vgl. ASCHE, B., Jahresabschlussanalyse und Bilanzpolitik, S. 184 f.; HIBBERT, J. U. A., Liquidity Premium – estimation methods, S. 9 f.

[775] Vgl. ASCHE, B., Jahresabschlussanalyse und Bilanzpolitik, S. 185.

[776] Vgl. CEIOPS (Hrsg.), Report on the Liquidity Premium, S. 30.

[777] Vgl. NGUYEN, T./MOLINARI, P., Bilanzierung von Versicherungsverträgen – Teil 1, S. 23.

[778] Vgl. IFRS 17.B81.

diskontierenden Versicherungsverträge möglichst gut widerspiegeln. Dieses Portfolio wird als „Referenzportfolio“ bezeichnet.[779] Die am Referenzportfolio vorzunehmenden Modifikationen werden in IFRS 17.B83 grob umrissen und werden im Folgenden erörtert.

Nachdem das Referenzportfolio gebildet wurde, kann es zu Veränderungen am Markt oder im Versicherungsvertrags-Portfolio kommen, die erfordern, dass das Referenzportfolio angepasst wird. **IFRS 17.B83** lit (a) gibt dazu vor, dass das Referenzportfolio um Unterschiede in „[...] *amount, timing and uncertainty* [...]“ anzupassen ist, die gegenüber den Zahlungsströmen aus den Versicherungsverträgen bestehen. Diese drei zu beachtenden Faktoren müssen bereits beachtet werden, wenn das Referenzportfolio erstmalig gebildet wird.[780] Die Faktoren zu beachten bedeutet, dass die Zahlungsströme aus den Kapitalanlagen des Referenzportfolios, z. B. durch auslaufende Anleihen, auf den Mittelbedarf für die vom Versicherer zu leistenden Versicherungsverpflichtungen abzustimmen sind. Die Aktiv- mit der Passivseite abzustimmen könnte aber gerade in der Schaden- und Unfallversicherung schwierig sein, da die zu leistenden Schadenzahlungen aufgrund des stochastischen Charakters des Geschäfts zeitlich nur schwer vorhersagbar sind. Sind für bestimmte Zeitpunkte in der Zukunft keine adäquaten Kapitalanlagen verfügbar, so muss der Versicherer mit aktuariellen Techniken die Zinsstrukturkurve erweitern bzw. extrapolieren.

IFRS 17.B83 lit. (b) gibt vor, dass die Zinsstrukturkurve des Referenzportfolios um **Marktrisikoprämien** für Kreditrisiken bereinigt werden muss. Darunter sind die Zinskomponenten (2) und (3) zu fassen, also die Risikoprämie für erwartete Kreditverluste und die Prämie für die mit dem Kreditverlust verbundene Unsicherheit. Wenn der **IASB** in IFRS 17 auch nicht vorgibt, mit welcher Methode Kreditrisiken zu ermitteln sind, so wird in einem Dokument des Standardentwicklungsprozesses doch ein **Beispiel** dafür konstruiert:[781] Im Beispiel besteht das Referenzportfolio aus verschiedenen Anleihen. Für diese Anleihen sind zum einen die Nominalverzinsungen bekannt und zum anderen die Markterwartungen über die **erwarteten Ausfälle**, die bereits in der Nominalverzinsung als Risikoprämie berücksichtigt sind. Die erwarteten Ausfälle errechnen sich aus der erwarteten Ausfallwahrscheinlichkeit, der Verlustquote, d. h. dem Anteil des

779 Vgl. IFRS 17.B83.

780 Vgl. IFRS 17.33 lit. (a) i. V. m. IFRS 17.B36 lit. (a).

781 Vgl. hier und nachfolgend in diesem Absatz IASB/FASB (Hrsg.), Top down approaches (agenda paper 5A), Tz. A4 f.

Vermögenswertes, der bei einem Ausfall tatsächlich abgeschrieben werden muss und dem ausstehenden Exposure, d. h. dem noch offenen Forderungsbetrag.[782] Die Nominalverzinsung wird wie folgt um die erwarteten Ausfälle bereinigt:[783] Die betrachtete Nullkuponanleihe hat einen aktuellen Marktwert von 96,2 Euro, einen nominalen Rückzahlungswert von 101 Euro und einen realen Rückzahlungswert (nach erwarteten Ausfällen) von 100 Euro. Der Nominalzins für ein Jahr Laufzeit beträgt damit (101 Euro / 96,2 Euro) – 1 = 5 %; wird dieser Zins um die darin enthaltene Prämie für die erwarteten Ausfälle bereinigt, erhält man den Zins (100 Euro / 96,2 Euro) – 1 = 3,96 %. Damit beträgt die Risikoprämie für erwartete Ausfälle 5 % – 3,96 % = 1,04 %.

Im Zins i. H. v. 3,96 % ist indes noch die Risikoprämie für die unerwarteten Ausfälle eingeschlossen. Die **unerwarteten Ausfälle bzw. Marktrisiken** entsprechen der Streuung der tatsächlichen Verluste um den erwarteten Verlust. Wie diese ermittelt werden soll, lässt der IASB aber offen und verweist nur darauf, dass eine vom Versicherer frei zu wählende Technik angewendet werden soll. Denkbar wäre etwa die Ermittlung über die *Value at Risk*-Methode (VaR).[784] Sofern der VaR nicht auf beobachtbare Marktdaten gestützt werden kann, bestehen indes Ermessensspielräume bei der Prämie für die unerwarteten Ausfälle. Die Verfügbarkeit von Marktdaten ist bei dieser Methode ohnehin eines der größten Mankos. Während für häufig gehandelte Anleihen offizielle Ratings bestehen dürften, muss dies für andere, nicht gehandelte Kapitalanlagen des Referenzportfolios nicht der Fall sein – etwa wenn ein Versicherer eigenständig ein Infrastrukturinvestment tätigt. Doch eben solche nach der Definition des IASB illiquiden Vermögenswerte müssten für den *top-down approach* verwendet werden, um die Liquiditätseigenschaften von Versicherungsverträgen angemessen nachzubilden.

Die Zinsstrukturkurve des Referenzportfolios ist zudem um die nicht näher beschriebenen „anderen“ Elemente zu bereinigen, sofern diese bestehen. Darunter fallen z. B. Steuern auf die Referenz-Finanzinstrumente.[785] Diese werden indes nicht explizit im Wortlaut des IFRS 17 aufgeführt.

Der IASB geht davon aus, dass Versicherer, die eine Zinsstrukturkurve mit dem *top-down approach* ermitteln, dies in vielen Fällen tun werden, weil es für sie zu komplex oder nicht praktikabel

---

782 Vgl. RAU-BREDOW, H., Kreditrisikomodelle und Diversifikation, S. 3.

783 Werte gerundet.

784 Vgl. RAU-BREDOW, H., Kreditrisikomodelle und Diversifikation, S. 3; IASB/FASB (Hrsg.), Top down approaches (agenda paper 5A), Tz. A5.

785 Siehe hierzu die in Abschnitt 456.22 beschriebene Zinskomponente (5).

ist, die Zinsstrukturkurve mit dem *bottom-up approach* zu ermitteln. Die Komplexität des *bottom-up approaches* ist hauptsächlich darin begründet, dass die Illiquiditätsprämie nur schwer zu ermitteln ist.[786] Um den Versicherern angesichts dieser Komplexität den *top-down approach* zu erleichtern, gestattet der IASB, die Illiquiditätsprämie des Referenzportfolio unmodifiziert zu übernehmen.[787] Das bedeutet, dass die Illiquiditätsprämie des Portfolios nicht der entsprechen muss, die tatsächlich angemessen für den Versicherungsvertrag wäre.[788] Dazu müsste die für den Versicherungsvertrag angemessene Illiquiditätsprämie ermittelt werden.

Diese Vereinfachung hat indes den Nachteil, dass sich eine mit dem *top-down approach* ermittelte Zinsstrukturkurve von einer mit dem *bottom-up approach* ermittelten alleine durch unterschiedliche Illiquiditätsprämien unterscheiden kann. Weiterhin ist auch zu erwarten, dass die anderen Anpassungen, aber auch Level 3-Fair Values der Referenz-Kapitalanlagen, dazu führen werden, dass die Ergebnisse nicht eindeutig sind und dass sich die Ergebnisse beider *approaches* voneinander unterscheiden.

456.32 Ermittlung der Diskontfaktoren nach Solvency II

456.321. Ermittlung der risikofreien Zinsstrukturkurve durch die EIOPA

Die von der EIOPA verwendeten Finanzinstrumente, von denen die Zinsstrukturkurven abgeleitet werden, umfassen Zinsswaps sowie Staats- und Unternehmensanleihen. Dabei sind Zinsswaps die bevorzugten Instrumente.[789] Swapmärkte sind verglichen mit anderen Märkten meistens hocheffizient sowie liquide und weisen darüber hinaus niedrige Geld-Brief-Spannen auf. Außerdem werden Swaps über ein langes Laufzeitenspektrum angeboten und sind durch ihre Besicherungen nahezu kreditrisikofrei. Staats- und Unternehmensanleihen werden nur herangezogen, wenn keine adäquaten Zinsswaps vorhanden sind oder diese den Anforderungen des DLT *assessment* nicht genügen.

---

786 Vgl. hier und im vorherigen Satz IASB/FASB (Hrsg.), Top down approaches (agenda paper 5A), Tz. 7 lit. a sowie Tz. 3 lit. c; ASCHE, B., Jahresabschlussanalyse und Bilanzpolitik, S. 184.

787 Vgl. IFRS 17.BC196 lit. (b).

788 Vgl. IASB/FASB (Hrsg.), Top down approaches (agenda paper 5A), Tz. 3 lit. c.

789 Vgl. hier und nachfolgend in diesem Absatz EIOPA (Hrsg.), Technical documentation – discounting (EIOPA-BoS-15/035), S. 6; GDV (Hrsg.), Risikofreie Zinsstrukturkurve unter Solvency II, S. 3, 16.

Das in **Art. 44 Abs. 2 DVO** verankerte DLT *assessment* wird durchgeführt, um sicherzustellen, dass die Märkte, denen Finanzinformationen für die Ermittlung der Zinsstrukturkurven entnommen werden, keine Friktionen enthalten, die den „wahren Marktwert" verfälschen würden. Die Schwierigkeit dieses *assessment* liegt darin, dass keine international einheitlich anwendbaren Definitionen für Liquidität und Tiefe von Finanzmärkten existieren und je nach betrachtetem Markt unterschiedliche Kriterien geprüft werden müssen.[790] Daher gibt es auch keinen grundsätzlich anzuwendenden, einheitlichen Maßstab für diese Kriterien. Die EIOPA nennt eine – wenn auch nicht erschöpfende – Liste von Kriterien, die von ihr für Währungen des europäischen Wirtschaftsraumes geprüft werden sollen, um ein Urteil über die DLT-Eigenschaften von Marktdaten zu gewinnen. Dazu gehören u. a. die Geld-Brief-Spanne, d. h. die Differenz zwischen höchstem Nachfrage- und niedrigstem Angebotspreis, Handelsvolumen und -frequenz und eine Auswertung, wie sich große Transaktionen auf die Preise auswirken.[791] Für Währungen, die nicht dem europäischen Wirtschaftsraum angehören, sind zusätzliche Methoden, wie eine Volatilitätsanalyse, anzuwenden, um die DLT-Eigenschaften des entsprechenden Marktes besser einschätzen zu können.[792] Zur Transparenz ist an dieser Stelle noch anzumerken, dass die EIOPA umfangreich angibt, welche Finanzmarktdaten sie verwendet, damit Versicherer nachvollziehen können, warum sich die maßgeblichen Zinsstrukturkurven verändern. So werden z. B. die exakten Swap-Ticker, denen die verwendeten Swapsätze entnommen werden können und auch die für jede Laufzeit verwendeten Instrumente, angegeben.[793]

Sind die Ausgangs-Zinsstrukturkurven ermittelt, sind diese gemäß **Erwägungsgrund 20 und Art. 45 DVO** um Kreditrisiken zu bereinigen, was die EIOPA als ***credit risk adjustment*** (CRA)[794] bezeichnet. Dies lässt sich in folgender Formel zusammenfassen:

[790] Vgl. hier und im folgenden Satz EIOPA (Hrsg.), Technical documentation – discounting (EIOPA-BoS-15/035), Tz. 316 f.

[791] Vgl. EIOPA (Hrsg.), Technical documentation – discounting (EIOPA-BoS-15/035), Tz. 325.

[792] Vgl. EIOPA (Hrsg.), Technical documentation – discounting (EIOPA-BoS-15/035), Abschnitt 14.D.

[793] Vgl. z. B. EIOPA (Hrsg.), Technical documentation – discounting (EIOPA-BoS-15/035), Tz. 73, 106.

[794] Vgl. EIOPA (Hrsg.), Technical documentation – discounting (EIOPA-BoS-15/035), Abschnitt 1.B.

$$r_{rf} = r_{Swap} - \underbrace{\frac{\sum_{i=1}^{n}(r_{i,fl} - r_{i,OIS})}{n} * 0,5}_{\text{CRA (mindestens 10 und höchstens 35 Basispunkte)}}$$

Übersicht 4-6: *Credit risk adjustment*[795]

Dabei steht r_{rf} für den zu ermittelnden, risikofreien Zins eines bestimmten Zeitpunktes und r_{Swap} für den Swapsatz, der den Ausgangspunkt der Ermittlung markiert. Der Term, der von r_{Swap} subtrahiert wird, stellt das CRA dar, das alle Swapsätze bis zum *last liquid point*[796] parallel nach unten oder oben verschiebt. Das CRA basiert im Kern auf der Differenz aus dem *floating leg* ($r_{i,fl}$), also dem variablen Teil eines Zinsswaps, und der Swaprate eines *Overnight Index Swap* ($r_{i,OIS}$). Das *floating leg* ist z. B. für den Euro der EURIBOR, der als kreditrisikobehaftet gilt. *Overnight Index Swaps* wiederum gelten als frei von Kreditrisiken, weshalb die Differenz beider Werte das zu ermittelnde Kreditrisiko repräsentiert. Die Hälfte des Durchschnitts dieser Differenz über die letzten zwölf Monate (n steht für die beobachteten Werte der letzten zwölf Monate) stellt das CRA dar. Dieses wird von der EIOPA auf einen Korridor von mindestens 10 und maximal 35 Basispunkten begrenzt. So werden stark ausgeprägte Kreditrisikozuschläge ab einem gewissen Grad nicht mehr durch das CRA neutralisiert. In Zeiten geringer Kreditrisikozuschläge wird wiederum stets ein Mindestmaß an CRA berücksichtigt.[797] Da durch die Regelungen der DVO nur Währungen abgedeckt werden, deren risikofreie Zinsstrukturkurven mit Zinsswaps ermittelt werden, enthält die *Technical Documentation* weitere Vorgaben für die übrigen Währungen.[798] Diese Regelungen sind aufgrund der relativ geringen Bedeutung dieser Währungen für den deutschen Versicherungsmarkt indes weniger relevant und werden hier nicht näher betrachtet. Weiterhin wird gemäß **Art. 48 DVO für Währungen, die an den Euro gekoppelt sind**, eine Ausnahme geschaffen. Für diese

[795] Eigene Darstellung in Anlehnung an Art. 45 DVO.

[796] Der *last liquid point* stellt den Zeitpunkt dar, zu dem das kumulierte Anleihevolumen von Anleihen mit Laufzeiten ab diesem Zeitpunkt weniger als sechs Prozent am gesamten Anleihevolumen ausmacht. Vgl. Erwägungsgrund 21 DVO; EIOPA (Hrsg.), Technical documentation – discounting (EIOPA-BoS-15/035), Tz. 25 f.

[797] Vgl. hier und vorangehend in diesem Absatz Art. 45 DVO; EIOPA (Hrsg.), Technical documentation – discounting (EIOPA-BoS-15/035), Tz. 100; VAN DEN AS, D., Solvency II's Volatility Adjustment, S. 24.

[798] Vgl. EIOPA (Hrsg.), Technical documentation – discounting (EIOPA-BoS-15/035), Tz. 102-105.

kann nämlich die risikofreie Zinsstrukturkurve des Euro verwendet werden, wenn Währungsrisiken der gekoppelten Fremdwährung berücksichtigt werden.[799]

In **Art. 46 DVO** wird die **Extrapolation** der maßgeblichen Zinsstrukturkurven geregelt und bestimmt, dass diese „[…] für alle Währungen anhand der gleichen Grundsätze" erfolgen muss. Die Extrapolation ist notwendig, da sich nur in wenigen Fällen Swaps oder Anleihen finden lassen, die das DLT *assessment* bestehen und eine Laufzeit von mehr als 20 Jahren haben.[800] Daher ist auch der *last liquid point* für den Euro in 20 Jahren erreicht. Außerdem sind die Zinsstrukturkurven selbst bis zum *last liquid point* nicht immer vollständig durch Finanzinstrumente konstruierbar, weshalb es häufig notwendig ist, die Werte zu interpolieren.[801] Die **Interpolation** ist zwar nicht in der DVO verankert, wird aber in der *Technical Documentation* beschrieben. Sowohl Extra- als auch Interpolation sollen mit der sog. **Smith-Wilson Methode** durchgeführt werden.[802] Bei der Extrapolation wird mit der Methode ein Übergang zwischen dem *last liquid point*, also der letzten verlässlichen Marktbeobachtung, und der *ultimate forward rate*, dem endgültigen Forwardzinssatz auf Basis noch beobachtbarer Daten, ermittelt. Letzterer stellt den endgültigen Zinssatz dar, dem der Zinssatz des *last liquid point* entgegenstrebt.[803] Der endgültige Forwardzinssatz ist momentan für den Euro auf 4,2 % festgelegt, was die EIOPA mit dem langfristig erwarteten Realzins- und Inflationsniveau begründet.[804] Neben dem *last liquid point* und dem endgültigen Forwardzinssatz sind Konvergenzpunkt und -toleranz Inputparameter für die Smith-Wilson Methode.[805] Über diese beiden Parameter wird festgelegt, wie schnell sich der mit der Smith-Wilson Methode ermittelte Extrapolationszinssatz dem endgültigen Forwardzinssatz annähert.

456.322. Volatilitätsanpassung

Die in **Art. 49-51 DVO** und **Art. 77d der Omnibus II-Richtlinie** kodifizierte Volatilitätsanpassung ist ein Mechanismus, mit dem die risikofreien Zinsstrukturkurven um von der Aufsicht

[799] Vgl. EIOPA (Hrsg.), Technical documentation – discounting (EIOPA-BoS-15/035), Tz. 107-115.

[800] Vgl. hier und im folgenden Satz EU (Hrsg.), RL 2014/51/EU, Erwägungsgrund 30 i. V. m. Art 77a sowie für eine Übersicht der von der EIOPA festgelegten *last liquid points* EIOPA (Hrsg.), Technical documentation – discounting (EIOPA-BoS-15/035), Tz. 122.

[801] Vgl. EIOPA (Hrsg.), Technical documentation – discounting (EIOPA-BoS-15/035), Tz. 83, 27.

[802] Vgl. EIOPA (Hrsg.), Technical documentation – discounting (EIOPA-BoS-15/035), Tz. 116.

[803] Vgl. Erwägungsgrund 56 DVO; GRÜNDL, H./KRAFT, M., Solvency II, S. 43.

[804] Vgl. EIOPA (Hrsg.), Technical documentation – discounting (EIOPA-BoS-15/035), Tz. 124 lit. b, 354.

[805] Vgl. EIOPA (Hrsg.), Technical documentation – discounting (EIOPA-BoS-15/035), Tz. 117.

vorgegebene Spreads erhöht werden können, um **prozyklischem Anlageverhalten der Versicherer entgegenzuwirken.** Ein sich veränderndes Zinsniveau beeinflusst am stärksten langfristige Wertpapiere und langfristige Versicherungsverpflichtungen. Daher sei an dieser Stelle angemerkt, dass die Volatilitätsanpassung primär als Volatilitäts-Dämpfer für das langfristige Lebensversicherungsgeschäft gedacht ist.[806] Sie auf langlaufendes Schaden- und Unfallgeschäft anzuwenden ist indes auch möglich.

Wenn etwa krisenbedingt die Risikozuschläge auf Anleiherenditen steigen, sinkt gleichzeitig der beizulegende Zeitwert dieser Anleihen, was sich unmittelbar in der Solvabilitätsübersicht niederschlägt.[807] Durch den Wertverfall der Anleihen sinken gleichzeitig die verfügbaren Eigenmittel der Versicherer. Um dem entgegenzusteuern und die Solvenzkapitalanforderung weiterhin bedecken zu können, müssten die Versicherer Kapitalanlagen veräußern, die sie unter normalen Umständen bis zu ihrer Endfälligkeit halten würden. Geschieht dies systematisch in der gesamten Versicherungswirtschaft, folgt daraus, dass die Anleihewerte weiter fallen und womöglich eine Abwärtsspirale entsteht. Um diesen Mechanismus zu durchbrechen, dürfen Versicherer einen Teil der Kapitalanlagen-Risikozuschläge (die Volatilitätsanpassung) in den Diskontzins für die versicherungstechnischen Rückstellungen einfließen lassen. So kann der Wert der Rückstellungen ebenfalls gesenkt werden, wodurch die verfügbaren Eigenmittel weniger belastet werden. Die Volatilitätsanpassung bezieht sich also darauf, dass sich die marktbedingte Volatilität nicht in vollem Maße auf die Eigenmittel auswirkt.

Die Volatilitätsanpassung wird für jede Währung und gegebenenfalls jedes Land einzeln vorgenommen, d. h. es gibt eine Währungs- und eine Länder-Volatilitätsanpassung, die von der EIOPA veröffentlicht wird.[808] Um die Anpassung zu objektivieren, wird die Volatilitätsanpassung immer abhängig von einem sog. Referenzportfolio vorgenommen, das für die jeweilige Währung und für das jeweilige Land einen repräsentativen Korb verschiedener Kapitalanlagen darstellt, mit denen Versicherer typischerweise ihre Verpflichtungen decken.[809] Für die **Währungs-Volatilitätsanpassung** wird der interne Zinsfuß des entsprechenden Portfolios ermittelt und um bestimmte Risiken

---

806 Vgl. HEUKAMP, W., Das neue Versicherungsaufsichtsrecht, § 2 Tz. 16; DEUTSCHER BUNDESTAG (Hrsg.), BT-Drucks. 18/2956, S. 258 f., zu § 82.

807 Vgl. hier und nachfolgend in diesem Absatz EU (Hrsg.), RL 2014/51/EU, Erwägungsgrund 32; GRÜNDL, H./KRAFT, M., Solvency II, S. 44; HEUKAMP, W., Das neue Versicherungsaufsichtsrecht, S. 23; VAN DEN AS, D., Solvency II's Volatility Adjustment, S. 24.

808 Vgl. EU (Hrsg.), RL 2014/51/EU, Art. 77d Abs. 2 und 4.

809 Vgl. Art. 49 Abs. 3 lit. a und c DVO.

bereinigt.[810] Danach wird die Differenz zwischen der so ermittelten Rendite des Portfolios und dem maßgeblichen risikofreien Diskontzins ermittelt. 65 % dieser Differenz darf als Volatilitätsanpassung auf den risikofreien Diskontzins aufgeschlagen werden.[811]

Die **Länder-Volatilitätsanpassung** wird zusätzlich anhand eines länderspezifischen Portfolios ermittelt, darf aber erst angewendet werden, wenn Länder- und Währungs-Volatilitätsanpassung stark auseinanderdriften.[812] So muss die risikoadjustierte Rendite des Länder-Referenzportfolios die des Währungs-Referenzportfolios mindestens um das Zweifache übertreffen. Außerdem muss die risikoadjustierte, landesspezifische Rendite mindestens 100 Basispunkte betragen. Ist dies der Fall, dürfen 65 % des Überhangs auf die Währungs-Volatilitätsanpassung aufgeschlagen werden.

Um bilanzpolitische Spielräume einzuschränken, greifen zahlreiche, die Anwendung einschränkende Faktoren. So **muss die Volatilitätsanpassung von der BaFin genehmigt werden.**[813] Dafür muss der Versicherer z. B. nachweisen, dass das „[...] Unternehmen in der Lage ist, die Volatilitätsanpassung mittelfristig zu verdienen und somit die Anwendung der Volatilitätsanpassung grundsätzlich mit dem Schutz der Versicherungsnehmer vereinbar ist."[814] Weiterhin ist es nicht möglich, eine teilweise Genehmigung für die Volatilitätsanpassung einer einzelnen Währung zu erhalten, stattdessen sind alle Verpflichtungen der betroffenen Währung mit dem volatilitätsangepassten Zins zu diskontieren.[815] Zudem ist die BaFin nach erfolgter Genehmigung darüber zu unterrichten, wenn von einer ordnungsgemäßen Anwendung durch den Versicherer abgesehen wird. Weiterhin müssen Versicherer im SFCR veröffentlichen, wie sich die Volatilitätsanpassung auf ihre Finanzlage auswirkt.[816] Außerdem dürfen Volatilitätsanpassung und die im folgenden Abschnitt umrissene Matching-Anpassung nicht gleichzeitig angewendet werden.[817] Wäre dies möglich, würden Kreditrisiken doppelt in der Diskontierung berücksichtigt.

---

810 Vgl. Art. 51 DVO; EU (Hrsg.), RL 2014/51/EU, Art. 77d Abs. 3; EIOPA (Hrsg.), Technical documentation – discounting (EIOPA-BoS-15/035). Die komplexe Risikobereinigung an dieser Stelle näher auszuführen wäre nicht zielführend.

811 Vgl. EU (Hrsg.), RL 2014/51/EU, Art. 77d Abs. 4; DEUTSCHER BUNDESTAG (Hrsg.), BT-Drucks. 18/2956, S. 258, zu § 82.

812 Vgl. hier und nachfolgend in diesem Absatz EU (Hrsg.), RL 2014/51/EU, Art. 77d Abs. 4.

813 Vgl. § 82 Abs. 1 VAG.

814 BAFIN (Hrsg.), Genehmigung Volatilitätsanpassung, S. 2.

815 Vgl. hier und im folgenden Satz BAFIN (Hrsg.), Anträge auf Genehmigung der Volatilitätsanpassung, o.A.

816 Vgl. EU (Hrsg.), RL 2014/51/EU, Erwägungsgrund 32.

817 Vgl. § 82 Abs. 2 VAG.

Die Volatilitätsanpassung erfolgt mit marktkonsistent ermittelten Spreads und ist grundsätzlich in der Lage, kurzfristige, also für das Versicherungsunternehmen irrelevante, Volatilität[818] zu mildern und somit zur Stabilität des Finanzsystems beizutragen. Diese Aspekte sind konsistent mit den Solvency II-Richtlinienzielen. Außerdem sorgt die Genehmigungspflicht der BaFin und die Veröffentlichungspflicht im SFCR dafür, dass diese Anpassung nicht willkürlich und intransparent eingesetzt wird.

Gegen die Volatilitätsanpassung spricht aber, dass sie keine relevante Komponente von Diskontzinsen für Versicherungsverträge darstellt. Eine Illiquiditätsprämie hingegen, die für die Solvency II-Diskontsätze auch diskutiert wurde, wäre konzeptionell vertretbar und würde ebenfalls antizyklisch auf die verfügbaren Eigenmittel und das Anlageverhalten von Versicherern wirken.[819] Schließlich erhöhen sich mit steigenden Risikozuschlägen i. d. R. auch die Illiquiditätsprämien.

456.323. Matching-Anpassung

Die für Lebens- und Rückversicherungsverpflichtungen gestattete Matching-Anpassung wird in Art. 52-54 DVO beschrieben.[820] Unter Matching versteht die EIOPA das Aufeinanderabstimmen von Zahlungsströmen aus Vermögenswerten und Verbindlichkeiten eines Versicherers.[821] Die Matching-Anpassung wurde eingeführt, um Versicherer vor für sie irrelevanter, von Kapitalanlagen ausgehender Volatilität zu schützen.[822] Denn häufig halten Versicherer Anleihen oder ähnliche Kapitalanlagen bis zu deren Endfälligkeit, um damit versicherungstechnische Rückstellungen zu decken. Werden solche Kapitalanlagen bis zu ihrer Endfälligkeit gehalten, sind Versicherer grundsätzlich keinen Risiken durch Spreadschwankungen ausgesetzt. **Kann diesen Anlagen eindeutig ein Portfolio von Vermögenswerten zugeordnet werden und sind die Zahlungsströme aus**

818 Vgl. EIOPA (Hrsg.), Findings on the Long-Term Guarantees Assessment, S. 21. Schwanken die Werte von Kapitalanlagen, die vom Versicherer bis zu ihrer Endfälligkeit gehalten werden, sind die daraus resultierenden Schwankungen des Eigenkapitals irrelevant für ihn. Da Versicherer aufgrund ihrer langfristigen Verpflichtungen – vor allem im Lebens- und Krankenversicherungsgeschäft – häufig Kapitalanlagen bis zu ihrer Endfälligkeit halten, sind sie von den beschriebenen Schwankungen aber häufig stark betroffen.

819 Vgl. hier und im folgenden Satz CEIOPS (Hrsg.), Report on the Liquidity Premium, S. 8.

820 Vgl. EU (Hrsg.), RL 2014/51/EU, Art. 77b Abs. 1; LLOYD'S (Hrsg.), Technical Provisions under Solvency II, Tz. 11.4.1. Die Matching-Anpassung ist für die Schaden- und Unfallversicherer nicht relevant, da sie die Schaden- und Unfallversicherung nur in der nach Art der Schaden- und Unfallversicherung betriebenen Rentenversicherung tangiert. Daher wird sie in der vorliegenden Arbeit nur kurz behandelt.

821 Vgl. EU (Hrsg.), RL 2014/51/EU, Erwägungsgrund 31.

822 Vgl. GRÜNDL, H./KRAFT, M., Solvency II, S. 44 sowie hier und nachfolgend in diesem Absatz DEUTSCHER BUNDESTAG (Hrsg.), BT-Drucks. 18/2956, S. 258, zu § 80.

den korrespondierenden Versicherungsverträgen überdies gut vorhersehbar, so darf die Verzinsung dieser Vermögenswerte zur Diskontierung der versicherungstechnischen Rückstellungen verwendet werden.[823] Dies führt dazu, dass Aktiva und korrespondierende Passiva gleichgerichtete zinsinduzierte Wertbewegungen vollziehen und für sie kein *Accounting Mismatch* entsteht.[824] Das Portfolio von Referenz-Kapitalanlagen muss physisch vorliegen und darf ähnlich wie Sondervermögen nur dazu verwendet werden, die Verpflichtungen aus dem korrespondierenden Versicherungsvertragsportfolio zu decken. [825] Außerdem muss die zuständige Aufsichtsbehörde eine Matching-Anpassung genehmigen, was die Manipulationsspielräume des Versicherers minimiert.[826]

456.33 Analyse der Gemeinsamkeiten und Unterschiede

Wie in Abschnitt 456.25 festgestellt wurde, sind die Anforderungen an die Diskontzinsen in beiden Rechnungslegungssystemen sehr ähnlich, was die Grundvoraussetzung für die Verwendung einheitlicher Diskontfaktoren darstellt. Die vorgestellten Ermittlungsverfahren für die Diskontfaktoren zeigen weiterhin, dass der *top-down approach* dem in der *technical documentation* der EIOPA beschriebenen Verfahren nicht ähnelt. Er hat mit Diskontfaktoren, die bedeutende Kreditrisiken enthalten, einen anderen Startpunkt für das Ermittlungsverfahren. Die Vorgehensweise des *bottom-up approach* nach IFRS 17 stimmt indes grundsätzlich mit der der EIOPA überein. Denn beide Ermittlungsverfahren starten mit möglichst risikofreien Zinsstrukturkurven, die um Restrisiken bereinigt werden müssen.

Konvergenz zwischen dem *bottom-up approach* und dem EIOPA-Ermittlungsverfahren besteht auch mit Blick auf die Anforderung der **Marktkonsistenz der verwendeten Finanzmarktdaten.** Da die Illiquiditätsprämie im *bottom-up approach* separat zu ermitteln ist, müssen die Finanzinstrumente, mit denen die Ausgangs-Zinsstrukturkurve ermittelt wird, die Liquiditätseigenschaften der zu diskontierenden vertraglichen Zahlungsströme nicht widerspiegeln. Das bedeutet, dass der

823 Vgl. Art. 53 DVO.

824 Ein *Accounting Mismatch* kann entstehen, wenn Aktiv- und Passivseite einer Bilanz inkonsistent bewertet werden. Vgl. zum Accounting Mismatch nach den IFRS sowie dazu, wie Versicherer ihre Kapitalanlagepolitik mit ihren versicherungstechnischen Rückstellungen abstimmen. Vgl. hierzu BAETGE, J./FLÜGEL, A./CONRAD, J., Accounting Mismatch, S. 305-309.

825 Vgl. GRÜNDL, H./KRAFT, M., Solvency II, S. 44.

826 Vgl. hier und im folgenden Satz EU (Hrsg.), RL 2014/51/EU, Art. 77b Abs. 1.

Versicherer für diesen *approach* nicht auf illiquide, d. h. dem Illiquiditätsverständnis des IASB folgend schwer handelbare, Kapitalanlagen zurückgreifen muss. Vielmehr sollte er liquide, möglichst risikoarme Finanzinstrumente, wie Swapkurven oder Staatsanleihen, als Ausgangspunkt verwenden. Hier sind die Vorgaben der EIOPA zum **DLT-*assessment* auch i. S. d. der Anforderungen an IFRS 17 zu begrüßen.** Denn über das *assessment* wird sichergestellt, dass die verwendeten Marktdaten aus verlässlichen Quellen stammen und nicht von verzerrenden Faktoren beeinflusst werden. Dies hat wiederum zur Folge, dass die unmodifizierte, risikofreie Zinsstrukturkurve verlässlich ermittelt werden kann. Bezogen auf die IFRS-Rechnungslegungsanforderungen der glaubwürdigen Darstellung und der Nachprüfbarkeit ist das Vorgehen der EIOPA also zu begrüßen und sollte daher auf den IFRS 17 übertragen werden.

Bei der **Kreditrisikobereinigung** bestehen Unterschiede. Die Ausgangs-Zinsstrukturkurve nach **IFRS 17.B80** muss grundsätzlich risikofrei sein, darf demnach also **keinerlei Kreditrisiko mehr enthalten.** Das bedeutet, dass sie gänzlich von eventuellen Kreditrisiken zu bereinigen ist. Das von der EIOPA angewendete CRA ist indes auf einen Korridor von 10 bis 35 Basispunkten beschränkt. Steigen die Kreditrisikozuschläge der verwendeten Finanzinstrumente etwa in Krisenzeiten über 35 Basispunkte, verbleiben Kreditrisiken in der jeweiligen Zinsstrukturkurve, die nicht bereinigt werden. Dies kann wie die Volatilitätsanpassung als Mechanismus gegen einen zu starken *Accounting Mismatch* gesehen werden, da durch steigende Risikozuschläge auf der Passivseite das Rückstellungsvolumen ähnlich den Kapitalanlagen auf der Aktivseite sinken würde. Vor dem Hintergrund der Stabilität des Finanzsystems ist dies durchaus zu begrüßen, da Versicherer vor den bereits für die Volatilitätsanpassung beschriebenen Fehlanreizen bewahrt werden. Den Vorgaben des IFRS 17 läuft diese Begrenzung indes zuwider, da die Diskontfaktoren in bestimmten Fällen nicht um Restrisiken bereinigt werden. Eine Lösungsmöglichkeit wäre in solchen Fällen, das gut dokumentierte CRA der EIOPA für den IFRS 17 selbst durchzuführen und das volle CRA auf die Ausgangs-Zinsstrukturkurve anzuwenden, um sämtliche Kreditrisiken zu exkludieren und die Voraussetzung zu schaffen, die Solvency II-Zinsstrukturkurven im Rahmen des IFRS 17 zu nutzen.

Des Weiteren ist die Frage zu stellen, ob noch gesondert **unerwartete Kreditausfälle** in den von der EIOPA ermittelten Zinsstrukturkurven berücksichtigt werden müssen, um die Anforderung der Risikofreiheit i. S. d. IFRS 17 zu erfüllen. Schließlich wird im CRA der EIOPA nicht zwischen erwartetem und unerwartetem Kreditrisiko unterschieden. Da die von der EIOPA verwendeten

Finanzinstrumente aber schon fast risikofrei sind,[827] dürfte eine nur näherungsweise und objektiv schwierig zu ermittelnde Anpassung für unerwartete Kreditausfälle nicht notwendig sein. Der Gewinn an Entscheidungsnützlichkeit würde durch die nur schwierig zu objektivierende Vorgehensweise dabei zunichtegemacht werden. Es kann also – mit der Einschränkung ggf. über den CRA-Korridor hinausgehende Kreditrisiken zu berücksichtigen – empfohlen werden, die Kreditrisikobereinigung der EIOPA auf für die Zwecke des IFRS 17 zu nutzen, um das Verfahren zu objektivieren.

Die auf die risikofreie Zinsstrukturkurve anzuwendenden **Modifikationen**, d. h. die Illiquiditätsprämie nach IFRS 17 und Volatilitäts- und Matching-Anpassungen i. S. d. DVO, stellen Unterschiede zwischen den Rechnungslegungsvorschriften dar. Ein Effekt der Illiquiditätsprämie ist, dass sie antizyklisch auf das Anlageverhalten von Versicherern wirkt,[828] ähnlich wie die Volatilitätsanpassung und die Matching-Anpassung bei Solvency II. Sie wird indes anders ermittelt und konzeptionell anders begründet. Außerdem ist sie ein Pflichtbestandteil der IFRS-Diskontzinsen, während Volatilitätsanpassung und Matching-Anpassung optional sind. Die Modifikationen der Zinsstrukturkurven lassen sich also nicht rechnungslegungsregimeübergreifend anwenden – sie müssen separat für jedes Regime ermittelt werden.

Da die Ermittlungsmethode der EIOPA bis auf die zusätzlichen Modifikationen weitgehend im Rahmen der Vorgaben des IFRS 17 liegt, **kann empfohlen werden, dass für die IFRS-Rückstellungen auf die von der EIOPA veröffentlichten Zinsstrukturkurven zurückgegriffen wird.** Die Bestimmung der risikofreien Zinsstrukturkurven geht durch die unklaren prinzipienbasierten Vorgaben des IASB und die zulässige Methodenvielfalt mit erheblichen Ermessensspielräumen für den Versicherer einher. Hier sei z. B. die Extrapolation der Zinsstrukturkurve erwähnt, die nach IASB dann vorzunehmen ist, wenn keine Marktbeobachtungen mehr vorliegen. Denn es gibt keine eindeutig richtige Extrapolationsmethode und die vom Versicherer ermittelten Zinssätze können mangels Marktbeobachtungen auch nicht objektiviert werden.[829] Wird auf die von der EIOPA ermittelten Zinsstrukturkurven zurückgegriffen, wären diese Spielräume, bis auf die Illiquiditätsprämie, eliminiert, was i. S. d. Objektivierung zu begrüßen ist.

827 Vgl. bezogen auf Swapkurven und Staatsanleihen im Kontext der IFRS IASB (Hrsg.), Discount Rate for non-participating contracts (agenda paper 3D), Tz. 24-27.

828 Vgl. CEIOPS (Hrsg.), Report on the Liquidity Premium, S. 8.

829 Vgl. GDV (Hrsg.), Risikofreie Zinsstrukturkurve unter Solvency II, S. 18.

457. Baustein drei – Die Risikomarge

457.1 Zielsetzung und konzeptionelle Ausrichtung

Die im ersten Baustein zu ermittelnden vertraglichen Zahlungsströme sind zu einem Erwartungswert zu verdichten. Die Zahlungsströme, insbesondere die Schadenzahlungen bzw. die Inanspruchnahme der Leistungen durch den Versicherungsnehmer, sind indes häufig unsicher in ihrer sachlichen Realisierung, ihrem zeitlichen Anfall und ihrer Höhe.[830] Da diesen unsicheren Auszahlungen eine vor Vertragsbeginn festzulegende Prämie gegenübersteht, ist der Versicherer dem Risiko ausgesetzt, **dass die durch stochastische Schadenentwicklungen bedingten Auszahlungen die Einzahlungen übersteigen.**[831] Dieses Risiko wird in der Risikomarge reflektiert und kann in drei Komponenten unterteilt werden, die nachfolgend kurz erläutert werden.

Das **Zufallsrisiko** resultiert daraus, dass der Schadenverlauf innerhalb des Versicherungsbestandes im Zeitablauf schwanken kann.[832] So ist es möglich, dass in einer Periode besonders viele oder besonders hohe oder niedrige Schäden auftreten. Dies kann trotz korrekt geschätzter Schadenverteilung eintreten und hängt von der Größe und der Struktur des Versicherungsbestands ab. Ist ein Versicherungsbestand etwa besonders groß, fallen einzelne hohe Schäden nicht so stark ins Gewicht und das Zufallsrisiko sinkt.

Das **Änderungsrisiko** beschreibt das Risiko, dass sich die für die Schätzung der Zahlungsströme unterstellten Zufallsgesetzmäßigkeiten bzw. Schadenverteilungen während der Vertragslaufzeit ändern und dadurch nicht mehr den ursprünglich geschätzten entsprechen.[833] So können sich z. B. durch die globale Erderwärmung bedingte Schäden häufen, was dazu führt, dass sich die Schadenverteilung ändert. Ein Risiko für den Versicherer besteht darin, dass er die von ihm verlangten Prämien nicht rechtzeitig anhebt, sodass sie nicht mehr risikogerecht sind.

---

[830] Vgl. SCHRADIN, H. R., Erfolgsorientiertes Versicherungsmanagement, S. 37; ASCHE, B., Jahresabschlussanalyse und Bilanzpolitik, S. 188. Dies wird auch als versicherungstechnisches Risiko bezeichnet.

[831] Vgl. SCHWAKE, E., Das versicherungstechnische Risiko, S. 62.

[832] Vgl. hier und nachfolgend in diesem Absatz WAGNER, F., Versicherungslexikon, S. 778 sowie hier und nachfolgend für die beschriebenen Risikokomponenten NGUYEN, T., Rechnungslegung von Versicherungsunternehmen, S. 286-288; BOETIUS, J., Handbuch der versicherungstechnischen Rückstellungen, S. 39 f.

[833] Vgl. hier und nachfolgend in diesem Absatz WAGNER, F., Versicherungslexikon, S. 28 f.

Das **Irrtumsrisiko** umfasst Fehler, die einem Versicherer unterlaufen können, wenn er eine ex ante nicht bekannte Schadenverteilung schätzt.[834] Es ist z. B. möglich, dass er bei der Schätzung aufgrund von Unkenntnis nicht alle relevanten Informationen benutzt oder ihm Fehler im Schätzverfahren unterlaufen.

Risikozuschläge in versicherungstechnischen Rückstellungen, die den in diesem Abschnitt aufgeführten Risiken Rechnung tragen sollen, sind auch im deutschen Handelsrecht bekannt. So enthalten Deckungsrückstellungen indirekte Risikozuschläge, da sie mit den vorsichtigen Rechnungsgrundlagen erster Ordnung[835] berechnet werden. In der Schaden- und Unfallversicherung kommen Risikozuschläge z. B. in Schadenrückstellungen zum Ausdruck, da nach dem generell zu beachtenden Vorsichtsprinzip großzügig reserviert werden muss.[836] Weiterhin gibt es auch übergeordnete Risikopuffer wie die Schwankungsrückstellung.[837]

Anders als im deutschen Handelsrecht wird die **Risikomarge** in den in dieser Arbeit betrachteten Bilanzierungsvorschriften für versicherungstechnische Rückstellungen **stets separat berechnet und ausgewiesen** und stellt in beiden Rechnungslegungsregimen einen der komplexesten Bestandteile dar.[838] Beide Systeme haben dabei das gemeinsame Ziel, das den unsicheren Zahlungsströmen innewohnende Risiko separat bilanziell abzubilden.[839] Nichtsdestotrotz unterscheiden sich die dahinterliegenden Konzepte und auch die Vorgaben von Solvency II sind weitaus restriktiver als die prinzipienbasierten Vorgaben des IFRS 17.

Der unternehmensspezifischen Sichtweise der ***Fulfilment Cash Flows*** folgend muss die Risikomarge gemäß IFRS 17 aus der Sicht des bilanzierenden Versicherers berechnet werden, eine *Exit Value*- oder Fair Value-Betrachtung wird ausgeschlossen.[840] Das bedeutet, dass die Risikomarge so

---

[834] Vgl. hier und nachfolgend in diesem Absatz WAGNER, F., Versicherungslexikon, S. 337.

[835] Zu den Rechnungsgrundlagen erster Ordnung zählen z. B. Sterbetafeln. Diese überschätzen die Zahl der Sterbenden für Verträge, die den Todesfall versichern und unterschätzen sie für Verträge, die den Erlebensfall versichern, was dazu führt, dass großzügiger reserviert wird.

[836] Vgl. GROOVE, D. U. A., Rechnungslegung und Prüfung der Versicherungsunternehmen, S. 272, Tz. 104; SCHULTE, O., Fast-Close-Abschlüsse und Schadenrückstellungen, S. 114.

[837] Vgl. COTTIN, C./NÖRTEMANN, S., Der Begriff der Risikomarge, S. 9 f.

[838] Vgl. BROWN, A., Demystifying the Risk Margin, S. 2.

[839] Vgl. IFRS 17.B89; EU (Hrsg.), RL 2009/138/EG, Art. 77 Abs. 3.

[840] Vgl. IFRS 17.BC209 lit.a.

hoch angesetzt werden muss, dass der Versicherer bei einer Wahl zwischen unsicheren Verpflichtungen aus dem Versicherungsvertrag plus der Risikomarge und einer sicheren Verpflichtung in Höhe der erwarteten diskontierten Auszahlungsströme, indifferent wird.[841] Die Risikomarge ist damit kein Risikopuffer gegen nachteilige künftige Entwicklungen oder für die Solvabilität des Versicherers, **sondern eine Vergütung für das vom Versicherer übernommene Risiko.**[842] Dies kommt z. B. darin zum Ausdruck, dass eine Schätzungsänderung der Zahlungsströme nicht durch die Risikomarge kompensiert wird, sondern mit der vertragsbezogenen Servicemarge zu verrechnen ist.[843]

Im Bewertungsmodell von **Solvency II** wird – der strikten Exit-Preis-Perspektive dieses Rechnungslegungsregimes folgend – **die Risikomarge anhand einer fiktiven Transaktion ermittelt.** Hierzu wird unterstellt, dass das Unternehmen, das die Risikomarge ermittelt (sog. ursprüngliches Unternehmen) sämtliche mit den Versicherungsverträgen verbundenen Verpflichtungen auf ein zweites Versicherungsunternehmen (sog. Referenzunternehmen) überträgt. Das Referenzunternehmen muss sich, um die Verpflichtungen abzusichern, mit ausreichenden anrechnungsfähigen Eigenmitteln eindecken. Die diskontierten Kapitalkosten für diese Eigenmittel stellen schließlich den Betrag der gesamten Risikomarge für das ursprüngliche Unternehmen dar.[844] Ändern sich die Schätzungen der Zahlungsströme und/oder der Risikomarge, werden die veränderten Beträge der Zahlungsströme getreu dem *Asset-Liability*-Ansatz direkt in den Eigenmitteln abgebildet. Das heißt, dass auch unter Solvency II Schätzungsänderungen der Zahlungsströme nicht mit der Risikomarge verrechnet werden dürfen.

Beide Risikomargenkonzepte haben damit gemein, dass sie dem bilanzierenden Versicherer das übernommene Risiko vergüten – konzeptionell einmal als vom bilanzierenden Unternehmen geforderter Preis und einmal als Teil einer marktkonsistenten Bewertung. **Entwickeln sich die vertragsbezogenen Risiken ungünstiger als vom Versicherer geschätzt, so sind diese Entwicklungen in den Eigenmitteln und im Falle von IFRS 17 ggf. noch in der vertragsbezogenen**

841 Vgl. IFRS 17.B87.

842 Vgl. IFRS 17.BC208.

843 Vgl. GALLASCH, F., Bilanzierung von Versicherungsverträgen, S. 151 sowie auf Basis des *Disscussion Paper* HELLER, S., Versicherungsverträge nach IFRS, S. 181.

844 Vgl. bis hier in diesem Absatz Art. 37 f. DVO; COTTIN, C./NÖRTEMANN, S., Der Begriff der Risikomarge, S. 13. Das genaue Vorgehen wird in Abschnitt 457.42 erläutert.

Servicemarge abzubilden. Die Risikomarge bleibt dabei unverändert, sofern sich nicht auch Faktoren ändern, die Einfluss auf ihre Höhe haben. Aufgrund dieser Wirkungszusammenhänge darf eine Risikomarge nicht ausreichendes Eigenkapital oder die Solvenzkapitalanforderung substituieren.[845] Die folgende Übersicht verdeutlicht diese Zusammenhänge anhand schematisch dargestellter Passivseiten einer IFRS-Bilanz und einer Solvabilitätsübersicht in einem Schockszenario, in dem der Betrag der erwarteten Auszahlungen bei gleichgebliebenem Risiko plötzlich stark angestiegen ist:

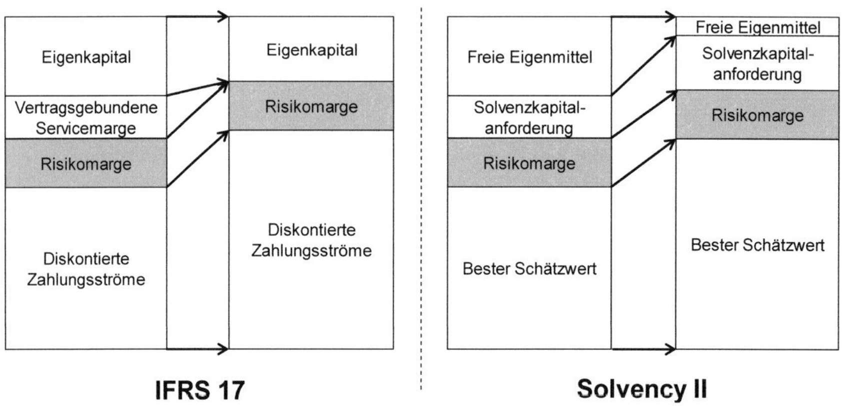

Übersicht 4-7: Vereinfachte bilanzielle Mechanismen der versicherungstechnischen Rückstellungen in einem Schockszenario mit gestiegenen erwarteten Auszahlungen[846]

Die Höhe der Risikomarge hängt grundsätzlich von drei Faktoren ab: (1) von der Berechnungsmethode sowie den getroffenen Annahmen und den gewählten Parametern, (2) dem Ausmaß der nicht absicherbaren Risiken des Versicherers und (3) der Laufzeit der risikotragenden Verpflichtungen.[847] Die Ergebnisse der QIS5 ergaben in der Solvabilitätsübersicht eine durchschnittliche Risikomarge i. H. v. etwa 2 % der gesamten versicherungstechnischen Rückstellungen im Bereich Lebensversicherung und i. H. v. etwa 6,8 % der gesamten versicherungstechnischen Rückstellungen im Bereich Nichtlebensversicherung.[848]

---

845 Vgl. BROWN, A., Demystifying the Risk Margin, S. 4 f.

846 In Anlehnung an HASLIP, G., Taking a Risk, S. 39.

847 Vgl. BROWN, A., Demystifying the Risk Margin, S. 7.

848 Vgl. EIOPA (Hrsg.), Report on QIS5, S. 52 f.

457.2 Gründe für und wider eine separate Risikomarge

Die Bausteinansätze trennen in den zu bildenden versicherungstechnischen Rückstellungen strikt diskontierte, risikoneutrale Auszahlungsströme – also den Erwartungswert des Schadens – von der Risikomarge.[849] **Es bestünde indes auch die Möglichkeit, die Risikoeinschätzung des Versicherers in die ersten beiden Bausteine einfließen zu lassen, oder diese im finalen IFRS 17 mit der vertragsbezogenen Servicemarge zusammenzulegen.**[850] **Denn eine separate Risikomarge zu ermitteln, ist mit Schwierigkeiten** verbunden.[851] So gibt es z. B. keine Ermittlungsmethode, die zu konsistenten und vergleichbaren Ergebnissen führt, weshalb der Betrag der Risikomarge stets subjektiv ist.[852] Außerdem ist für Rechnungslegungsadressaten nicht nachvollziehbar, ob die Höhe der Risikomarge angemessen ist. Zudem ist es auch nur sehr schwierig bis unmöglich retrospektiv zu verifizieren, ob die berechnete Risikomarge angemessen war. Daher hat die Information i. S. d. *Frameworks* zwar einen Prognosewert, nicht aber einen Bestätigungswert. Aus diesen Gründen erfüllt die Risikomarge kaum die Anforderung der Vergleichbarkeit und ist ein potenzieller Ansatzpunkt für Bilanzpolitik.[853] Ein System zu implementieren, mit dem eine Risikomarge berechnet werden kann, ist aufgrund der hohen Komplexität des Bilanzierungsgegenstands zudem kostspielig.[854] Daher ist die Frage zu stellen, ob der zusätzliche Informationsnutzen den dafür nötigen Aufwand überwiegt.

Im Falle des IFRS 17 ist weiterhin die Unterteilung in eine separate Risikomarge und eine separate vertragsbezogene Servicemarge ebenfalls strittig. Besonders der FASB, der maßgeblich an den Diskussionen des Standardsetzungsprozesses beteiligt war, vertritt die Auffassung, dass eine sog. *composite margin*, in der Risikomarge und vertragsbezogene Servicemarge vereint werden, entscheidungsnützlicher und gleichzeitig weniger kostenintensiv sei.[855] Das Kernargument des

---

849 Vgl. IFRS 17.B90.

850 Vgl. IASB (Hrsg.), Explicit risk adjustment (agenda paper 3G), Tz. 6 lit. b.

851 Im Folgenden wird die Vorteilhaftigkeit einer separaten Risikomarge anhand der Quellen aus dem Standardsetzungsprozess von IFRS 17 erörtert. Die Argumentation gilt indes ebenso für die versicherungstechnischen Rückstellungen nach Solvency II.

852 Vgl. hier und im Folgenden IASB (Hrsg.), Risk adjustment: useful financial information (agenda paper 3B), Tz. 11.

853 Vgl. IASB (Hrsg.), Explicit risk adjustment (agenda paper 3G), Tz. 21 lit. a.

854 Vgl. BROWN, A., Demystifying the Risk Margin, S. 2.

855 Vgl. IASB (Hrsg.), ED/2013/7: Insurance Contracts, Tz. BCA91; IASB (Hrsg.), Risk adjustment or composite margin (agenda paper 3H), Tz. 77-79.

FASB war hier stets, dass die berechneten Risikomargen nicht ausreichend vergleichbar seien, weshalb sich der Mehraufwand einer separaten Ermittlung nicht lohne.[856] Aufgrund der offenen Methodenwahl und der stark variierenden Umsetzung der einzelnen Methoden lassen sich die Ergebnisse zwischenbetrieblich kaum vergleichen. Weiterhin ist es auch schwierig, die vertragsbezogene Servicemarge von der Risikomarge abzugrenzen. Schließlich repräsentiert auch die Risikomarge im Erwartungswert-Szenario unverdiente Gewinne, genau wie die vertragsbezogene Servicemarge.[857]

Was spricht also dafür, die Risikomarge separat zu ermitteln und auszuweisen? Eine separate Risikomarge gewährt dem Bilanzleser aktuelle Einblicke in eine Kernkomponente der Geschäftstätigkeit von Versicherungsunternehmen, und zwar die Risikoeinschätzung und -bewertung.[858] Diese Information ist höchst entscheidungsnützlich, sowohl für IFRS-Rechnungslegungsadressaten als auch für die Informationsadressaten von Solvency II. Je unsicherer die Ausprägungen der erwarteten Zahlungsströme sind, desto höher muss die Risikomarge angesetzt werden. Würde sie nicht explizit ausgewiesen, würde dies die Prognoseeignung der Rückstellung insgesamt herabsetzen, denn alleine aus der Rückstellungshöhe ließe sich der vom Versicherer geforderte Risikozuschlag nicht ablesen. Außerdem könnten risikobehaftete nicht von nicht-risikobehafteten versicherungstechnischen Rückstellungen unterschieden werden.[859] Eine Risikomarge in das Bewertungsmodell für versicherungstechnische Rückstellungen einzubeziehen und getrennt von risikofreien Zahlungsströmen zu betrachten, ist ferner konzeptionell konsistent mit der Marktbewertung und Bepreisung von Finanzinstrumenten.[860] Dies ist in Anbetracht der geforderten Marktkonsistenz des Bewertungsmodells des IFRS 17 zu begrüßen, insbesondere aber für die Solvabilitätsübersicht von zentraler Bedeutung, da in der Solvabilitätsübersicht alle Bilanzposten marktkonsistent bewertet werden müssen.[861] Die Risikobewertung des Versicherers alternativ in den Diskontzins einfließen zu lassen, kann zu „Fehlern" führen. Wenn sich das Risiko nicht proportional zum Betrag der

---

[856] Vgl. hier und im folgenden Satz IASB (Hrsg.), Risk adjustment or composite margin (agenda paper 3H), Tz. 77. Siehe hierzu auch Abschnitt 457.4.

[857] Vgl. COTTIN, C./NÖRTEMANN, S., Der Begriff der Risikomarge, S. 13.

[858] Vgl. IASB (Hrsg.), Risk adjustment: useful financial information (agenda paper 3B), Tz. 14 sowie hier und nachfolgend in diesem Absatz IFRS 17.BC211.

[859] Für ein Beispiel vgl. IASB (Hrsg.), Unlock the contractual service margin for changes in the risk adjustment (agenda paper 2C), Tz. B3.

[860] Vgl. ODERMANN, A./CREMERS, H., Komponenten und Determinanten des Credit Spreads, Abschnitt 5 zur Bepreisung eines *Credit Default Swap*.

[861] Vgl. IFRS 17.B44; BROWN, A., Demystifying the Risk Margin, S. 4 f.

geschätzten Verpflichtung entwickelt, wird es bei dieser Methode im Zeitablauf zu Über- oder Unterbewertungen des Risikos kommen, da Risikozuschläge in den Diskontfaktoren zu einer proportionalen Risikobewertung führen.[862] Auch das Argument, dass die Risikomarge subjektiv beeinflussbar und zwischenbetrieblich nicht vergleichbar ist, ist zu relativieren. Denn die Risikomarge separat zu berechnen und auszuweisen – im Fall von IFRS 17 zusätzlich flankiert von Anhangangaben – ist schließlich transparenter und intuitiv verständlicher als eine gemeinsame Bewertung zusammen mit Zahlungsströmen und Diskontzins. Außerdem wäre bei letzterer die subjektive Einflussnahme ebenso möglich, wenn nicht gar wahrscheinlicher. Denn in einem Mixtum Compositum wäre es womöglich einfacher, einzelne bilanzielle Einflussnahmen zu kaschieren – natürlich abhängig von der konkreten Ausgestaltung. Mögliche bilanzpolitische Spielräume könnten aber abgeschwächt werden, indem für die Zwecke des IFRS 17 auf die vorgegebene Ermittlungsmethodik von Solvency II zurückgegriffen wird, was im Folgenden untersucht wird.

457.3 In der Risikomarge zu berücksichtigende Risiken

457.31 Die Risikomarge nach IFRS 17

In der Risikomarge nach IFRS 17 sind alle Risiken zu erfassen, die mit dem zu bewertenden Versicherungsvertrag verbunden sind, außer solchen, die bereits durch in die Bewertung einfließende Marktwerte abgebildet wurden. Risiken, die nicht mit dem Versicherungsvertrag verbunden sind, dürfen die Risikomarge nicht beeinflussen. Darunter fallen z. B. Investmentrisiken aus Kapitalanlagen, die nicht direkt mit den Zahlungen an den Versicherer verbunden sind oder das Risiko eines *Asset-Liability-Mismatches.* Weiterhin sind auch das generelle **operationelle Risiko** künftiger Transaktionen des Versicherers und das **eigene Ausfallrisiko** nicht zu berücksichtigen.[863]

Neben dem **Zufallsrisiko** muss auch das **Irrtums- und das Änderungsrisiko** von der Risikomarge gedeckt werden.[864] Das bedeutet, dass der IASB den bilanzierenden Versicherern explizit zugesteht, Unzulänglichkeiten in der Risikoeinschätzung zu berücksichtigen. Außerdem werden so auch mögliche Schätzfehler bei der Ermittlung des Diskontzinses einbezogen. Allgemein sind abhängig von

[862] Vgl. IFRS 17.BC212.

[863] Vgl. IFRS 17.B89 und 31.

[864] Vgl. IFRS 17.91 sowie hier und nachfolgend in diesem Absatz ELLENBÜRGER, F./KÖLSCHBACH, J., Neue Bilanzierungsstandards, S. 1304.

der Risikoaversion des Versicherers neben negativen auch positive Abweichungen zu berücksichtigen,[865] so etwa der Fall, dass die geschätzte Schadenverteilung von schwereren Schäden ausgeht als dies bei der tatsächlichen Schadenverteilung der Fall ist. Der IASB schreibt explizit vor, auch solche positiven Abweichungen in die Risikomarge einfließen zu lassen. Daher ist davon auszugehen, dass er – obwohl er den Versicherern zugesteht ihre eigene Risikopräferenz festzulegen – verhindern will, dass die Marge übervorsichtig gebildet wird.[866]

Der IASB legt auch fest, dass **Diversifikationseffekte** des Versicherers in der Risikomarge berücksichtigt werden sollen, und zwar zu dem Niveau, das er bei der Preisfindung für die Risikoübernahme als angemessen erachtet.[867] Diversifikationseffekte entstehen, wenn der Versicherer sein Geschäftsportfolio in verschiedene Geschäftsfelder auffächert, deren Ergebnisse nicht perfekt miteinander korreliert sind, und dadurch sein versicherungstechnisches Risiko mindert.[868]

457.32 Die Risikomarge nach Solvency II

Wie bereits beschrieben wird die Risikomarge in Form der Kapitalkosten der Solvenzkapitalanforderung des Referenzunternehmens bestimmt. Die dazu vorgegebene Formel, die in Abschnitt 457.42 näher erläutert wird, ist wie folgt gestaltet:

$$RM = CoC * \sum_{t \geq 0} \frac{SCR(t)}{\left(1 + r(t+1)\right)^{t+1}}$$

Übersicht 4-8: Formel zur Berechnung der Risikomarge nach Solvency II[869]

Dabei steht CoC für den Kapitalkostensatz, r für den risikolosen Basiszinssatz der Laufzeit t und SCR(t) für die Solvenzkapitalanforderung des Referenzunternehmens im Jahr t. Der Kapitalkostensatz ist vorgegeben und der Diskontzinssatz risikolos.[870]

Die in SCR(t) vom Referenzunternehmen zu berücksichtigenden und vom Versicherungsportfolio abhängenden Risiken umfassen laut Art. 38 Abs. 1 lit. i DVO das **versicherungstechnische Risiko,**

---

865 Vgl. IFRS 17.B88.

866 Ähnlich auch GALLASCH, F., Bilanzierung von Versicherungsverträgen, S. 156.

867 Vgl. IFRS 17.B88 lit. a.

868 Vgl. WAGNER, F., Versicherungslexikon, S. 164.

869 Vgl. Art. 37 Abs. 1 DVO.

870 Vgl. Art. 37Abs. 1 lit. d und Art. 39 DVO; COTTIN, C./NÖRTEMANN, S., Der Begriff der Risikomarge, S. 13.

das Marktrisiko (außer Zinsrisiko), das Kreditrisiko und das operationelle Risiko.[871] Die Solvenzkapitalanforderung kann entweder über ein Standardmodell, über ein partielles internes Modell oder über ein gänzlich unternehmensindividuelles, internes Modell berechnet werden.[872] Da interne und partielle interne Modelle von Versicherer zu Versicherer verschieden und auch nicht offen einsehbar sind, wird im Folgenden das **Standardmodell** betrachtet, um die zu berücksichtigenden Risiken zu konkretisieren. Das Standardmodell enthält verschiedene Risikomodule, z. B. lebens- und nichtlebensversicherungstechnische Risiken sowie Marktrisiken, die wiederum in Sub-Risikomodule unterteilt sind. Die Solvenzkapitalanforderung wird nach dem *Bottom-up*-Verfahren berechnet, d. h. die Teil-Solvenzkapitalanforderungen werden in den Untermodulen ermittelt und unter Berücksichtigung von Diversifikationseffekten zur Gesamt-Solvenzkapitalanforderung aggregiert.

Die Risikomarge wird in einzelnen Versicherungsunternehmen berechnet, die gemäß der Spartentrennung in Deutschland nur Lebens-, Kranken- oder Schaden- und Unfallversicherungsgeschäft betreiben.[873] Die Risikomarge auf Konzernebene setzt sich aus den (anteiligen) Risikomargen der Konzern-Versicherungsgesellschaften zusammen, die in den meisten Fällen Unternehmen aus allen drei Sparten umfassen.[874] Da die Konzernrisikomarge mit Allokationsmechanismen[875] auf die einzelnen Solvency II-Geschäftsbereiche und homogenen Risikogruppen verteilt wird, sind folglich auch Risiken der Lebens- und Krankenversicherung in der Risikomarge für Schaden- und Unfall-Geschäftsbereiche enthalten. Da Konzernabschlüsse den maßgeblichen Überschneidungsbereich beider Rechnungslegungsregime markieren, werden im Folgenden nicht nur vom Standardmodell abgedeckte Risiken der Schaden- und Unfallversicherung erörtert.

In der folgenden Übersicht ist das Standardmodell schematisch dargestellt:

871 Vgl. hier und im folgenden Satz DREKSLER, S. U. A., Solvency II technical provisions, S. 70.

872 Vgl. hier und nachfolgend in diesem Absatz GRÜNDL, H./KRAFT, M., Solvency II, S. 53 f.

873 Vgl. BAFIN (Hrsg.), Erläuterungen zu versicherungstechnischen Rückstellungen, Tz. 2.113. zur Berechnung der Risikomarge auf Unternehmensebene.

874 Vgl. EIOPA (Hrsg.), Technical Specification for the Preparatory Phase (Part I), Tz. G.22.; KRAFT, M./PORZELT, J./REBHAN, K., Typologie der Versicherungsgruppenstrukturen, S. 502.

875 Diese werden in Abschnitt 457.22 näher beschrieben.

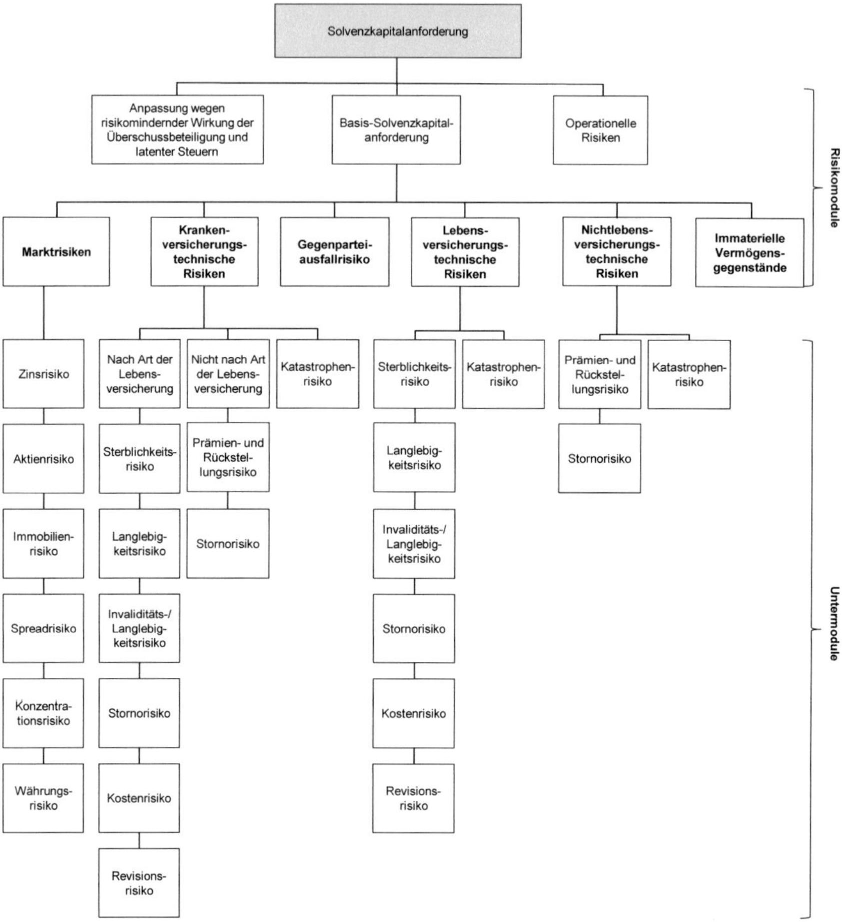

Übersicht 4-9: Das Solvency II-Standardmodell[876]

Versicherungstechnische Risiken werden von den drei Modulen kranken-, lebens- und nichtlebensversicherungstechnische Risiken abgedeckt. Die Module für die **Lebens- und Krankenversicherung enthalten weitgehend gleiche Untermodule:**[877]

[876] Vgl. LIMP, R., Solvency II: Langfristige Kapitalanlagen, o. A. Ähnlich auch GRÜNDL, H./KRAFT, M., Solvency II, S. 54.

- Das Sterblichkeitsrisiko ist das Risiko, dass die Versicherungsnehmer früher als erwartet sterben.
- Das Langlebigkeitsrisiko ist das Risiko, dass Versicherungsnehmer länger als erwartet leben.
- Invaliditäts- und Morbiditätsrisiken ergeben sich, wenn sich Höhe, Trend oder Volatilität der Invaliditäts-, Krankheits- und Morbiditätsraten für den Versicherer nachteilig entwickeln.
- Stornorisiken bestehen dadurch, dass Versicherungsnehmer ihre Verträge frühzeitig stornieren oder Optionen ausüben können, die den Versicherer nachteilig betreffen.
- Kostenrisiken bestehen darin, dass Verwaltungskosten für die Verwaltung von Versicherungsverträgen höher als erwartet ausfallen können.
- Revisionsrisiken entstehen dadurch, dass der Versicherer mit höheren Kosten durch veränderte gesetzliche Vorschriften oder durch Veränderung der Gesundheit des Versicherungsnehmers konfrontiert wird.
- Katastrophenrisiken bestehen z. B. in Pandemien, die eine große Anzahl von Versicherungsnehmern gleichermaßen betreffen.
- Das Prämien- und Rückstellungsrisiko berücksichtigt die Möglichkeit, dass zum einen Prämien nicht risikoadäquat – d. h. zu niedrig – angesetzt werden oder zum anderen nicht ausreichend für Versicherungsfälle reserviert wurde.

Die **nichtlebensversicherungstechnischen Untermodule** umfassen:[878]

- Das Prämien- und Rückstellungsrisiko, das dem der Lebens- und Krankenversicherung entspricht.
- Das Stornorisiko, das dem der Lebens- und Krankenversicherung entspricht.
- Das Katastrophenrisiko, welches sich auf stark nachteilige Entwicklungen aus natur- oder menschengemachten Katastrophen bezieht, die nicht im Prämien- und Rückstellungsrisiko erfasst sind.

---

[877] Vgl. EU (Hrsg.), RL 2009/138/EG, Art. 105 Abs. 3 f.; GRÜNDL, H./KRAFT, M., Solvency II, S. 55 f.

[878] Vgl. EU (Hrsg.), RL 2009/138/EG, Art. 105 Abs. 2 lit. a und b; GRÜNDL, H./KRAFT, M., Solvency II, S. 57.

Dabei müssen sämtliche versicherungstechnische Risiken berücksichtigt werden, die innerhalb der Vertragsgrenzen identifiziert werden können.[879]

Des Weiteren müssen materielle **Marktrisiken** in der Risikomarge berücksichtigt werden.[880] Im Übertragungsszenario wird davon ausgegangen, dass das Referenzunternehmen, das vor der Übertragung keine Vermögenswerte besitzt, die versicherungstechnischen Rückstellungen mit Vermögenswerten bzw. Kapitalanlagen bedeckt, die das Marktrisiko i. S. d. Solvenzkapitalanforderung minimieren.[881] Der Versicherer darf sich also nur die Risikoübernahme in der Risikomarge vergüten lassen, die nicht zu geringen Kosten oder kostenlos am Markt diversifiziert werden könnte.[882] Explizit ausgeschlossen werden indes Zinsrisiken.[883] Die weiteren, vom Standardmodell abgedeckten Marktrisiken umfassen:[884]

- Das Aktienrisiko und das Immobilienrisiko, die Risiken umfassen, die entstehen, wenn sich die entsprechenden Vermögenswerte nachteilig für das Versicherungsunternehmen entwickeln.
- Das Wechselkursrisiko, welches als prozentualer Anstieg oder Fall der für das Versicherungsunternehmen relevanten Wechselkurse modelliert wird.
- Das Spreadrisiko, welches über *Credit-Spreads* modelliert wird, die sich gegenüber einem risikolosen Basiszinssatz ausweiten oder verengen.
- Das Untermodul Marktrisikokonzentrationen, in dem Risiken berücksichtigt werden, „[…] die entweder durch eine mangelnde Diversifikation des Assetportfolios oder durch eine hohe Exponierung gegenüber dem Ausfallrisiko eines einzelnen Wertpapieremittenten oder einer Gruppe verbundener Emittenten bedingt sind."[885]

---

[879] Vgl. DREKSLER, S. U. A., Solvency II technical provisions, S. 71.

[880] Vgl. DREKSLER, S. U. A., Solvency II technical provisions, S. 71.

[881] Vgl. EIOPA (Hrsg.), Technical Specification for the Preparatory Phase (Part I), Tz. TP.5.4.

[882] Vgl. BROWN, A., Demystifying the Risk Margin, S. 5.

[883] Vgl. Art. 38 Abs. 1 lit. i Nr. I DVO.

[884] Vgl. EU (Hrsg.), RL 2009/138/EG, Art. 105 Abs. 5; GRÜNDL, H., Niedrigzinsen; GRÜNDL, H./KRAFT, M., Solvency II, S. 58-60.

[885] EU (Hrsg.), RL 2009/138/EG, Art. 105 Abs. 5 lit. f.

Auch **Gegenparteiausfallrisiken** müssen berücksichtigt werden.[886] Diese umfassen Verluste, die daraus entstehen, dass eine Gegenpartei unerwartet ausfällt oder sich ihre Bonität verschlechtert.[887] Gegenparteiausfallrisiken werden in zwei Typen unterteilt: Typ 1 umfasst normalerweise wenig diversifizierte Risiken von Parteien, die wahrscheinlich über ein Rating verfügen, etwa Rückversicherungsvereinbarungen und Depotforderungen. Typ 2 umfasst Risiken, die normalerweise gut diversifiziert, aber nicht geratet sind. Beide Typen werden unterschiedlich berechnet, da sie sich in ihren Ausfallwahrscheinlichkeiten und dem Verlust bei einem Ausfall stark voneinander unterscheiden.[888]

Operationelles Risiko wird von der Solvency II-Richtlinie definiert als „[...] das Verlustrisiko, das sich aus der Unangemessenheit oder dem Versagen von internen Prozessen, Mitarbeitern oder Systemen oder durch externe Ereignisse ergibt"[889]. Zu ihnen zählen u. a. Risiken aus externem Betrug, Arbeitssicherheit oder Rechtsunsicherheiten.[890] Wenn das Unternehmen nicht gut geführt wird und auch nicht gut diversifiziert ist, steigt das operationelle Risiko mit dem Tätigkeitsvolumen, gemessen am Prämien- oder Rückstellungsvolumen des Versicherers.[891] Da operationelle Risiken indes kaum stichhaltig bewertet werden können, wird mit dem Standardmodell eine pauschale Bewertung vorgenommen.[892]

457.33 Analyse der Gemeinsamkeiten und Unterschiede

Die Vorgaben zu den in die Risikomarge einzubeziehenden Risiken sind in beiden Rechnungslegungsregimen unterschiedlich ausgestaltet. Die Vorgabe des **Rechnungslegungsstandards**, dass bis auf wenige Ausnahmen alle für die bilanzierten Versicherungsverträge relevanten Risiken zu berücksichtigen seien, entspricht der prinzipienbasierten Vorgehensweise des IASB. Wenn so auch *Accounting Arbitrage* vermieden werden soll, wären wenigstens Mindestvorgaben zu den zu berücksichtigenden Risiken wünschenswert, um den

886 Vgl. EU (Hrsg.), RL 2009/138/EG, Art. 105 Abs. 6.

887 Vgl. SCHREIBER, G., Solvency II: Grundlagen und Praxis, S. 45.

888 Vgl. EIOPA (Hrsg.), Zugrunde liegende Annahmen der Standardformel, S. 79 f.; GRÜNDL, H./KRAFT, M., Solvency II, S. 58-60.

889 EU (Hrsg.), RL 2009/138/EG, Art. 13 Abs. 33. Vgl. auch EU (Hrsg.), RL 2009/138/EG, Art. 13 Abs. 4 lit. f für die Anforderung, das operationelle Risiko in der Solvenzkapitalanforderung zu berücksichtigen.

890 Vgl. SCHREIBER, G., Solvency II: Grundlagen und Praxis, S. 50.

891 Vgl. EIOPA (Hrsg.), Zugrunde liegende Annahmen der Standardformel, S. 76 f.; Art. 204 Abs. 3 f. DVO.

892 Vgl. GRÜNDL, H./KRAFT, M., Solvency II, S. 105.

entstehenden Spielraum etwas einzuschränken.[893] Die offenen Vorgaben ermöglichen Versicherern zwar, die Risikomarge so zu gestalten, dass genau die unternehmensspezifische Situation damit abgebildet werden kann. Der dadurch entstehende Gewinn an Entscheidungsnützlichkeit wird aber durch den geringen Grad an Vergleichbarkeit und Objektivierbarkeit zunichtegemacht. Aus diesem Grund soll im Folgenden überprüft werden, ob es unter der Nebenbedingung der Anforderungen an die IFRS-Rechnungslegung und der Vorgaben des IFRS 17 möglich bzw. empfehlenswert ist, die Risikomarge nach der Solvency II-Methode zu ermitteln.

Die in der DVO konkretisierten Vorgaben zur **Solvency II**-Risikomarge sind weitaus präziser und restriktiver als die des IFRS 17.[894] Vorgaben zu den einzelnen zu berücksichtigenden Risiken werden in der DVO gemacht und können über das Standardmodell konkretisiert werden. Dies ist i. S. d. Anforderung der Vergleichbarkeit sehr zu begrüßen.

Dadurch, dass bei der Berechnung der Risikomarge (nur) die Übertragung des Gesamtportfolios von Versicherungsverträgen des bilanzierenden Unternehmens suggeriert wird, bezieht sich auch die Solvency II-Risikomarge nur auf Risiken aus Versicherungsverträgen. Dies stellt eine **zentrale Gemeinsamkeit mit den Regelungen des IFRS 17** dar. Weiterhin ist das Standardmodell, das als Objektivierungskriterium für die zu erfassenden Risiken fungiert, darauf ausgelegt, das Risikoprofil der meisten Versicherungsunternehmen adäquat abzubilden.[895] Von der Finanzmarktaufsicht genehmigte interne Modelle als Alternativen zum Standardmodell müssen mindestens ebenso risikoadäquat sein. Die in der Risikomarge zu erfassenden Risiken an diese Modelle zu knüpfen ist also sowohl empfehlenswert, um sämtliche relevanten Risiken zu berücksichtigen als auch um die Risikomarge zu objektivieren, weshalb diese Vorgehensweise auch für die Zwecke des IFRS 17 empfohlen werden kann. Somit ist im Folgenden zu erörtern, ob die von der EIOPA vorgesehene, konkrete Ermittlungsmethode der Risikomarge auch i. S. d. Rechnungslegungsstandards als adäquat anzusehen ist.

893 Vgl. NGUYEN, T./GROSCHE, S., IFRS 4 aufsichtsrechtlich, S. 429.

894 Vgl. NGUYEN, T./GROSCHE, S., IFRS 4 aufsichtsrechtlich, S. 428.

895 Vgl. EU (Hrsg.), RL 2009/138/EG, Erwägungsgrund 26.

457.4 Die Methoden für die Berechnung der Risikomarge

457.41 Berechnung der Risikomarge nach IFRS 17

Der IASB legt in IFRS 17 keine Methode fest, nach der die Risikomarge berechnet werden muss, denn dies wiederspräche seinem Grundsatz, prinzipienbasierte Standards zu entwickeln.[896] Um ein Mindestmaß an Vergleichbarkeit und Objektivität zu gewährleisten, werden aber Charakteristika vorgegeben,[897] die die vom Versicherer gewählte Methode erfüllen soll:[898]

1. Risiken mit niedriger Eintrittswahrscheinlichkeit und schweren Schäden führen zu einer größeren Risikoanpassung – d. h. sie erhöhen die Risikomarge stärker – als solche mit einer hohen Eintrittswahrscheinlichkeit aber nur geringen Schäden.
2. Ähnliche Risiken führen in Verträgen mit längerer Laufzeit zu einer größeren Risikoanpassung als in Verträgen mit einer kürzeren Laufzeit.
3. Risiken mit einer breiten Wahrscheinlichkeitsverteilung führen zu einer größeren Risikoanpassung als solche mit einer engen Verteilung.
4. Je weniger über die betrachtete, aktuelle Schätzung und ihren Trend bekannt ist, desto höher muss ihre Risikoanpassung ausfallen.
5. Mit fortschreitender Erfahrung, die die Unsicherheit (bezogen auf die Schätzungen) reduziert, müssen Risikoanpassungen reduziert werden, et vice versa.

Diese Anforderungen haben alle gemeinsam, dass sie eine höhere Risikomarge erfordern, wenn verschiedene Teilbereiche des versicherungstechnischen Risikos ein höheres Risiko andeuten.

In ED/2010/8 waren noch drei Methoden vorgegeben, mit denen die Risikomarge wahlweise berechnet werden konnte.[899] Diese sind, obgleich der IASB sie als Beispiele in die *application guidance* des zweiten Standardentwurfs aufnehmen wollte,[900] weder in ED/2013/7 noch in

[896] Vgl. IASB (Hrsg.), Risk Adjustment techniques to meet the objective (agenda paper 3C), Tz. 12 lit. c.

[897] Vgl. IASB (Hrsg.), Risk Adjustment techniques to meet the objective (agenda paper 3C), Tz. 3 lit a (ii).

[898] Vgl. zu den Charakteristika IFRS 17.B91. Der IASB stimmt damit den Vorschlägen der *International Association of Insurance Supervisors* (IAIS) zu, die methodenunabhängig die Charakteristika definiert, die eine Risikomarge erfüllen sollte. Vgl. INTERNATIONAL ASSOCIATION OF INSURANCE SUPERVISORS (Hrsg.), Second Liabilities Paper, Tz. 57-59 sowie IASB (Hrsg.), DP: Insurance Contracts, Tz. F4.

[899] Vgl. IASB (Hrsg.), ED/2010/8: Insurance Contracts, Tz. B73.

[900] Vgl. IASB (Hrsg.), IASB Update September 2011, S. 5.

IFRS 17 aufgeführt. Da der erste Standardentwurf indes schon die fünf Charakteristika enthielt, die die Methode zur Berechnung der Risikomarge erfüllen soll,[901] sind die Methoden auch mit Blick auf IFRS 17 als geeignet zu betrachten. Weiterhin werden sie in der Literatur ebenfalls als Optionen für die Berechnung der Risikomarge betrachtet,[902] weshalb sie nachfolgend kurz vorgestellt und mit den fünf vorgegebenen Charakteristika beurteilt werden. Die Methoden umfassen zwei quantilbasierte Methoden, und zwar die **Konfidenzintervallmethode** (*confidence level*) und die **bedingte Erwartungswertmethode** (*conditional tail expectation*) sowie die für Solvency II vorgeschriebene **Kapitalkostenmethode** (*cost of capital*).

457.411. Konfidenzintervallmethode

Mit der Konfidenzintervallmethode, die auch als *Value at Risk* bezeichnet wird, wird derjenige Verlust ermittelt, der während einer bestimmten Zeit mit einer bestimmten Wahrscheinlichkeit (sog. Sicherheitswahrscheinlichkeit oder auch Konfidenzniveau) nicht überschritten wird.[903] Der VaR kennzeichnet damit ein Quantil, also einen bestimmten Anteil einer Wahrscheinlichkeitsverteilung.[904] Zum Beispiel stellt das 95 %-Quantil die Summe der Schadenzahlungen dar, die mit einer Wahrscheinlichkeit von 95 % nicht überschritten wird. Die Risikomarge ist in diesem Fall die Differenz aus dem Schaden-Erwartungswert und dem Wert des VaR zur vom Versicherer festgelegten Sicherheitswahrscheinlichkeit. Damit kann der Versicherer die Höhe seiner Risikomarge – abhängig von seiner eigenen Risikoaversion – über das von ihm festzulegende Konfidenzniveau beeinflussen.[905]

---

901 Vgl. IASB (Hrsg.), ED/2010/8: Insurance Contracts, Tz. B72.

902 Vgl. COTTIN, C./NÖRTEMANN, S., Der Begriff der Risikomarge, S. 12 f.; BROWN, A., Demystifying the Risk Margin, S. 7-11; INTERNATIONAL ACTUARIAL ASSOCIATION (Hrsg.), Measurement of Liabilities for Insurance Contracts, S. 75-89.

903 Vgl. HANISCH, J., Risikomessung mit dem Conditional Value-at-Risk, S. 22; INTERNATIONAL ACTUARIAL ASSOCIATION (Hrsg.), Measurement of Liabilities for Insurance Contracts, S. 76. Dabei kann sowohl auf die saldierten Ein- und Auszahlungsströme als auch nur auf die Auszahlungsströme abgestellt werden. Die Einzahlungsströme bei Versicherungsverträgen sind aber – mit Ausnahme derer, die durch vertragliche Optionen durch den Versicherungsnehmer beeinflusst werden können – weitestgehend deterministisch vorgegeben. Daher kann für die Ermittlung der Risikomarge primär auf die Schadenverteilung, also die unsicheren Auszahlungen, abgestellt werden. Vgl. GALLASCH, F., Bilanzierung von Versicherungsverträgen, S. 166.

904 Vgl. hier und nachfolgend in diesem Absatz ASCHE, B., Jahresabschlussanalyse und Bilanzpolitik, S. 193 f.

905 Vgl. GALLASCH, F., Bilanzierung von Versicherungsverträgen, S. 166.

457.412. Bedingte Erwartungswertmethode

Die Bedingte Erwartungswertmethode – auch *tail conditional expectation* oder *tail value at risk* (TVaR) genannt – stellt eine Abwandlung des VaR dar. Sie ist besonders dafür geeignet, große Schäden, die sich am Rand der Schadenverteilung befinden, zu erfassen bzw. für die Risikomarge zu quantifizieren.[906] Der TVaR erweitert den VaR dahingehend, dass er den Rand der Verteilung, der durch den Var gekennzeichnet wird, weiter unterteilt und quantifiziert.[907] So wird der Durchschnittsschaden berücksichtigt, der entsteht, wenn der VaR überschritten wird.[908] Der TVaR wird – ähnlich dem VaR – als Differenz aus dem durch den TVaR gekennzeichneten Schadenniveau und dem durchschnittlichen Schadenniveau errechnet. Der TVaR kann den VaR bei gleich gewähltem VaR-Sicherheitsniveau nicht unterschreiten und führt somit zu einer höheren Risikomarge.[909] Die folgende Übersicht stellt eine Schadenverteilung dar, in der VaR und TVaR gekennzeichnet sind, um diese Zusammenhänge zu verdeutlichen:

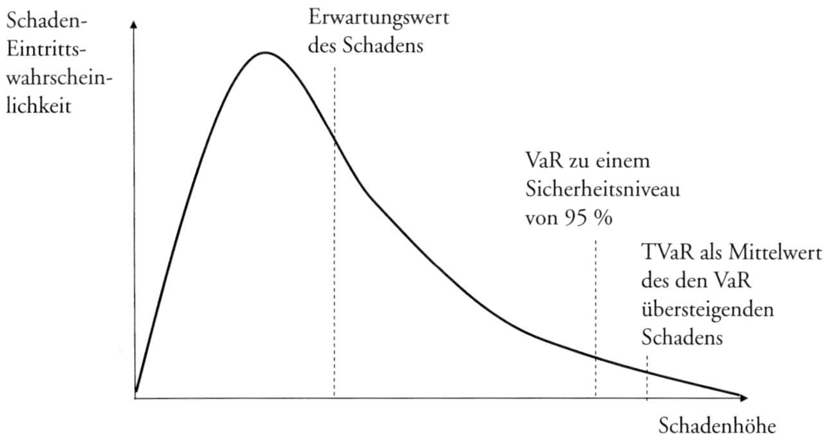

Übersicht 4-10: VaR und TVaR in einer schiefen Schadenverteilung[910]

906 Vgl. IASB (Hrsg.), ED/2010/8: Insurance Contracts, Tz. B80.

907 Vgl. INTERNATIONAL ACTUARIAL ASSOCIATION (Hrsg.), Measurement of Liabilities for Insurance Contracts, S. 76.

908 Vgl. IASB (Hrsg.), ED/2010/8: Insurance Contracts, Tz. B80.

909 Vgl. ZONS, M., Value Based Management, S. 105 f.; GALLASCH, F., Bilanzierung von Versicherungsverträgen, S. 171.

910 Vgl. COTTIN, C./DÖHLER, S., Risikoanalyse, S. 125.

457.413. Kapitalkostenmethode

Die Kapitalkostenmethode ermittelt die Risikomarge als **die Kapitalkosten, die anfallen würden, wenn der Versicherer das Kapital aufbauen und halten würde, mit dem die versicherungsvertraglichen Risiken zu einem festgelegten Konfidenzniveau abgesichert werden können.**[911] Die dahinterstehende Überlegung ist die, dass ein Versicherer zu jedem Zeitpunkt genügend Kapital halten muss, um den Verpflichtungen gegenüber dem Versicherungsnehmer nachzukommen.[912] Der IASB unterteilt die Berechnung der Risikomarge nach diesem Verfahren in drei Schritte:[913]

1. Zuerst muss die **Schadenverteilung** für die Zahlungsströme des Versicherungsvertrags geschätzt werden.
2. Danach legt der Versicherer ein **Konfidenzniveau** für diese Schadenverteilung fest. Dieses indiziert, zu welcher Wahrscheinlichkeit ein bestimmtes Schadenniveau nicht überschritten werden soll. Die Differenz aus diesem maximalen Schaden-Betrag und dem Erwartungswert der Schadenzahlungen ergibt den Kapitalbetrag, den der Versicherer vorhalten muss, um sich abzusichern.
3. Im letzten Schritt müssen noch der **Diskontfaktor**, mit dem die künftigen Zahlungsströme zu diskontieren sind, und der **Kapitalkostensatz**, der die Vergütung für den im zweiten Schritt bestimmten Kapitalbetrag darstellt, bestimmt werden.

Das Konfidenzniveau soll so gewählt werden, dass durch den Betrag, der den geschätzten Zahlungsstrom-Erwartungswert übersteigt, fast der gesamte Rand der Schadenverteilung gedeckt wird.[914] Ein solches Konfidenzniveau wäre z. B. mit den auch aufsichtsrechtlich von Solvency II geforderten 99,5 % erfüllt.[915] Kapitalkosten und das gewählte Konfidenzniveau hängen bei der Kapitalkostenmethode zusammen, denn ein hohes Konfidenzniveau deutet auf ein bestandssicheres Unternehmen hin, das einem fiktiven Kapitalgeber niedrigere Risikoaufschläge zu zahlen hätte.[916]

---

[911] Vgl. hier und nachfolgend in diesem Absatz BROWN, A., Demystifying the Risk Margin, S. 8-10.

[912] Vgl. IASB (Hrsg.), ED/2010/8: Insurance Contracts, Tz. B85.

[913] Vgl. IASB (Hrsg.), ED/2010/8: Insurance Contracts, Tz. B86.

[914] Vgl. IASB (Hrsg.), ED/2010/8: Insurance Contracts, Tz. B88 lit. a.

[915] Der IASB wählt in einem Beispiel selber das Konfidenzniveau von 99,5 %. Vgl. IASB (Hrsg.), ED/2010/8: Insurance Contracts, Tz. B87 sowie IASB (Hrsg.), Risk adjustment techniques (agenda paper 1B), Tz. 12 lit. b.

[916] Vgl. CEIOPS (Hrsg.), Calibration Paper, Tz. 2.64; ASCHE, B., Jahresabschlussanalyse und Bilanzpolitik, S. 197.

Weiterhin soll der Kapitalkostensatz alle für die zu bewertenden Versicherungsverträge relevanten Risiken berücksichtigen.[917]

457.414. Würdigung der möglichen Methoden mit Blick auf die Anforderungen an die Risikomarge

Die fünf vom IASB vorgegebenen Charakteristika, die vom Versicherer beachtet werden müssen, wenn er die Methode zur Berechnung der Risikomarge wählt, sind nicht nur speziell gültig für die IFRS. Sie sind vielmehr allgemeingültig und können auch für regulatorische Zwecke verwendet werden.[918] Alle der drei vorgestellten Methoden erfüllen die Charakteristika situationsabhängig zu einem unterschiedlichen Grad und weisen verschiedene Stärken und Schwächen auf. Daher werden sie folgend – auch um die strikte Methodenvorgabe von Solvency II kritisch zu hinterfragen – daraufhin untersucht, unter welchen Umständen sie zur Berechnung der Risikomarge angemessen sind und unter welchen nicht.

Charakteristikum eins besagt, dass selten auftretende, schwere Schäden eine höhere Risikoanpassung erfordern, als häufig auftretende, leichte Schäden. Der **VaR** erfüllt dieses Charakteristikum nur bedingt, da er bei besonders schiefen Schadenverteilungen einige Risiken nicht adäquat erfasst.[919] Dies betrifft den (in Übersicht 4-10 rechten) Rand der Schadenverteilung, der Risiken von Großschäden enthalten kann. Wird das Konfidenzniveau nicht hoch genug gewählt, ist es möglich, dass solche Schäden in der Risikomarge nicht berücksichtigt werden.[920] Der **TVaR** hingegen berücksichtigt unabhängig vom gewählten Konfidenzniveau auch solche Risiken, die sich in dem Verlust-Quantil befinden, das nicht mehr vom VaR abgedeckt wird.[921] Deshalb ist er bei schiefen Verteilungen und Großschadenrisiken mit geringer Eintrittswahrscheinlichkeit angemessener als der VaR. Die **Kapitalkostenmethode** erfüllt ebenfalls das erste Charakteristikum. Denn das Konfidenzniveau für die Schadenverteilung ist so hoch zu wählen, dass nur sehr wenige (große) Schäden

917 Vgl. IASB (Hrsg.), ED/2010/8: Insurance Contracts, Tz. B88 lit. b.

918 Vgl. INTERNATIONAL ACTUARIAL ASSOCIATION (Hrsg.), Measurement of Liabilities for Insurance Contracts, S. 1, 69.

919 Vgl. IASB (Hrsg.), ED/2010/8: Insurance Contracts, Tz. B94.

920 Vgl. IASB (Hrsg.), ED/2010/8: Insurance Contracts, Tz. B76; ASCHE, B., Jahresabschlussanalyse und Bilanzpolitik, S. 194.

921 Vgl. IASB (Hrsg.), ED/2010/8: Insurance Contracts, Tz. B76, B95.

am Rand der Schadenverteilung unberücksichtigt bleiben.[922] Für Solvency II und die Solvenzkapitalanforderung setzt der Regulator das Konfidenzniveau auf 99,5 % fest, um den Versicherer abzusichern. Dieses Konfidenzniveau sollte somit ausreichend sein.

Charakteristikum zwei besagt, dass ähnliche Risiken in Verträgen mit langer Laufzeit eine höhere Risikoanpassung erfordern als in solchen mit kurzer Laufzeit. Für **VaR** und **TVaR** gilt, dass die Laufzeit der Risiken bereits in der zu schätzenden Schadenverteilung berücksichtigt sein sollte.[923] In der **Kapitalkostenmethode** ist die Laufzeit der Risiken laut IASB über den Faktor der Kapitalkosten zu berücksichtigen. Ändert sich die Schadenverteilung nachteilig, muss der Faktor angemessen erhöht werden. Für Solvency II ist der Kapitalkostensatz indes auf 6 % fixiert.[924] Für diesen Fall muss die Laufzeit der Risiken ebenfalls in der zu schätzenden Schadenverteilung berücksichtigt werden.

Charakteristikum drei fordert eine mit der Breite der Schadenverteilung steigende Risikoanpassung. Hier kann auf die Argumentation von Charakteristikum eins verwiesen werden, da ebenfalls auf den Rand der Schadenverteilung abgestellt wird. So gilt, dass der **VaR** eine breite Schadenverteilung nur ausreichend für die Risikomarge quantifiziert, wenn das Konfidenzniveau hoch genug gewählt wird.[925] Gleiches gilt für die **Kapitalkostenmethode**. Unter der Annahme, dass ein höheres Konfidenzniveau als für den VaR gewählt wird, dürfte die Kapitalkostenmethode dem Kriterium indes eher genügen. Da der **TVaR** auch den Rand der Schadenverteilung quantifiziert, bildet er breite Schadenverteilungen grundsätzlich angemessen ab.

Charakteristikum vier gibt vor, dass die Höhe der Risikomarge positiv mit dem Ausmaß der Unsicherheit über die Schätzung und ihre Trends zusammenhängen sollte. Der IASB schlägt für alle drei Methoden auch hier vor, die erhöhte Unsicherheit z. B. durch ein angemessen hohes Konfidenzniveau zu berücksichtigen.[926] Indes ist in Frage zu stellen, ob dem durch eine geringe

---

[922] Vgl. IASB (Hrsg.), ED/2010/8: Insurance Contracts, Tz. B89, B96.

[923] Vgl. hier und nachfolgend in diesem Absatz IASB (Hrsg.), ED/2010/8: Insurance Contracts, Tz. 98.

[924] Vgl. Art. 39 DVO. Eine fixierte Kapitalkostenquote wird auch für den *Swiss Solvency Test* verwendet. Vgl. INTERNATIONAL ACTUARIAL ASSOCIATION (Hrsg.), Measurement of Liabilities for Insurance Contracts, S. 79; EIDGENÖSSISCHE FINANZMARKTAUFSICHT (Hrsg.), Technical document on the Swiss Solvency Test, S. 86.

[925] Vgl. hier und nachfolgend in diesem Absatz IASB (Hrsg.), ED/2010/8: Insurance Contracts, Tz. B99.

[926] Vgl. IASB (Hrsg.), ED/2010/8: Insurance Contracts, Tz. B100.

Schadenerfahrung gesteigerten Irrtumsrisiko angemessen über ein höheres Konfidenzniveau begegnet werden kann. Wenn die Schadenverteilung grundlegend falsch geschätzt wird, ist womöglich auch ein hohes Konfidenzniveau keine adäquate Maßnahme. Hier böte es sich an, das Irrtumsrisiko separat zu quantifizieren und in die Risikomarge einfließen zu lassen.[927]

Charakteristikum fünf gibt vor, dass die Risikomarge gesenkt werden sollte, wenn die Erfahrung des Versicherers zunimmt und dadurch die Unsicherheit reduziert wird. Der IASB geht davon aus, dass ein hohes Maß an Unsicherheit in der Schadenverteilung zu berücksichtigen ist, weshalb eine zunehmende Schadenerfahrung die Schadenverteilung beeinflusst und durch die bessere Schätzbarkeit von Schäden die Risikomarge verringert werden kann.[928] Sofern ein Versicherer die den Methoden zugrundeliegenden Verteilungen vorsichtig schätzt und die Risikomarge daher großzügig bemisst, ist dieses Charakteristikum von allen Methoden erfüllt.

Die folgende Tabelle fasst die Analyseergebnisse zusammen:

Charakteristikum / Methode	1	2	3	4	5
Value at Risk	0	+	0	0	+
Tail Value at Risk	+	+	+	0	+
Kapitalkosten-methode	+	+	+	0	+

Legende: + = Charakteristikum erfüllt
0 = Charakteristikum nur unter bestimmten Umständen erfüllt

Übersicht 4-11: Erfüllungsgrad der fünf Charakteristika[929]

927 Vgl. ähnlich GALLASCH, F., Bilanzierung von Versicherungsverträgen, S. 163 f., 169.

928 Vgl. IASB (Hrsg.), ED/2010/8: Insurance Contracts, Tz. B101.

929 Eigene Darstellung. Vgl. auch IASB (Hrsg.), ED/2010/8: Insurance Contracts, Tz. 94-102; GALLASCH, F., Bilanzierung von Versicherungsverträgen, S. 165-176; ASCHE, B., Jahresabschlussanalyse und Bilanzpolitik, S. 193-197.

Abschließend kann festgehalten werden, dass – gesetzt den Fall, dass die Versicherer die Methoden wie beschrieben anwenden – insbesondere der VaR Schwächen bei der Bewertung von Risiken aufweist, wenn die geschätzte Verteilung schief ist oder im Zeitablauf besonders variiert.[930]

457.415. Das auszuweisende Konfidenzniveau

Angesichts der freien Methoden- und Parameterwahl bei der Berechnung der Risikomarge ist der IASB bestrebt, die Ergebnisse vergleichbarer und transparenter zu machen und dadurch dem Bilanzleser einen klareren Eindruck von der Risikoaversion des Versicherers zu vermitteln.[931] Dazu sind die **Ergebnisse der Risikomargenberechnung in ein Konfidenzniveau i. S. d. VaR-Methode zu überführen**, sofern eine andere Methode als der VaR angewendet wird.[932]

Diese Vorgabe führt aufgrund mehrerer Probleme aber nur zu einer vermeintlich höheren Vergleichbarkeit der Ergebnisse. Denn selbst wenn die gleiche Schadenverteilung verwendet würde, bliebe das berechnete Konfidenzniveau für die mit unterschiedlichen Methoden berechnete Risikomarge kaum vergleichbar, es sei denn, weitere Eingangsfaktoren und Annahmen würden übereinstimmen.[933] Dies dürfte in der Praxis bei unterschiedlichen Versicherern indes kaum realisierbar sein. Außerdem wird durch dieses Erfordernis der Aufwand zur Berechnung der Risikomarge deutlich erhöht. Dadurch könnten Fehlanreize gesetzt werden, die dazu führen, die in manchen Fällen unangemessene VaR-Methode zu wählen, nur um Aufwand zu reduzieren.[934] Schlussendlich wurde auch in vielen Rückmeldungen auf den ersten *Exposure Draft* angemerkt, dass keine von der Mehrheit der Versicherer akzeptierte Technik existiert, mit der die Ergebnisse anderer Berechnungsmethoden in ein Konfidenzniveau überführt werden können.[935]

930 Vgl. IASB (Hrsg.), ED/2010/8: Insurance Contracts, Tz. 90 lit. b (i).

931 Vgl. ELLENBÜRGER, F./ENGELÄNDER, S./KÖLSCHBACH, J., Der letzte Schritt zum IFRS für Versicherungsverträge, S. 819.

932 Vgl. IFRS 17.119. Ausgenommen hiervon sind Fälle, in denen der Versicherer die Risikomarge mit dem VaR berechnet.

933 Vgl. IASB (Hrsg.), Risk adjustment – disclosure (agenda paper 3D), Tz. 17.

934 Vgl. IASB (Hrsg.), Risk adjustment – disclosure (agenda paper 3D), Tz. 18 lit. a, c.

935 Vgl. IASB (Hrsg.), Risk adjustment – disclosure (agenda paper 3D), Tz. 19.

457.42 Die Berechnung der Risikomarge nach Solvency II

457.421. Die Solvenzkapitalanforderung in der Kapitalkostenmethode

Im Gegensatz zu den Regelungen des IFRS 17, der keine bestimmte Methode vorschreibt, um die Risikomarge zu berechnen, **geben die Rechts- und Regelungsquellen von Solvency II vor, dass die Risikomarge mit der Kapitalkostenmethode und spezifischen Inputparametern berechnet werden muss.**[936]

Das Vorgehen basiert auf dem bereits angesprochenen Übertragungsszenario, in dem ein Referenzunternehmen sämtliche versicherungstechnischen Verpflichtungen (inklusive Rückversicherungsverträgen) des ursprünglichen Unternehmens übernimmt.[937] Das Referenzunternehmen verfügt, bevor das Portfolio übertragen wird, über keine eigenen Verpflichtungen und über keine Eigenmittel. Es muss sich, unmittelbar nachdem die Verpflichtungen übertragen wurden, anrechnungsfähige Eigenmittel beschaffen, mit denen die Verpflichtungen abgesichert werden, bis sie vollständig erfüllt wurden oder erloschen sind. Der Betrag dieser Eigenmittel ist als Solvenzkapitalanforderung des Referenzunternehmens im Übertragungszeitpunkt und für alle folgenden Jahre zu ermitteln. Die Solvenzkapitalanforderung der folgenden Jahre ist anschließend mit einem risikolosen Zins auf den Übertragungszeitpunkt abzuzinsen. Der gesamte Betrag der Risikomarge des ursprünglichen Unternehmens ergibt sich schließlich, indem die diskontierte Solvenzkapitalanforderung mit einem vorgegebenen Kapitalkostensatz multipliziert wird. Diese Zusammenhänge werden in der folgenden, von der DVO vorgegebenen Formel, zusammengefasst:

$$RM = CoC \times \sum_{t \geq 0} \frac{SCR(t)}{\left(1 + r(t+1)\right)^{t+1}}$$

Übersicht 4-12: Formel zur Berechnung der Risikomarge nach Solvency II[938]

Dabei steht CoC für den Kapitalkostensatz, der von der Aufsicht mit sechs Prozent festgelegt wird, r steht für den von der EIOPA vorgegebenen risikofreien Basiszinssatz der Laufzeit t, jener Währung, die das ursprüngliche Unternehmen in seinem Jahresabschluss verwendet.[939] SCR(t) steht für

[936] Vgl. Art. 37 Abs. 1 DVO.

[937] Vgl. hier und nachfolgend in diesem Absatz Art. 37 DVO; EIOPA (Hrsg.), Technical Specification for the Preparatory Phase (Part I), TP.5.4.; COTTIN, C./NÖRTEMANN, S., Der Begriff der Risikomarge, S. 13 f.

[938] Vgl. Art. 37 Abs. 1 DVO.

[939] Vgl. hier und im folgenden Satz Art. 37 Abs. 1 und Art. 39 DVO.

die Solvenzkapitalanforderung des Referenzunternehmens im Jahr t. Der Kapitalkostensatz stellt die Vergütung dar, die ein Kapitalgeber des Referenzunternehmens für die bereitgestellten Eigenmittel verlangen würde. In der DVO wird indes nicht erläutert, warum der Satz auf sechs Prozent festgeschrieben wird. Willkürlich ist der Satz aber keinesfalls gewählt. So wird für den *Swiss Solvency Test*, der ein Teil des schweizerischen Aufsichtssystems für Versicherungen ist und vorschreibt, die Risikomarge für versicherungstechnische Rückstellungen auf ähnliche Art und Weise zu berechnen, auch ein Kapitalkostensatz von sechs Prozent vorgeschrieben.[940] In einem erläuternden Dokument zum *Swiss Solvency Test* wurde festgestellt, dass ein Unternehmen mit einem BBB-Rating einen Kapitalkostensatz von sechs Prozent über dem risikofreien Zins hat.[941]

457.422. Gestattete Vereinfachungsmethoden

Die Risikomarge nach dem im vorigen Abschnitt beschriebenen Verfahren für ein einziges Geschäftsjahr zu berechnen, ist bereits sehr aufwändig.[942] Dies liegt an der hohen Komplexität der Standardformel, aber auch an der Komplexität eventuell verwendeter interner Solvenzkapitalmodelle.[943] Weiterhin muss die Solvenzkapitalanforderung nicht nur für die aktuelle, sondern auch für alle folgenden Perioden berechnet werden, bis der Bestand an Versicherungsverträgen vollständig abgewickelt ist, was die Aufgabe noch anspruchsvoller macht. In der Schaden- und Unfallversicherung dürfte der Berechnungszeitraum aufgrund der i. d. R. kurzen Vertragslaufzeiten überschaubar sein. In der Lebensversicherung kann es indes nötig sein, die künftige Solvenzkapitalanforderung für einhundert oder mehr Jahre zu berechnen, was eine fast unlösbare Aufgabe darstellt. Deshalb ist es unter bestimmten Voraussetzungen gestattet, die Risikomarge vereinfacht zu berechnen.[944] Dazu gibt die EIOPA eine Hierarchie von vier Vereinfachungsstufen vor, die nachfolgend erörtert wird.

[940] Vgl. BROWN, A., Demystifying the Risk Margin, S. 33 f.

[941] Vgl. FEDERAL OFFICE OF PRIVATE INSURANCE (Hrsg.), The Cost of Capital Approach, S. 8.

[942] Vgl. hier und nachfolgend in diesem Absatz EIOPA (Hrsg.), Report on QIS5, S. 48-50; COTTIN, C./NÖRTEMANN, S., Der Begriff der Risikomarge, S. 14; COTTIN, C./NÖRTEMANN, S., Facettenreiche Risikomarge, S. 68 f.

[943] Vgl. KOHLRUSS, D., Standardmodell und Risikomanagement, S. 321 f.; WAGNER, F./LUO, J., Solvency II: Neues aufsichtsrechtliches Regime, S. 337.

[944] Vgl. Art. 58 DVO sowie die Vereinfachungen konkretisierend EIOPA (Hrsg.), Leitlinien zu versicherungstechnischen Rückstellungen (BoS-14/166 DE), Leitlinie 62; EIOPA (Hrsg.), Erläuterungen zu Leitlinien zu versicherungstechnischen Rückstellungen, Zu Leitlinie 62.

Auf der **ersten Vereinfachungsstufe** ist es dem Versicherer gestattet, Näherungswerte für Risiken innerhalb der Module und Untermodule zu berechnen. Dabei sollten besonders das versicherungstechnische Risiko, das Gegenparteiausfallrisiko in Bezug auf passive Rückversicherungsvereinbarungen und Zweckgesellschaften sowie das Marktrisiko beachtet werden.[945] Da trotz der Vereinfachungen aber noch alle künftigen Solvenzkapitalanforderungen berechnet werden müssen, ist die erste Vereinfachungsstufe immer noch mit einem hohen Aufwand verbunden.[946]

Auf der **zweiten Vereinfachungsstufe** ist vorgesehen, dass die Versicherer die gesamte Solvenzkapitalanforderung des Referenzunternehmens approximieren, etwa mit einem Proportionalitätsfaktor, der die Solvenzkapitalanforderung abhängig von der Entwicklung der Höhe des besten Schätzwertes bestimmt.[947] Die EIOPA definierte in der *Technical Specification for the Preparatory Phase* für die proportionale Berechnung folgende Formel:

$$SCR(t) = SCR(0) \times \frac{BE(t)}{BE(0)}$$

Übersicht 4-13: Formel zur proportionalen Approximation der Solvenzkapitalanforderung[948]

Dabei steht SCR für die Solvenzkapitalanforderung des Referenzunternehmens und BE für den besten Schätzwert, jeweils zum zu berechnenden Zeitpunkt t und zum Ausgangszeitpunkt t=0. Diese Vereinfachung stellt eine deutliche Erleichterung dar. Denn nur die Solvenzkapitalanforderung für t=0 muss ermittelt werden, die Zahlungsströme für den besten Schätzwert sind bereits berechnet.[949]

Auf der **dritten Vereinfachungsstufe** ist vorgesehen, dass nur ein Näherungswert für die Solvenzkapitalanforderungen künftiger Jahre berechnet wird und nicht, dass die Solvenzkapital-

---

945 Vgl. EIOPA (Hrsg.), Leitlinien zu versicherungstechnischen Rückstellungen (BoS-14/166 DE), Tz. 1.113, Methode 1); EIOPA (Hrsg.), Erläuterungen zu Leitlinien zu versicherungstechnischen Rückstellungen, Tz. 2.105.

946 Vgl. COTTIN, C./NÖRTEMANN, S., Der Begriff der Risikomarge, S. 14.

947 Vgl. EIOPA (Hrsg.), Leitlinien zu versicherungstechnischen Rückstellungen (BoS-14/166 DE), Tz. 1.113, Methode 2; EIOPA (Hrsg.), Erläuterungen zu Leitlinien zu versicherungstechnischen Rückstellungen, Tz. 2.106. Die zweite Vereinfachungsstufe darf indes nur angewendet werden, wenn weder im Berechnungszeitpunkt noch in künftigen Zeitpunkten negative beste Schätzwerte in der Solvabilitätsübersicht angesetzt sind. Diese treten z. B. auf, wenn ein voraussichtlich gewinnbringender Vertrag angesetzt wird, die Prämienzahlung aber noch nicht erfolgt ist. Vgl. EIOPA (Hrsg.), Expected Profits arising from Future Premiums, S. 6.

948 Vgl. EIOPA (Hrsg.), Technical Specification for the Preparatory Phase (Part I), Tz. TP.5.52.

949 Vgl. COTTIN, C./NÖRTEMANN, S., Der Begriff der Risikomarge, S. 14.

anforderung für jedes Jahr einzeln zu ermitteln ist. So wird die Solvenzkapitalanforderung im Zeitpunkt t=0 mit einem Durationsfaktor multipliziert, der Aspekte wie die erwartete Laufzeit der Versicherungsverträge und die Abwicklungserfahrung des Versicherers umfasst.[950] Diese weitere Vereinfachung gegenüber Stufe zwei darf indes nur angewendet werden, wenn sich zentrale Risikobereiche, wie die Zusammensetzung der Risiken des Versicherungsunternehmens oder die Bonität der kontrahierten Rückversicherer, nicht ändern.[951]

Auf der **vierten Vereinfachungsstufe** wird die Risikomarge als fester Prozentsatz der besten Schätzwerte je Solvency II-Geschäftsbereich berechnet. Die Prozentsätze müssen vom Versicherer dokumentiert und begründet werden.[952]

Der EIOPA-Bericht zu QIS5 zeigte, dass die **Versicherer in großem Maße davon Gebrauch machen, die Risikomarge mit einem vereinfachten Verfahren zu berechnen.**[953] Nur rund fünf Prozent der teilnehmenden Schaden- und Unfallversicherer berechneten die Risikomarge ohne die Vereinfachungen zu verwenden. Knapp 40 % Prozent verwendeten Vereinfachungsstufe zwei, etwa 25 % Stufe drei und jeweils ca. 15 % Stufen eins und vier.

457.43 Analyse der Gemeinsamkeiten und Unterschiede

Über Vor- und Nachteile hinaus, die bereits anhand der fünf vom IASB vorgegebenen Charakteristika zur Methodenwahl gezeigt wurden, haben die Methoden weitere Vor- und Nachteile – vor allem, wenn man in Betracht zieht, wie sie in beiden Rechnungslegungsregimen ausgestaltet werden können bzw. müssen. Die **Vorteile** des VaR sowie des TVaR als quantilbasierte Methoden bestehen darin, dass beide Verfahren verhältnismäßig einfach zu berechnen sind und dem Abschlussadressaten das dahinterstehende Konzept gut vermittelt werden kann.[954] Der VaR ist außerdem am

[950] Vgl. EIOPA (Hrsg.), Leitlinien zu versicherungstechnischen Rückstellungen (BoS-14/166 DE), Tz. 1.113, Methode 3 sowie für ein Beispiel EIOPA (Hrsg.), Erläuterungen zu Leitlinien zu versicherungstechnischen Rückstellungen, Tz. 2.108-2.110.

[951] Vgl. EIOPA (Hrsg.), Leitlinien zu versicherungstechnischen Rückstellungen (BoS-14/166 DE), Tz. 1.113, Methode 3 lit. a, b.

[952] Vgl. EIOPA (Hrsg.), Leitlinien zu versicherungstechnischen Rückstellungen (BoS-14/166 DE), Tz. 1.113, Methode 4; EIOPA (Hrsg.), Erläuterungen zu Leitlinien zu versicherungstechnischen Rückstellungen, Tz. 2.111.

[953] Vgl. hier und nachfolgend in diesem Absatz EIOPA (Hrsg.), Report on QIS5, S. 48-50.

[954] Vgl. IASB (Hrsg.), ED/2010/8: Insurance Contracts, Tz. B76 sowie hier und nachfolgend in diesem Absatz BROWN, A., Demystifying the Risk Margin, S. 37.

Versicherungsmarkt weit verbreitet.[955] Die Kapitalkostenmethode bietet wiederum den Vorteil, dass sie von den vorgestellten Methoden am ehesten marktkonsistente Ergebnisse produziert.[956] Die offenen Vorgaben des IASB haben zudem den Vorteil, dass Versicherer die **Risikomargenberechnung genau an ihre unternehmensindividuelle Situation anpassen können.** Dies ist i. S. d glaubwürdigen Darstellung zu begrüßen.

Gravierende **Nachteile** für Rechnungslegungszwecke bestehen bei allen Methoden in den **Gestaltungsspielräumen**, die den Versicherern bleiben, was der Anforderung der zwischenbetrieblichen Vergleichbarkeit zuwiderläuft. Da der IASB weder die Methode, noch grundlegende Parameter vorgibt, sind die Spielräume in IFRS 17 besonders groß. Hier ist zum einen die **Risikoneigung** zu erwähnen, die jeder Versicherer für sich festlegen und die Höhe der Risikomarge dadurch beeinflussen kann.[957] So wird das Konfidenzniveau, das in jeder der vorgestellten Methoden maßgeblich beeinflusst, welche Risiken in der Margenhöhe berücksichtigt werden, vom Versicherer gesetzt. Ist der Versicherer im Verhältnis zu anderen Versicherern risikoaverser, kann er es erhöhen und damit weitere Risiken abdecken, was die Risikomarge erhöht – et vice versa.[958] Bei der Kapitalkostenmethode kommen zudem Schwierigkeiten bei der Ermittlung der weiteren Parameter dazu. Denn für die Methode müssen noch der **Kapitalkostensatz** und der **Diskontfaktor** bestimmt werden, was ebenfalls komplex und mit Ermessensspielräumen behaftet ist.[959] Erschwerend kommt hinzu, dass die Höhe des **Kapitalkostensatzes** vom gewählten Konfidenzniveau für die Schadenverteilung abhängt. Daher können beide Werte nur zusammen interpretiert werden, was die Vergleichbarkeit der Kapitalkostensätze herabsetzt.[960]

Der IASB gesteht in diesem Kontext ein, dass eine Risikomarge, die die unternehmensindividuelle Risikoaversion ausdrücken soll und weitestgehend auf unbeobachtbaren Parametern basiert, ein

[955] Vgl. ZÖBISCH, M., Solvency II: Risikoadäquanz von Standardmodellen, S. 173.

[956] Vgl. BROWN, A., Demystifying the Risk Margin, S. 37. Der Autor beurteilt dort tabellarisch mögliche Berechnungsmethoden für die Risikomarge.

[957] Vgl. hier und im folgenden Satz ASCHE, B., Jahresabschlussanalyse und Bilanzpolitik, S. 194.

[958] Vgl. für die quantilbasierten Ansätze INTERNATIONAL ACTUARIAL ASSOCIATION (Hrsg.), Measurement of Liabilities for Insurance Contracts, S. 76.

[959] Vgl. BROWN, A., Demystifying the Risk Margin, S. 13 f.

[960] Vgl. ASCHE, B., Jahresabschlussanalyse und Bilanzpolitik, S. 197.

gewisses Maß an Subjektivität enthält.[961] Dies ist i. S. d. Anforderung der **Nachprüfbarkeit** kritisch zu sehen. Die Ausführungen zum für die Ergebnisse jeder Methode zu veröffentlichenden **Konfidenzniveau** machen hier zudem deutlich, dass der Subjektivität nicht ausreichend begegnet wird. Überdies soll der bilanzpolitische Spielraum weiter durch die Vorgabe eingeschränkt werden, dass die **Methode zur Berechnung der Risikomarge nur angepasst** werden darf, wenn sich beobachtbare Einflussfaktoren verändern.[962] Sofern die Faktoren – was in den meisten Fällen zutreffen dürfte – für Außenstehende nicht beobachtbar und nicht objektivierbar sind, bestehen aber auch hier Auslegungsspielräume für den Versicherer. Ein Mindestmaß an Transparenz kann aber erstens dadurch gewährleistet werden, dass die jeweilige Berechnungsmethode konstant angewendet wird. Über die gewählte Methode sind im Anhang Angaben zu machen.[963] Zweitens sind für die Risikomarge ähnliche Angaben zu machen wie für die nicht beobachtbaren Level-3-Inputfaktoren von IFRS 13.[964] So ist es dem Bilanzleser wenigstens eingeschränkt möglich, die Berechnungen nachzuvollziehen.

Eine Möglichkeit der geringen Vergleichbarkeit und Nachprüfbarkeit der Vorgaben zur Risikomarge des IFRS 17 zu begegnen wäre, die konkret gestaltete Methode zur Risikomargenberechnung nach Solvency II zu verwenden. Schließlich werden die Unzulänglichkeiten der Kapitalkostenmethode nach IFRS 17 teilweise durch die klaren **Vorgaben von Solvency II** ausgeglichen. Denn der Kapitalkostensatz und die Diskontfaktoren müssen nicht mehr durch den Versicherer selber ermittelt werden, sondern sind einheitlich vorgegeben. Auch die Vorgabe, das zu verzinsende Kapital als Solvenzkapitalanforderung zu berechnen, nimmt – selbst mit Blick auf die Mängel des Standardmodells – Spielräume im Vergleich zu den prinzipienbasierten Vorgaben des IFRS 17. Außerdem ist die Kapitalkostenmethode mit Blick auf die fünf vom IASB vorgegebenen Charakteristika zur Beurteilung der Risikomargenermittlungsmethode empfehlenswert.

Dieser **Zugewinn an Vergleichbarkeit** und Nachprüfbarkeit wird indes **zunichtegemacht**, wenn die nach Solvency II gestatteten vereinfachten Methoden zur Risikomargenermittlung angewendet werden, was die QIS5-Ergebnisse belegen. Im letzten großen europäischen Solvency II-Feldtest

---

961 Vgl. IASB (Hrsg.), Risk adjustment – disclosure (agenda paper 3D), Tz. 21.

962 Vgl. IFRS 17.B54 sowie in Bezug auf den ersten *Exposure Draft* IASB (Hrsg.), ED/2010/8: Insurance Contracts, Tz. 48; ELLENBÜRGER, F./KÖLSCHBACH, J., Neue Bilanzierungsstandards, S. 1304.

963 Vgl. IFRS 17.117 lit. c (ii).

964 Vgl. IFRS.117 lit. a; IFRS 13.91; IFRS 13.93 lit. d, g sowie für eine ausführliche Darstellung GALLASCH, F., Bilanzierung von Versicherungsverträgen, S. 177 f.

wendeten lediglich jeweils ca. 5 % der teilnehmenden Lebens- und Nichtlebensversicherer die in der DVO konkretisierte, vollständige Berechnungsmethode für die Risikomarge an.[965] Die übrigen Teilnehmer nutzten die vorgestellten vereinfachten Berechnungsmethoden, die zu Ergebnissen führen, deren Vergleichbarkeit stark eingeschränkt ist. Denn in bestimmten Fällen kann die Risikomarge alleine durch die Wahl einer bestimmten Vereinfachungsstufe stark beeinflusst werden.[966] Daher ist es verständlich, dass einige Aufsichtsbehörden Bedenken äußerten, dass diese Praxis, die zu unterschiedlichen, nicht vergleichbaren Ergebnissen führe, Aufsichtsarbitrage begünstige.

Zusammenfassend ist festzuhalten, dass **keines der gewählten Konzepte für die Berechnung der Risikomarge zu vergleichbaren oder verlässlichen bzw. glaubwürdigen Informationen führt.** Es bestehen in beiden Konzepten zu viele Wahlrechte sowie mögliche Methoden und Vereinfachungen. Dem könnte indes begegnet werden, wenn IFRS anwendende Versicherer das Solvency II-Konzept verwenden und de lege ferenda klare Vorgaben geschaffen werden, unter welchen Bedingungen welche Solvency II-Vereinfachungsmethode angewendet werden darf oder die Zahl der Vereinfachungsmethoden reduziert wird.[967]

458. Erfassung eines positiven Überhangs der Prämien über die zu bildende Rückstellung

458.1 Überblick

Für gewöhnlich kalkulieren Versicherungsunternehmen ihre Verträge so, dass sie Gewinn aus den Verträgen schöpfen können.[968] Daher tritt regelmäßig der Fall ein, dass die Einzahlungen die Summe aus dem diskontierten Erwartungswert der Auszahlungen und der Risikomarge übersteigen. IFRS 17 und Solvency II unterscheiden sich grundlegend darin, wie der so entstehende, erwartete Überschuss bilanziell zu behandeln ist.

Der Rechnungslegungsstandard sieht vor, dass für voraussichtlich gewinnbringende Vertragsportfolios in Höhe des im letzten Absatz beschriebenen Residualbetrags ein weiterer Bewertungsbaustein gebildet wird, die sog. **vertragsbezogene Servicemarge (*contractual service***

[965] Vgl. hier und nachfolgend in diesem Absatz EIOPA (Hrsg.), Report on QIS5, S. 48-51; COTTIN, C./NÖRTEMANN, S., Der Begriff der Risikomarge, S. 14 f.

[966] Vgl. HASLIP, G., Taking a Risk, S. 40 für ein Rechenbeispiel zu unterschiedlichen Ergebnissen abhängig von der gewählten Vereinfachungsmethode.

[967] Vgl. EIOPA (Hrsg.), Report on QIS5, S. 49.

[968] Vgl. HOMMEL, M./BIELKE, D./ZICKE, J., Gewinnglättung dominiert fair value, S. 406.

margin).[969] Diese Marge erhöht die versicherungstechnische Rückstellung und neutralisiert damit die Erfolgswirkung durch den erwarteten Einzahlungsüberschuss. So wird der Versicherungsvertrag im Ansatzzeitpunkt, noch bevor Prämien gezahlt wurden, bilanziell mit Null bewertet und erfolgsneutral behandelt.[970] Auswirkungen auf den Unternehmenserfolg ergeben sich erst dadurch, dass die Marge im Zeitablauf erfolgserhöhend aufgelöst wird.[971]

Die Solvency II-Richtlinie sieht keinen vierten Baustein vor. Ein erwarteter **Einzahlungsüberschuss wird direkt im Ansatzzeitpunkt den Basiseigenmitteln zugeordnet.**[972] Dies gilt sowohl für Verträge, bei denen die Einzahlung schon stattgefunden hat, aber noch keine Versicherungsleistung durch den Versicherer erbracht wurde, als auch für die bei künftigen Prämien einkalkulierten Gewinne i. S. d. Art. 260 Abs. 2 DVO.

458.2 Die vertragsbezogene Servicemarge nach IFRS 17

Die vertragsbezogene Servicemarge darf nach IFRS 17.38 nur gebildet werden, wenn der bewertete Versicherungsvertrag voraussichtlich gewinnbringend ist, d. h. er darf nicht belastend sein. In solchen Fällen spricht man von einer positiven vertragsbezogenen Servicemarge, die noch nicht verdiente Gewinnbestandteile abbildet.[973] Ist der Versicherungsvertrag voraussichtlich belastend, d. h. übersteigen die geschätzten diskontierten Auszahlungen zuzüglich der Risikomarge die geschätzten Einzahlungen, darf keine negative Servicemarge gebildet werden.[974] In diesem Fall ist der die erwarteten Einzahlungen übersteigende Betrag sofort erfolgsmindernd zu erfassen.

Um die vertragsbezogene Servicemarge konzeptionell würdigen zu können, werden in diesem Abschnitt zunächst die Leistungen des Versicherers erörtert, die nach Ansicht des IASB in der Marge reflektiert werden. Die Marge wird einerseits gebildet, um zu verhindern, dass Versicherer Gewinne dadurch realisieren, dass sie Versicherungsverträge nur ansetzen.[975] Andererseits rechtfertigt der

969 Vgl. IFRS 17.38.

970 Vgl. FISCHER, D. T., Standardentwurf Insurance Contracts, S. 263. Dies setzt voraus, dass der Versicherungsvertrag angesetzt wird, bevor die erste Prämienzahlung erfolgt ist.

971 Vgl. ELLENBÜRGER, F./ENGELÄNDER, S./KÖLSCHBACH, J., Der letzte Schritt zum IFRS für Versicherungsverträge, S. 814.

972 Vgl. EU (Hrsg.), RL 2009/138/EG, Art. 88 Abs. 1; NGUYEN, T./GROSCHE, S., IFRS 4 aufsichtsrechtlich, S. 429.

973 Vgl. GALLASCH, F., Bilanzierung von Versicherungsverträgen, S. 183.

974 Vgl. hier und im folgenden Satz IFRS 17.38 und BC224 lit. b.

975 Vgl. IFRS 17.BC21; IASB (Hrsg.), ED/2013/7: Insurance Contracts, Tz. BCA105.

IASB die Marge zusätzlich damit, dass der Versicherer Dienstleistungen innerhalb der Vertragsgrenzen erbringen wird, die weder in den geschätzten Zahlungsströmen, noch in der Risikomarge berücksichtigt sind.[976]

Dass die vertragsbezogene Servicemarge auch Dienstleistungen bilanziell abbildet, wird bereits in ihrem Namen reflektiert. An dieser Stelle sei weiterhin, um den Charakter der Servicemarge zu verdeutlichen, betont, dass sie **grundsätzlich keine versicherungstechnischen Risiken abbilden darf.** Diese werden bereits in der Risikomarge berücksichtigt.[977] Eine Ausnahme schuf der IASB lediglich im Redeliberationsprozess, als er in einer vorläufigen Entscheidung festhielt, dass Änderungen der Risikomarge, die durch aktualisierte Schätzungen entstehen, mit der vertragsbezogenen Servicemarge verrechnet werden dürfen.[978]

Als **Leistungsbestandteile der Marge** hält der IASB z. B. **Vermögensverwaltungsdienstleistungen** fest, die der Versicherer während der Vertragslaufzeit erbringt, um die die Versicherungsverträge bedeckenden Kapitalanlagen zu verwalten. Die Vergütung begründet der IASB damit, dass ein Unternehmen, das solche Dienstleistungen zusätzlich zu einer Versicherungsleistung anbietet, mehr als nur die dafür anfallenden, risikoadjustierten Kosten in Rechnung stellt.[979] Weiterhin rechtfertigt der IASB die Existenz der vertragsbezogenen Servicemarge über **Gewinnzuschläge, die Versicherer auf die bei der Risikotragung erbrachten Dienstleistungen verlangen können.** So hält sich der Versicherer jederzeit bereit, die vertraglich vereinbarte Versicherungsleistung zu erbringen. Dazu muss er Kapital sowie die notwendigen Strukturen zur Schadensregulierung aufbauen und aufrechterhalten, was er sich gewinnbringend vergüten lassen kann.[980] In ED/2010/8 Tz. BC125 wurden zudem die Leistungen des Versicherers, die Versicherungsverträge zu entwickeln, sie zu vertreiben und sie zu Portfolios zusammenzufassen als Bestandteile der Marge aufgeführt.

---

976 Vgl. NGUYEN, T./GROSCHE, S., IFRS 4 aufsichtsrechtlich, S. 429.

977 Vgl. IFRS 17.BC222.

978 Vgl. IASB (Hrsg.), IASB Update March 2014, S. 2.

979 Vgl. hier und im vorangehenden Satz IFRS 17.BC222 sowie IASB (Hrsg.), ED/2013/7: Insurance Contracts, Tz. BC26. Solche Dienstleistungen werden indes im Rahmen von Verträgen angeboten, die die Versicherungsnehmer zu einem gewissen Grad an den Kapitalanlageerträgen partizipieren lassen. Dies ist in der Schaden- und Unfallversicherung unüblich. Vgl. IASB (Hrsg.), Recognising the contractual service in profit or loss (agenda paper 2C), Tz. 25.

980 Vgl. IASB (Hrsg.), ED/2013/7: Insurance Contracts, Tz. BCA95 lit. b.

458.3 Behandlung des Residualbetrages unter Solvency II und bei künftigen Prämien einkalkulierter erwarteter Gewinn

Wie unter Solvency II mit einem erwarteten Einzahlungsüberschuss aus einem Versicherungsvertrag umzugehen ist, wird **nicht explizit geregelt**. Aus Art. 88 Abs. 1 der Solvency II-Richtlinie geht aber hervor, dass der Überschuss der Vermögenswerte über die Verbindlichkeiten den Basiseigenmitteln zuzuordnen ist. Da für den Residualbetrag nicht wie nach IFRS 17 ein separater Bewertungsbaustein oder eine konkrete bilanzielle Behandlung vorgesehen ist, wird er also den Basiseigenmitteln zugeordnet. Dies drückt den unter Solvency II strikt verfolgten *Asset-Liability*-Ansatz aus, denn es wird auf die periodengerechte Zuordnung der Gewinne verzichtet.

Konsequenterweise müssen nicht nur solche erwartete Einzahlungsüberschüsse den Basiseigenmitteln zugeordnet werden, die auf dem Versicherer bereits zugeflossenen Prämien basieren, sondern auch solche, die aufgrund vertraglich vereinbarter, künftiger Prämieneinnahmen erwartet werden. Letzteres sind die in Abschnitt 441.2 kurz erörterten, bei künftigen Prämien einkalkulierten erwarteten Gewinne (*expected profits included in future premiums*, EPIFP). **Art. 1 Abs. 46 DVO** definiert EPIFP als

„[...] den erwarteten Barwert künftiger Zahlungsströme, die daraus resultieren, dass für die Zukunft erwartete Prämien für bestehende Versicherungs- und Rückversicherungsverträge – die aber ungeachtet der gesetzlichen oder vertraglichen Rechte des Versicherungsnehmers auf Beendigung des Vertrags aus einem beliebigen Grund außer dem Eintritt des versicherten Ereignisses möglicherweise nicht gezahlt werden – in die versicherungstechnischen Rückstellungen aufgenommen werden;“[981]

Sie ergeben sich gemäß **Art. 260 Abs. 2 DVO** aus der

„[...] **Differenz** zwischen [a] den **versicherungstechnischen Rückstellungen ohne Risikomarge**, berechnet gemäß Artikel 77 der Richtlinie, und [b] einer Berechnung der **versicherungstechnischen Rückstellungen ohne Risikomarge** unter der Annahme, dass die **für die Zukunft erwarteten Prämien** für bestehende Versicherungs- und Rückversicherungsverträge ungeachtet der gesetzlichen oder vertraglichen Rechte des Versicherungsnehmers auf Beendigung des Vertrags aus einem anderen Grund als dem Eintritt des versicherten Ereignisses **nicht gezahlt werden**.“[982]

[981] Auslassung durch den Verfasser.

[982] Auslassung, Einfügungen und Hervorhebungen durch den Verfasser.

Diese Vorgehensweise soll an einem einfachen **Beispiel** verdeutlicht werden:[983] Ein einjähriger Vertrag der Schadenversicherung hat eine Deckungsperiode vom 1. Juli 2016 bis zum 30. Juni 2017. Die diskontierte Prämie beträgt 100 Euro, wovon jeweils 50 Euro am 1. Juli 2016 und am 1. Januar 2017 gezahlt werden. Die geschätzten Versicherungsleistungen, also die Zahlungsmittelabflüsse, belaufen sich auf 90 Euro, wovon bis zum Jahresende 2016 45 Euro angefallen sind. Effekte aus der Diskontierung werden an dieser Stelle nicht betrachtet; der Stichtag für die Solvabilitätsübersicht ist der 31. Dezember 2016. Der beste Schätzwert, also die Solvency II-Rückstellung ohne Risikomarge, d. h. der **Minuend** [a] der vorzunehmenden Subtraktion, wird nach der folgenden Formel berechnet:

Bester Schätzwert	=	Erwartete Auszahlungen aufgrund bereits gezahlter Prämien + Erwartete Auszahlungen aufgrund künftiger Prämien – künftige Prämien
40	=	45 + 45 – 50

Der **Subtrahend** [b], also die Leistungen des Versicherers an den Versicherungsnehmer, entspricht den Auszahlungen aufgrund künftiger Prämien und beläuft sich auf 45 Euro. Damit ergibt sich ein EPIFP i. H. v. 40 – 45 = (-5). Das heißt, dass ein EPIFP i. H. v. 5 Euro angesetzt werden muss.

Die EPIFP müssen gemäß **Art. 260 Abs. 3 DVO** je homogener Risikogruppe berechnet werden, sofern die versicherungstechnischen Verpflichtungen bezogen auf den EPIFP ebenfalls homogen sind. Was hier unter homogen zu verstehen ist, präzisieren indes weder die EIOPA in der DVO noch die BaFin in ihrer Auslegungsentscheidung. Es kann nur vermutet werden, dass damit z. B. ähnliche Laufzeiten gemeint sind, denn um in die gleiche homogene Risikogruppe eingeordnet zu werden, müssen die Verträge und damit die aus ihnen resultierenden Verpflichtungen ähnliche Eigenschaften haben. Daher sollte die BaFin in der Auslegungsentscheidung noch definieren, was unter Homogenität in diesem Kontext zu verstehen ist. Weiterhin können gemäß **Art. 260 Abs. 4 DVO** innerhalb der homogenen Risikogruppen erwartete Verluste mit erwarteten Gewinnen künftiger Prämien ausgeglichen werden.[984]

---

[983] Angelehnt an EIOPA (Hrsg.), Expected Profits arising from Future Premiums, S. 12 und 6.

[984] Vgl. EIOPA (Hrsg.), Expected Profits arising from Future Premiums, S. 21 sowie hier und nachfolgend in diesem Absatz BAFIN (Hrsg.), Auslegungsentscheidung zu EPIFP, o. A.

458.4 Analyse der Gemeinsamkeiten und Unterschiede

Der **Bausteinansatz des IASB** wird durch die zu bildende vertragsbezogene Servicemarge zu einem **asymmetrischen Bewertungsmodell:** Erwartete Verluste müssen sofort erfolgswirksam erfasst werden, erwartete Gewinne werden indes periodisiert und abhängig von den vom Versicherer zu erbringenden Leistungen realisiert. Aufgrund dieser Asymmetrie ist die **vertragsbezogene Servicemarge als Baustein für das Bewertungsmodell von Solvency II abzulehnen.** Sie würde gegen die ermittelte Anforderung der Neutralität verstoßen. Verglichen mit anderen IFRS ist die asymmetrische Bewertung von Versicherungsverträgen und der Ansatz der Servicemarge indes konsistent. So müssen nach IAS 37.10 für Sachverhalte, die nicht in den Anwendungsbereich des IFRS 17 fallen, **Rückstellungen** gebildet werden, wenn eine Verpflichtung der Höhe oder der Fälligkeit nach ungewiss ist. Gegen eine Gewinnrealisierung bei Vertragsansatz spricht weiterhin, dass Gewinne aus Versicherungsverträgen, die sich auf noch nicht erfüllte Leistungsverpflichtungen des Versicherers beziehen, vom Versicherungsnehmer zurückgefordert werden könnten, wenn der Versicherer seinen Verpflichtungen nicht nachkommt.[985] Würde der Einzahlungsüberschuss im Ansatzzeitpunkt als Gewinn ausgewiesen, entspräche die Höhe des Gewinns nicht der Leistungserbringung des Versicherers. Für Kapitalvergabeentscheidungen wäre eine solche Information nicht entscheidungsnützlich, da (potenzielle) Investoren das Versicherungsunternehmen für profitabler halten als es tatsächlich ist.

Wenn die vertragsbezogene Servicemarge als Komponente des IASB-Bewertungsmodells auch zu begrüßen ist, bestehen doch **Kritikpunkte** an diesem Baustein. So wird der Betrag der Marge lediglich über den erwarteten Einzahlungsüberschuss bemessen. Gleichzeitig wird die Existenz der Marge aber über zusätzlich vom Versicherer erbrachte Dienstleistungen gerechtfertigt, die unabhängig von der Risikotragung bestehen.[986] Dies suggeriert, dass die vom Versicherer zu erbringenden Dienstleistungen innerhalb der Vertragsgrenzen gering ausfallen, wenn ein Versicherer den Einzahlungsüberschuss nur knapp kalkuliert. Außerdem kann sich während der Vertragslaufzeit – etwa durch höher als erwartet anfallende Schäden – herausstellen, dass die Prämieneinnahmen aus dem Versicherungsvertrag gerade für die zu leistenden Auszahlungen und die Deckung der Risikomarge reichen, nicht aber für einen darüberhinausgehenden Überschuss. In diesem Fall dürfte der Versicherer, gemäß der Logik der Servicemarge, keine weiteren Dienstleistungen erbringen. Die vertraglichen Pflichten des Versicherers sind indes fixiert und bestehen

[985] Vgl. GALLASCH, F., Bilanzierung von Versicherungsverträgen, S. 187.

[986] Vgl. IASB (Hrsg.), ED/2013/7: Insurance Contracts, Tz. 28, BC26.

unabhängig von der Höhe der Marge. Daher ist der Ansatz des IASB, die Existenz der Marge über zusätzlich zu erbringende Dienstleistungen zu rechtfertigen, fragwürdig.[987] Da der IASB im zweiten Standardentwurf nur noch sehr wenige Beispiele zu den Leistungen macht, deren Vergütung in der Marge abgebildet werden soll, ist zu vermuten, dass er ebenfalls Zweifel an dieser Begründung hegt.

Weiterhin entsprechen die vom Versicherer intern erbrachten und in der vertragsbezogenen Servicemarge abgebildeten Leistungen nicht dem Leistungsverständnis des IFRS 15, der maßgeblich bei der Umsatzrealisierung aus Kundenverträgen ist.[988] Gemäß IFRS 15.31 ist Umsatz zu realisieren bzw. eine Verpflichtung zu verringern, wenn das vereinbarte Gut oder die vereinbarte Dienstleistung auf den Kunden übertragen wird und dieser Kontrolle darüber ausüben kann.[989] Die in der Servicemarge abgebildeten Dienstleistungen finden indes unternehmensintern statt und werden nicht auf den Versicherungsnehmer übertragen. Sie schaffen lediglich Voraussetzungen zur Gefahrtragung und zur Verwaltung der Versicherungsverträge.[990] Außerdem sind sie nicht von den übrigen Leistungen des Versicherungsvertrags abgrenzbar.[991] Die Möglichkeit zur Abgrenzung ist wiederum nach IFRS 15.22 lit. a für das Bestehen einer Leistungsverpflichtung, deren Erfüllung zur Umsatzrealisierung führt, vorausgesetzt.

Wie bereits in Abschnitt 455.124 festgestellt, entspricht das Solvency II-Bilanzierungsmodell für versicherungstechnische Rückstellungen dem Konzept des *Asset-Liability*-Ansatzes.[992] Dies bedeutet für die Bilanzierung von Versicherungsverträgen, dass der dem Eigenkapital zuzurechnende Überschuss aus den Versicherungsverträgen „[...] durch den bilanziellen Ansatz von versicherungstechnischen Rechten und Pflichten bestimmt“[993] wird. Erfolgsermittlungsprinzipien, d. h. das

[987] Vgl. mit ähnlicher Argumentation HOMMEL, M./BIELKE, D./ZICKE, J., Gewinnglättung dominiert fair value, S. 407 f.

[988] Vgl. HOMMEL, M./BIELKE, D./ZICKE, J., Gewinnglättung dominiert fair value, S. 408; Satz GALLASCH, F., Bilanzierung von Versicherungsverträgen, S. 185 f.

[989] Vgl. IFRS 15.31; BAETGE, J./CELIK, A., Umsatzerlöse nach IFRS 15, S. 366; SCHOO, L., Umsatzrealisierung nach IFRS, S. 42-44.

[990] Vgl. HOMMEL, M./BIELKE, D./ZICKE, J., Gewinnglättung dominiert fair value, S. 408.

[991] Vgl. IASB (Hrsg.), Residual margin - two approaches (agenda paper 6B), Tz. 20 lit. b.

[992] Der *Asset-Liability*-Ansatz war zu Beginn des IASB-Projekts zur Versicherungsbilanzierung noch als Wertmaßstab für Versicherungsverträge nach den IFRS vorgesehen. Vgl. IASB (Hrsg.), DSOP Tz. 2.9.

[993] ZIMMERMANN, J./SCHWEINBERGER, S., Gestaltungsformen der Bilanzierung von Versicherungsverträgen, S. 60.

Prinzip der zeitraumbezogenen Ertrags- und Aufwandsabgrenzung, sowie die Prinzipien der Realisation und der sachlichen Aufwandszuordnung, werden nicht angewendet.[994] Nachdem der Versicherungsvertrag angesetzt und durch den Ansatz (bei gewinnbringenden Verträgen) ein Erfolg bzw. ein Eigenkapitalbeitrag verzeichnet wurde, ergibt sich die Erfolgswirkung in den folgenden Rechnungslegungsperioden, wenn sich die versicherungstechnischen Rechte und Pflichten und damit die Beträge der Bewertungsbausteine ändern.[995]

Kritisiert wurde am Konzept der EPIFP, dass durch vom Versicherer **zu gering geschätzte Vertrags-Stornoquoten** ein zu positives Bild der Solvabilitätslage des Versicherers vermittelt wird. Da die Prämien aus künftigen Verträgen dem Versicherer noch nicht zugeflossen sind, könnte durch überdurchschnittlich hohe Stornoquoten und überdurchschnittlich hohe Schäden der tatsächliche Überschuss geringer ausfallen, als der durch die EPIFP suggerierte.[996] Im Lichte des *Asset-Liability-*Ansatzes sowie der Solvency II-Rechnungslegungsanforderung der Neutralität – also unter Nichtbeachtung des Vorsichtsprinzips – ist diese Kritik aber zu entkräften. Wenn die Realisierung eines Überschusses aus den dem Versicherer noch nicht zugeflossenen Prämien auch kontraintuitiv erscheint, so ist sie unter den im vorigen Satz aufgeführten Aspekten doch kongruent zum Ansatz von mit Schätzungsunsicherheiten behafteten Verbindlichkeiten. Die Solvency II-Regelungen zur Erfassung der Überschüsse aus bestehenden und künftigen Verträgen sind mit Blick auf den Solvency II-Rechnungslegungszweck also **entscheidungsnützlich**.

Die **Entscheidungsnützlichkeit dieser Regelungen ist indes nicht uneingeschränkt**. Mögliche Abweichungen der erwarteten von den tatsächlichen Überschüssen stehen schließlich nur im Einklang mit der Anforderung der Neutralität, sofern sie auf unbeabsichtigten Fehleinschätzungen beruhen. **Versicherer können indes über die Annahmen zu den Schadens- und Stornoquoten Einfluss nehmen**, mit denen Überschüsse aus Verträgen mit bereits gezahlten Prämien und EPIFP berechnet werden. Wird z. B. eine geringere Schadenquote bei der Berechnung der Überschüsse unterstellt als die, die aus der Schadenerfahrung des Versicherers hervorgeht, fallen die erwarteten Überschüsse höher aus, als sie tatsächlich anzusetzen wären. Dadurch besteht wiederum die Möglichkeit, die Solvabilitätslage des Versicherers besser oder schlechter darzustellen. Weiterhin werden

[994] Zu den Prinzipien vgl. MOXTER, A., GoB, Spalte 1045-1049.

[995] Vgl. DSOP, Tz. 2.9, lit. B.

[996] Vgl. hier und im vorherigen Satz FINANCIAL SERVICES BOARD (Hrsg.), Treatment of EPIFC, S. 3 f.

Liquiditätsrisiken durch EPIFP gefördert.[997] Da die Anfallzeitpunkte der künftigen Schadenzahlungen nicht bekannt sind, könnten die liquiden Mittel trotz ausreichender bilanzieller Reservierung zum Zeitpunkt der Schadenzahlung nicht ausreichen, um die Schadenzahlungen zu decken. Schließlich sind die liquiden Mittel aus künftigen Verträgen dem Versicherer noch nicht zugeflossen, werden aber durch die EPIFP bilanziell schon erfasst. Durch das so entstehende Liquiditätsrisiko wird der Blick auf die wahre Solvabilitätslage ebenfalls getrübt, was dem Solvency II-Rechnungslegungszweck widerspricht.

Zusammenfassend ist festzuhalten, dass **die aufgeführten bilanziellen Mechanismen zur Behandlung der Zahlungsmittelüberschüsse aus den Versicherungsverträgen im Lichte der jeweiligen Rechnungslegungszwecke und verglichen mit den Vorschriften für andere Sachverhalte entscheidungsnützlich sind – trotz der aufgeführten Einschränkungen.** Eine kongruente Auslegung der Vorschriften beider Rechnungslegungssysteme ist an dieser Stelle weder möglich noch angebracht.

[997] Vgl. hier und im Folgenden FINANCIAL SERVICES BOARD (Hrsg.), Treatment of EPIFC, S. 4.

5 Zusammenfassung

Das **Forschungsziel** dieser Arbeit besteht darin, zu untersuchen, in welchem Umfang Gemeinsamkeiten und Unterschiede bei der Bilanzierung versicherungstechnischer Rückstellungen nach IFRS 17 und Solvency II bestehen. Dazu wurden die relevanten Rechnungslegungsvorschriften beider Regime unter Beachtung ihrer jeweiligen Rechnungslegungszwecke konkretisiert. Anschließend wurde untersucht, ob die Vorschriften kongruent ausgelegt werden können – also die jeweils spiegelbildlich zu sehenden Aspekte der Bilanzierung in beiden Regimen gleich ausgestaltet werden können – und ob dies zu empfehlen ist. Denn durch eine kongruente Auslegung kann der Aufwand mehrerer parallel betriebener Rechnungslegungsregime gesenkt werden. Die Ergebnisse der Analyse werden im Folgenden zusammengefasst:

- Die Analyse der **Anwenderkreise** hat ergeben, dass nur ein kleiner Teil der Versicherungskonzerne, die Solvency II anwenden, nach den IFRS bilanziert. Übereinstimmungen bei der Bilanzierung lassen sich nicht nur in den Konzern-Muttergesellschaften, sondern auch in den Tochtergesellschaften feststellen, die Einzelabschlüsse nach den IFRS aufstellen. Weiterhin sind die Rechnungslegungs-Alternativen für Solvency II – ein eigenständiges Rechnungslegungssystem für Solvency II zu schaffen oder auf der Versicherungsbilanzrichtlinie aufzusetzen – mit erheblichen Nachteilen verbunden. Die IFRS stellen als Referenzsystem für Solvency II einen guten Kompromiss aus Verbreitungsgrad und dem Ausmaß der für Solvency II notwendigen Anpassungen dar.

- Der **Anwendungsbereich** von Solvency II umschließt nur Versicherungsunternehmen. Versicherungstechnische Rückstellungen sind für nach nationalem Recht als Versicherungsvertrag klassifizierte Verträge zu bilden. Der Anwendungsbereich von IFRS 17 wird über eine eigene Versicherungsvertrags-Definition bestimmt und gilt auch für Nicht-Versicherungsunternehmen. Diese Unterschiede führen zum einen dazu, dass Nicht-Versicherungsunternehmen unter bestimmten Bedingungen auch Versicherungsverträge nach IFRS bilanzieren müssen. Zum anderen schließt das nicht eindeutige und für Solvency II maßgebliche Verständnis von Versicherungsverträgen nach deutschem Handelsrecht mehr Verträge ein als die im Vergleich dazu eindeutigere Definition von Versicherungsverträgen nach IFRS 17. Verträge der Schaden- und Unfallversicherung sind von diesen uneinheitlichen Regelungen indes weitgehend unbetroffen, weshalb hier keine starke Divergenz der Anwendungsbereiche besteht.

- Die Rückstellungsvolumina dürften sich aufgrund des i. d. R. früheren **Ansatzzeitpunktes** versicherungstechnischer Rückstellungen nach Solvency II minimal unterscheiden. Der frühere Ansatzzeitpunkt nach Solvency II ist grundsätzlich entscheidungsnützlicher als der nach IFRS 17. Doch wird der Vorteil durch die fehlende Definition des Eintrittszeitpunktes in das Vertragsverhältnis erheblich reduziert. Die **Ausbuchungszeitpunkte** versicherungstechnischer Rückstellungen beider Rechnungslegungssysteme stimmen überein. Der Wortsinn der betreffenden Stellen der Regelungsdokumente stimmt überein.

- Die Vorgaben bezüglich der **Portfoliobildung bzw. der Segmentierung** von versicherungstechnischen Rückstellungen unterscheiden sich in erster Linie dadurch, dass in den Rechts- und Regelungsdokumenten von Solvency II weit mehr konkrete Vorgaben zur Mindestgliederung gemacht werden als in IFRS 17. Sofern die strikten Vorgaben nach Solvency II nicht den *true and fair view* einschränken, ist zu empfehlen, die Portfoliobildung nach IFRS 17 an die nach Solvency II anzulehnen, um zusätzlichen Rechnungslegungsaufwand zu minimieren.

- Der erste Baustein beider Bewertungsmodelle sind die vertraglichen **Zahlungsströme**. Die Detailregelungen in beiden Regimen bezüglich des Bausteins weisen zum Teil deutliche Abweichungen auf:

    - Die in den ersten Baustein einzubeziehenden Arten von **Zahlungsströmen** sind in beiden Rechnungslegungssystemen weitestgehend deckungsgleich. Der erste große Unterschied zwischen den Vorgaben besteht aber darin, dass Gemeinkosten, die nicht einem Portfolio von Versicherungsverträgen zugeordnet werden können, nach IFRS 17 sofort aufwandswirksam zu erfassen sind. Solvency II hingegen berücksichtigt diese Kosten in der versicherungstechnischen Rückstellung auf Segmentebene, was mit Blick auf die Entscheidungsnützlichkeit zu begrüßen ist. Weiterhin sind Akquisitionskosten, die zu Anfang der Vertragslaufzeit anfallen, gemäß IFRS 17 im ersten Baustein zu erfassen und (auch generell) zu periodisieren. Nach Solvency II mindern diese Kosten sofort das Eigenkapital. Diese Unterschiede in der Periodisierung des Aufwands sind konsistent mit dem im Standardentwurf weitgehend verfolgten *Deferral and Matching*-Ansatz sowie mit dem *Asset-Liability*-Ansatz der Solvabilitätsübersicht und dementsprechend zu befürworten.

- Die **allgemeinen Vorgaben zu den zu verwendenden Methoden und Szenarien** bei der Berechnung des ersten Bausteins gestatten im Fall von IFRS 17 Replikationsportfolios als Berechnungsalternative. In der DVO sind Replikationsportfolios indes verpflichtend vorgeschrieben, sofern die vertraglichen Zahlungsströme mit Finanzinstrumenten nachbildbar sind. Da die offenen Vorgaben des IFRS 17 hier nicht beschränkend wirken, ist es möglich, Replikationsportfolios in beiden Rechnungslegungssystemen in gleicher Weise zu verwenden. Doch muss festgestellt werden, dass die offenen Vorgaben zur Wahl der versicherungsmathematisch-statistischen Methoden zur Schätzung der Zahlungsströme die Vergleichbarkeit sowohl innerhalb des gleichen Rechnungslegungsregimes als auch zwischen beiden Regimen einschränken. Dem könnte allerdings durch vom IASB und von der EIOPA zu konstruierende Beispiele entgegengewirkt werden.

- Die **Anforderungen an die Zahlungsströme nach IFRS 17 und an die nach Solvency II verwendeten Daten** stellen Grundsätze dar, die bei jedem ordnungsgemäß arbeitenden Versicherungsunternehmen zu beachten sind. Mit Ausnahme der FRS 17-Anforderung, dass Zahlungsströme die Perspektive des bilanzierenden Versicherers reflektieren sollen, bestehen zwischen den Anforderungen keine Konflikte.

- Die Regelungen zu **Vertragsgrenzen** unterscheiden sich dadurch, dass die aufsichtsrechtlichen Grenzen, bedingt durch den früheren Ansatzzeitpunkt nach Solvency II, weitergefasst sind als die nach IFRS 17. Die weiteren Vertragsgrenzen von Solvency II treten insbesondere dann hervor, wenn es zu stillschweigenden Vertragsverlängerungen kommt. Mit Blick auf die dadurch entstehenden EPIFP sind die Unterschiede indes gerechtfertigt, da sich im Gegensatz zu den Regelungen des IFRS 17 bilanzielle Konsequenzen ergeben. Außerdem sieht Solvency II grundsätzlich vor, jene Versicherungsverträge zu entflechten, die Komponenten mit unterschiedlichen Vertragsgrenzen enthalten. Dadurch wird die Entscheidungsnützlichkeit gefördert, da Vertragsgrenzen exakter ermittelt werden. Um keine unnötige Komplexität zu erzeugen, sollte dies nur in eindeutigen Fällen geschehen.

- Bezüglich **künftiger Entwicklungen und vertraglicher Optionen innerhalb der Vertragsgrenzen** werden in IFRS 17 kaum Vorgaben gemacht. Da die detaillierteren Vorgaben von Solvency II transparenzfördernd sind, ist daher zu empfehlen, diese spiegelbildlich für Versicherungsverträge im Anwendungsbereich des IFRS 17 anzuwenden, was den Erstellungsaufwand für den IFRS-Jahresabschluss reduzieren würde.

- Der zweite Baustein, der **Diskontfaktor**, stimmt in beiden Rechnungslegungsregimen soweit überein, dass sich der Erstellungsaufwand für IFRS-Jahresabschluss und Solvabilitätsübersicht reduzieren lässt.
    - Die **Anforderungen** an die zu ermittelnden Diskontierungsfaktoren stimmen weitestgehend überein. In beiden Rechnungslegungsregimen sind in den Diskont-Zinssätzen Faktoren wie der zeitliche Anfall und die Währung der Zahlungsströme zu berücksichtigen. Außerdem müssen die Zinssätze um Kreditrisiken bereinigt werden. Der größte Unterschied besteht darin, dass die Diskontfaktoren gemäß IFRS 17 die Liquiditätseigenschaften des Versicherungsvertrags widerspiegeln müssen. In den Rechts- und Regelungsquellen von Solvency II wird dies nicht vorgeben, was einen eindeutigen Unterschied darstellt.
    - Die von der EIOPA angewendete **Ermittlungsmethodik** für die risikofreien Zinsstrukturkurven stimmt bis auf die nicht vorgesehene Illiquiditätsprämie grundsätzlich mit den prinzipienbasierten Vorgaben des IASB für den *bottom-up-approach* überein. Um die mit Ermessensspielräumen behaftete Diskontierung von IFRS-Rückstellungen zu objektivieren, wird hier de lege lata empfohlen, für IFRS-Rückstellungen auf die von der EIOPA ermittelten Zinsstrukturkurven zurückzugreifen und diese um eine Illiquiditätsprämie zu erweitern.
- Auch im dritten Baustein, **der Risikomarge**, kann der Erstellungsaufwand für beide Rechnungslegungsregime gesenkt werden, da der Interpretationsspielraum des IFRS 17 gestattet, die weitaus konkreteren Vorgaben von Solvency II auch für den IFRS-Abschluss anzuwenden.
    - **Konzeptionell** unterscheiden sich die Vorgaben zur Risikomarge in der vorgegebenen Ermittlungsperspektive: IFRS 17 gibt vor, die Risikomarge als Vergütung des bilanzierenden Versicherers für das von ihm übernommene Risiko zu ermitteln. Für die Solvabilitätsübersicht ist die Marge innerhalb eines fiktiven Übertragungsszenarios zu ermitteln. Die unterschiedlichen Perspektiven konfligieren indes nicht bei der Ermittlung der Risikomarge.

- Die **in die Risikomarge einzubeziehenden Risiken** werden in IFRS 17 nur wenig konkretisiert. IFRS 17 stellt nur allgemein auf alle mit den zu bewertenden Versicherungsverträgen verbundenen Risiken ab, was dem prinzipienbasierten Vorgehen des IASB entspricht. Im Gegensatz dazu werden die einzubeziehenden Risiken in den Rechts- und Regelungsquellen von Solvency II aufgezählt und können über die Risikomodule des Standardmodells präzisiert werden. Die konkreteren Solvency II-Vorgaben liegen hier im Auslegungsspielraum des IFRS 17, d. h. die für einen Versicherer relevanten Risiken werden abgedeckt.

- Die Regelungen bezüglich der **mathematischen Methoden zur Berechnung der Risikomarge** sind für Solvency II weitaus restriktiver als für den Rechnungslegungsstandard für Versicherungsverträge. Der IASB gibt nur Charakteristika vor, die die verwendete Methode zu erfüllen hat. In den Rechts- und Regelungsquellen von Solvency II hingegen wird die Kapitalkostenmethode – ggf. in vereinfachter Form – als anzuwendende Berechnungsmethode vorgeschrieben. Diese Methode ist mit Blick auf die vom IASB vorgegebenen Beurteilungscharakteristika empfehlenswert. Für die IFRS sollte die Kapitalkostenmethode nach Solvency II indes nur verwendet werden, wenn den Schwächen der Regelungen von Solvency II – d. h. den kaum vergleichbaren vereinfachten Berechnungsmethoden – Rechnung getragen wird.

- Der **die geschätzten Auszahlungen und die Risikomarge übersteigende Betrag der Prämieneinnahmen** wird in beiden Rechnungslegungsregimen unterschiedlich behandelt. In IFRS 17 wird er mit einer separaten Bewertungskomponente, der vertragsbezogenen Servicemarge, passiviert, um etwaige Gewinne gemäß der Leistungserbringung durch den Versicherer zu periodisieren. Dagegen ist nach Solvency II ein im Ansatzzeitpunkt entstehender Gewinn direkt den Eigenmitteln zuzuordnen. Dies gilt sowohl für Verträge, deren Prämie bereits gezahlt wurde, als auch für Verträge, deren Deckungsperiode in der Zukunft liegt und deren Prämienzahlung noch aussteht (EPIFP). Im Lichte der jeweiligen Rechnungslegungsanforderungen beider Regime sind diese Regelungen – trotz einiger Einschränkungen – als entscheidungsnützlich zu bewerten. Auch stehen sie weitgehend im Einklang mit den Regelungen für andere Sachverhalte innerhalb des jeweiligen Rechnungslegungsregimes. In dieser letzten Komponente der Bausteinansätze lassen sich aufgrund der unterschiedlichen Ausrichtung beider Rechnungslegungsregime und unterschiedlicher Detailregelungen keine Erleichterungen durch eine konvergente Anwendung erzielen.

Zusammenfassend ist festzustellen, dass es aufgrund der bestehenden Unterschiede zwischen den untersuchten Bewertungsmodellen nicht möglich ist, eine versicherungstechnische Rückstellung i. S. d. IFRS 17 in die Solvabilitätsübersicht zu übernehmen et vice versa. Hier ist etwa die vertragsbezogene Servicemarge als deutlicher Unterschied anzuführen, der eine direkte Übernahme verbietet. Da die zentralen Bewertungsmodelle für versicherungstechnische Rückstellungen als Bausteinansätze aber grundsätzlich ähnlich aufgebaut sind, ergeben sich aber **Möglichkeiten, den Erstellungsaufwand der einzelnen Bausteine zu senken.** Das gilt z. B., wenn Solvency II-Zinsstrukturkurven als Ausgangspunkt für die Ermittlung der Diskontfaktoren nach IFRS 17 herangezogen werden. Dies setzt aber stets voraus, dass die i. d. R. konkreteren Solvency II-Vorgaben der tatsächlichen wirtschaftlichen Lage des Unternehmens nicht zuwiderlaufen, also auch im Sinne der IFRS zu entscheidungsnützlichen Informationen führen. Soll etwa die Solvency II-Risikomarge für die IFRS genutzt werden, darf es der Risikoeinstellung eines Versicherungskonzerns nicht zuwiderlaufen, dass die Risikomarge auf Ebene der einzelnen Unternehmen zu ermitteln und dann auf Konzernebene zu aggregieren ist. Weiterhin wird eine konvergente Gestaltung der Bewertung durch die Bewertungsmethodenvielfalt im IFRS 17 eingeschränkt. Schließlich weichen die alternativen Bewertungsmodelle des IFRS 17 in ihrer Ausgestaltung noch weiter vom Bausteinansatz nach Solvency II ab als das zentrale Bewertungsmodell.

Das in Erwägungsgrund 54 der Solvency II-Richtlinie formulierte Ziel, die aufsichtsrechtlichen Vorschriften für versicherungstechnische Rückstellungen konvergent mit denen der internationalen Rechnungslegungsstandards zu gestalten, wurde aus den im letzten Absatz angeführten Gründen nur teilweise erfüllt. Unterstrichen wird dieses Forschungsergebnis durch die Entscheidung der HUK-Coburg Versicherungsgruppe, von der freiwilligen Veröffentlichung eines IFRS-Konzernabschlusses Abstand zu nehmen. Die Entscheidung wurde vom Vorstandsvorsitzenden u. a. damit begründet, dass durch divergierende Entwicklungen zwischen den IFRS und dem Rechnungslegungssystem von Solvency II keine ausreichenden Gemeinsamkeiten mehr bestehen.[998]

[998] Vgl. WEILER, W., Bilanz-Pressekonferenz der HUK-COBURG 2015, S. 2.

6 Anhang

61 Geschäftsbereiche zur Segmentierung versicherungstechnischer Rückstellungen nach Solvency II (Anhang I DVO)

GESCHÄFSBEREICHE

A. Nichtlebensversicherungsverpflichtungen

(1) *Krankheitskostenversicherung*

Krankheitskostenversicherungsverpflichtungen, bei denen das zugrundeliegende Geschäft nicht auf einer der Lebensversicherung vergleichbaren technischen Basis betrieben wird, soweit diese Verpflichtungen nicht unter Geschäftsbereich 3 erfasst sind.

(2) *Berufsunfähigkeitsversicherung*

Berufsunfähigkeitsversicherungsverpflichtungen, bei denen das zugrundeliegende Geschäft nicht auf einer der Lebensversicherung vergleichbaren technischen Basis betrieben wird, soweit diese Verpflichtungen nicht unter Geschäftsbereich 3 erfasst sind.

(3) *Arbeitsunfallversicherung*

Krankenversicherungsverpflichtungen aus Arbeitsunfällen und Berufskrankheiten, bei denen die zugrundeliegende Geschäftstätigkeit nicht auf einer der Lebensversicherung vergleichbaren technischen Basis betrieben wird.

(4) *Kraftfahrzeughaftpflichtversicherung*

Versicherungsverpflichtungen zur Deckung von Haftpflicht aller Art (einschließlich der Haftung des Frachtführers), die sich aus der Verwendung von Kraftfahrzeugen ergibt.

(5) *Sonstige Kraftfahrtversicherung*

Versicherungsverpflichtungen zur Deckung sämtlicher Schäden an Landfahrzeugen (einschließlich Schienenfahrzeugen).

(6) *See-, Luftfahrt- und Transportversicherung*

Versicherungsverpflichtungen zur Deckung sämtlicher Schäden an See-, Binnensee- und Flussschiffen sowie Schäden an Transportgütern oder Gepäckstücken, unabhängig vom jeweils verwendeten Transportmittel. Versicherungsverpflichtungen zur Deckung der Haftpflicht (einschließlich der Haftung des Frachtführers), die sich aus der Verwendung von Luftfahrzeugen, Seeschiffen, Binnenseeschiffen oder Flussschiffen ergibt.

(7) *Feuer- und andere Sachversicherungen*

Versicherungsverpflichtungen zur Deckung sämtlicher Sachschäden (soweit sie nicht unter die Geschäftsbereiche 5 und 6 fallen), die durch Feuer, Explosion, Elementarschäden, einschließlich Sturm, Hagel oder Frost, Kernenergie, Bodensenkungen und Erdrutsch sowie durch Ursachen aller Art (wie beispielsweise Diebstahl) hervorgerufen werden.

(8) *Allgemeine Haftpflichtversicherung*

Versicherungsverpflichtungen zur Deckung sämtlicher Haftpflicht, die nicht unter die Geschäftsbereiche 4 und 6 fällt.

(9) *Kredit- und Kautionsversicherung*

Versicherungsverpflichtungen zur Deckung von Zahlungsunfähigkeit, Exportkrediten, Teilzahlungsgeschäften, Hypotheken, landwirtschaftlichen Darlehen sowie direkten und indirekten Kautionen.

(10) *Rechtsschutzversicherung*

Versicherungsverpflichtungen zur Deckung von Anwalts- und Gerichtskosten.

(11) *Beistand*

Versicherungsverpflichtungen zur Deckung von Beistandsleistungen zugunsten von Personen, die auf Reisen oder während der Abwesenheit von ihrem Wohnsitz oder gewöhnlichen Aufenthalt in Schwierigkeiten geraten.

(12) *Verschiedene finanzielle Verluste*

Versicherungsverpflichtungen zur Deckung von Berufsrisiken, ungenügendem Einkommen, Schlechtwetter, Gewinnausfall, laufenden Unkosten allgemeiner Art, unvorhergesehenen Geschäftskosten, Wertverlusten, Miet- oder Einkommensausfall, sonstigen indirekten Handelsverlusten, sonstigen (nicht Handel) Geldverlusten sowie anderen Risiken des Nichtlebensversicherungsgeschäfts, die nicht unter den Geschäftsbereichen 1–11 erfasst sind.

B. Proportionale Nichtlebensrückversicherungsverpflichtungen

Die Geschäftsbereiche 13 bis 24 enthalten proportionale Rückversicherungsverpflichtungen, die sich auf die unter den entsprechenden Geschäftsbereichen 1 bis 12 erfassten Verpflichtungen beziehen.

C. Nichtproportionale nichtlebensrückversicherungsverpflichtungen

(25) *Nichtproportionale Krankenrückversicherung*

Nichtproportionale Rückversicherungsverpflichtungen im Zusammenhang mit Versicherungsverpflichtungen in den Geschäftsbereichen 1 bis 3.

(26) *Nichtproportionale Unfallrückversicherung*

Nichtproportionale Rückversicherungsverpflichtungen im Zusammenhang mit Versicherungsverpflichtungen in den Geschäftsbereichen 4 und 8.

(27) *Nichtproportionale See-, Luftfahrt- und Transportrückversicherung*

Nichtproportionale Rückversicherungsverpflichtungen im Zusammenhang mit Versicherungsverpflichtungen in Geschäftsbereich 6.

(28) *Nichtproportionale Sachrückversicherung*

Nichtproportionale Rückversicherungsverpflichtungen im Zusammenhang mit Versicherungsverpflichtungen in den Geschäftsbereichen 5, 7 und 9 bis 12. D. Lebensversicherungsverpflichtungen

(29) *Krankenversicherung*

Krankenversicherungsverpflichtungen, bei denen das zugrundeliegende Geschäft nicht auf einer der Lebensversicherung vergleichbaren technischen Basis betrieben wird, soweit diese Verpflichtungen nicht unter Geschäftsbereich 33 erfasst sind.

(30) *Versicherung mit Überschussbeteiligung*

Verpflichtungen aus Versicherungen mit Überschussbeteiligung, soweit sie nicht unter die Geschäftsbereiche 33 und 34 fallen.

(31) *Indexgebundene und fondsgebundene Versicherung*

Verpflichtungen aus Versicherungen mit indexgebundenen und fondsgebundenen Leistungen, soweit sie nicht unter die Geschäftsbereiche 33 und 34 fallen.

(32) *Sonstige Lebensversicherung*

Sonstige Lebensversicherungsverpflichtungen, soweit sie nicht unter die Geschäftsbereiche 29 bis 31, 33 und 34 fallen.

(33) *Renten aus Nichtlebensversicherungsverträgen und im Zusammenhang mit Krankenversicherungsverpflichtungen*

(34) *Renten aus Nichtlebensversicherungsverträgen und im Zusammenhang mit anderen Versicherungsverpflichtungen (mit Ausnahme von Krankenversicherungsverpflichtungen)*

E. Lebensrückversicherungsverpflichtungen

(35) *Krankenrückversicherung*

Rückversicherungsverpflichtungen im Zusammenhang mit Verpflichtungen in den Geschäftsbereichen 29 und 33.

(36) *Lebensrückversicherung*

Rückversicherungsverpflichtungen im Zusammenhang mit Verpflichtungen in den Geschäftsbereichen 30 bis 32 und 34.

62 Anwenderkreise der IFRS und von Solvency II auf dem deutschen Versicherungsmarkt

Die folgende Tabelle zeigt die 30 größten auf dem deutschen Versicherungsmarkt agierende Anbietereinheiten und nach welchem Rechnungslegungssystem diese Ihren Konzernabschluss aufstellen. Die Liste basiert auf der von der Kölner Institut für Versicherungsinformation und Wirtschaftsdienste (KIVI) GmbH bereitgestellten Marktanteilsstatistik 2015[999].

„Anbieter[einheiten] sind ‚Versicherungskonzerne' oder ‚Versicherungsgruppen' mit jeweils allen dazugehörenden Einzelunternehmen. Allerdings sind am Markt auch Anbieter mit nur einem einzigen Unternehmen tätig, das weder einer Gruppe noch einem Konzern angehört. […] Die Ermittlung der Marktanteile bezieht sich auf einen, deutschen Erstversicherungsmarkt', der wie folgt definiert ist:

- deutsches Geschäft der in Deutschland zugelassenen Erstversicherungsunternehmen,
- ausländisches Geschäft (über Niederlassungen oder im Dienstleistungsverkehr) der in Deutschland zugelassenen Erstversicherungsunternehmen und
- deutsches Geschäft der deutschen Niederlassungen ausländischer Erstversicherungsunternehmen aus Drittstaaten."[1000]

Die Betrachtung von Anbietereinheiten hat gegenüber einer Betrachtung deutscher Konzerne den Vorteil, dass die größten Anbieter auf dem deutschen Markt berücksichtigt werden, auch wenn sie zu einer ausländischen Muttergesellschaft gehören. Würden die 30 größten Versicherungskonzerne mit Sitz in Deutschland betrachtet, würden große Teile des deutschen Marktes nicht abgedeckt, denn ausländische Anbietereinheiten wie die AXA oder die Generali haben in Deutschland große Marktanteile.

Nur auf in Deutschland ansässige Versicherungskonzerne abzustellen wäre zudem aufgrund der unterschiedlichen verwendeten Rechnungslegungssysteme methodisch schwierig. So sind z. B. die Prämien vieler IFRS-anwendender Konzerne nach den Vorschriften der US-GAAP bilanziert, während für Konzerne, die nach dem HGB bilanzieren, das HGB für die Bilanzierung der

[999] Vgl. KÖLNER INSTITUT FÜR VERSICHERUNGSINFORMATION UND WIRTSCHAFTSDIENSTE GMBH (Hrsg.), Marktanteilsstatistik 2015, o. A.

[1000] KÖLNER INSTITUT FÜR VERSICHERUNGSINFORMATION UND WIRTSCHAFTSDIENSTE GMBH (Hrsg.), Marktanteilsstatistik 2015, S. 6 f. Ergänzung und Auslassung durch den Verfasser.

Prämien maßgeblich ist. Eine auf abweichenden Prämiendefinitionen vorgenommene Größensortierung wäre nicht angebracht. Die KiVi-Statistik hingegen weist nur nach dem HGB bilanzierte Prämien aus.

Die folgende Übersicht zeigt tabellarisch, nach welchen Bilanzierungsvorschriften die 30 größten Anbietereinheiten auf dem deutschen Versicherungsmarkt ihren Konzernabschluss aufstellen. Diese Anbietereinheiten repräsentieren ein Prämienvolumen von etwa 90 %[1001] des deutschen Erstversicherungsmarkts:

Rang	Name der Anbietereinheit	Rechnungslegungssystem Obergesellschaft	Sitz der Obergesellschaft in Deutschland	Rechtsform Obergesellschaft(en)	Beitragseinnahmen (in Mio. Euro)
1	Allianz	IFRS	Ja	AG	31.296
2	Generali	IFRS	Nein	AG	16.713
3	ERGO	IFRS	Ja	AG	12.929
4	R+V / KRAVAG	IFRS	Ja	AG	10.998
5	AXA	IFRS	Nein	AG	9.756
6	Debeka	HGB	Ja	VVaG	9.742
7	HDI-Gerling/Talanx	IFRS	Ja	VVaG	9.177
8	Gruppe Versicherungskammer Bayern	HGB	Ja	ÖR	7.526
9	HUK Coburg	HGB	Ja	VVaG	6.616

[1001] Das von KiVi ausgewiesene gesamte Bruttoprämienvolumen für 2015 beträgt 194,1 Mrd. €, das Prämienvolumen der 30 größten Anbietereinheiten beträgt 176,6 Mrd. €. Vgl. KÖLNER INSTITUT FÜR VERSICHERUNGSINFORMATION UND WIRTSCHAFTSDIENSTE GMBH (Hrsg.), Marktanteilsstatistik 2015, S. 11.

Rang	Name der Anbietereinheit	Rechnungslegungssystem Obergesellschaft	Sitz der Obergesellschaft in Deutschland	Rechtsform Obergesellschaft(en)	Beitragseinnahmen (in Mio. Euro)
10	Zurich	IFRS	Nein	AG	6.493
11	SIGNAL/Iduna	HGB	Ja	VVaG	5.254
12	Gruppe Provinzial NordWest	HGB	Ja	ÖR	4.067
13	Gothaer	IFRS	Ja	VVaG	4.040
14	W&W	IFRS	Ja	AG	3.919
15	Alte Leipziger-Hallesche	HGB	Ja	VVaG	3.895
16	Continentale/Europa	HGB	Ja	VVaG	3.547
17	Gruppe SV Sparkassenversicherung	IFRS	Ja	ÖR	3.242
18	LVM	HGB	Ja	VVaG	3.226
19	Nürnberger	HGB	Ja	AG	3.178
20	VGH-Gruppe	HGB	Ja	ÖR	2.675
21	Gruppe Provinzial Rheinland	HGB	Ja	ÖR	2.675
22	DEVK	HGB	Ja	VVaG	2.663
23	VHV	HGB	Ja	VVaG	2.608

Rang	Name der Anbietereinheit	Rechnungslegungssystem Obergesellschaft	Sitz der Obergesellschaft in Deutschland	Rechtsform Obergesellschaft(en)	Beitragseinnahmen (in Mio. Euro)
24	HanseMerkur	HGB	Ja	VVaG	1.969
25	Barmenia	HGB	Ja	VVaG	1.905
26	Volkswohl-Bund	HGB	Ja	VVaG	1.483
27	ARAG	HGB	Ja	AG	1.360
28	Basler	IFRS	Nein	AG	1.311
29	Schweizerische Rentenanstalt/Swiss Life	IFRS	Nein	AG	1.192
30	WWK	HGB	Ja	VVaG	1.124

* Rangliste nach gebuchten Bruttoprämien

Übersicht 6-1: Anwenderkreis der IFRS auf dem deutschen Erstversicherungsmarkt[1002]

Der Tabelle kann entnommen werden, dass 12 der 30 größten Anbietereinheiten, die auf dem deutschen Markt agieren, Teil eines Konzernverbunds sind, der nach IFRS bilanziert. Sechs dieser Einheiten haben eine Obergesellschaft mit Sitz in Deutschland.

1002 Eigene Erhebung der von den Versicherern angewendeten Rechnungslegungssysteme.

Quellenverzeichnis

Verzeichnis der Kommentare und Handbücher zur Bilanzierung

BAETGE, JÖRG/WOLLMERT, PETER/KIRSCH, HANS-JÜRGEN/OSER, PETER/BISCHOF, STEFAN (Hrsg.), Rechnungslegung nach IFRS, Kommentar auf der Grundlage des deutschen Bilanzrechts, Loseblatt, 2. Aufl., Stuttgart 2003 ff. (Stand: Mai 2015) (zitiert: BEARBEITER, in: Baetge u. a., Rechnungslegung nach IFRS, 2. Aufl.).

DRIESCH, DIRK/RIESE, JOACHIM/SCHLÜTER, JÖRG/SENGER, THOMAS (Hrsg.), Beck'sches IFRS-Handbuch, Kommentierung der IFRS/IAS, 5. Aufl., München 2016 (zitiert: BEARBEITER, in: Beck'sches IFRS-Handbuch, 5. Aufl.).

GROTTEL, BERND/SCHMIDT, STEFAN/SCHUBERT, WOLFGANG J./WINKELJOHANN, NORBERT/DEUBERT, MICHAEL (Hrsg.), Beck'scher Bilanz-Kommentar, Handels- und Steuerbilanz: §§ 238 bis 339, 342 bis 342e HGB, 10. Aufl., München 2016 (zitiert: BEARBEITER, in: Beck'scher Bilanz-Kommentar, 10. Aufl.).

LÜDENBACH, NORBERT/HOFFMANN, WOLF-DIETER/FREIBERG, JENS (Hrsg.), Haufe IFRS-Kommentar, 14. Aufl., Freiburg im Breisgau 2016 (zitiert: BEARBEITER, in: Haufe IFRS-Kommentar, 14. Aufl.).

PRÖLSS, ERICH R./MARTIN, ANTON (Hrsg.), Versicherungsvertragsgesetz, 29. Aufl., München 2015 (zitiert: BEARBEITER, in: Versicherungsvertragsgesetz, 29. Aufl.).

SCHWINTOWSKI, HANS-PETER/BRÖMMELMEYER, HANS-PETER (Hrsg.), Praxiskommentar zum Versicherungsvertragsrecht, 2. Aufl., Münster 2011 (zitiert: BEARBEITER, in: Praxiskommentar Versicherungsvertragsrecht, 2. Aufl.).

VAN BÜHREN, HUBERT W., § 1 Versicherungsvertragsrecht, in: Handbuch Versicherungsrecht, hrsg. v. van Bühren, Hubert W., 6. Aufl., Bonn 2014, S. 1-138 (§ 1 Versicherungsvertragsrecht).

ZEREY, JEAN-CLAUDE (Hrsg.), Finanzderivate, Rechtshandbuch, 3. Aufl., Baden-Baden 2013 (zitiert: BEARBEITER, in: Finanzderivate, 3. Aufl.).

Verzeichnis der Aufsätze, Monografien und sonstigen Fachbeiträge

ALBRECHT, PETER/SCHWAKE, EDMUND, Risiko, Versicherungstechnisches, in: Handwörterbuch der Versicherung, hrsg. v. Farny, Dieter/Helten, Elmar, Karlsruhe 1998, S. 651-657 (Versicherungstechnisches Risiko).

AMERICAN ACADEMY OF ACTUARIES (Hrsg.), Approaches to setting the discount rate for valuation of insurance contracts: A discussion paper, verfügbar unter: https://www.actuary.org/files/publications/Approaches_to_discount_rate_111219.pdf (Stand: 15.11.2016) (Setting the discount rate).

ARMBRÜSTER, CHRISTIAN, Das VAG 2016, Überblick zu den Neuregelungen, in: R+S 2015, S. 425-476 (Das VAG 2016).

ASCHE, BENJAMIN, Jahresabschlussanalyse und Bilanzpolitik von Schaden-/Unfallversicherern, Pieterlen und Bern 2012 (Jahresabschlussanalyse und Bilanzpolitik).

ASCHE, BENJAMIN/HARTUNG, THOMAS, Auswirkungen von IFRS 4 Phase II und IFRS 9 auf die Ergebnisse von Versicherungsunternehmen, eine Analyse der heutigen und künftigen Ergebnisvolatilität, in: WPg 2011, S. 1187-1199 (Auswirkungen von IFRS 4 Phase II und IFRS 9).

AUNERT-MICUS, SHIRLEY, Wirtschaftsprivatrecht, Versicherungsvertragsrecht, Wettbewerbsrecht, Internetrecht, Kartellrecht, Zivilprozessrecht, Köln 2010 (Wirtschaftsprivatrecht).

BÄCHLER, ROLF, Bilanzierung von Versicherungsverträgen, IFRS 4: ED/2010/8 Versicherungsverträge, in: IRZ 2010, S. 381-385 (Bilanzierung von Versicherungsverträgen).

BAETGE, JÖRG, Möglichkeiten der Objektivierung des Jahreserfolges, Düsseldorf 1970 (Objektivierung des Jahreserfolges).

BAETGE, JÖRG/CELIK, AYDIN, Umsatzerlöse nach IFRS 15, Ein inkonsistenter Ansatz, in: IRZ 2014, S. 365-367 (Umsatzerlöse nach IFRS 15).

BAETGE, JÖRG/FISCHER, THOMAS R./PASKERT, DIERK, Der Lagebericht, Aufstellung, Prüfung und Offenlegung, Stuttgart 1989 (Der Lagebericht).

BAETGE, JÖRG/FLÜGEL, ALEXANDER/CONRAD, JAN, Der Accounting Mismatch in der deutschen Versicherungsbilanzierung im Lichte aktueller und künftiger IFRS, in: RWZ 2016, S. 305-314 (Accounting Mismatch).

BAETGE, JÖRG/KIRSCH, HANS-JÜRGEN/THIELE, STEFAN, Bilanzen, 13. Aufl., Düsseldorf 2014 (Bilanzen).

BAFIN (Hrsg.), BaFin Journal 10/12, Mitteilungen der Bundesanstalt für Finanzdienstleistungsaufsicht, verfügbar unter: http://www.bafin.de/SharedDocs/Downloads/DE/BaFinJournal/2012/bj_1210.pdf?__blob=publicationFile&v=1 (Stand: 25.04.2016) (BaFin Journal 10/12).

BAFIN (Hrsg.), Jahresbericht der Bundesanstalt für Finanzdienstleistungsaufsicht 2014, Bonn u. a. 2015 (Jahresbericht 2014).

BAFIN (Hrsg.), Vorbereitung auf Solvency II: Outsourcing, verfügbar unter: https://www.bafin.de/SharedDocs/Veroeffentlichungen/DE/Berichte/vorbereitung_solvency_II_08_outsourcing_va.html (Stand: 07.11.2016) (Vorbereitung auf Solvency II).

BAFIN (Hrsg.), Solvency II: Rechtsgrundlagen, Leitlinien und Auslegungsentscheidungen der BaFin, verfügbar unter: http://www.bafin.de/DE/Aufsicht/VersichererPensionsfonds/Aufsichtsregime/RechtsgrundlagenLeitlinien/rechtsgrundlagen_node.html#doc7461888bodyText3 (Stand: 27.06.2016) (Rechtsgrundlagen, Leitlinien und Auslegungsentscheidungen).

BAFIN (Hrsg.), Solvency II, verfügbar unter: http://www.bafin.de/DE/Aufsicht/VersichererPensionsfonds/Aufsichtsregime/SolvencyII/solvency_II_node.html (Stand: 30.04.2016) (Solvency II).

BAFIN (Hrsg.), BaFin Journal 08/16, Mitteilungen der Bundesanstalt für Finanzdienstaufsicht (August), verfügbar unter: http://www.bafin.de/SharedDocs/Downloads/DE/BaFinJournal/2016/bj_1608.pdf?__blob=publicationFile&v=4 (Stand: 16.08.2016) (BaFin Journal 08/16).

BALLWIESER, WOLFGANG, Informations-GoB – auch im Lichte von IAS und US-GAAP, in: KoR 2002, S. 115-121 (Informations-GoB).

BEISSE, HEINRICH, Zum neuen Bild des Bilanzrechtssystems, in: Bilanzrecht und Kapitalmarkt. Festschrift zum 65. Geburtstag von Professor Dr. Dr. h.c. Dr. h.c. Adolf Moxter, hrsg. v. Ballwieser, Wolfgang u. a., Düsseldorf 1994, S. 3-32 (Zum neuen Bild des Bilanzrechtssystems).

BENECKE, BIRKA, Internationale Rechnungslegung und Management Approach, Bilanzierung derivativer Finanzinstrumente und Segmentberichterstattung, Wiesbaden 2000 (Internationale Rechnungslegung und Management Approach).

BOETIUS, JAN, Handbuch der versicherungstechnischen Rückstellungen, Handels- und Steuerbilanzrecht der Versicherungsunternehmen, Köln 1996 (Handbuch der versicherungstechnischen Rückstellungen).

BRAEẞ, PAUL, Versicherung und Risiko, Wiesbaden 1960 (Versicherung und Risiko).

BRÖTZMANN, INGO, Bilanzierung von güterwirtschaftlichen Sicherungsbeziehungen nach IAS 39 zum Hedge Accounting, Düsseldorf 2004 (Hedge Accounting).

BROWN, ANTHONY, Demystifying the Risk Margin: Theory, Practice and Regulation, Presented to the Staple Inn Actuarial Society May 2012, verfügbar unter: https://sias.org.uk/resources/papers/?resource_id=394&type=papers (Stand: 03.10.2016) (Demystifying the Risk Margin).

BÜRKLE, JÜRGEN, Die rechtliche Dimension von Solvency II, in: VersR 2007, S. 1595-1601 (Die rechtliche Dimension von Solvency II).

BÜRKLE, JÜRGEN, Europarechtliche Vorgaben für die interne Governance im Versicherungssektor, in: Zeitschrift für Wirtschafts- und Bankrecht 2012, S. 878-886 (Vorgaben für die interne Governance).

BÜRKLE, JÜRGEN, Compliance und Revision im Versicherungssektor nach Solvency II, in: CCZ 2012, S. 220-226 (Compliance und Revision).

CFO FORUM (Hrsg.), Elaborated Principles for an IFRS Phase II Insurance Accounting Model, Elaborated Principles and Basis for Conclusions, verfügbar unter: http://www.cfoforum.nl/letters/elaborated_principles.pdf (Stand: 18.05.2016) (Elaborated Principles).

CFO FORUM (Hrsg.), Market Consistent Embedded Value, Basis for Conclusions, verfügbar unter: http://www.cfoforum.nl/downloads/CFO_Forum_MCEV_Basis_for_Conclusions.pdf (Stand: 09.12.2016) (MCEV Basis for Conclusions).

CLARK, DOMINIC/MITCHELL, SCOTT, Allowing for illiquidity and other market stress impacts in the valuation of insurance liabilities, verfügbar unter: http://us.milliman.com/uploadedFiles/insight/life-published/allowing-for-illiquidity.pdf?lng=1048578 () (Illiquidity in the valuation of insurance liabilities).

CLARK, P. H./HINTON, P. H./NICHOLSON, E. J./STOREY, L./WELLS, G. G./WHITE, M. G., The Implication of Fair Value Accounting for General Insurance Companies, in: British Actuarial Journal 2003, S. 1007-1044 (Fair Value Accounting for General Insurance Companies).

COENENBERG, ADOLF G./HALLER, AXEL/SCHULTZE, WOLFGANG, Jahresabschluss und Jahresabschlussanalyse, Betriebswirtschaftliche, handelsrechtliche, steuerrechtliche und internationale Grundlagen – HGB, IAS/IFRS, US-GAAP, DRS, 24. Aufl., Stuttgart 2016 (Jahresabschluss und Jahresabschlussanalyse).

COENENBERG, ADOLF G./STRAUB, BARBARA, Rechenschaft versus Entscheidungsunterstützung, Harmonie oder Disharmonie der Rechnungszwecke?, in: KoR 2008, S. 17-26 (Rechenschaft versus Entscheidungsunterstützung).

COTTIN, CLAUDIA/DÖHLER, SEBASTIAN, Risikoanalyse, Modellierung, Beurteilung und Management von Risiken mit Praxisbeispielen, 2. Aufl., Wiesbaden 2013 (Risikoanalyse).

COTTIN, CLAUDIA/NÖRTEMANN, STEFAN, Facettenreiche Risikomarge, Die Risikomarge ist wichtiger Bestandteil der Rückstellungen bei Solvency II und auch bei IFRS 4, in: VW 2015 (Facettenreiche Risikomarge).

COTTIN, CLAUDIA/NÖRTEMANN, STEFAN, Der Begriff der Risikomarge unter Solvency II und IFRS, in: Der Aktuar 2015, S. 8-15 (Der Begriff der Risikomarge).

DAV (Hrsg.), Ergebnisbericht des Ausschusses Schadenversicherung Best Estimates in der Schaden-/Unfallversicherung, verfügbar unter: https://aktuar.de/unsere-themen/fachgrundsaetze-oeffentlich/2015-06-18-DAV-Ergebnisbericht-Best-Estimate-brutto.pdf (Stand: 12.07.2016) (Ergebnisbericht Best Estimate).

DIENER, MICHAEL/NEUKAMP, CHRISTIAN, Die Finanzverfassung von Erst- und Rückversicherungsunternehmen, in: Grundzüge des Versicherungsaufsichtsrechts, hrsg. v. Erdmann, Kay Uwe, Karlsruhe 2011, S. 133-194 (Die Finanzverfassung).

DOBLER, MICHAEL/HETTICH, SILVIA, Geplante Änderungen der Rahmenkonzepte von IASB und FASB, Konzeption, Vergleich, Würdigung, in: IRZ 2007, S. 29-36 (Rahmenkonzepte von IASB und FASB).

DREHER, MEINRAD, Die Versicherung als Rechtsprodukt, Die Privatversicherung und ihre rechtliche Gestaltung, Tübingen 1991 (Versicherung als Rechtsprodukt).

DREHER, MEINRAD, Solvenzanforderungen in der Versicherungsaufsicht nach SolvencyII und künftigem VAG, in: ZVersWiss 2012, S. 381-429 (Solvenzanforderungen).

DREHER, MEINRAD/SCHAAF, MARTIN, Die Veröffentlichungspflichten von Versicherungsunternehmengegenüber der Allgemeinheit nach Solvency II, Der Bericht über Solvabilität und Finanzlage und die Publizität nach Handels- sowie Kapitalmarktrecht, in: Solvency II in der Rechtsanwendung, hrsg. v. Wandt, Manfred/Dreher, Meinrad, Karlsruhe 2009, S. 129-185 (Die Veröffentlichungspflichten nach Solvency II).

DREKSLER, SUSAN/ALLEN, CHRISTOPHER/AKOH-ARREY, AYUK/COURCHENE, JEFFREY A./JUNAID, BASIT/KIRK, JEROME/LOWE, WILLIAM/O'DEA, SHANE/PIPER, JONATHAN/SHAH, MEERA/SHAW, GEMMA/STORMAN, DAVID/THAPER, SEEMA/THOMAS, LUCY/WHEATLEY, MATTHEW/WILSON, MATTHEW, Solvency II Technical Provisions for General Insurers, in: British Actuarial Journal 2015, S. 7-129 (Solvency II technical provisions).

DVA (Hrsg.), Individualversicherung, Versicherungslehre 1, 5. Aufl., Karlsruhe 2002 (Versicherungslehre 1).

ELING, MARTIN, The role of market discipline in the insurance industry, in: The future of insurance regulation, hrsg. v. Liedtke, Patrick M./Monkiewicz, Jan, Basingstoke, Hampshire 2011, S. 131-148 (The role of market discipline).

ELLENBÜRGER, FRANK/ENGELÄNDER, STEFAN/KÖLSCHBACH, JOACHIM, Der letzte Schritt zum IFRS für Versicherungsverträge, Zum Exposure Draft ED/2013/7, in: WPg 2013, S. 813-520 (Der letzte Schritt zum IFRS für Versicherungsverträge).

ELLENBÜRGER, FRANK/HUSCH, RAINER, Vorschläge zur Bilanzierung von Versicherungsverträgen nach IFRS (ED/2010/8), in: WPg 2011, S. 264-268 (IFRS ED/2010/8).

ELLENBÜRGER, FRANK/KÖLSCHBACH, JOACHIM, Vor einem großen Schritt hin zu neuen Bilanzierungsstandards, in: VW 2010, S. 1230-1232 und 1303-1308 (Neue Bilanzierungsstandards).

ENGELÄNDER, STEFAN/KÖLSCHBACH, JOACHIM, Das Diskussionspapier des IASB zur Phase II des Versicherungsprojekts, Eine Analyse des vorgeschlagenen Bewertungsmodells, in: KoR 2007, S. 386-397 (Diskussionspapier des IASB zur Phase II).

ERB, CARSTEN/PELGER, CHRISTOPH, Welche Vorstellungen hat der IASB vom neuen Rahmenkonzept?, in: WPg 2015, S. 1058-1064 (Vorstellungen des IASB vom neuen Rahmenkonzept).

ERNST & YOUNG (Hrsg.), IASB adopts variable fee approach for certain participating contracts, verfügbar unter: http://www.ey.com/Publication/vwLUAssets/EY-iasb-adopts-variable-fee-approach-for-certain-participating-contracts-june-2015/$FILE/EY-iasb-adopts-variable-fee-approach-for-certain-participating-contracts-june-2015.pdf (Stand: 09.08.2016) (Variable Fee Approach).

EWELT-KNAUER, CORINNA, Der Konzernabschluss als Berichtsinstrument der wirtschaftlichen Einheit, Zur Abgrenzung des Vollkonsolidierungskreises sowie zur bilanziellen Abbildung von Transaktionen mit Dritten, Lohmar 2010 (Der Konzernabschluss).

FARNY, DIETER, Über Regulierung und Deregulierung von Versicherungsmärkten, in: ZfB 1987, S. 1001-1023 (Regulierung von Versicherungsmärkten).

FARNY, DIETER, Buchführung und Periodenrechnung im Versicherungsunternehmen, 4. Aufl., Wiesbaden 1992 (Buchführung).

FARNY, DIETER, Theorie der Versicherung, B. Fortentwicklung der Theorie der Versicherung, in: Handwörterbuch der Versicherung, hrsg. v. Farny, Dieter/Helten, Elmar, Karlsruhe 1998, S. 867-871 (Fortentwicklung der Theorie der Versicherung).

FARNY, DIETER, Versicherungsbetriebslehre, 5. Aufl., Karlsruhe 2011 (Versicherungsbetriebslehre).

FEDERAL OFFICE OF PRIVATE INSURANCE (Hrsg.), The Swiss Experience with Market Consistent Technical Provisions – The Cost of Capital Approach, verfügbar unter: https://eiopa.europa.eu/Publications/QIS/SwissCostofCapital_28_03_2006.pdf (Stand: 24.10.2016) (The Cost of Capital Approach).

FISCHER, DANIEL T., Der Standardentwurf „Insurance Contracts" (ED/2010/8), in: PiR 2010, S. 262-264 (Standardentwurf Insurance Contracts).

FMA – ÖSTERREICHISCHE FINANZMARKTAUFSICHT (Hrsg.), Solvency-II-Handbuch, Eine Einführung in das neue europäische Versicherungsaufsichtsrecht, Wien 2012 (Solvency II Handbuch).

FMA – ÖSTERREICHISCHE FINANZMARKTAUFSICHT (Hrsg.), Leitfaden Solvabilität II, Säule 1: Quantitative Anforderungen, verfügbar unter: http://avoe.at/wp-content/uploads/2016/07/2016_01_28-FMA-Dokument-S%C3%A4ule-1.-Leitfaden-Ausgabe-vom-Februar-2016.pdf (Stand: 27.09.2016) (Leitfaden Solvabilität II, Säule 1).

GAL, JENS/SEHRBROCK, DAVID, Die Umsetzung der Solvency II-Richtlinie durch die 10. VAG-Novelle, Frankfurt 2013 (Die 10. VAG-Novelle).

GALLASCH, FLORIAN, Die Bilanzierung von Versicherungsverträgen nach IFRS 4 Phase II, Das Bewertungsmodell für Erst- und passive Rückversicherungsverträge im Schaden- und Unfallbereich, Lohmar u. a. 2014 (Bilanzierung von Versicherungsverträgen).

GASSEN, JOACHIM/FISCHKIN, MICHAEL/HILL, VERENA, Das Rahmenkonzept-Projekt des IASB und des FASB, Eine normendeskriptive Analyse des aktuellen Stands, in: WPg 2008, S. 874-882 (Rahmenkonzept-Projekt des IASB und des FASB).

GDV (Hrsg.), Positionspapier zur Bestimmung der risikofreien Zinsstrukturkurve unter Solvency II, verfügbar unter: http://www.gdv.de/wp-content/uploads/2010/01/Positionspapier_Zinsstrukturkurve.pdf (Stand: 18.11.2016) (Risikofreie Zinsstrukturkurve unter Solvency II).

GDV (Hrsg.), Methoden zur Schätzung von Schaden- und Prämienrückstellungen in der Kompositversicherung, Überarbeitete Fassung, verfügbar unter: http://www.gdv.de/wp-content/uploads/2011/11/Broschuere_Schaden_und_Praemienrueckstellungen_in_der_Kompositversicherung_2011.pdf (Stand: 06.09.2016) (Schätzung von Schaden- und Prämienrückstellungen).

GDV (Hrsg.), Statistisches Taschenbuch der Versicherungswirtschaft 2015, Berlin 2015 (Statistisches Taschenbuch 2015).

GEHRINGER, MARTIN/KAMINSKI, SASCHA/BAHNSEN, ROBERT, Wird ein neuer Bilanzierungsstandard für die Versicherungswirtschaft eingeführt?, Die Solvenzbilanz nach Solvency II, in: WPg 2015, S. 958-966 (Die Solvenzbilanz nach Solvency II).

GEIB, GERD, Diskussionsstand eines International Financial Reporting Standards (IFRS) für Versicherungsgeschäfte, in: Rechnungslegung von Versicherungsunternehmen. Festschrift zum 70. Geburtstag von Dr. Horst Richter, hrsg. v. Geib, Gerd, Düsseldorf 2001, S. 111-126 (IFRS für Versicherungsgeschäfte).

GIMPEL-HENNING, NILS, Sukzessive Anteilserwerbe im IFRS-Konzernabschluss, Bilanzielle Auswirkungen des Statuswechsels von Unternehmensbeteiligungen, Lohmar u. a. 2015 (Sukzessive Anteilserwerbe).

GOLDMANN, JULIUS/PURNHAGEN, KAI, EIOPA, Die neue europäische Versicherungsaufsicht, in: VersR 2012, S. 29-33 (Neue europäische Versicherungsaufsicht).

GONDRING, HANSPETER, Versicherungswirtschaft, Handbuch fur Studium und Praxis, München 2015 (Versicherungswirtschaft).

GRAF, CHRISTIAN, Solvency II, Wie die neuen Aufsichtsregeln die Versicherungswelt ändern, Marburg 2008 (Solvency II – Die neuen Aufsichtsregeln).

GROOVE, DANIEL/SELL, MICHAEL/GRUND, MARKUS/BÖGLE, MANFRED/ELLENBÜRGER, FRANK/FREILING, ANDREAS/GRAßL, ALFRED/HÖLZL, WERNER/HUSCH, RAINER/SCHLÜTER,

JÖRG, Rechnungslegung und Prüfung der Versicherungsunternehmen, 5. Aufl., Düsseldorf 2011 (Rechnungslegung und Prüfung der Versicherungsunternehmen).

GROSSMAN, SANFORD J./HART, OLIVER D., An Analysis of the Principal-Agent Problem, in: Econometrica 1983, S. 7-45 (An Analysis of the Principal-Agent Problem).

GRÜNDL, HELMUT, Auswirkungen der anhaltenden Niedrigzinsen auf das Versicherungswesen, in: Zeitschrift für Wirtschaftspolitik 2015, S. 191-201 (Niedrigzinsen).

GRÜNDL, HELMUT/KRAFT, MIRKO, Solvency II – Eine Einführung, Grundlagen der neuen Versicherungsaufsicht, 2. Aufl., Karlsruhe 2016 (Solvency II).

HANEKOPF, STEFAN, Risikotransfer, Risikotransformation und Risikotragung in langfristigen Individualversicherungsverhältnissen, in: Langfristige Versicherungsverhältnisse. Ökonomie, Technik, Institutionen, hrsg. v. Männer, Leonhard, Karlsruhe 1997, S. 397-420 (Langfristige Individualversicherungsverhältnisse).

HANISCH, JENDRIK, Risikomessung mit dem Conditional Value-at-Risk, Implikationen für das Entscheidungsverhalten, Hamburg 2006 (Risikomessung mit dem Conditional Value-at-Risk).

HARTUNG, THOMAS, Überprüfungsverfahren und Marktdisziplin als Instrumente der Versicherungsaufsicht, in: Solvency II & Risikomanagement, hrsg. v. , S. 53-70 (Versicherungsaufsicht).

HASLIP, GARETH, Taking a Risk, in: The Actuary 2010, S. 38-40 (Taking a Risk).

HAX, KARL, Grundlagen des Versicherungswesens, Wiesbaden 1964 (Grundlagen des Versicherungswesens).

HELLER, SYLVIA, Die Bilanzierung von Versicherungsverträgen nach IFRS, Eine ökonomische Analyse, Lohmar u. a. 2009 (Versicherungsverträge nach IFRS).

HELTEN, ELMAR, Ist Risiko ein Konstrukt?, Zur Quantifizierung des Risikobegriffes, in: Risiko, Versicherung, Markt. Festschrift für Walter Karten zur Vollendung des 60. Lebensjahres, hrsg. v. Hesberg, Dieter/Nell, Martin/Schott, Winfried, Karlsruhe 1994, S. 19-25 (Ist Risiko ein Konstrukt?).

HEUKAMP, WESSEL, Das neue Versicherungsaufsichtsrecht nach Solvency II, Eine Einführung für die Praxis, München 2016 (Das neue Versicherungsaufsichtsrecht).

HIBBERT, JOHN/KIRCHNER, AXEL/KRETZSCHMAR, GAVIN/LI, RUOSHA/MCNEIL, ALEXANDER, Liquidity Premium, Literature review of theoretical and empirical evidence, verfügbar unter: http://www.barrhibb.com/documents/downloads/Liquidity_Premium_Literature_Review.PDF () (Liquidity Premium – literature review).

HIBBERT, JOHN/KIRCHNER, AXEL/KRETZSCHMAR, GAVIN/LI, RUOSHA/MCNEIL, ALEXANDER, STARK, JAMIE (Hrsg.), Summary of Liquidity Premium Estimation Methods, verfügbar unter: http://www.barrhibb.com/documents/download () (Liquidity Premium – estimation methods).

HOMMEL, MICHAEL/BIELKE, DAVID/ZICKE, JULIA, Bilanzierung von Versicherungsverträgen nach ED/2013/7, Gewinnglättung dominiert fair value, in: KoR 2013, S. 404-412 (Gewinnglättung dominiert fair value).

HORAK, TIM, Outsourcing bei Versicherungsunternehmen, Deutsche und europäischeaufsichtsrechtliche Rahmenbedingungen, Karlsruhe 2011 (Outsourcing bei Versicherungsunternehmen).

HUSTEDT, THURID/WONKA, ARNDT/BLAUBERGER, MICHAEL/TÖLLER, ANNETTE ELISABETH/REITER, RENATE, Verwaltungsstrukturen in der Europäischen Union, Kommission, Komitologie, Agenturen und Verwaltungsnetzwerke, Wiesbaden 2014 (Verwaltungsstrukturen in der Europäischen Union).

IASB (Hrsg.), IASB finalises fundamental overhaul of insurance accounting, verfügbar unter: http://www.ifrs.org/Alerts/PressRelease/Pages/iasb-finalises-fundamental-overhaul-of-insurance-accounting.aspx (Stand: 30.05.2017) (IASB finalises fundamental overhaul of insurance accounting).

INTERNATIONAL ASSOCIATION OF INSURANCE SUPERVISORS (Hrsg.), Issues arising as a result of the IASB's Insurance Contracts Project – Phase II, Second Set of IAIS Observations, verfügbar unter: https://www.acli.com/SiteCollection-Documents/ACLI/060531__2bSecond_2bLiabilities_2bPaper_final.pdf (Stand: 19.10.2016) (Second Liabilities Paper).

INTERNATIONAL MONETARY FUND (Hrsg.), Global Financial Stability Report April 2015, Navigating Monetary Policy Challenges and Managing Risks, verfügbar unter: https://www.imf.org/External/Pubs/FT/GFSR/2015/01/pdf/text.pdf (Stand: 06.12.2016) (Global Financial Stability Report April 2015).

JÄGER VON EHRENSTEIN, BERND, Der Ausgleich in der Zeit und seine Realisierbarkeit im Rahmen des risikopolitischen Instrumentariums von Versicherungsunternehmen, Teil 1, in: ZfV 1996, S. 690-695 (Ausgleich in der Zeit Teil 1).

JÄGER VON EHRENSTEIN, BERND, Der Ausgleich in der Zeit und seine Realisierbarkeit im Rahmen des risikopolitischen Instrumentariums von Versicherungsunternehmen, Teil 2, in: ZfV 1997, S. 15-23, 46-50 (Ausgleich in der Zeit Teil 2).

JENSEN, MICHAEL C./MECKLING, WILLIAM H., Theory of the firm, Managerial behavior, agency costs and ownership structure, in: Journal of Financial Economics 1976, S. 305-360 (Theory of the firm).

JORION, PHILIPPE, Financial Risk Manager Handbook, 5. Aufl., Hoboken, N.J., Chichester 2009 (Financial Risk Manager Handbook).

JUNG, MAXIMILIAN, Zum Konzept der Wesentlichkeit bei Jahresabschlußerstellung und -prüfung, Eine theoretische Untersuchung, Frankfurt am Main u. a. 1997 (Konzept der Wesentlichkeit).

KAMPMANN, HELGA/SCHWEDLER, KRISTINA, Zum Entwurf eines gemeinsamen Rahmenkonzepts von FASB und IASB, Rechnungslegungsziele und qualitative Anforderungen, in: KoR 2006, S. 521-530 (Entwurf eines gemeinsamen Rahmenkonzepts).

KARTEN, WALTER, Die Unsicherheit des Risikobegriffs, Zur Terminologie der Versicherungsbetriebslehre, in: Praxis und Theorie der Versicherungs-Betriebslehre. Festgabe für H. L. Müller-Lutz zum 60. Geburtstag, hrsg. v. Braess, Paul/Farny, Dieter/Schmidt, Reimer, Karlsruhe 1972, S. 147-169 (Die Unsicherheit des Risikobegriffs).

KIRSCH, HANNO, Wahrscheinliche Tendenzen durch das DiscussionPaper "Preliminary Views on an improved ConceptualFramework for Financial Reporting", in: DStZ 2007, S. 416-421 (DP: Conceptual Framework).

KIRSCH, HANNO, Conceptual Framework für Phase A, Zielsetzung der Finanzberichterstattung und qualitative, in: DStZ 2011, S. 26-35 (Conceptual Framework für Phase A).

KIRSCH, HANS-JÜRGEN/KOELEN, PETER/OLBRICH, ALEXANDER/DETTENRIEDER, DOMINIK, Die Bedeutung der Verlässlichkeit der Berichterstattung im Conceptual Framework des IASB und des FASB, in: WPg 2012, S. 762-771 (Verlässlichkeit der Berichterstattung).

KOCH, OLIVER, Markttransparenz durch Versicherungsaufsicht, Informationsökonomische Begründung der dritten Säule von Solvency II, in: ZVersWiss 2006, S. 129-164 (Markttransparenz durch Versicherungsaufsicht).

KOCH, PETER, Versicherungswirtschaft, Ein einführender Überblick, 7. Aufl., Karlsruhe 2013 (Versicherungswirtschaft).

KOHLRUSS, DIETMAR, Standardmodell und Risikomanagement: Zwei Welten treffen aufeinander, in: ZfV 2010, S. 321-322 (Standardmodell und Risikomanagement).

KÖLNER INSTITUT FÜR VERSICHERUNGSINFORMATION UND WIRTSCHAFTSDIENSTE GMBH (Hrsg.), Marktanteilsstatistik, Die Marktanteile der Anbieter auf dem deutschen Erstversicherungsmarkt im Jahr 2015 und im Zeitvergleich der Jahre 2008 bis 2015, Köln 2016 (Marktanteilsstatistik 2015).

KÖLSCHBACH, JOACHIM/ENGELÄNDER, STEFAN, IFRS für Versicherungen auf der Zielgeraden?, Zur bevorstehenden Veröffentlichung des IASB Exposure Draft Insurance Contracts, in: VW 2009, S. 1495-1497 (IFRS für Versicherungen).

KRAFT, MIRKO/PORZELT, JULIA/REBHAN, KATRIN, Typologie der Versicherungsgruppenstrukturen in Deutschland im Hinblick auf die Solvency II-Gruppenaufsicht, Aspekte struktureller Finanzstabilität im Versicherungssektor, in: ZVersWiss 2015, S. 501-522 (Typologie der Versicherungsgruppenstrukturen).

LEFFSON, ULRICH, Die Grundsätze ordnungsmäßiger Buchführung, Die Grundsätze ordnungsmäßiger Buchführung, 7. Aufl., Düsseldorf 1987 (GoB).

LEIBFRIED, PETER/WEBER, INGO, Bilanzierung nach IAS/IFRS, Ein Praxisleitfaden für die Umstellung – mit Fallbeispielen und Checklisten, Wiesbaden 2003 (Bilanzierung nach IAS/IFRS).

LIMP, ROLAND, Solvency II: Langfristige Kapitalanlagen in der Standardformel, verfügbar unter: https://www.bafin.de/SharedDocs/Veroeffentlichungen/DE/Fachartikel/2014/fa_bj_1404_solvency_II.html (Stand: 05.10.2016) (Solvency II: Langfristige Kapitalanlagen).

LIPOWSKY, URSULA, Das aufsichtliche Überprüfungsverfahren aus Sicht der Versicherungswirtschaft, in: Solvency II in der Rechtsanwendung, hrsg. v. Wandt, Manfred/Dreher, Meinrad, Karlsruhe 2009, S. 57-72 (Aufsichtliches Überprüfungsverfahren).

LLOYD'S (Hrsg.), Solvency II – Technical Provisions under Solvency II, Detailed Guidance – July 2015 Update, verfügbar unter: https://www.lloyds.com/~/media/files/the%20market/operating%20at%20lloyds/solvency%20ii/2015%20guidance/technical%20provisions%20guidance%20july%202015.pdf (Stand: 22.08.2016) (Technical Provisions under Solvency II).

LÜTTRINGHAUS, JAN, Solvency II, Grundlagen der Reform des europäischen Versicherungsaufsichtsrechts und Auswirkungen der neuen Eigenmittelvorschriften, in: EuZW 2011, S. 822-829 (Reform des europäischen Versicherungsaufsichtsrechts).

LÜTTRINGHAUS, JAN, Neue Governance- und Aufsichtsregeln für die europäische Versicherungswirtschaft nach Solvency II, Überblick über die qualitativen Anforderungender zweiten und dritten Säule der Solvency II-Richtlinie 2009/138/EG sowie die neue Gruppenaufsichtsarchitektur, in: EuZW 2011 (Neue Governance- und Aufsichtsregeln).

MACK, THOMAS, Schadenversicherungsmathematik, Karlsruhe 1997 (Schadenversicherungsmathematik).

MAY, MARKUS, Die Solvabilitätspublizität von Versicherungsunternehmen nach Solvency II, Lohmar u. a. 2018 (Solvabilitätspublizität von Versicherungsunternehmen).

MEYER, LOTHAR, Implikationen von IFRS für Solvency II, in: Solvency II & Risikomanagement: Umbruch in der Versicherungswirtschaft, hrsg. v. Gründl, Helmut/Perlet, Helmut, Wiesbaden 2005, S. 99-117 (Implikationen von IFRS für Solvency II).

MIETTINEN, JOHANNA, Die vorvertraglichen Pflichten des Versicherers, Wege zu einer bedarfsgerechten Versicherung durch eine rechtsvergleichende Arbeit im finnischen und deutschen Recht, Karlsruhe 2005 (Vorvertragliche Pflichten des Versicherers).

MÖLLER, HANS, Versicherungsvertragsrecht, 3. Aufl., Wiesbaden 1977 (Versicherungsvertragsrecht).

MÖLLERS, THOMAS, Europäische Methoden- und Gesetzgebungslehre im Kapitalmarktrecht, Vollharmonisierung, Generalklauseln und soft law im Rahmen des Lamfalussy-Verfahrens als Mittel zur Etablierung von Standards, in: ZEuP 2008, S. 480-505 (Europäische Methoden- und Gesetzgebungslehre).

MOXTER, ADOLF, Bilanzlehre, Wiesbaden 1974 (Bilanzlehre).

MOXTER, ADOLF, Fundamentalgrundsätze ordnungsmäßiger Rechenschaft, in: Bilanzfragen. Festschrift zum 65. Gebrutstag von Ulrich Leffson, hrsg. v. Baetge, Jörg/Moxter, Adolf/Schneider, Dieter, Düsseldorf 1976, S. 87-100 (Fundamentalgrundsätze).

MOXTER, ADOLF, Grundsätze ordnungsmäßiger Buchführung, in: Handwörterbuch der Rechnungslegung und Prüfung, hrsg. v. Ballwieser, Wolfgang/Conenberg, Adolf G./Wysocki, Klaus von, 3. Aufl., Stuttgart 2002, S. Spalte 1041-1052 (GoB).

MÜLLER, HELMUT, Versicherungsaufsicht an der Schwelle zum Jahr 2000, in: ZVersWiss 1999, S. 297-319 (Versicherungsaufsicht).

MÜLLER-LUTZ, HEINZ LEO, Allgemeine Versicherungslehre (Teil 1), S. 409-454 (Allgemeine Versicherungslehre (Teil 1)).

NGUYEN, TRISTAN, Rechnungslegung von Versicherungsunternehmen, Karlsruhe 2008 (Rechnungslegung von Versicherungsunternehmen).

NGUYEN, TRISTAN/GROSCHE, SASCHA, Exposure Draft IFRS 4 zur Bilanzierung von Versicherungsverträgen aus aufsichtsrechtlicher Perspektive, in: KoR 2011, S. 425-431 (IFRS 4 aufsichtsrechtlich).

NGUYEN, TRISTAN/GROSCHE, SASCHA, Einfluss der IFRS-Bilanzierung von Versicherungsverträgen auf die Solvabilitätsanforderungen nach Solvency II, in: IRZ 2011, S. 525-530 (IFRS 4 und Solvabilitätsanforderungen).

NGUYEN, TRISTAN/GROSCHE, SASCHA, Bewertungskonzept zur IFRS-Bilanzierung von versicherungstechnischen Verpflichtungen, in: IRZ 2012, S. 29-34 (Bewertungskonzept versicherungstechnischer Verpflichtungen).

NGUYEN, TRISTAN/MOLINARI, PHILIPP, Zur Fair Value Bewertung von Versicherungsverträgen, in: VW 2009, S. 1010-1013 (Fair-Value Bewertung von Versicherungsverträgen).

NGUYEN, TRISTAN/MOLINARI, PHILIPP, Bilanzierung von Versicherungsverträgen nach IFRS – Exposure Draft ED/2010/8, Teil 1: Fulfilment Cashflows als Bewertungsgrundlage, in: ZfV 2011, S. 19-25 (Bilanzierung von Versicherungsverträgen – Teil 1).

NGUYEN, TRISTAN/ROMEIKE, FRANK, Versicherungswirtschaftslehre, Grundlagen für Studium und Praxis, Wiesbaden 2012 (Versicherungswirtschaftslehre).

NICKEL, ANDREAS, Ökonomie langfristiger Versicherungsverhältnisse, Koreferat zum Beitrag von J.-Matthias Graf von der Schulenburg, in: Langfristige Versicherungsverhältnisse. Ökonomie, Technik, Institutionen, hrsg. v. Männer, Leonhard, Karlsruhe 1997, S. 37-50 (Ökonomie langfristiger Versicherungsverhältnisse).

NIEHUS, RUDOLF H., Die IFRS auf Deutsch, Fehler und Unzulänglichkeiten der Übersetzung, in: DB 2005, S. 2477-2483 (IFRS auf Deutsch).

ODERMANN, ALEXANDER/CREMERS, HEINZ, Komponenten und Determinanten des Credit Spreads, Empirische Untersuchung während Phasen von Marktstress – Working Paper, verfügbar unter: http://www.frankfurt-school.de/clicnetclm/fileDownload.do?goid=000000568922AB4 (Stand: 07.11.2016) (Komponenten und Determinanten des Credit Spreads).

OEHLENBERG, LUTZ/STAHL, GERHARD/BENNEMANN, CHRISTOPH, Von der Standardformel zum Internen Modell, Ein Überblick über Sovency II, in: Handbuch Solvency II, hrsg. v. Bennemann, Christoph/Oehlenberg, Lutz/Stahl, Gerhard, Stuttgart 2011, S. 3-28 (Von der Standardformel zum Internen Modell).

OSETROVA, ANNA, Die Regulierung des Versicherungsmarkts unter besonderer Berücksichtigung der Solvabilitätsvorschriften, Karlsruhe 2007 (Regulierung des Versicherungsmarkts).

OSSADNIK, WOLFGANG, Der Grundsatz der "Materiality" in der externen Rechnungslegung unter besonderer Berücksichtigung der Interpretationspraxis großer Industrieunternehmen, in: WPg 1993, S. 617-629 (Materiality).

OTT, PETER, Solvabilitätsmessung bei Schaden-Unfall-Versicherungsunternehmen, Anforderungen an stochastische interne Modelle und an deren Prüfung, Wiesbaden 2005 (Solvabilitätsmessung).

PELGER, CHRISTOPH, Entscheidungsnützlichkeit im neuen Gewand, Der Exposure Draft zur Phase A des Conceptual Framework-Projekts, in: KoR 2009, S. 156-163 (Entscheidungsnützlichkeit im neuen Gewand).

PELGER, CHRISTOPH, Rechnungslegungszweck und qualitative Anforderungen im Conceptual Framework for Financial Reporting (2010), Der erste Stein im neuen Fundament der internationalen Rechnungslegung, in: WPg 2011, S. 908-916 (Rechnungslegungszweck und qualitative Anforderungen).

PELLENS, BERNHARD/FÜLBIER, ROLF UWE/GASSEN, JOACHIM/SELLHORN, THORSTEN, Internationale Rechnungslegung, IFRS 1 bis 13, IAS 1 bis 41, IFRIC-Interpretationen, Standardentwürfe – Mit Beispielen, Aufgaben und Fallstudie, 9. Aufl., Stuttgart 2014 (Internationale Rechnungslegung).

PRICEWATERHOUSECOOPERS (Hrsg.), Aktuelle Informationen – Solvency II-Newsletter (September 2014), Ein schneller Überblick über die neuen Entwicklungen und Diskussionsstände, verfügbar unter: http://www.pwc.de/de/newsletter/finanzdienstleistung/assets/pwc_solvency-ii-newsletter-september_2014.pdf (Stand: 06.01.2017) (Solvency II-Newsletter (September 2014)).

PRICEWATERHOUSECOOPERS (Hrsg.), Using Solvency II to implement IFRS 17, verfügbar unter: https://www.pwc.pt/pt/industrias/seguros/pwc-using-solvencyII-IFRS17.pdf (Stand: 14.12.2017) (Using Solvency II to implement IFRS 17).

RAU-BREDOW, HANS, Kreditrisikomodelle und Diversifikation, in: ZBB 2002, S. 9-17 (Kreditrisikomodelle und Diversifikation).

ROCKEL, WERNER, Fair Value-Bilanzierung versicherungstechnischer Verpflichtungen, Eine ökonomische Analyse, Wiesbaden 2004 (Fair Value-Bilanzierung versicherungstechnischer Verpflichtungen).

ROCKEL, WERNER/HELTEN, ELMAR/OTT, PETER/SAUER, ROMAN, Versicherungsbilanzen, Rechnungslegung nach HGB und IFRS, 2. Aufl., Stuttgart 2012 (Versicherungsbilanzen).

ROCKEL, WERNER/SAUER, ROMAN, IASB Exposure Draft 5: Insurance Contracts, Zur Versicherungsbilanzierung nach IFRS ab 2005, in: WPg 2003, S. 1108-1119 (Zur Versicherungsbilanzierung nach IFRS ab 2005).

ROCKEL, WERNER/SAUER, ROMAN, IFRS für Versicherungsverträge (1), Inhalte und Problemfelder von Phase 1, in: VW 2004, S. 215-219 (IFRS für Versicherungsverträge (1)).

ROCKEL, WERNER/SAUER, ROMAN, Bilanzierung von Versicherungsverträgen, IASB Discussion Paper „Preliminary Views on Insurance Contracts", in: WPg 2007, S. 741-749 (Preliminary Views on Insurance Contracts).

RÖTTING, MICHAEL/LANG, CHRISTINA, Das Lamfalussy-Verfahren im Umfeld der Neuordnung der europäischen Finanzaufsichtsstrukturen, Entwicklung und Ablauf, in: EuZW 2012, S. 8-14 (Lamfalussy-Verfahren).

SANDSTRÖM, ARNE, Handbook of Solvency for Actuaries and Risk Managers, Theory and Practice, Boca Raton 2011 (Handbook of Solvency).

SANNER, ANDREAS/OECKING, STEFAN, Bilanzierung und Rechnungslegung, in: Handbuch zur Schadenreservierung, hrsg. v. Radtke, Michael/Schmidt, Klaus D., 2. Aufl., Karlsruhe 2012, S. 45-56 (Bilanzierung und Rechnungslegung).

SAUER, ROMAN, Solvabilitätsorientierte Gestaltung der Bilanzierung von Versicherungsunternehmen, Karlsruhe 2006 (Solvabilitätsorientierte Gestaltung der Bilanzierung).

SAUER, ROMAN, Solvency II und Rechnungslegung, Diskussion einer solvabilitätsorientierten Bilanzierung von Versicherungsunternehmen, in: ZVersWiss 2006, S. 49-78 (Solvency II und Rechnungslegung).

SCHMEISER, HATO, Risikomanagement von Versicherungsunternehmen nach KonTraG, in: ZVersWiss 2001, S. 139-159 (Risikomanagement von Versicherungsunternehmen).

SCHMIDT, REIMER, Weitere Gedanken zum Versicherungsbegriff, in: Risiko, Versicherung, Markt: Festschrift für Walter Hesberg, hrsg. v. Hesberg, Dieter/Nell, Martin/Schott, Winfried, Karlsruhe 1994, S. 3-17 (Gedanken zum Versicherungsbegriff).

SCHMOLKE, KLAUS, Die Einbeziehung des Komitologieverfahrens in den Lamfalussy-Prozess, Zur Forderung des Europäischen Parlaments nach mehr Entscheidungsteilhabe, in: EuR 2006, S. 432-448 (Einbeziehung des Komitologieverfahrens).

SCHÖLLHORN, THOMAS/MÜLLER, MARTIN, Bedeutung und praktische Relevanz des Rahmenkonzepts (framework) bei Erstellung von IFRS-Abschlüssen nach zukünftigem „deutschen Recht" (Teil I), Darstellung unter Berücksichtigung der IAS-VO und des BilReG, in: DStR 2004, S. 1623-1627 (Bedeutung und Relevanz des Rahmenkonzepts).

SCHOO, LENA, Umsatzrealisierung nach IFRS, Entscheidungsnützlichkeit der Regelungen des Revenue-Recognition-Projektes versus der geltenden Regelungen, Lohmar 2013 (Umsatzrealisierung nach IFRS).

SCHORMAIR, THOMAS, Credit Default Swaps, Eine markt- und anwendungsorientierte Einführung, Renningen 2013 (Credit Default Swaps).

SCHRADIN, HEINRICH, Entwicklung der Versicherungsaufsicht, in: ZVersWiss 2003, S. 611-664 (Entwicklung der Versicherungsaufsicht).

SCHRADIN, HEINRICH R., Erfolgsorientiertes Versicherungsmanagement, Betriebswirtschaftliche Steuerungskonzepte auf risikotheoretischer Grundlage, Karlsruhe 1994 (Erfolgsorientiertes Versicherungsmanagement).

SCHREIBER, GERLACH, Solvency II: Grundlagen und Praxis, Karlsruhe 2016 (Solvency II: Grundlagen und Praxis).

SCHRUFF, WIENAND, Die IFRS-Rechnungslegung im Spannungsfeld zwischen Cashflow-Prognose und Rechenschaft, in: WPg 2011, S. 855-860 (Cashflow-Prognose und Rechenschaft).

SCHUBERT, THOMAS, Stand der Diskussion und Tendenzen im Projekt Solvency II der EU-Kommission, in: Solvency II & Risikomanagement: Umbruch in der Versicherungswirtschaft, hrsg. v. Gründl, Helmut/Perlet, Helmut, Wiesbaden 2005, S. 35-52 (Stand der Diskussion).

SCHUBERT, THOMAS/GRIEßMANN, GUNDULA, Solvency II = Basel II +X, Ein Vergleich von Kreditinstituten und Versicherungsunternehmen zeigt, dass Banken eher von der Assekuranz lernen können, in: VW 2004, S. 1399-1404 (Solvency II = Basel II + X).

SCHULENBURG, JOHANN-MATTHIAS GRAF VON DER, Ökonomie langfristiger Versicherungsverhältnisse, in: Langfristige Versicherungsverhältnisse. Ökonomie, Technik, Institutionen, hrsg. v. Männer, Leonhard, Karlsruhe 1997, S. 21-36 (Ökonomie langfristiger Versicherungsverhältnisse).

SCHULENBURG, JOHANN-MATTHIAS GRAF VON DER/LOHSE, UTE, Versicherungsökonomik, Ein Leitfaden für Studium und Praxis, 2. Aufl., Karlsruhe 2014 (Versicherungsökonomik).

SCHULTE, OLIVER, Fast-Close-Abschlüsse und Schadenrückstellungen nach HGB, IAS/IFRS und US-GAAP, Wiesbaden 2006 (Fast-Close-Abschlüsse und Schadenrückstellungen).

SCHWAKE, EDMUND, Das versicherungstechnische Risiko als arteigenes Risiko der Versicherungsunternehmen?, in: ZVersWiss 1988, S. 61-81 (Das versicherungstechnische Risiko).

SCHWARZ, ISABELL/EIDT, DANIELA/SCHULENBURG, J.-MATTHIAS GRAF VON DER (Hrsg.), Übereinstimmungen und Unterschiede von IFRS und Solvency II, Zum Einsatz sog. "Prudential Filters" und den Auswirkungen von IFRS und Solvency II auf Versicherungsunternehmen, in: VW 2008, S. 301-305 (Übereinstimmungen und Unterschiede von IFRS und Solvency II).

SCHWEINBERGER, STEFAN/HORSTKÖTTER, MARKUS, Zur Bilanzierung von Versicherungsverträgen gemäß den Vorschlägen des ED/2010/8, in: KoR 2010, S. 546-553 (Versicherungsverträge gemäß ED/2010/8).

SOPP, GUIDO, Vorschlag des IASB zu den Liquiditätsprämien von Policen, in: VW 2011, S. 271-275 (Liquiditätsprämien von Policen).

SPRENGER, REINHARD, Grundsätze gewissenhafter und getreuer Rechenschaft im Geschäftsbericht, Ein Beitrag zur Interpretation von 160 IV 1 AktG, Wiesbaden 1976 (Grundsätze gewissenhafter Rechenschaft).

STEINER, CHRISTOF, Bilanzierung versicherungstechnischer Rückstellungen, Darstellung und kritische Würdigung nach Handels- und Steuerrecht sowie nach IFRS, Hamburg 2008 (Bilanzierung versicherungstechnischer Rückstellungen).

SURREY, INGE, Die Bilanzierung von Versicherungsgeschäften nach IFRS, Düsseldorf 2006 (Versicherungsgeschäfte).

SWISS RE (Hrsg.), Schadenreservierung in der Nichtlebenversicherung, Eine strategische Herausforderung, Zürich 2008 (Schadenreservierung in der Nichtlebenversicherung).

VAN DEN AS, DUCO, Solvency II's Volatility Adjustment in Volatile Times, in: De Actuaris 2016, S. 24 f. (Solvency II's Volatility Adjustment).

WAGNER, FRED, Gabler Versicherungslexikon, Wiesbaden 2011 (Versicherungslexikon).

WAGNER, FRED/LUO, JIYING, Solvency II: Neues aufsichtsrechtliches Regime und Konsequenzen für Versicherer, in: Beckmann (Hrsg.) 2012 – Weitsicht in Versicherung und Wirtschaft, hrsg. v. Mansel, Heinz-Peter/Beckmann, Roland Michael/Matusche-Beckmann, Annemarie, Heidelberg 2012, S. 319-340 (Solvency II: Neues aufsichtsrechtliches Regime).

WANDT, MANFRED, Prinzipienbasiertes Recht und Verhältnismäßigkeitsgrundsatz im Rahmen von Solvency II, Karlsruhe 2012 (Prinzipienbasiertes Recht).

WEBER-REY, DANIELA/HORAK, TIM, Europäischer Finanzsektor und Gesetzgebungsverfahren, Ein Zwischenbericht am Beispiel des Versicherungssektors, in: WM 2013, S. 721-726 (Europäischer Finanzsektor).

WEHLING, AXEL/WINTER, MARGARITA, Ein transparenter Markt könnte das Vertrauen in die Assekuranz stärken, Positionen der deutschen Versicherungswirtschaft zum Entwurf der Solvency II-Rahmenrichtlinie, in: VW 2007, S. 1386-1390 (Vertrauen in die Assekuranz).

WEILER, WOLFGANG, Bilanz-Pressekonferenz der HUK-COBURG Versicherungsgruppe, 14. April 2015, München, Rede Dr. Wolfgang Weiler, verfügbar unter: https://www.huk.de/content/dam/hukde/pdf/presse/bilanzpressekonferenz_2015.pdf;jsessionid=0001Ay74IdrJz7AsW3sREaR3V0O:16rkogfee (Stand: 24.10.2016) (Bilanz-Pressekonferenz der HUK-COBURG 2015).

WEIßENBERGER, BARBARA E./MAIER, MICHAEL, Der Management Approach in der IFRS-Rechnungslegung: Fundierung der Finanzberichterstattung durch Informationen aus dem Controlling, verfügbar unter: https://wi.uni-giessen.de/gi/dl/down/open/bwl4/85e1dc7a7835d3b143704a4210be38dd9244aba079221d13c35561d650b26c6cb1bfc615453a88cb2516899e4bd10cdd/2006_03_ManagementApproach.pdf (Stand: 10.01.2017) (Der Management Approach in der IFRS-Rechnungslegung).

WIESEMANN, HANS-OLAF, Solvency II, Einführung in die neuen Eigenmittelregeln für Versicherungen, in: WiSt 2011, S. 338-344 (Neue Eigenmittelregeln).

WILLIS LIMITED (Hrsg.), IFRS Proposal for Accounting for Insurance Contracts, verfügbar unter: http://www.willis.com/documents/publications/Services/captives/20101028_IFRS_propsal_for_accounting_for_insurance_contracts.pdf (Stand: 04.07.2016) (IFRS Proposal).

WIPF, DENISE/GRIMM, THOMAS/BIBER, ROGER, IFRS 4 Phase II – Bilanzierung und Bewertung von Versicherungsverträgen, Der aktuelle Exposure Draft, in: Der Schweizer Treuhänder, S. 142-147 (IFRS 4 Phase II).

WULFERT, INGMAR/WIESKE, DIANA, Die externe Rechnungslegung aus der Perspektive der Prinzipal-Agenten-Theorie unter besonderer Berücksichtigung der Rechnungslegungsvorschriften für Finanzinstrumente, in: Die Prinzipal-Agenten-Theorie in der Finanzwirtschaft, hrsg. v. Heyd, Reinhard/Beyer, Michael, Berlin 2011, S. 105-131 (Prinzipal-Agenten-Theorie).

WÜNSCHE, BENEDIKT, Verbindlichkeitsrückstellungen im IFRS-Abschluss, Eine Untersuchung der Entscheidungsnützlichkeit der Regelungen in ED IAS 37 und in IAS 37, Düsseldorf 2009 (Verbindlichkeitsrückstellungen).

ZIMMERMANN, CHRISTOPH/BACH, CARSTEN/RAUB, JÜRGEN, Von der Pflicht zur Kür im Risikomanagement, Vorbereitung auf Solvency II, in: VW 2004, S. 220-224 und 299-303 (Risikomanagement).

ZIMMERMANN, JOCHEN/SCHWEINBERGER, STEFAN, Gestaltungsformen der Bilanzierung von Versicherungsverträgen, Ein kritischer Vergleich von Deferral/Matching- und Asset/Liability-Ansätzen, in: ZVersWiss 2005, S. 57-78 (Gestaltungsformen der Bilanzierung von Versicherungsverträgen).

ZÖBISCH, MARION, Solvency II: Risikoadäquanz von Standardmodellen, Eine Analyse aus Sicht eines Schaden-Spezialversicherers, Karlsruhe 2009 (Solvency II: Risikoadäquanz von Standardmodellen).

ZONS, MICHAEL, Value Based Management und IAS/IFRS im Schadenversicherungsunternehmen, Lohmar u. a. 2006 (Value Based Management).

Verzeichnis der Geschäftsberichte

ALLIANZ SE (Hrsg.), Geschäftsbericht der Allianz Gruppe 2015, München 2016 (Geschäftsbericht der Allianz Gruppe 2015).

HUK-COBURG VERSICHERUNGSGRUPPE (Hrsg.), Bericht über das Geschäftsjahr 2014, Coburg 2014 (Geschäftsbericht 2014).

NÜRNBERGER BETEILIGUNGS-AKTIENGESELLSCHAFT (Hrsg.), Halbjahresfinanzbericht zum Geschäftsjahr 2016, Nürnberg 2016 (Halbjahresbericht 2016).

Verzeichnis der Gesetze

HANDELSGESETZBUCH (HGB) vom 10. Mai 1897 (RGBl. 1897, S. 219-436), zuletzt geändert durch Artikel 5 G. v. 13.04.2017 (BGBl. I S. 866).

VERSICHERUNGSAUFSICHTSGESETZ (VAG) vom 1. April 2015 (BGBl. I S. 434), zuletzt geändert durch Artikel 9 des Gesetzes vom 13. April 2017 (BGBl. I S. 866).

VERSICHERUNGSVERTRAGSGESETZ (VVG) vom 23. November 2007 (BGBl. I S. 2631), zuletzt geändert durch Artikel 1i des Gesetzes vom 4. April 2017 (BGBl. I S. 778).

Verzeichnis der Materialien aus dem Gesetzgebungs- oder Standardsetzungsprozess sowie der Rechtsquellen der EG/EU und vergleichbaren Quellen

BAFIN (Hrsg.), Solvency II – Fünfte Quantitative Auswirkungsstudie (QIS5), Anleitung zur Behandlung der deutschen Unfallversicherung mit garantierter Beitragsrückerstattung in der QIS5-Solvenzbilanz, verfügbar unter: http://www.bafin.de/SharedDocs/Downloads/DE/Versicherer_Pensionsfonds/QIS/dl_nationale_anleitung_ubr.pdf?__blob=publicationFile&v=6 (Stand: 27.06.2016) (Anleitung UBR).

BAFIN (Hrsg.), Erläuterungen zu Leitlinien zur Bewertung von versicherungstechnischen Rückstellungen, verfügbar unter: http://www.bafin.de/SharedDocs/Downloads/DE/Aufsichtsrecht/dl_erl_texte_verstechn_rueckstellungen_va.pdf?__blob=publicationFile&v=3 (Stand: 07.11.2016) (Erläuterungen zu versicherungstechnischen Rückstellungen).

BAFIN (Hrsg.), Zuordnung von Produkten der Krankenversicherung zu den Geschäftsbereichen unter Solvency II, verfügbar unter: https://www.bafin.de/SharedDocs/Veroeffentlichungen/DE/Auslegungsentscheidung/VA/ae_151204_zuordnung_von_produkten_der_kv.html (Stand: 22.08.2016) (Zuordnung von Produkten der Krankenversicherung).

BAFIN (Hrsg.), Antragsformular zur Genehmigung der Verwendung der Volatilitätsanpassung, verfügbar unter: https://www.bafin.de/SharedDocs/Downloads/DE/Formular/VA/dl_antrag_volatilit%C3%A4tsanpassung_va.docx?__blob=publicationFile&v=2 (Stand: 15.12.2016) (Genehmigung Volatilitätsanpassung).

BAFIN (Hrsg.), Der bei künftigen Prämien einkalkulierte erwartete Gewinn, verfügbar unter: https://www.bafin.de/SharedDocs/Veroeffentlichungen/DE/Auslegungsentscheidung/VA/ae_151204_epifp_va.html (Stand: 05.09.2016) (Auslegungsentscheidung zu EPIFP).

BAFIN (Hrsg.), Anforderungen an Kapitalmarktmodelle für die Bewertung der versicherungstechnischen Rückstellungen unter Solvency II, verfügbar unter:

https://www.bafin.de/SharedDocs/Veroeffentlichungen/DE/Auslegungsentscheidung/VA/ae_161111_kapitalmarktmodelle_va.html (Stand: 27.02.2017) (Kapitalmarktmodelle).

BAFIN (Hrsg.), Anträge auf Genehmigung der Volatilitätsanpassung, verfügbar unter: https://www.bafin.de/DE/Aufsicht/VersichererPensionsfonds/Antraege/Volatilitaetsanpassung/volatilitaetsanpassung_artikel.html (Stand: 13.12.2016) (Anträge auf Genehmigung der Volatilitätsanpassung).

BUNDESGERICHTSHOF, Urteil vom 16.11.1967 – II ZR 259/64, in: www.juris.de.

CEIOPS (Hrsg.), CEIOPS' Advice for Level 2 Implementing Measures on Solvency II, Technical Provisions – Article 86 b – Risk-free interest rate term structure (CEIOPS-DOC-34-09) (Stand: 29.11.2016) (Risk-free interest rate term structure (CEIOPS-DOC-34-09)).

CEIOPS (Hrsg.), Task Force – Report on the Liquidity Premium, CEIOPS-SEC-34/10 – 1 March 2010, verfügbar unter: https://www.google.de/url?sa=t&rct=j&q=&esrc=s&source=web&cd=1&ved=0ahUKEwidnje9LHQAhUKIcAKHb_eA14QFggdMAA&url=https%3A%2F%2Feiopa.europa.eu%2FCEIOPS-Archive%2FDocuments%2FReports%2F20100303-CEIOPS-Task-Force-Report-on-the-liquidity-premium.pdf&usg=AFQjCNFTGGPY_9_psNHoyEoWUrs-2_cNkg&cad=rja (Stand: 18.11.2016) (Report on the Liquidity Premium).

CEIOPS (Hrsg.), ED/2010/8 Exposure Draft: Insurance Contracts, verfügbar unter: https://eiopa.europa.eu/CEIOPS-Archive/Documents/Comment%20letters/20101126-CEIOPS-comment-letter-to-IASB-on-Insurance-Contracts-ED.pdf (Stand: 06.07.2016) (Comments on ED/2010/8).

CEIOPS (Hrsg.), Solvency II Calibration Paper, CEIOPS-SEC-40-10, verfügbar unter: https://eiopa.europa.eu/CEIOPS-Archive/Documents/Advices/CEIOPS-Calibration-paper-Solvency-II.pdf (Stand: 27.10.2016) (Calibration Paper).

DEUTSCHER BUNDESTAG (Hrsg.), Entwurf eines Gesetzes zur Reform des Versicherungsvertragsrechts (Versicherungsvertragsgesetz – VVG),, BT-Drucks. 16/3945, verfügbar unter: http://dip21.bundestag.de/dip21/btd/16/039/1603945.pdf (Stand: 07.11.2016) (BT-Drucks. 16/3945).

DEUTSCHER BUNDESTAG (Hrsg.), Entwurf eines Gesetzes zur Modernisierung der Finanzaufsicht über Versicherungen (Versicherungsaufsichtsgesetz – VAG),, BT-Drucks. 18/2956, verfügbar unter: http://dip21.bundestag.de/dip21/btd/18/029/1802956.pdf (Stand: 07.11.2016) (BT-Drucks. 18/2956).

EIDGENÖSSISCHE FINANZMARKTAUFSICHT (Hrsg.), Technical document on the Swiss Solvency Test, verfügbar unter: https://www.finma.ch/FinmaArchiv/bpv/download/e/SST_techDok_061002_E_wo_Li_20070118.pdf (Stand: 20.10.2016) (Technical document on the Swiss Solvency Test).

EIOPA (Hrsg.), EIOPA Report on the fifth Quantitative Impact Study (QIS5) for Solvency II, EIOPA – TFQIS5 – 11/001, verfügbar unter: https://www.knf.gov.pl/Images/QIS5_report_final_tcm75-25822.pdf (Stand: 07.11.2016) (Report on QIS5).

EIOPA (Hrsg.), EIOPA-TFEPIFP-11/003, Report of the Task Force on Expected Profits arising from Future Premiums, verfügbar unter: https://eiopa.europa.eu/Publications/Reports/EPIFP_Report.pdf (Stand: 07.11.2016) (Expected Profits arising from Future Premiums).

EIOPA (Hrsg.), Technical Findings on the Long-Term Guarantees Assessment, 14 June 2013, EIOPA/13/296, verfügbar unter: https://eiopa.europa.eu/Publications/QIS/EIOPA_LTGA_Report_14_June_2013_01.pdf (Stand: 04.12.2016) (Findings on the Long-Term Guarantees Assessment).

EIOPA (Hrsg.), Technical Specification for the Preparatory Phase (Part I), EIOPA-14/209, verfügbar unter: https://eiopa.europa.eu/Publications/Standards/A_-_Technical_Specification_for_the_Preparatory_Phase__Part_I_.pdf (Stand: 08.09.2016) (Technical Specification for the Preparatory Phase (Part I)).

EIOPA (Hrsg.), Erläuterungen zu Leitlinien zur Bewertung von versicherungstechnischen Rückstellungen, Übersetzung der BaFin, verfügbar unter: https://www.bafin.de/SharedDocs/Downloads/DE/Aufsichtsrecht/dl_erl_texte_verstechn_rueckstellungen_va.pdf?__blob=publicationFile&v=3 (Stand: 25.06.2016) (Erläuterungen zu Leitlinien zu versicherungstechnischen Rückstellungen).

EIOPA (Hrsg.), Zugrunde liegende Annahmen der Standardformel für die Berechnung der Solvenzkapitalanforderung (SCR), verfügbar unter: https://www.bafin.de/SharedDocs/Downloads/DE/Leitfaden/VA/dl_lf_solvency_annahmen_standardformel_scr.pdf?__blob=publicationFile&v=2 (Stand: 07.11.2016) (Zugrunde liegende Annahmen der Standardformel).

EIOPA (Hrsg.), Leitlinien zu Vertragsgrenzen, verfügbar unter: https://eiopa.europa.eu/Publications/Guidelines/DE_EIOPA_GLs_CB.pdf (Stand: 25.06.2016) (Leitlinien Vertragsgrenzen (BoS-14/165 DE)).

EIOPA (Hrsg.), Leitlinien zur Bewertung von versicherungstechnischen Rückstellungen, verfügbar unter: https://eiopa.europa.eu/Publications/Guidelines/DE_EIOPA_GLs_TPs_.pdf (Stand: 25.06.2016) (Leitlinien zu versicherungstechnischen Rückstellungen (BoS-14/166 DE)).

EIOPA (Hrsg.), Annexes to the Technical Specification for Preparatory Phase (Part I), EIOPA-14/211, verfügbar unter: https://eiopa.europa.eu/Publications/Standards/C_-_Annexes_to_Technical_Specification_for_the_Preparatory_Phase__Part_I_.pdf (Stand: 08.09.2016) (Annexes to the Technical Specification for Preparatory Phase (Part I)).

EIOPA (Hrsg.), Leitlinien über die Berichterstattung und die Veröffentlichung, EIOPA-BoS-15/109 DE-rev.1, verfügbar unter: https://www.bafin.de/SharedDocs/Downloads/DE/Aufsichtsrecht/dl_leitlinien_berichterstattung_va.pdf?__blob=publicationFile&v=2 () (Leitlinien über die Berichterstattung und die Veröffentlichung).

EIOPA (Hrsg.), Technical documentation of the methodology to derive EIOPA's risk-free interest rate term structures, EIOPA-BoS-15/035; 30 September 2016, verfügbar unter: https://eiopa.europa.eu/Publications/Standards/Technical%20Documentation%20(30%20September%202016).pdf (Stand: 29.11.2016) (Technical documentation – discounting (EIOPA-BoS-15/035)).

EU (Hrsg.), Richtlinie 2009/138/EG des Europäischen Parlaments und des Rates vom 25. November 2009 betreffend die Aufnahme und Ausübung der Versicherungs- und Rückversicherungstätigkeit (Solvabilität II) (Neufassung), Brüssel 2009 (RL 2009/138/EG).

EU (Hrsg.), Richtlinie 2014/51/EU des Europäischen Parlaments und des Rates vom 16. April 2014 zur Änderung der Richtlinien 2003/71/EG und 2009/138/EG und der Verordnungen (EG) Nr. 1060/2009, (EU) Nr. 1094/2010 und (EU) Nr. 1095/2010 im Hinblick auf die Befugnisse der Europäischen Aufsichtsbehörde (Europäische Aufsichtsbehörde für das Versicherungswesen und die betriebliche Altersversorgung) und der Europäischen Aufsichtsbehörde (Europäische Wertpapier- und Marktaufsichtsbehörde), Brüssel 2014 (RL 2014/51/EU).

EUROÄISCHE KOMMISSION (Hrsg.), QIS5 Technical Specifications, Annex to Call for Advice from CEIOPS on QIS5, verfügbar unter: http://ec.europa.eu/internal_market/insurance/docs/solvency/qis5/201007/technical_specifications_en.pdf (Stand: 11.07.2016) (QIS5 Technical Specifications).

EUROPÄISCHE KOMMISSION (Hrsg.), Aktionsplan für Finanzdienstleistungen FSAP, verfügbar unter: http://eur-lex.europa.eu/legal-content/DE/TXT/HTML/?uri=URISERV:l24210&from=DE (Stand: 13.04.2016) (Aktionsplan für Finanzdienstleistungen).

EUROPÄISCHE KOMMISSION (Hrsg.), MARKT/2095/99-EN, The Review of the overall financial position of an insurance undertaking (Solvency II Review), Brüssel 1999 (MARKT/2095/99).

EUROPÄISCHE KOMMISSION (Hrsg.), MARKT/2514/02-DE, Erörterung der Zusammenhänge zwischen der Finanzberichterstattung und der Rechnungslegung von Versicherungs-unternehmen gegenüber den Aufsichtsbehörden Diskussionsunterlage für die Sitzung des Unterausschusses"Solvabilität" des Versicherungsausschusses am 28. Juni 2002, Brüssel 2002 (MARKT/2514/02-DE).

EUROPÄISCHE KOMMISSION (Hrsg.), MARKT/2535/02-DE, INFORMATIONSPAPIER FÜR DEN UNTERAUSSCHUSS „SOLVABILITÄT“, Brüssel 2002 (MARKT/2535/02-DE).

EUROPÄISCHE KOMMISSION (Hrsg.), MARKT/2509/03-DE, Entwurf eines künftigen Aufsichtssystems in der EU – Empfehlungen der Kommissionsdienststellen, Brüssel 2003 (MARKT/2509/03-DE).

EUROPÄISCHE KOMMISSION (Hrsg.), MARKT/2515/06, Amended Framework for Consultation on Solvency II, Brüssel 2006 (MARKT/2515/06).

EUROPÄISCHE KOMMISSION (Hrsg.), Vorschlag für eine Richtlinie des europäischen Parlaments und des Rates betreffend die Aufnahme und Ausübung der Versicherungs- und der Rückversicherungstätigkeit, Solvabilität II, Brüssel 2007 (RL 2009/138/EG – Entwurf).

EUROPÄISCHE KOMMISSION (Hrsg.), QIS5 Technical Specifications, Annex to Call for Advice from CEIOPS on QIS5, verfügbar unter: http://ec.europa.eu/internal_market/insurance/docs/solvency/qis5/201007/technical_specifications_en.pdf (Stand: 19.09.2016) (QIS5 Technical Specifications).

EUROPÄISCHE KOMMISSION (Hrsg.), Annexes to the QIS5 Technical Specifications, verfügbar unter: https://eiopa.europa.eu/Publications/QIS/Annexes-to-QIS5-technical_specifications_20100706.pdf (Stand: 07.11.2016) (Annexes to the QIS5 Technical Specifications).

EUROPÄISCHE KOMMISSION (Hrsg.), Durchführungsverordnung (EU) 2015/2452 der Kommission vom 2. Dezember 2015 zur Festlegung technischer Durchführungsstandards hinsichtlich der Verfahren, Formate und Meldebögen für den Bericht über Solvabilität und Finanzlage gemäß der Richtlinie 2009/138/EG des Europäischen Parlaments und des Rates, verfügbar unter: http://www.bafin.de/SharedDocs/Downloads/DE/Aufsichtsrecht/dl_format_sfcr_de.pdf?__blob=publicationFile&v=3 (Stand: 07.11.2016) (Technischer Durchführungsstandard zu Verfahren, Formaten und Meldebögen).

EUROPÄISCHE KOMMISSION (Hrsg.), DURCHFÜHRUNGSVERORDNUNG (EU) 2016/1976 DER KOMMISSION vom 10. November 2016 zur Festlegung technischer Informationen für die Berechnung von versicherungstechnischen Rückstellungen und Basiseigenmitteln für Meldungen mit Stichtagen vom 30. September bis 30. Dezember 2016 gemäß der Richtlinie 2009/138/EG des Europäischen Parlaments und des Rates betreffend die Aufnahme und Ausübung der Versicherungs- und der Rückversicherungstätigkeit, verfügbar unter: http://eur-lex.europa.eu/legal-content/DE/TXT/PDF/?uri=CELEX:32016R1976&from=DE (Stand: 05.12.2016) (DVO 2016/1976 (Zinsstrukturkurven)).

FINANCIAL SERVICES BOARD (Hrsg.), Solvency Assessment and Management: Steering Committee Position Paper28 (v6), Treatment of Expected Profits Included in Future Cash flows as a

Capital Resource, verfügbar unter: https://www.fsb.co.za/Departments/insurance/Documents/PositionPapers/Position%20Paper%2028%20(v%206).pdf (Stand: 27.03.2017) (Treatment of EPIFC).

GDV (Hrsg.), IASB Exposure Draft ED/2010/8 Insurance Contracts, Positions of the German Insurance Association, verfügbar unter: http://www.ifrs.org/Current-Projects/IASB-Projects/Insurance-Contracts/Exposure-draft-2010/Comment-letters/Documents/CL193GIAAtt.pdf (Stand: 08.07.2016) (GDV comments on ED/2010/8).

IASB (Hrsg.), Issues Paper, verfügbar unter: http://www.ifrs.org/Current-Projects/IASB-Projects/Insurance-Contracts/Documents/InsuranceIssuePapers.zip (Stand: 16.05.2016) (Issues Paper).

IASB (Hrsg.), Draft Statement of Principles (DSOP), verfügbar unter: www.ifrs.org/Current-Projects/IASB-Projects/Insurance-Contracts/Documents/DraftStatPrinciples.zip (Stand: 16.05.2016) (DSOP).

IASB (Hrsg.), International Financial Reporting Standard 4, Versicherungsverträge, London 2004 (IFRS 4).

IASB (Hrsg.), Discussion Paper, Preliminary Views on Insurance Contracts, verfügbar unter: http://www.ifrs.org/Current-Projects/IASB-Projects/Insurance-Contracts/Discussion-Paper-and-Comment-Letters/Documents/InsurancePart1.pdf (Stand: 15.03.2016) (DP: Insurance Contracts).

IASB (Hrsg.), Insurance Contracts – Comparison between current exit value, current fulfilment value and value in use (agenda paper 14B), verfügbar unter: http://www.ifrs.org/Meetings/MeetingDocs/IASB/Archive/Insurance/ED/IC0809b14bobs.pdf (Stand: 14.09.2016) (Feature Comparison (agenda paper 14B)).

IASB (Hrsg.), Insurance Contracts – Discounting (agenda paper 17D), Meeting September 2009, verfügbar unter: http://www.ifrs.org/meetings/meetingdocs/iasb/archive/insurance/exposure%20Draft/ic-0909b17d.pdf (Stand: 01.04.2016) (Discounting (agenda paper 17D)).

IASB (Hrsg.), Insurance Contracts – Risk adjustment techniques (agenda paper 1B), Meeting 10 June 2010, verfügbar unter: http://www.ifrs.org/meetings/meetingdocs/iasb/archive/insurance/exposure%20Draft/ic-100610b01b.pdf (Stand: 01.04.2016) (Risk adjustment techniques (agenda paper 1B)).

IASB (Hrsg.), Insurance Contracts – Policyholder Behaviour (agenda paper 6C), Meeting January 2010, verfügbar unter: http://www.ifrs.org/meetings/meetingdocs/iasb/archive/insurance/exposure%20Draft/ic-0110b06c.pdf (Stand: 01.04.2016) (Policyholder Behaviour (agenda paper 6C)).

IASB (Hrsg.), The Conceptual Framework for Financial Reporting, London 2010 (CF (2010)).

IASB (Hrsg.), Exposure Draft ED/2010/8, Insurance Contracts, verfügbar unter: http://www.ifrs.org/Current-Projects/IASB-Projects/Insurance-Contracts/Exposure-draft-2010/Documents/ED_Insurance_Contracts_Standard_WEB.pdf (Stand: 16.11.2015) (ED/2010/8: Insurance Contracts).

IASB (Hrsg.), Insurance Contracts – Explicit risk adjustment (agenda paper 3G), Meeting February 2011, verfügbar unter: http://www.ifrs.org/Current-Projects/IASB-Projects/Insurance-Contracts/Documents/2011/14_feb_2011_3g_risk_adjustment.pdf (Stand: 01.04.2016) (Explicit risk adjustment (agenda paper 3G)).

IASB (Hrsg.), Insurance Contracts – Risk adjustment: useful financial information (agenda paper 3B), Meeting 16 May 2011, verfügbar unter: http://www.ifrs.org/current-projects/iasb-projects/insurance-contracts/documents/2011/may_2011_3b_risk_adj_useful_information.pdf (Stand: 01.04.2016) (Risk adjustment: useful financial information (agenda paper 3B)).

IASB (Hrsg.), Insurance Contracts – Cash flows (agenda paper 3F), Meeting 15-18 February 2011, verfügbar unter: http://www.ifrs.org/current-projects/iasb-projects/insurance-contracts/documents/2011/14_feb_2011_3f_cash_flows.pdf (Stand: 01.04.2016) (Cash flows (agenda paper 3F)).

IASB (Hrsg.), Short Duration Contracts: Modified Approach, verfügbar unter: http://www.ifrs.org/Current-Projects/IASB-Projects/Insurance-Contracts/Documents/2011/apr_2011_AP1_Short_duration_contract_Modified_Approach.pdf (Stand: 04.01.2016) (Short Duration Contracts (agenda paper 1)).

IASB (Hrsg.), Insurance Contracts – Risk adjustment or composite margin (agenda paper 3H), Meeting 16 May 2011, verfügbar unter: http://www.ifrs.org/current-projects/iasb-projects/insurance-contracts/documents/2011/may_2011_3h_risk_adj_or_composite_margin.pdf (Stand: 01.04.2016) (Risk adjustment or composite margin (agenda paper 3H)).

IASB (Hrsg.), Insurance Contracts – Definition of a portfolio of insurance contracts (agenda paper 7A), Meeting 12-16 December 2011, verfügbar unter: http://www.ifrs.org/current-projects/iasb-projects/insurance-contracts/documents/2011/dec_2011_7a_definition_of_portfolio_of_insurance_contracts.pdf (Stand: 01.04.2016) (Definition of a portfolio of insurance contracts (agenda paper 7A)).

IASB (Hrsg.), IASB Update September 2011, verfügbar unter: http://www.ifrs.org/updates/iASB-Updates/2011/documents/iASBUpdateSept2011.pdf (Stand: 18.03.2016) (IASB Update September 2011).

IASB (Hrsg.), Insurance Contracts – Unit of Account – Risk Adjustment (agenda paper 7C), Meeting 12-16 December 2011, verfügbar unter: http://www.ifrs.org/Current-Projects/IASB-Projects/Insurance-Contracts/Documents/2011/dec_2011_7C_Unit_of_account_risk_adj.pdf (Stand: 01.11.2016) (Unit of Account - Risk Adjustment (agenda paper 7C)).

IASB (Hrsg.), Insurance Contracts – Risk adjustment comparability and verifiability through disclosure (agenda paper 3D), Meeting 16 May 2011, verfügbar unter: http://www.ifrs.org/current-projects/iasb-projects/insurance-contracts/documents/2011/may_2011_3d_risk_adjustment_comparability_and_verifiability_through_disclosure.pdf (Stand: 01.04.2016) (Risk adjustment – disclosure (agenda paper 3D)).

IASB (Hrsg.), Insurance Contracts – Short Duration Contract Modified Approach (agenda paper 1), Meeting 27 April 2011, verfügbar unter: http://www.ifrs.org/current-projects/iasb-projects/insurance-contracts/documents/2011/apr_2011_ap1_short_duration_contract_modified_approach.pdf (Stand: 01.04.2016) (Short Duration Contract Modified Approach (agenda paper 1)).

IASB (Hrsg.), Summary of comment letters on the IASB ED Insurance Contracts, Meeting January 2011, verfügbar unter: http://www.ifrs.org/Current-Projects/IASB-Projects/Insurance-

Contracts/Exposure-draft-2010/Documents/IC0111b03Eobs.pdf (Stand: 07.11.2016) (Summary of comment letters (agenda paper 3E)).

IASB (Hrsg.), Insurance Contracts – Risk Adjustment techniques to meet the objective (agenda paper 3C), Meeting 16 May 2011, verfügbar unter: http://www.ifrs.org/current-projects/iasb-projects/insurance-contracts/documents/2011/may_2011_3c_risk_adjustment_techniques_to_meet_the_objective.pdf (Stand: 01.04.2016) (Risk Adjustment techniques to meet the objective (agenda paper 3C)).

IASB (Hrsg.), Residual margin – two approaches (agenda paper 6B), meeting 14-18 November 2011, verfügbar unter: http://www.ifrs.org/Documents/ICAP6to6D.zip (Stand: 23.03.2017) (Residual margin - two approaches (agenda paper 6B)).

IASB (Hrsg.), Insurance Contracts – Discount Rate for non-participating contracts (agenda paper 3D), Meeting February 2011, verfügbar unter: http://www.ifrs.org/Current-Projects/IASB-Projects/Insurance-Contracts/Documents/2011/14_feb_2011_3d_discount_rate_for_non_participating_contracts.pdf (Stand: 01.04.2016) (Discount Rate for non-participating contracts (agenda paper 3D)).

IASB (Hrsg.), Education session on unbundling (agenda paper 3H), Meeting Febuary 2011, verfügbar unter: http://www.ifrs.org/Current-Projects/IASB-Projects/Insurance-Contracts/Documents/2011/14_feb_2011_3H_Education_session_Unbundling.pdf (Stand: 06.07.2016) (Education session on unbundling (agenda paper 3H)).

IASB (Hrsg.), Insurance Contracts – Presentation in statement of comprehensive income – acquisition costs (agenda paper 2C), Meeting 15-18 October 2012, verfügbar unter: http://www.ifrs.org/current-projects/iasb-projects/insurance-contracts/documents/2012/oct_2012_2c_presentation_in_statement_of_comprehensive_income_acquisition_costs.pdf (Stand: 01.04.2016) (Presentation in statement of comprehensive income – acquisition costs (agenda paper 2C)).

IASB (Hrsg.), Illustrative Examples – Exposure Draft ED/2013/7, A revision of ED/2010/8 Insurance Contracts, verfügbar unter: http://www.ifrs.org/current-projects/iasb-projects/insurance-contracts/exposure-draft-june-2013/documents/ed-insurance-contracts-illustrative-examples-june-2013.pdf (Stand: 12.09.2016) (IFRS 4 Illustrative Examples).

IASB (Hrsg.), Exposure Draft ED/2013/7, A revision of ED/2010/8 Insurance Contracts, verfügbar unter: http://www.ifrs.org/Current-Projects/IASB-Projects/Insurance-Contracts/Exposure-Draft-June-2013/Documents/ED-Insurance-Contracts-June-2013.pdf (Stand: 16.11.2015) (ED/2013/7: Insurance Contracts).

IASB (Hrsg.), Insurance Contracts - Cover note (agenda paper 2) – Meeting September 2014, verfügbar unter: http://www.ifrs.org/Meetings/MeetingDocs/IASB/2014/September/AP02-Insurance%20Contracts.pdf (Stand: 14.03.2016) (Cover note (agenda paper 2)).

IASB (Hrsg.), IASB Update May 2014, verfügbar unter: http://media.ifrs.org/2014/IASB/May/IASB-update-may-2014.pdf (Stand: 18.03.2016) (IASB Update May 2014).

IASB (Hrsg.), Insurance Contracts – Non targeted issues – Recognising the contractual service in profit or loss (agenda paper 2C), Meeting May 2014, verfügbar unter: http://www.ifrs.org/Meetings/MeetingDocs/IASB/2014/May/AP02C-Insurance%20Contracts.pdf (Stand: 18.03.2016) (Recognising the contractual service in profit or loss (agenda paper 2C)).

IASB (Hrsg.), IASB Update March 2014, verfügbar unter: http://media.ifrs.org/2014/IASB/March/IASB-update-march-2014.pdf (Stand: 18.03.2016) (IASB Update March 2014).

IASB (Hrsg.), Insurance Contracts – Non-targeted issues – Level of aggregation (agenda paper 2C), Meeting June 2014, verfügbar unter: http://www.ifrs.org/Meetings/MeetingDocs/IASB/2014/June/AP02C-Insurance%20Contracts.pdf (Stand: 15.03.2016) (Level of aggregation (agenda paper 2C)).

IASB (Hrsg.), Insurance Contracts – Outreach and comment letter analysis (agenda paper 2A), Meeting January 2014, verfügbar unter: http://www.ifrs.org/Meetings/MeetingDocs/IASB/2014/January/AP02A-Insurance%20Contracts.pdf (Stand: 05.04.2016) (Outreach and comment letter analysis (agenda paper 2A)).

IASB (Hrsg.), Insurance Contracts – Fieldwork (agenda paper 2C), Meeting 20-24 January 2014, verfügbar unter: http://www.ifrs.org/Meetings/MeetingDocs/IASB/2014/January/AP02C-Insurance%20Contracts.pdf (Stand: 05.04.2016) (Fieldwork (agenda paper 2C)).

IASB (Hrsg.), Insurance Contracts – Non-targeted issues – fixed-fee service contracts, significant insurance risk, portfolio transfers and business combinations (agenda paper 2D), Meeting 19-23 May 2014, verfügbar unter: http://www.ifrs.org/Meetings/Meeting-Docs/IASB/2014/May/AP02D-Insurance%20Contracts.pdf (Stand: 15.03.2016) (Non targeted issues (agenda paper 2D)).

IASB (Hrsg.), Insurance Contracts – Whether to unlock the contractual service margin for changes in the risk adjustment (agenda paper 2C), Meeting 18-19 March 2014, verfügbar unter: http://www.ifrs.org/Meetings/Meeting-Docs/IASB/2014/March/02C%20IC%20Draft%20unlocking%20risk%20adjustment.pdf (Stand: 18.03.2016) (Unlock the contractual service margin for changes in the risk adjustment (agenda paper 2C)).

IASB (Hrsg.), Insurance Contracts – Cover note (agenda paper 2), Meeting May 2015, verfügbar unter: http://www.ifrs.org/Meetings/MeetingDocs/IASB/2015/May/AP02-Insurance-Contracts.pdf (Stand: 05.04.2016) (Cover note (agenda paper 2)).

IASB (Hrsg.), Insurance Contracts – Assessing the changes since the 2013 ED (agenda paper 2E), Meeting February 2015, verfügbar unter: http://www.ifrs.org/Meetings/Meeting-Docs/IASB/2016/February/AP02E-Insurance-Contracts.pdf (Stand: 01.04.2016) (Assessing the changes since the 2013 ED (agenda paper 2E)).

IASB (Hrsg.), IASB Update June 2015, verfügbar unter: http://media.ifrs.org/2015/IASB/June/IASB-Update-June-2015.pdf (Stand: 05.04.2016) (IASB Update June 2015).

IASB (Hrsg.), Exposure Draft: Conceptual Framework for Financial Reporting (ED/2015/3), London 2015 (ED.CF).

IASB (Hrsg.), How we responded to feedback on the 2013 Exposure Draft, verfügbar unter: http://www.ifrs.org/Current-Projects/IASB-Projects/Insurance-Contracts/Documents/2016/Feedback-Statement.pdf (Stand: 17.08.2016) (Response to feedback on ED/2013/7).

IASB (Hrsg.), Insurance Contracts – The development of the accounting model for insurance contracts (agenda paper 2D), Meeting February 2016, verfügbar unter:

http://www.ifrs.org/Meetings/MeetingDocs/IASB/2016/February/AP02D-Insurance-Contracts.pdf (Stand: 01.04.2016) (The development of the accounting model for insurance contracts (agenda paper 2D)).

IASB (Hrsg.), Effect of board redeliberations on the 2013 Exposure Draft Insurance Contracts, November 2016, verfügbar unter: http://www.ifrs.org/Current-Projects/IASB-Projects/Insurance-Contracts/Documents/2016/281116-Effect-of-redeliberations.pdf (Stand: 06.01.2017) (Effect of board redeliberations).

IASB (Hrsg.), Insurance Contracts – Level of aggregation (agenda paper 2A), Meeting January 2016, verfügbar unter: http://www.ifrs.org/Meetings/Meeting-Docs/IASB/2016/January/AP02A-Insurance-Contracts.pdf (Stand: 01.04.2016) (Level of aggregation (agenda paper 2A)).

IASB (Hrsg.), Conceptual Framework – Measurement uncertainty (agenda paper 10E), Meeting May 2016, verfügbar unter: http://www.ifrs.org/Meetings/Meeting-Docs/IASB/2016/May/AP10E-Conceptual-Framework.pdf (Stand: 10.03.2017) (Measurement uncertainty (agenda paper 10E),).

IASB (Hrsg.), IASB Update November 2016, verfügbar unter: https://s3.amazonaws.com/ifrs-webcontent/2016/IASB/November/IASB-November-Update-2016.pdf (Stand: 06.01.2017) (IASB Update November 2016).

IASB (Hrsg.), Effect of Board redeliberations on the Exposure Draft Conceptual Framework for Financial Reporting, February 2017, verfügbar unter: http://www.ifrs.org/Current-Projects/IASB-Projects/Conceptual-Framework/Documents/March%202017/Summary-of-tentative-decisions-February.pdf (Stand: 10.03.2017) (Effect of Board redeliberations on ED.CF).

IASB/FASB (Hrsg.), Insurance Contracts – Fixed-fee service contracts, verfügbar unter: http://www.ifrs.org/Meetings/MeetingDocs/IASB/Archive/Insurance/Exposure%20Draft/IC-0510b02H.pdf (Stand: 10.08.2016) (Fixed-fee service contracts (agenda paper 2H)).

IASB/FASB (Hrsg.), Insurance Contracts – Recognition (agenda paper 11B), Meeting April 2010, verfügbar unter: http://www.ifrs.org/Meetings/Meeting-Docs/IASB/Archive/Insurance/Exposure%20Draft/IC-1109b10B.pdf (Stand: 11.07.2016) (Recognition (agenda paper 11B)).

IASB/FASB (Hrsg.), Insurance Contracts – Residual margins (agenda paper 6B), Meeting January 2010, verfügbar unter: http://www.ifrs.org/meetings/meetingdocs/iasb/archive/insurance/exposure%20Draft/ic-0110b06b.pdf (Stand: 01.04.2016) (Residual margins (agenda paper 6B)).

IASB/FASB (Hrsg.), Insurance Contracts – Discounting (agenda paper 3D), Meeting April 2010, verfügbar unter: http://www.ifrs.org/meetings/meetingdocs/iasb/archive/insurance/exposure%20Draft/ic-0410b03d.pdf (Stand: 01.04.2016) (Discounting (agenda paper 3D)).

IASB/FASB (Hrsg.), Insurance Contracts – Timing of initial recognition (agenda paper 3I), Meeting 14 March 2011, verfügbar unter: http://www.ifrs.org/current-projects/iasb-projects/insurance-contracts/documents/2011/mar_2011_3i_timing_of_initial_recognition.pdf (Stand: 01.04.2016) (Timing of initial recognition (agenda paper 3I)).

IASB/FASB (Hrsg.), Insurance contracts – Unbundling goods and services (Agenda paper 1D), verfügbar unter: http://www.ifrs.org/Current-Projects/IASB-Projects/Insurance-Contracts/Documents/2011/4_may_2011_1D_Unbundling_goods_and_services.pdf (Stand: 25.06.2016) (Unbundling (Agenda paper 1D)).

IASB/FASB (Hrsg.), Insurance Contracts – Top down approaches to discount rates (agenda paper 5A), Meeting 11 April 2011, verfügbar unter: https://www.google.de/url?sa=t&rct=j&q=&esrc=s&source=web&cd=1&ved=0ahUKEwiX1uPB-arQAhWDShQKHSYXAWEQFggdMAA&url=http%3A%2F%2Fwww.ifrs.org%2FCurrent-Projects%2FIASB-Projects%2FInsurance-Contracts%2FDocuments%2F2011%2Fapr_2011_5A_Top_down_approaches_to_discount_rates.pdf&usg=AFQjCNEGTB0pESDJoGrP5kXcXFRvka231Q&cad=rja (Stand: 15.11.2016) (Top down approaches (agenda paper 5A)).

IASB/FASB (Hrsg.), Insurance Contracts – Discount Rate for non-participating contracts (agenda paper 3D), Meeting February 2011, verfügbar unter: http://www.ifrs.org/Current-

Projects/IASB-Projects/Insurance-Contracts/Documents/2011/14_feb_2011_3d_discount_rate_for_non_participating_contracts.pdf (Stand: 01.04.2016) (Discount Rate for non-participating contracts (agenda paper 3D)).

IASB/FASB (Hrsg.), Insurance Contracts – Unit of Account: Portfolio (agenda paper 2A), Meeting 19-22 March, verfügbar unter: http://www.ifrs.org/Current-Projects/IASB-Projects/Insurance-Contracts/Documents/2012/mar_2012_2A_Unit_of_Account_portfolio.pdf (Stand: 18.08.2016) (Unit of Account: Portfolio (agenda paper 2A)).

INTERNATIONAL ACTUARIAL ASSOCIATION (Hrsg.), Measurement of Liabilities for Insurance Contracts: Current Estimates and Risk Margins, verfügbar unter: https://www.google.de/url?sa=t&rct=j&q=&esrc=s&source=web&cd=1&cad=rja&uact=8&ved=0ahUKEwjK_KeI--PPAhVCuhQKHSPeCHMQFgge-MAA&url=http%3A%2F%2Fwww.actuaries.org%2FLIBRARY%2FPapers%2FIAA_Measurement_of_Liabilities_2009-public.pdf&usg=AFQjCNFq35XYiMhmpUfj3L3g-Q2oBdo54g (Stand: 18.10.2016) (Measurement of Liabilities for Insurance Contracts).